GÉOMÉTRIE ÉLÉMENTAIRE

GÉOMÉTRIE ÉLÉMENTAIRE

PAR

CH. VACQUANT

Ancien professeur de Mathématiques spéciales au lycée Saint-Louis
Inspecteur général de l'Instruction publique

ET

A. MACÉ DE LÉPINAY

Professeur de Mathématiques spéciales au lycée Henri IV

NOUVELLE ÉDITION

Conforme aux programmes du 31 Mai 1902

PARIS

MASSON ET Cᵢₑ, ÉDITEURS

120, BOULEVARD SAINT-GERMAIN

1903

GÉOMÉTRIE ÉLÉMENTAIRE

A L'USAGE

DES CLASSES DE LETTRES

PREMIER CYCLE

GÉOMÉTRIE PLANE

NOTIONS PRÉLIMINAIRES

§ I. Définitions : des figures ; ligne droite ; ligne brisée ; ligne courbe ; plan ; objet et divisions de la géométrie. — § II. Explications de quelques termes. — § III. Explications de certains signes employés. — § IV. Mesure des grandeurs.

§ I. — DÉFINITIONS : DES FIGURES ; LIGNE DROITE ; LIGNE BRISÉE ; LIGNE COURBE ; PLAN ; OBJET ET DIVISIONS DE LA GÉOMÉTRIE.

1. Des figures. Un corps occupe dans l'espace indéfini une certaine étendue que l'on nomme *volume*.

Le volume d'un corps est limité et est séparé de l'espace qui l'entoure par un lieu que l'on nomme *surface*.

On appelle *ligne* l'intersection de deux surfaces qui se rencontrent.

On appelle *point* l'intersection de deux lignes qui se rencontrent.

On considère les volumes, les surfaces, les lignes et les points indépendamment des corps qui en ont donné l'idée, et on leur donne le nom commun de *figures*.

2. On peut imaginer qu'un point, ou une ligne, ou une surface d'étendue limitée, se déplace dans l'espace; dans ce mouvement, le point décrit une ligne, la ligne engendre une surface, et la surface engendre un volume.

3. **Ligne droite**. Parmi toutes les lignes que l'on peut concevoir, la plus simple est celle dont un fil tendu nous offre l'image ; on la nomme *ligne droite*, ou simplement *droite*. Nous avons tous l'idée de la ligne droite, et telle que nous la concevons elle est douée de la propriété suivante :

D'un point A *à un point* B, *on peut toujours mener une droite, et l'on n'en peut mener qu'une* (*fig.* 1). C'est ce qu'on exprime en disant que *deux points déterminent une droite*. On peut concevoir cette droite prolongée indéfiniment dans les deux sens, et, si deux droites ont deux points communs, elles coïncident non seulement entre ces deux points, mais encore dans toute leur étendue. Il résulte de là que :

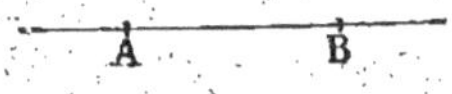

Fig. 1.

Deux droites distinctes ne peuvent avoir qu'un point commun.

4. **Ligne brisée, ligne courbe**. Une ligne composée de portions de lignes droites est dite ligne *brisée*; une ligne qui n'est ni droite, ni composée de lignes droites, est appelée ligne

Fig. 2.   Fig. 3.

courbe. Ainsi, la ligne ABCDE (*fig.* 2) est une ligne brisée, la ligne MNP (*fig.* 3) est une ligne courbe.

5. **Plan**. La plus simple de toutes les surfaces est le *plan*.

C'est une surface telle que la droite qui passe par deux quelconques de ses points est tout entière située sur cette surface.

La surface d'une eau tranquille, une glace bien polie, offrent l'image d'une surface plane.

6. Objet et divisions de la Géométrie. La Géométrie a pour objet l'étude des propriétés des figures. Elle est divisée en deux parties : *Géométrie plane, Géométrie de l'espace.*

Dans la Géométrie plane (Livres I, II, III, IV), on ne s'occupe que des figures planes, c'est-à-dire des figures qui ont tous leurs éléments situés dans un même plan. Dans la Géométrie de l'espace (Livres V, VI, VII, VIII), on considère des figures dont les éléments sont situés d'une manière quelconque dans l'espace.

§ II. — EXPLICATIONS DE QUELQUES TERMES.

7. Une *proposition* consiste dans l'énoncé d'une hypothèse et d'une conséquence.

En prenant pour hypothèse la conséquence, et pour conséquence l'hypothèse d'une proposition, on forme une nouvelle proposition que l'on nomme la *réciproque* de la première.

En prenant pour hypothèse et pour conséquence la négation de l'hypothèse et la négation de la conséquence d'une proposition, on forme une nouvelle proposition que l'on dit *contraire* de la première.

Exemple. Soient A, B, Q, R, des nombres entiers tels que l'on ait

$$A = B \times Q + R.$$

Proposition directe : Si un nombre entier est diviseur commun à A et à B, il est diviseur commun à B et à R.

Proposition réciproque : Si un nombre entier est diviseur commun à B et à R, il est diviseur commun à A et à B.

Proposition contraire : Si un nombre entier n'est pas diviseur commun à A et à B, il n'est pas diviseur commun à B et à R.

Lorsqu'une proposition est vraie, la réciproque et la contraire peuvent être fausses. Mais, si l'une de ces deux dernières propositions est vraie en même temps que la directe, il en est de même de l'autre.

8. Un *axiome* est une proposition évidente sans démonstration.

9. Un *théorème* est une proposition exacte qui a besoin d'être démontrée.

10. Un *lemme* est une proposition préliminaire établie pour faciliter la démonstration d'un théorème.

11. On appelle *corollaire* une conséquence d'un théorème non comprise dans l'énoncé du théorème.

12. Un *problème* est une question à résoudre.

§ III. — EXPLICATIONS DE CERTAINS SIGNES EMPLOYÉS.

13. On indique l'addition par le signe $+$, que l'on prononce *plus*; la soustraction par le signe $-$, que l'on prononce *moins*. On indique que deux quantités sont égales en les séparant par le signe $=$, que l'on prononce *égale*.

Ainsi, pour indiquer qu'une longueur AB est la somme des longueurs AC et CB, on écrit

$$AB = AC + CB;$$

pour indiquer que la longueur AB est égale à la longueur AC diminuée de la longueur CB, on écrit

$$AB = AC - CB.$$

On représente le produit de deux nombres en mettant entre les deux facteurs le signe $\times$, que l'on prononce *multiplié par*; 7×9 est le produit de 7 par 9.

On représente le quotient de deux nombres en plaçant le diviseur sous le dividende, et en séparant les deux nombres par un trait horizontal, ou encore en mettant le signe : entre le dividende et le diviseur écrits sur la même ligne. Les deux notations $\dfrac{a}{b}$ et $a : b$ représentent le quotient obtenu en divisant le nombre a par le nombre b.

Le signe $>$, placé entre deux grandeurs, indique que la première est supérieure à la seconde; le signe $<$, dans les mêmes conditions, indique au contraire que la première est inférieure à la seconde. Ainsi on écrit

$$AB > CD$$

pour indiquer que la longueur AB est supérieure à la longueur CD; tandis que l'on écrit

$$CD < AB$$

pour indiquer que la longueur CD est inférieure à la longueur AB.

§ IV. — MESURE DES GRANDEURS.

14. Pour mesurer une grandeur on fait choix d'une grandeur de même espèce, que l'on prend pour unité, et l'on cherche combien de fois la grandeur qu'il s'agit de mesurer contient soit l'unité, soit une partie *aliquote* de l'unité, c'est-à-dire une partie obtenue en partageant cette unité en un certain nombre de parties égales.

Pour fixer les idées, supposons que la grandeur à mesurer soit la longueur d'une portion de droite; désignons cette longueur par A. Prenons pour unité la longueur d'une autre portion de droite, et désignons cette longueur par B.

Si la longueur A contient l'unité B un nombre exact de

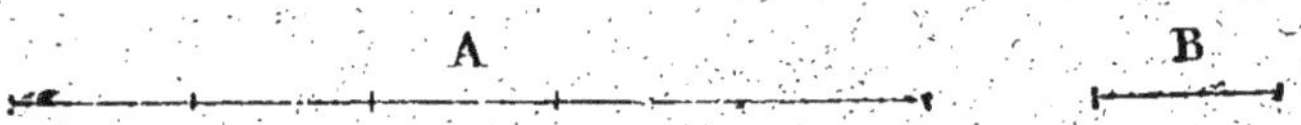

Fig. 4.

fois, 5 fois par exemple (*fig.* 4), le nombre 5 est la *mesure* de la longueur A.

Si la longueur A ne contient pas un nombre exact de fois

Fig. 5.

l'unité B, on partage cette unité en un certain nombre de parties égales, et l'on cherche combien la longueur A contient de ces parties. Supposons, par exemple, que l'unité B ait été partagée en 7 parties égales, et que A contienne 12 de ces parties (*fig.* 5) : la fraction $\frac{12}{7}$ est la *mesure* de la longueur A. Plus généralement, si la n^e partie de B est contenue m fois dans A, la

mesure de A, lorsqu'on prend B pour unité, est la fraction $\dfrac{m}{n}$.

15. Lorsqu'une *partie aliquote* de B est contenue un nombre exact de fois dans A, cette partie aliquote de B est dite une *commune mesure* entre A et B, et les longueurs A et B sont dites *commensurables entre elles*. Tant qu'il en est ainsi, on sait mesurer exactement la longueur A en prenant la longueur B pour unité, et la *mesure* est un nombre entier ou fractionnaire.

Mais il peut arriver qu'il n'y ait aucune partie aliquote de B, si petite qu'elle soit, qui soit contenue un nombre exact de fois dans A; dans ce cas, on dit que les longueurs A et B, qui n'ont pas de commune mesure, sont *incommensurables entre elles*.

Lorsque la longueur à mesurer A et l'unité choisie B sont incommensurables, au lieu de mesurer la longueur A elle-même, on mesure deux longueurs A_1 et A_2, l'une inférieure, l'autre supérieure à A, commensurables l'une et l'autre avec l'unité B, et les nombres ainsi obtenus sont appelés des *mesures approchées* de A, l'une par défaut, l'autre par excès.

Partageons par exemple B en 7 parties égales, et supposons

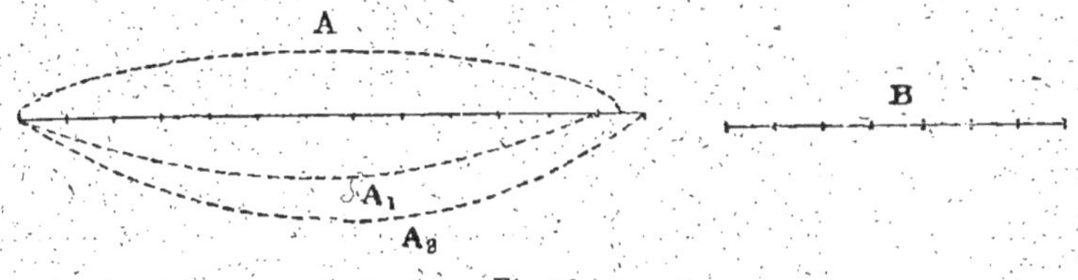

Fig. 6.

que A contienne 12 de ces parties, et n'en contienne pas 13 (*fig.* 6); la longueur A se trouve ainsi comprise entre une longueur A_1 égale à $\dfrac{12}{7}$ de B, et une longueur A_2 égale à $\dfrac{13}{7}$ de B.

Les nombres $\dfrac{12}{7}$ et $\dfrac{13}{7}$, mesures des longueurs A_1 et A_2, seront dits des *mesures approchées* de A, l'une par défaut, l'autre par excès. Comme les longueurs A_1 et A_2 comprennent la longueur A, et diffèrent entre elles de $\dfrac{1}{7}$ de l'unité B, chacune de ces longueurs diffère de A de moins de $\frac{1}{7}$ de l'unité; pour cette raison, nous dirons que les nombres $\frac{12}{7}$ et $\frac{13}{7}$ sont des mesures approchées de A, à moins de $\frac{1}{7}$.

Plus généralement, si A contient plus de m fois et pas $m+1$ fois la n^e partie de B, les nombres $\frac{m}{n}$ et $\frac{m+1}{n}$, mesures de deux longueurs A_1 et A_2 qui comprennent A, et dont chacune diffère de A de moins de $\frac{1}{n}$ de l'unité B, sont dits des *mesures approchees* de la longueur A, à *moins de* $\frac{1}{n}$.

Si l'on imagine que le nombre n croisse indéfiniment, les longueurs mesurées A_1 et A_2 finissent par différer de la grandeur à mesurer A d'une quantité aussi petite qu'on le voudra; on exprime ce fait en disant que ces longueurs *tendent vers une limite commune* qui est la longueur A. Cela étant, les nombres qui mesurent ces longueurs doivent aussi tendre vers une limite commune; mais cette limite ne peut être ni un nombre entier, ni un nombre fractionnaire, puisque nous supposons qu'aucune partie aliquote de B n'est contenue un nombre exact de fois dans A. On donne à cette limite le nom de *nombre incommensurable*. C'est cette limite qu'il convient d'appeler *mesure* de la longueur A, quand on prend la longueur B pour unité; mais comme cette *mesure* n'est ni un nombre entier, ni un nombre fractionnaire, on la remplace toujours dans les calculs par une *mesure approchée*. On pourra toujours choisir le nombre n assez grand pour que l'erreur commise, en prenant pour mesure de A avec B pour unité l'un ou l'autre des nombres $\frac{m}{n}$ ou $\frac{m+1}{n}$, soit une erreur négligeable.

16. Nous avons supposé, pour fixer les idées, que la grandeur à mesurer est la longueur d'une portion de droite, mais ce qui précède s'applique également à la mesure des grandeurs d'autre espèce que l'on rencontre en géométrie.

17. On appelle *rapport* de deux grandeurs de même espèce, rangées dans un certain ordre, le nombre qui est la *mesure* de la première quand on prend la seconde pour unité.

Pour indiquer le rapport d'une grandeur A à une autre grandeur de même espèce B, on emploie la notation $\frac{A}{B}$, les lettres A et B n'étant ici que les noms des grandeurs et non les nombres qui les mesurent. Si A contient m fois la n^e partie de B, ce rapport est la fraction $\frac{m}{n}$, et l'on écrit

$$\frac{A}{B} = \frac{m}{n}.$$

Si A contient plus de m fois et moins de $m+1$ fois la n^e partie de B, ce rapport est compris entre $\frac{m}{n}$ et $\frac{m+1}{n}$, et l'on écrit

$$\frac{m}{n} < \frac{A}{B} < \frac{m+1}{n}.$$

18. REMARQUE. Il n'est pas toujours commode, étant donnée une grandeur A, de la comparer à une autre grandeur donnée de même espèce B prise pour unité, et par suite de trouver le nombre qui est la *mesure* de A, B étant l'unité.

Soit alors C une troisième grandeur de même espèce, que nous prendrons pour unité auxiliaire, et supposons qu'on puisse mesurer séparément, avec cette unité auxiliaire C, les grandeurs A et B; on peut de ces deux mesures particulières, C étant l'unité, déduire, au moyen du théorème suivant, le *rapport* de A à B, ou, ce qui revient au même, la mesure de A, B étant l'unité.

19. **Théorème**. *Soient* A, B, C, *trois grandeurs de même espèce; on obtient le rapport de A à B, ou la mesure de A, B étant l'unité, en divisant le nombre qui mesure A, C étant l'unité, par le nombre qui mesure B, C étant l'unité.*

Supposons par exemple que, C étant l'unité, A soit mesurée

par le nombre $\frac{4}{7}$; cela veut dire que le *rapport* de A à C est $\frac{4}{7}$; supposons de même que, C étant l'unité, B soit mesurée par le nombre $\frac{5}{11}$, c'est-à-dire que le *rapport* de B à C soit $\frac{5}{11}$; on a ainsi par hypothèse

$$\frac{A}{C} = \frac{4}{7} \quad \text{et} \quad \frac{B}{C} = \frac{5}{11};$$

je dis que l'on a

$$\frac{A}{B} = \frac{4}{7} : \frac{5}{11}.$$

En effet, en réduisant les deux fractions $\frac{4}{7}$, $\frac{5}{11}$ au même dénominateur, on a

$$\frac{A}{C} = \frac{4 \times 11}{77}, \quad \frac{B}{C} = \frac{7 \times 5}{77},$$

ce qui veut dire que la 77e partie de C est contenue dans A un nombre de fois égal à 4×11, et dans B un nombre de fois égal à 7×5. Si donc on partage B en 7×5 parties égales, A contient exactement 4×11 de ces parties, et la mesure de A, quand on prend B pour unité, ou le rapport $\frac{A}{B}$, est le nombre $\frac{4 \times 11}{7 \times 5} = \frac{4}{7} : \frac{5}{11}$. On a donc

$$(1) \qquad \frac{A}{B} = \frac{A}{C} : \frac{B}{C},$$

ce qu'il fallait démontrer.

LIVRE I

LIGNE DROITE

§ I. — ANGLES; DROITES PERPENDICULAIRES.

20. Étant donné une droite indéfinie A'A (*fig.* 7), soit O un point quelconque de cette droite; ce point O détermine sur la droite deux portions indéfinies, OA,

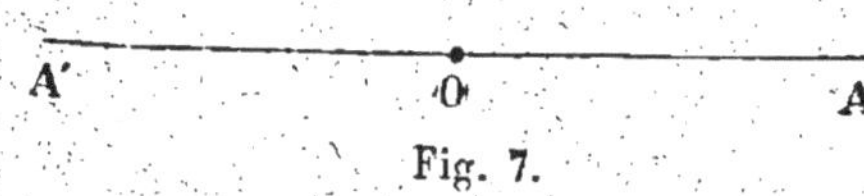

Fig. 7.

OA'; chacune de ces deux portions se nomme une *demi-droite*; on considère séparément chacune de ces deux demi-droites.

On appelle *angle* la figure formée par deux demi-droites, OA, OB, partant d'un même point O dans deux directions différentes, et limitées à ce point O; le point O est le sommet de l'angle; les demi-droites, OA, OB, sont ses côtés (*fig.* 8).

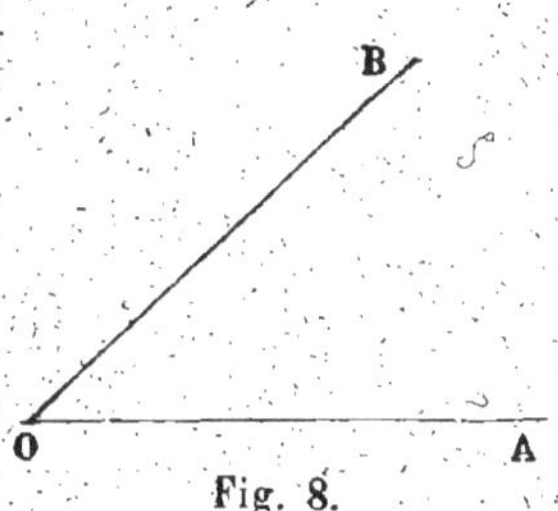

Fig. 8.

On désigne l'angle de deux demi-droites, OA, OB, soit par la lettre du sommet O, soit par trois lettres AOB, la lettre du sommet étant placée entre les deux autres. Quand plusieurs angles ont même sommet, on désigne chaque angle par trois lettres, afin d'éviter toute confusion.

21. Un angle est une grandeur susceptible d'augmentation et de diminution. Si l'on imagine une demi-droite fixe OA (*fig.* 9), et une demi-droite mobile OB tournant autour du point O, l'angle AOB, formé par la demi-droite fixe OA et par la demi-droite

mobile OB, augmente ou diminue selon que le mouvement se fait dans le sens de la flèche, ou dans le sens contraire. L'angle est nul quand la demi-droite OB coïncide avec OA.

On dit que deux figures sont *égales*, lorsqu'elles sont superposables.

Deux angles superposables sont deux grandeurs égales.

22. Si la demi-droite OB (*fig.* 9), en partant de la position OA et en tournant dans le même sens, vient se placer successivement sur les demi-droites, OB, OC, OD,.. OR, on dit que l'angle AOR est la *somme* des angles AOB, BOC, COD, etc.

Si les angles, AOB, BOC, COD,... sont égaux entre eux, et si leur

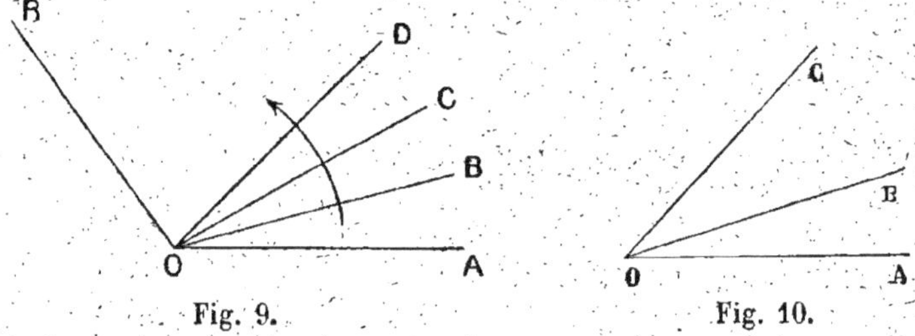

Fig. 9.   Fig. 10.

nombre est m, on dit que l'angle AOR est égal à m fois l'angle AOB.

23. On appelle *angles adjacents* deux angles qui ont même sommet, un côté commun, et sont situés de part et d'autre de leur côté commun. Tels sont les angles, AOB, BOC (*fig.* 10).

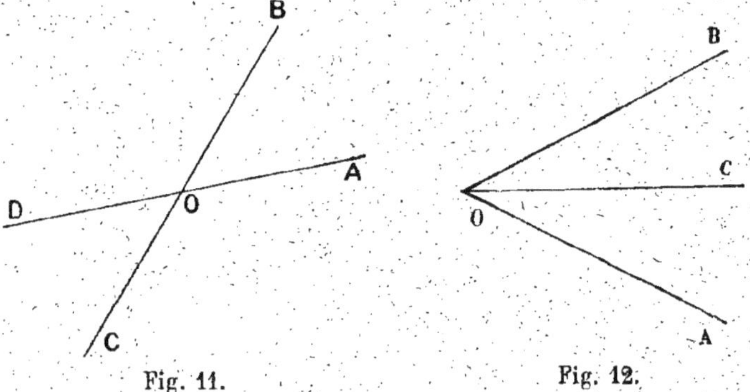

Fig. 11.   Fig. 12.

24. On appelle *angles opposés par le sommet* deux angles tels que chaque côté de l'un soit le prolongement d'un côté de l'autre, en sens contraire. Tels sont les angles AOB et COD (*fig.* 11).

25. On appelle *bissectrice* d'un angle AOB (*fig.* 12) une demi-

droite OC qui partage l'angle AOB en deux angles égaux, AOC, COB.

26. Une demi-droite OC, qui rencontre une droite indéfinie AB au point O, fait avec elle, d'un même côté de cette droite, deux

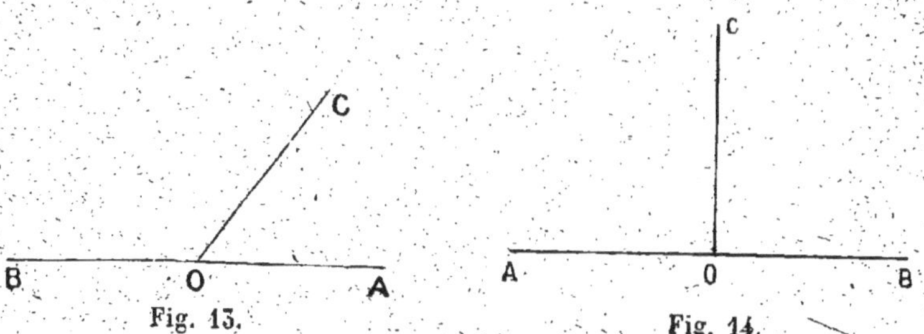

Fig. 13.   Fig. 14.

angles adjacents, COA, COB. Si les angles adjacents, COA, COB, sont inégaux, et c'est le cas général, (*fig.* 13), la demi-droite OC est dite *oblique* à la droite AB; si ces angles sont égaux, la demi-droite OC est dite *perpendiculaire* sur la droite AB (*fig.* 14). Le point O est le pied de la perpendiculaire ou de l'oblique.

27. On dit qu'un angle AOB est *droit*, quand l'un de ses côtés est perpendiculaire à l'autre (*fig.* 15).

Fig. 15.

Théorème.

28. *Par un point O d'une droite AB on peut toujours mener d'un côté de cette droite une demi-droite perpendiculaire à cette droite, et l'on n'en peut mener qu'une* (*fig.* 16).

Supposons que la demi-droite OC, d'abord appliquée sur OA, tourne autour du point O, dans le sens indiqué par la flèche, jusqu'à ce qu'elle vienne s'appliquer sur OB. L'angle AOC, d'abord nul, augmente sans cesse, tandis que l'angle BOC diminue sans cesse, jusqu'à devenir nul. L'angle AOC,

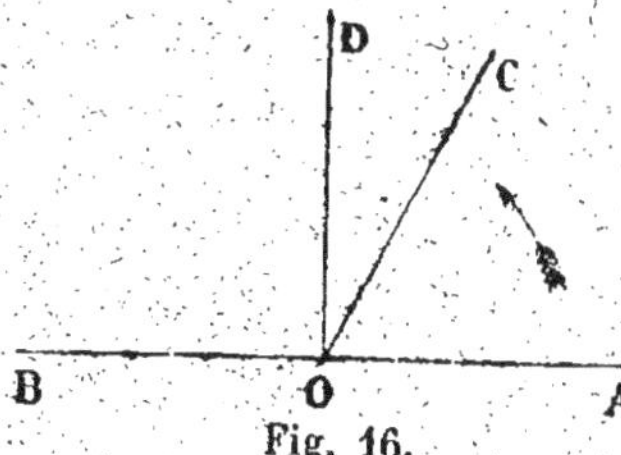

Fig. 16.

d'abord inférieur à l'angle BOC, s'en rapproche de plus en plus, lui devient égal, puis supérieur, et s'en écarte ensuite de plus en plus. Il y a donc, parmi les positions intermédiaires de la demiddroite OC, une position OD, et *une seule*, pour laquelle les aangles adjacents, AOD, BOD, sont égaux, c'est-à-dire pour laquelle la demi-droite est perpendiculaire à AB.

29. COROLLAIRE. *Tous les angles droits sont égaux.*

Soient deux angles droits, AOB, A'O'B' (*fig.* 17). Portons le second angle sur le pre-
mier, de façon que le côté O'A' s'applique sur le côté OA, le point O' sur le point O, et que le côté O'B' soit, par rapport à OA, du même côté que OB. La demi-droite O'B',

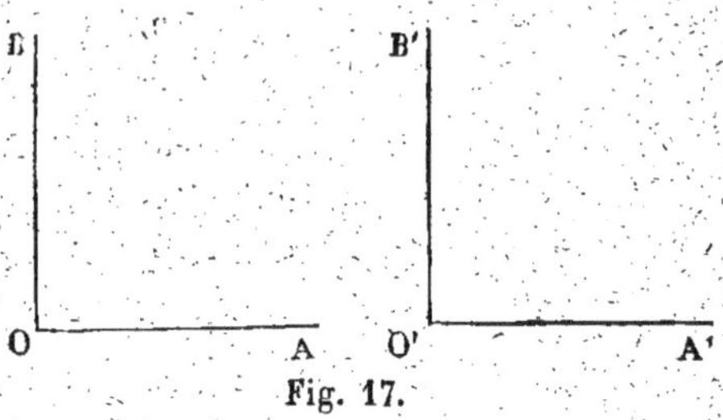

Fig. 17.

perpendiculaire à O'A', se placera sur la seule demi-droite OB perpendiculaire à OA que l'on puisse mener par le point O, du même côté que OB par rapport à OA ; donc, les angles droits, AOB, A'O'B', sont égaux.

30. Tous les angles droits étant égaux, l'angle droit est un type invariable auquel on peut comparer les autres angles.

On dit qu'un angle est *aigu* ou *obtus*, selon qu'il est plus petit ou plus grand qu'un angle droit. L'angle AOC (*fig.* 18) est un angle *ai-gu*, tandis que l'angle BOC est un angle *obtus*.

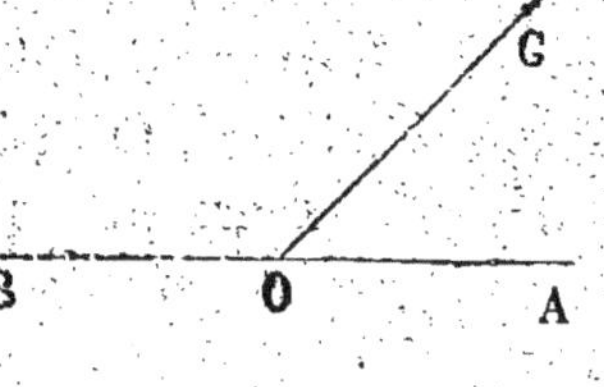

Fig. 18.

31. Deux angles sont dits *complémentaires* quand leur somme vaut un droit, *supplémentaires* quand leur somme vaut deux ddroits.

Théorème.

32. *Quand deux angles adjacents ont leurs côtés extérieurs en ligne droite, leur somme est égale à deux angles droits.*

Soient les deux angles adjacents AOC et BOC, dont les côtés extérieurs OA et OB sont en ligne droite (*fig.* 19) : la somme de ces angles vaut deux angles droits.

En effet, au point O, du même côté que OC par rapport à AB,

menons la demi-droite OD perpendiculaire à AB, et imaginons

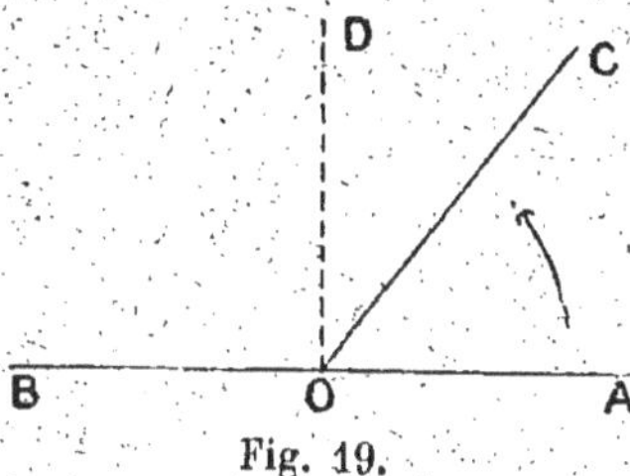

Fig. 19.

qu'une demi-droite mobile, tournant autour du point O dans le sens indiqué par la flèche, vienne de la position OA à la position OB ; cette demi-droite a tourné d'un certain angle que l'on peut regarder comme la somme des angles AOC et COB, et aussi comme la somme des angles droits AOD et DOB. Donc la somme des angles AOC et COB équivaut à deux angles droits.

33. Corollaire I. *La somme des angles, AOC, COD,... LOB*

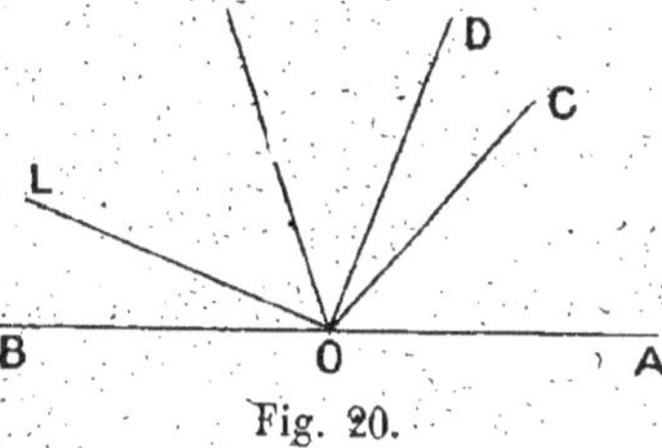

Fig. 20.

(fig. 20), formés autour d'un point O d'une droite AB, d'un même côté de cette droite, recouvrant toute la portion du plan située d'un même côté de cette droite AB, sans que deux angles recouvrent une même portion du plan, vaut deux angles droits.

En effet, la somme de ces angles équivaut à la somme des deux angles, AOC, COB, laquelle vaut deux angles droits.

34. Corollaire II. *La somme des angles AOB, BOC, COD....*

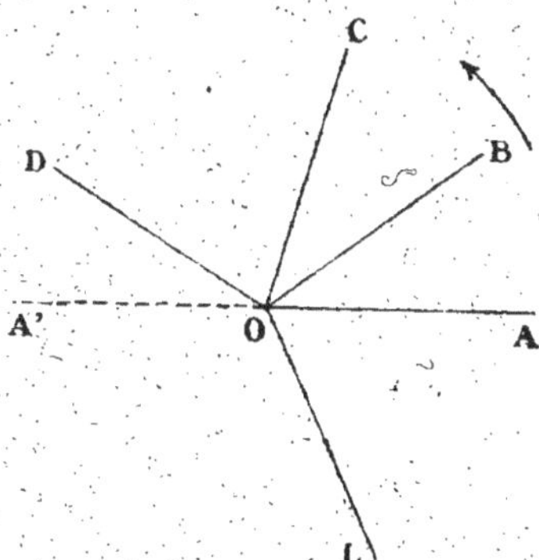

Fig. 21.

LOA (fig. 21), formés autour d'un point O, et recouvrant tout le plan sans que deux de ces angles recouvrent une même portion du plan, vaut quatre angles droits.

En effet, soit OA' le prolongement de AO ; la somme des angles considérés équivaut à la somme des angles formés autour du point O d'un côté de AA', plus la somme des angles formés autour du point O de l'autre côté de AA'. Chacune de ces deux sommes valant deux angles droits, la somme totale des angles formés autour du point O, et recouvrant tout le plan, vaut quatre angles droits.

Théorème.

35. Réciproquement. *Si deux angles adjacents sont supplémentaires, ils ont leurs côtés extérieurs en ligne droite.*

En effet, soient deux angles adjacents, AOC, COB, supplémentaires (*fig.* 22). Le prolongement de AO fait avec OC un angle qui, d'après le théorème précédent, est supplémentaire de l'angle AOC, et qui, par conséquent, est égal à l'angle COB. Donc le prolongement de AO coïncide

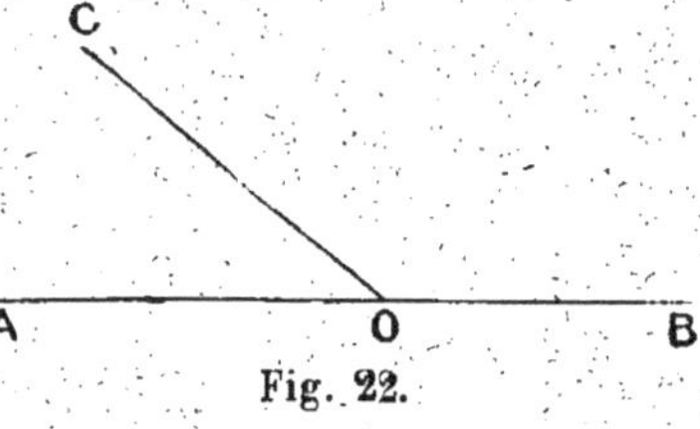

Fig. 22.

avec OB, et les côtés extérieurs des angles, AOC, COB, sont en ligne droite.

36. Corollaire. *Les deux demi-droites OB et OB′ que l'on peut mener, de part et d'autre d'une droite AA′, par un point O situé sur AA′, perpendiculaires à cette droite AA′, sont dans le prolongement l'une de l'autre (fig. 23).*

La droite indéfinie BOB′, dont les deux parties, OB, OB′, sont perpendiculaires à la droite AA′, est dite *une droite perpendiculaire à* AA′. Par un point O, pris sur une droite AA′, on peut mener une droite perpendiculaire à AA′, et l'on n'en peut mener qu'une.

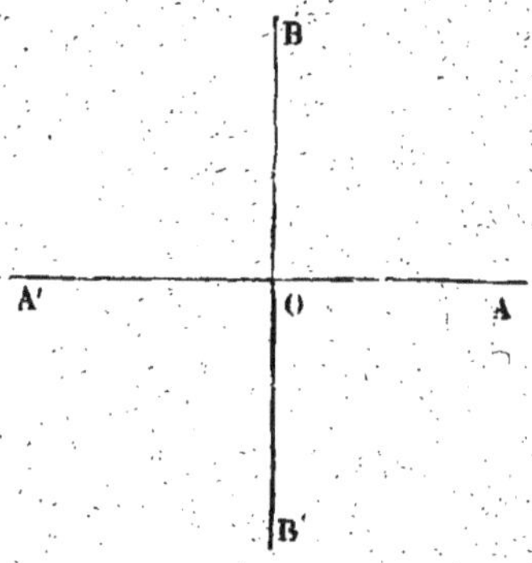

Si la droite BOB′ est perpendiculaire à la droite AOA′, chacune des deux demi-droites OA, OA′, est perpendiculaire à la droite BOB′, et, par suite, réciproquement, la droite indéfinie AOA′ est perpendiculaire à BOB′.

Fig. 23.

Chacune des deux droites indéfinies, AOA′, BOB′, étant perpendiculaire à l'autre, on dit que *les deux droites sont perpendiculaires*

Théorème.

37. *Deux angles opposés par le sommet sont égaux.*

Soient, AOB, A'OB', deux angles opposés par le sommet (*fig.* 24). Les angles adjacents, AOB, AOB', qui ont les côtés extérieurs en ligne droite, sont sup-

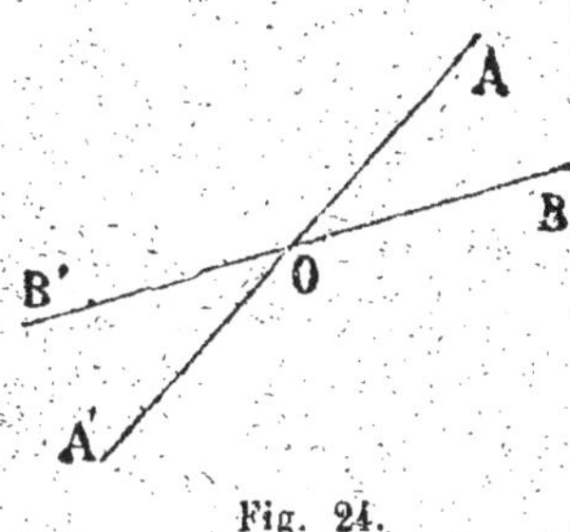

Fig. 24.

plémentaires; les angles adjacents, A'OB', AOB', sont aussi supplémentaires, pour la même raison. Donc, les angles, AOB, A'OB', tous deux supplémentaires du même angle AOB', sont égaux.

38. Remarque. Deux droites qui se coupent forment quatre angles; deux quelconques de ces angles sont, ou égaux comme opposés par le sommet, ou supplémentaires comme angles adjacents dont les côtés extérieurs sont en ligne droite.

Si l'un des quatre angles est droit, les trois autres sont droits.

Théorème.

39. *Les bissectrices des quatre angles formés par deux droites qui se coupent forment deux droites perpendiculaires.*

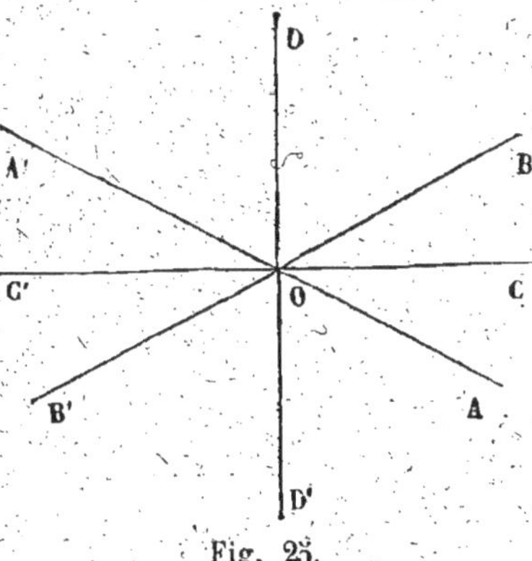

Fig. 25.

Soient, AA', BB', deux droites qui se coupent au point O, et OC la bissectrice de l'angle AOB, (*fig.* 25); on voit d'abord que le prolongement OC' de la droite OC, en sens contraire, est la bissectrice de l'angle A'OB'. En effet, cette droite OC' fait avec OA' l'angle A'OC' égal à l'angle AOC, et avec OB' l'angle B'OC' égal à l'angle BOC. Comme les angles, AOC, BOC, sont égaux par hypothèse, les angles A'OC' et B'OC' sont aussi égaux, et par conséquent le prolongement OC' de OC est la bissectrice de l'angle A'OB'.

De même, si la droite OD est la bissectrice de l'angle BOA', le prolongement OD' de OD, en sens contraire, est la bissectrice de l'angle B'OA.

Enfin, la somme des angles AOB, BOA', valant deux angles droits, l'angle COD, qui est la somme des moitiés de ces angles, et qui, par conséquent, vaut la moitié de leur somme, est un angle droit. Donc les droites bissectrices des quatre angles sont deux droites perpendiculaires CC' et DD'.

Théorème.

40. *Par un point O, pris hors d'une droite AB, on peut mener une perpendiculaire à cette droite, et l'on n'en peut mener qu'une (fig. 26).*

Faisons tourner la figure ABO autour de la droite AB, de manière à la rabattre sur la partie inférieure du plan ; le point O vient se placer en un certain point O'. Menons la droite OO', et soit C le point où cette droite rencontre AB. La droite CO venant, après le rabattement de la figure sur la partie inférieure du plan, se placer sur CO', l'angle OCB est égal à l'angle O'CB, et la droite OO', qui fait avec la droite AB des angles adjacents égaux, est perpendiculaire sur cette droite.

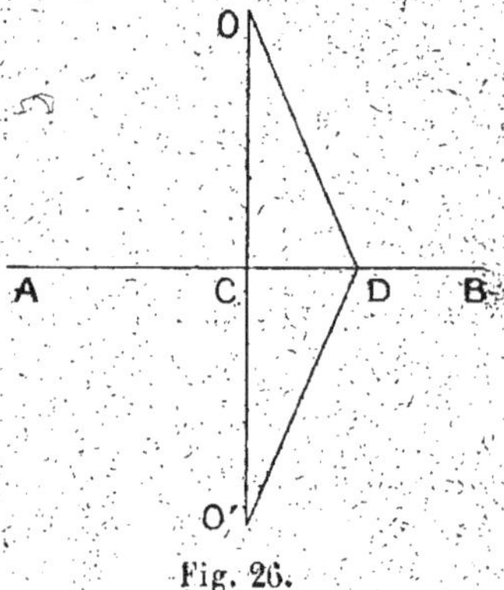
Fig. 26.

D'ailleurs, toute droite menée du point O à un point D de AB, autre que C, est oblique à AB. En effet, menons la droite OD ; les angles, ADO, ADO', sont égaux, car ils coïncident quand on fait tourner la partie supérieure du plan autour de AB pour la rabattre sur la partie inférieure. Ces angles égaux ne sont pas supplémentaires, car ils sont adjacents, et leurs côtés extérieurs ne sont pas en ligne droite ; donc ce ne sont pas des angles droits, et, par conséquent, la droite OD est oblique sur la droite AB.

§ II. — TRIANGLES ET POLYGONES.

41. Définitions. Étant donné dans le plan un certain nombre de points A, B, C..., E, F, *rangés dans un ordre déterminé*, et tels que trois consécutifs ne sont pas en ligne droite (*fig.* 27), si l'on mène les portions de droite qui joignent le premier point A au second B, puis le second B au troisième C, etc., puis enfin le dernier point F au premier A, on forme une figure fermée qui porte le nom de *polygone*. Les points successifs A, B, C..., E, F se nomment les *sommets* : les portions de droite AB, BC,... EF, FA sont les *côtés* du polygone ; chaque angle formé par les deux côtés consécutifs, comme l'angle ABC par exemple, est un *angle* du polygone.

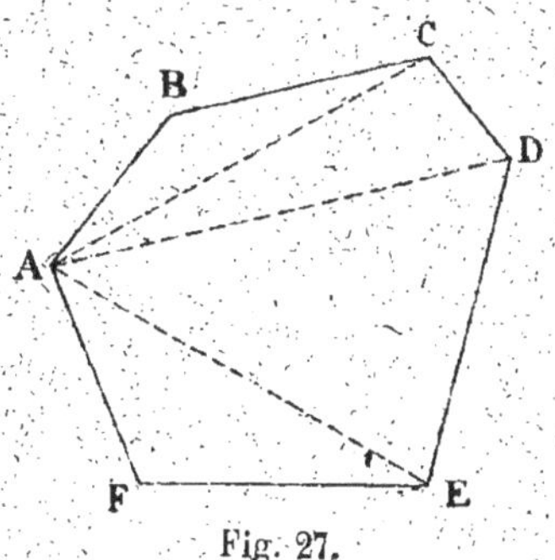

Fig. 27.

Une portion de droite qui joint deux sommets non consécutifs est une *diagonale* ; AC, AD, etc., sont des diagonales.

L'ensemble des côtés d'un polygone forme une ligne brisée fermée ; la somme des côtés est appelée *périmètre*.

42. Une ligne brisée non fermée est aussi appelée ligne *polygonale* ; les portions de droites dont elle se compose sont les *côtés* de la ligne polygonale ; la somme des côtés est encore appelée *périmètre*.

On dit qu'une ligne polygonale, ouverte ou fermée, est *convexe*, lors-

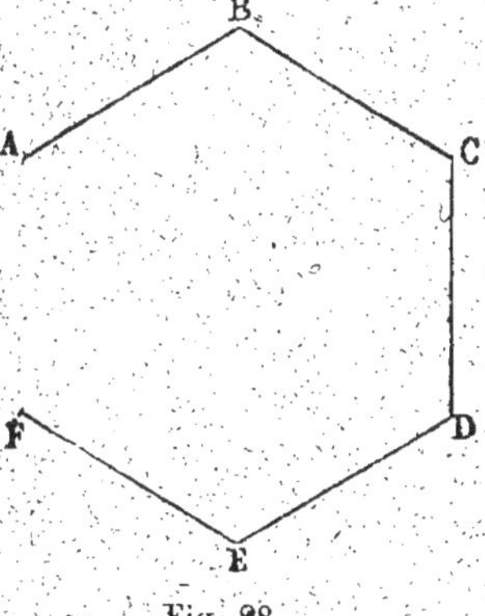

Fig. 28.

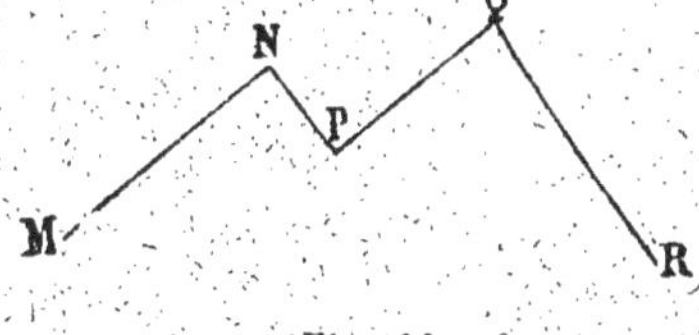

Fig. 29.

qu'elle est tout entière d'un même côté par rapport à l'un quelconque de ses côtés supposé prolongé indéfiniment ; dans le cas contraire on dit qu'elle n'est pas convexe. La ligne polygonale ABCDEF (*fig.* 28) est convexe ; la ligne MNPQR (*fig.* 29) n'est pas convexe, car elle a des parties situées de part et d'autre de son côté NP.

Une droite ne peut rencontrer une ligne polygonale convexe en plus de deux points. Car, si une droite RR′ (*fig.* 30) rencontre une ligne polygonale en trois points M, N, P, dont le point N est entre les deux autres,

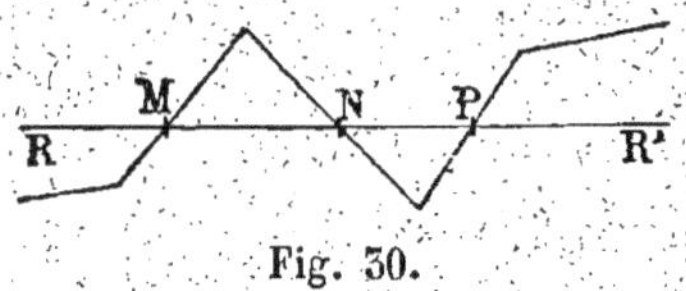

Fig. 30.

les deux points M et P de la ligne polygonale sont de part et d'autre par rapport au côté de cette ligne qui contient le point N, et par conséquent la ligne polygonale n'est pas convexe.

Un polygone est dit *convexe*, ou *non convexe*, selon que son contour est une ligne brisée *convexe*, ou *non convexe*. On appelle *quadrilatère*, *pentagone*, *hexagone*, etc., un polygone de quatre, cinq, six, etc., côtés.

43. Triangle. Un polygone ne peut avoir moins de trois côtés ; un polygone de trois côtés est un *triangle*.

On peut encore dire qu'un triangle est la figure formée par trois droites ne se coupant pas en un même point, et limitées à leurs intersections deux à deux.

Un triangle est dit *scalène* (*fig.* 31) quand ses trois côtés sont inégaux, *isocèle* quand deux de ses côtés sont égaux, *équi-*

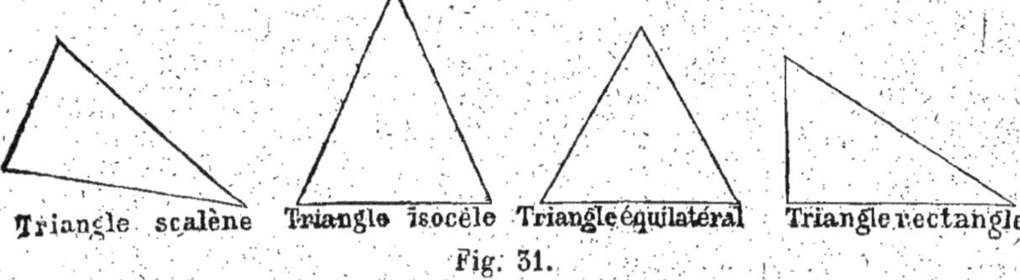

Fig. 31.

latéral quand ses trois côtés sont égaux. Si l'un des angles est droit, le triangle est dit *rectangle*, et le côté opposé à l'angle droit est appelé *hypoténuse*.

La droite menée d'un sommet d'un triangle au milieu du côté opposé est appelée *médiane*.

On appelle *hauteur* d'un triangle la perpendiculaire menée d'un sommet du triangle au côté opposé; le côté perpendiculaire à la hauteur est appelé *base* du triangle. On peut prendre pour base un quelconque des trois côtés. Dans le triangle isocèle, on désigne plus particulièrement sous le nom de *base* le côté opposé au point de concours des côtés égaux.

§ III. — TRIANGLE ISOCÈLE.

Théorème.

44. *Dans un triangle isocèle, les angles opposés aux côtés égaux sont égaux.*

Soit, dans le triangle ABC (*fig.* 32), AB = AC; il faut démontrer que l'angle C est égal à l'angle B.

Imaginons que l'on détache du triangle ABC un triangle égal A'B'C', que l'on retourne ce triangle de façon que la face primitivement vue devienne la face cachée, et qu'on le transporte sur le triangle ABC de façon que, l'angle A' coïncidant avec l'angle égal A, le côté A'C' prenne la direction AB, et le côté A'B' la direction AC; comme le côté A'C', qui d'abord coïncidait avec AC, est par hypothèse égal au côté AB, le point C' tombe en B; pour la même raison, le point B' tombe en C, et les deux figures coïncident. Donc, l'angle C' est égal à l'angle B. Mais l'angle C' n'est autre chose que l'angle C; donc l'angle C est égal à l'angle B.

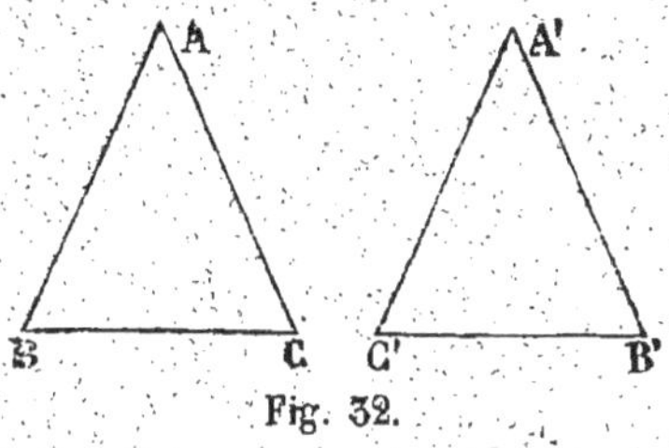
Fig. 32.

Il est bon de remarquer que cette démonstration met en évidence la propriété du triangle isocèle d'être *superposable à lui-même après retournement*.

45. Réciproquement. *Si, dans un triangle, deux angles sont égaux, les côtés opposés sont égaux.*

Soit le triangle ABC (*fig.* 33), dans lequel B = C, il faut démontrer que AC = AB.

Détachons encore du triangle ABC un triangle égal A'B'C',

retournons ce triangle, et portons-le sur le triangle ABC de façon que le côté B′C′ tombe sur le côté égal BC, C′ en B, B′ en C, et que les points A et A′ soient du même côté du côté commun BC. Comme l'angle C′, qui d'abord coïncidait avec l'angle C, est par hypothèse égal à l'angle B, le côté C′A′ prend la direction BA ; de même, l'angle B′, qui d'abord coïncidait avec

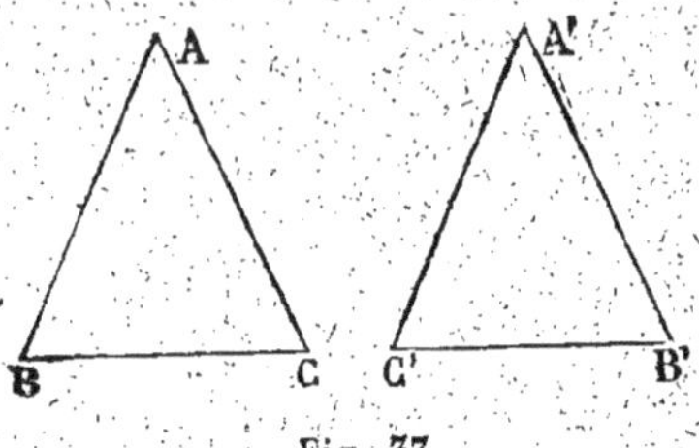

Fig. 33.

l'angle B, étant égal à l'angle C, le côté B′A′ prend la direction CA, et le point A′ tombe à la fois sur BA et sur CA, c'est-à-dire en A. Il suit de là que le côté A′B′, qui d'abord coïncidait avec AB, coïncide maintenant avec AC ; donc AC et AB sont égaux.

46. COROLLAIRE. *Un triangle équilatéral a ses trois angles égaux.* On exprime ce fait en disant que le triangle équilatéral est *équiangle.*

Réciproquement : *un triangle équiangle est équilatéral.*

Théorème.

47. *Dans un triangle isocèle, la bissectrice de l'angle compris entre les côtés égaux est perpendiculaire sur le troisième côté, et le partage en deux parties égales.*

Soit AD la bissectrice de l'angle A compris entre les côtés égaux AB, AC (*fig.* 34) ; il faut démontrer que les angles ADB, ADC, qui sont supplémentaires, sont égaux, et que DB = DC. Faisons tourner autour de AD la partie ADB de la figure pour la rabattre sur la partie ADC ; l'angle DAB étant égal à l'angle DAC, le côté AB prend la direction AC, et, comme AB = AC, le point B vient coïncider avec le point C. Les deux triangles ADB, ADC, coïncidant, on a : angle ADB = angle ADC, et DB = DC.

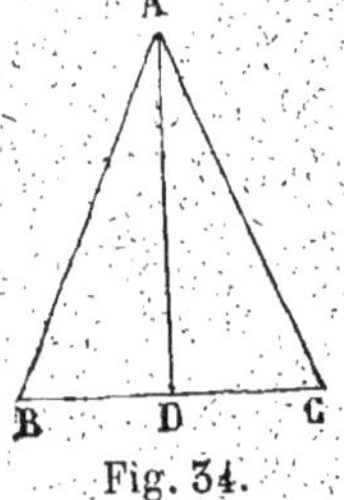

Fig. 34.

48. REMARQUE. La droite AD est à la fois la bissectrice de l'angle A, la médiane issue du sommet A, la perpendiculaire

abaissée du sommet A sur le côté opposé, la perpendiculaire au côté BC menée par son milieu. Or, un seul de ces caractères suffit pour déterminer la droite AD. On peut donc déduire du théorème précédent les corollaires suivants :

49. Corollaire I. *Dans un triangle isocèle, la médiane menée par le point de concours des côtés égaux est bissectrice de l'angle formé par ces côtés et est perpendiculaire sur le troisième côté.*

50. Corollaire II. *Dans un triangle isocèle, la perpendiculaire menée par le point de concours des côtés égaux sur le troisième côté est bissectrice de l'angle des côtés égaux, et passe par le milieu du troisième côté.*

51. Corollaire III. *Dans un triangle isocèle, la perpendiculaire menée à la base par son milieu passe par le sommet opposé et est bissectrice de l'angle formé par les côtés égaux.*

§ IV. — CAS D'ÉGALITÉ DES TRIANGLES; THÉORÈMES CONCERNANT LES TRIANGLES.

52. **Définitions.** Les trois côtés et les trois angles d'un triangle forment six grandeurs que l'on nomme les six *éléments* du triangle.

On dit que deux triangles sont *égaux* quand ils sont superposables.

Quand deux triangles sont égaux, les six éléments de l'un sont respectivement égaux aux six éléments de l'autre.

On appelle *cas d'égalité des triangles* certains cas dans lesquels on peut affirmer que deux triangles sont égaux.

Théorème.

(Premier cas d'égalité des triangles.)

53. *Deux triangles qui ont un côté égal adjacent à deux angles égaux, chacun à chacun, sont égaux.*

Soient les deux triangles ABC, A'B'C' (*fig.* 35), dans lesquels BC = B'C', B = B', C = C' ; ces deux triangles sont égaux.

En effet, portons le triangle A'B'C' sur le triangle ABC, de
façon que le côté B'C' tombe sur le côté BC qui lui est égal,
B' en B, C' en C, et plaçons les
deux triangles d'un même côté du
côté commun BC. L'angle B' étant
égal à l'angle B, le côté B'A' prend
la direction BA, et le point A' tombe
quelque part sur BA; de même
l'angle C' étant égal à l'angle C, le
côté C'A' prend la direction CA,

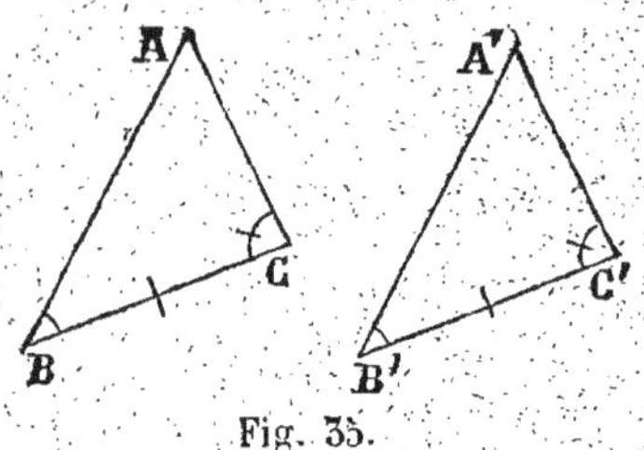

Fig. 35.

et le point A' tombe sur CA. Le point A' tombant sur BA et sur
CA, tombe nécessairement au point d'intersection A de ces deux
droites. Donc les deux triangles coïncident et sont égaux.

Il suit de là que les trois égalités BC = B'C', B = B', C = C,
entraînent, comme conséquences, les trois égalités : A = A',
AB = A'B', AC = A'C'.

Théorème.

(Deuxième cas d'égalité des triangles.)

54. *Deux triangles qui ont un angle égal compris entre
deux côtés égaux, chacun à chacun, sont égaux.*

Soient les deux triangles ABC et A'B'C' (*fig.* 36), dans lesquels A = A', AB = A'B', AC = A'C'; ces deux triangles sont
égaux.

En effet, portons le triangle
A'B'C' sur le triangle ABC, de
façon que le côté A'B' tombe sur
le côté AB qui lui est égal, A' en
A, B' en B, et plaçons les deux
triangles du même côté du côté
commun AB. L'angle A' étant égal

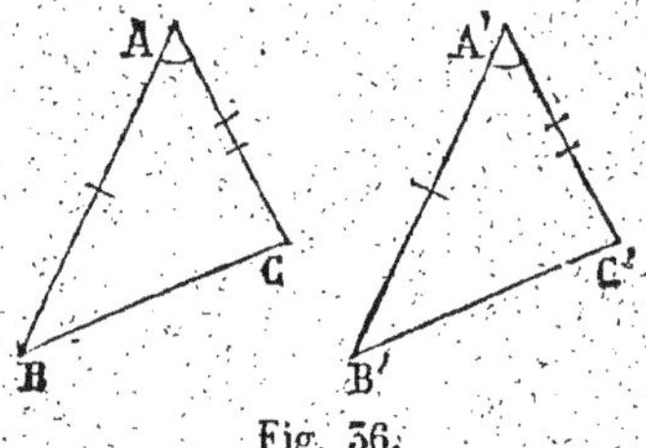

Fig. 36.

à l'angle A, le côté A'C' prend la direction AC, et comme d'ailleurs A'C' = AC, le point C' tombe en C; A' étant en A, B' en
B, C' en C, les triangles coïncident; donc ils sont égaux.

Il suit de là que les trois égalités A = A', AB = A'B',
AC = A'C', entraînent, comme conséquences, les trois égalités :
BC = B'C', B = B', C = C'.

Théorème.

(Troisième cas d'égalité des triangles.)

55. *Deux triangles qui ont les trois côtés égaux, chacun à chacun, sont égaux.*

Soient les deux triangles ABC, A′B′C′ (*fig.* 37), dans lesquels $BC = B′C′$, $AC = A′C′$, $AB = A′B′$; ces deux triangles sont égaux. En effet, transportons le triangle A′B′C′ à côté du triangle ABC, en le retournant de façon que le côté B′C′ coïncide

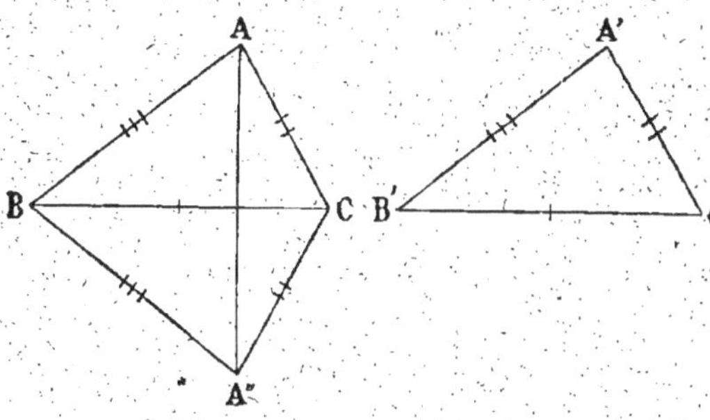

Fig. 37.

avec le côté égal BC, B′ en B, et C′ en C, et que le sommet A′ vienne se placer en A″, du côté opposé, par rapport à BC, à celui où est le sommet A. Joignons les points A et A″. Les côtés BA, BA″ du triangle ABA″ étant égaux, la bissectrice de l'angle ABA″ est perpendiculaire à AA″, en son milieu (47); d'autre part, les côtés CA, CA″ du triangle ACA″ étant égaux, la perpendiculaire à AA″, en son milieu, passe par le point C (51); donc la bissectrice de l'angle ABA″ se confond avec la droite BC. Il suit de là que l'angle ABC est égal à l'angle A″BC, c'est-à-dire à l'angle A′B′C′. Donc, les deux triangles ABC, A′B′C′, sont égaux comme ayant un angle égal compris entre deux côtés égaux, chacun à chacun.

Il suit de là que les trois égalités $AB = A′B′$, $AC = A′C′$, $BC = B′C′$, entraînent, comme conséquences, les trois égalités $C = C′$, $B = B′$, $A = A′$.

56. Remarque. Des théorèmes précédents il résulte que deux triangles ont leurs six éléments égaux chacun à chacun dès qu'ils ont trois éléments égaux chacun à chacun et que ces éléments forment un des trois groupes suivants :

1° Un côté et les deux angles adjacents;

2° Deux côtés et l'angle compris ;

3° Les trois côtés.

Dans l'étude des figures, on se servira souvent de l'égalité de deux triangles pour démontrer soit l'égalité de deux angles, soit l'égalité de deux portions de droite.

Théorème.

57. *Si l'on prolonge un côté d'un triangle au delà d'un de ses sommets, le prolongement de ce côté et le côté adjacent forment un angle extérieur qui est plus grand que chacun des angles intérieurs non adjacents.*

Soit, par exemple, l'angle extérieur ACR formé par le prolongement CR de BC, et par le côté CA (*fig.* 38) ; il faut montrer que cet angle est supérieur à chacun des angles A et B. Joignons le point B au milieu D de AC, prolongeons BD d'une longueur DE égale à BD, et menons la droite CE, droite qui est nécessairement dans l'angle ACR. Les

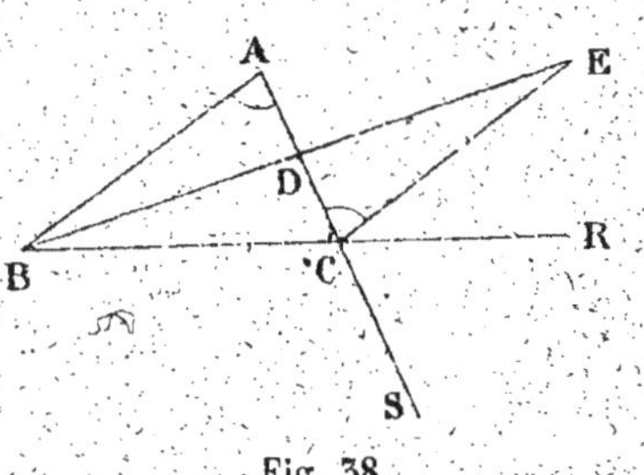

Fig. 38.

deux triangles ABD, CDE sont égaux, comme ayant un angle égal, ADB = CDE, compris entre deux côtés égaux chacun à chacun par construction. Il en résulte que l'angle DCE est égal à l'angle A ; or l'angle DCE n'est qu'une partie de l'angle ACR, donc l'angle ACR surpasse l'angle A.

En joignant le point A au milieu de BC on démontrerait de même que l'angle extérieur BCS formé par le prolongement CS de AC et par le côté CB surpasse l'angle B ; or les angles BCS, ACR, opposés par le sommet, sont égaux ; donc l'angle ACR surpasse aussi l'angle B.

58. COROLLAIRE. *La somme de deux angles d'un triangle est inférieure à deux angles droits.*

En effet dans le triangle ABC, les deux angles en C étant

supplémentaires, et l'angle extérieur ACR étant plus grand que chacun des angles non adjacents, on a $A < 2^{dr} - C$, ou $A + C < 2^{dr}$.

Théorème.

59. *A deux côtés inégaux d'un triangle sont opposés des angles inégaux; au plus grand côté est opposé le plus grand angle.*

Soit, dans le triangle ABC, $AB > AC$ (*fig.* 39). Il faut démontrer que l'angle ACB surpasse l'angle ABC. Prenons sur AB, à partir du point A, la longueur AD égale à AC, et menons la droite DC.

Le point D étant entre A et B, la droite CD est à l'intérieur

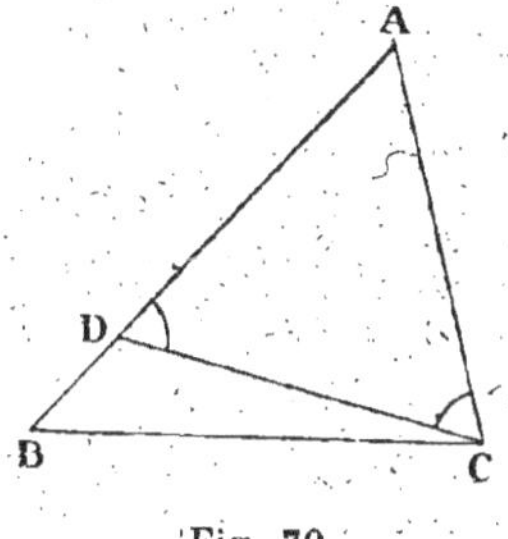

Fig. 39.

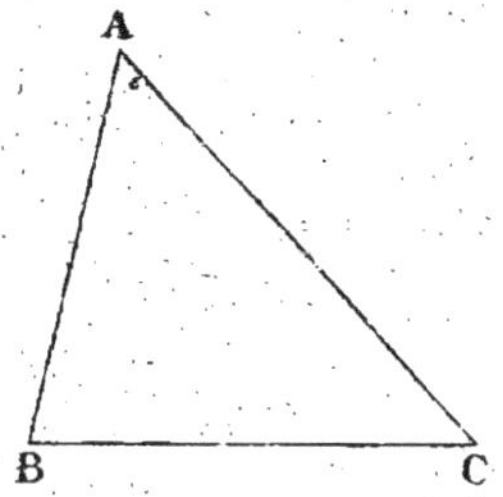

Fig. 40.

de l'angle ACB. L'angle ACB surpasse donc l'angle ACD; mais l'angle ACD est égal à l'angle ADC (44); et ce dernier angle, extérieur au triangle BDC, surpasse l'angle B (57). Donc, *a fortiori*, l'angle ACB surpasse l'angle ABC.

60. Réciproquement. *A deux angles inégaux d'un triangle sont opposés deux côtés inégaux; au plus grand angle est opposé le plus grand côté.*

Soit, dans le triangle ABC, $B > C$ (*fig.* 40). Le côté AC surpasse le côté AB; car, s'il était moindre que AB, ou égal à AB, l'angle B serait moindre que l'angle C (59), ou égal à l'angle C (44), ce qui est contraire à l'hypothèse.

Théorème.

61. *Dans un triangle un côté quelconque est plus petit que la somme des deux autres.*

Par exemple, dans le triangle ABC, le côté BC est moindre que $AB + AC$ (*fig. 41*). En effet, prolongeons BA au delà du point A d'une longueur AD égale à AC, et menons la droite CD.

Le triangle ADC étant isocèle, l'angle D est égal à l'angle ACD, et, par conséquent, est moindre que l'angle BCD. Donc, dans le triangle BCD, le côté BC opposé à l'angle D est moindre que le côté BD opposé à l'angle BCD. Mais BD est égal à $AB + AC$; donc on a

$$BC < AB + AC.$$

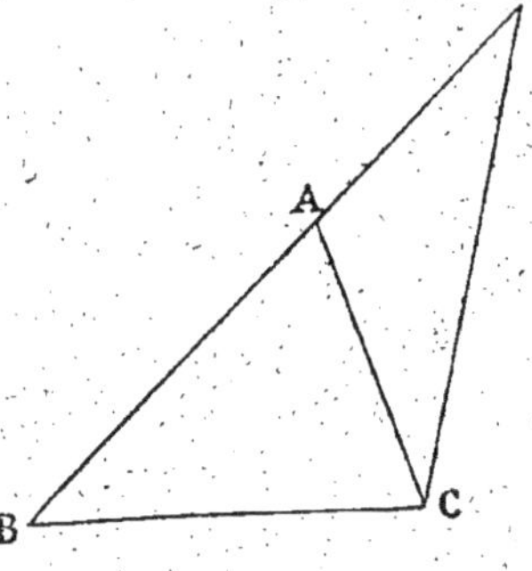

Fig. 41.

62. Corollaire. *Dans un triangle un côté quelconque est plus grand que la différence des deux autres.*

Soit AB le plus grand des deux côtés AB et AC; le côté BC est plus grand que $AB - AC$. En effet, d'après le théorème précédent, on a

$$AB < BC + AC,$$

et, en retranchant de part et d'autre AC,

$$AB - AC < BC \quad \text{ou} \quad BC > AB - AC.$$

Théorème.

63. *Si l'on joint un point quelconque D pris dans l'intérieur d'un triangle ABC (fig. 42) aux extrémités B et C d'un côté du triangle, la somme des distances DB et DC est toujours moindre que la somme des deux autres côtés AB et AC du triangle.*

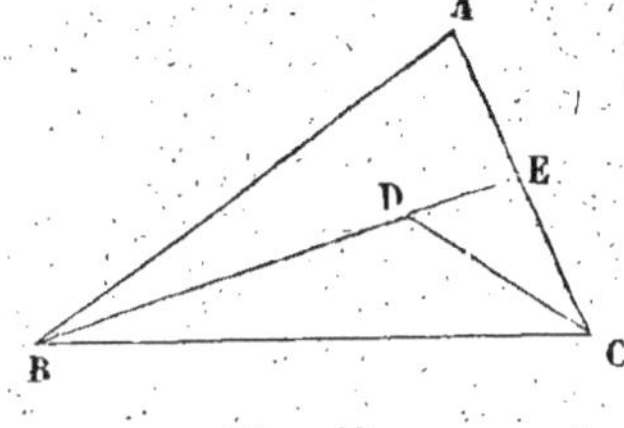

Fig. 42.

En effet, le point D étant dans l'intérieur du triangle, le prolongement de BD rencontre nécessairement le côté AC entre A et C. Soit E ce point de rencontre dans le triangle ABE, on a

$$BE < AB + AE$$

d'après le théorème précédent, ou, en remplaçant BE par la somme égale BD + DE,

$$BD + DE < AB + AE.$$

Dans le triangle DCE, on a

$$DC < DE + EC,$$

et, en ajoutant membre à membre,

$$BD + DE + DC < AB + AE + DE + EC.$$

Si l'on retranche DE de part et d'autre, et si l'on remplace la somme AE + EC par AC, on a enfin

$$BD + DC < AB + AC.$$

Théorème.

64. *Si deux triangles ont deux côtés égaux chacun à chacun comprenant des angles inégaux, les troisièmes côtés sont inégaux, et celui qui est opposé au plus petit angle est le plus petit.*

Soient les triangles ABC, DEF (*fig.* 43), dans lesquels on a

$$AB = DE, \qquad AC = DF, \qquad BAC < EDF.$$

Transportons le triangle ABC de façon que le côté AB se place

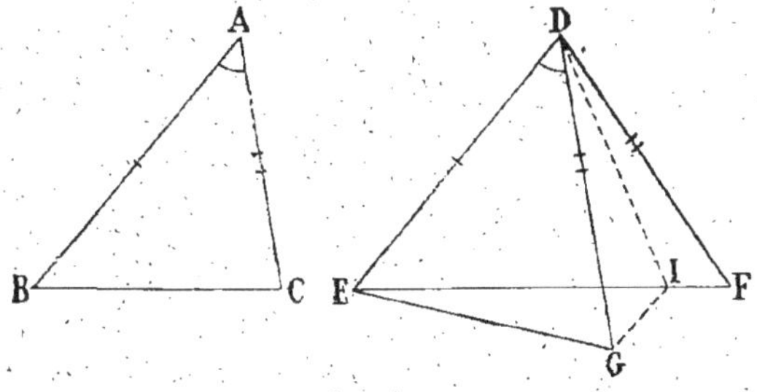

Fig. 43.

sur le côté égal DE, A en D, B en E, et que le triangle ABC

soit, par rapport à DE, du même côté que le triangle DEF.
L'angle BAC étant moindre que l'angle EDF, le côté AC tombera
dans l'angle EDF, et le triangle ABC occupera la position EDG.
Menons la bissectrice de l'angle GDF; elle rencontre le côté EF
en un point I situé dans l'angle EDF, et, par conséquent, entre
E et F. Joignons IG. Les deux triangles DIG, DIF sont égaux,
comme ayant l'angle IDG égal à l'angle IDF par construction, le
côté DI commun, et les côtés DG et DF égaux parce qu'ils sont
respectivement égaux à AC. Ces deux triangles étant égaux, IG
est égal à IF. Or, dans le triangle EGI, on a

$$EG < EI + IG,$$

ou, en remplaçant IG par le côté égal IF,

$$EG < EI + IF \qquad \text{ou} \qquad EG < EF,$$

et, comme EG est égal à BC, on a enfin

$$BC < EF.$$

65. REMARQUE. Si, laissant fixes les longueurs des deux côtés
AB et AC d'un triangle, on fait varier l'angle BAC compris
entre ces côtés, le troisième côté BC du triangle varie; il
augmente quand l'angle augmente, il diminue quand l'angle
diminue.

66. RÉCIPROQUEMENT. *Si deux triangles, ABC, DEF, ont deux
côtés égaux chacun à chacun, AB = DE, AC = DF, et si les
troisièmes côtés BC et EF, sont inégaux, les angles A et D,
opposés aux côtés inégaux, sont inégaux, et l'angle opposé
au plus petit côté est le plus petit (fig. 43).*

Soit BC < EF, je dis l'angle A plus petit que l'angle D. En
effet, l'angle A ne peut être égal à l'angle D, sans quoi les deux
triangles seraient égaux, comme ayant un angle égal compris
entre deux côtés égaux chacun à chacun, et les troisièmes côtés
BC, EF, seraient égaux, ce qui est contraire à l'hypothèse.
D'autre part, l'angle A ne peut pas être plus grand que l'angle D,
sans quoi le côté BC serait plus grand que le côté EF, ce qui
est encore contraire à l'hypothèse; donc l'angle A est moindre
que l'angle D.

§ V. — PERPENDICULAIRE ET OBLIQUES MENÉES D'UN POINT A UNE DROITE; LIEU GÉOMÉTRIQUE DES POINTS ÉQUIDISTANTS DE DEUX POINTS DONNÉS.

Théorème.

67. Si d'un point pris hors d'une droite on mène à cette droite une perpendiculaire et diverses obliques :

1° La perpendiculaire est plus courte que toute oblique;

2° Deux obliques dont les pieds sont équidistants du pied de la perpendiculaire sont égales;

3° La longueur d'une oblique est d'autant plus grande que son pied est plus éloigné du pied de la perpendiculaire.

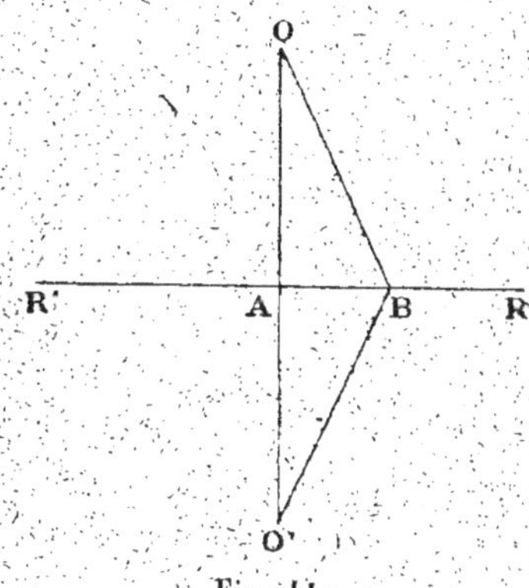

Fig. 44.

1° La perpendiculaire OA à la droite RR′ est moindre qu'une oblique quelconque OB.

En effet, prolongeons OA d'une longueur AO′ égale à OA, et menons la droite BO′ (*fig.* 44). Les triangles OAB, O′AB, qui ont un angle égal compris entre deux côtés égaux chacun à chacun, sont égaux; donc OB = O′B. Or, la portion de droite OO′ est moindre que la ligne brisée OBO′. Donc OA, moitié de OO′, est moindre que OB, moitié de OB + BO′.

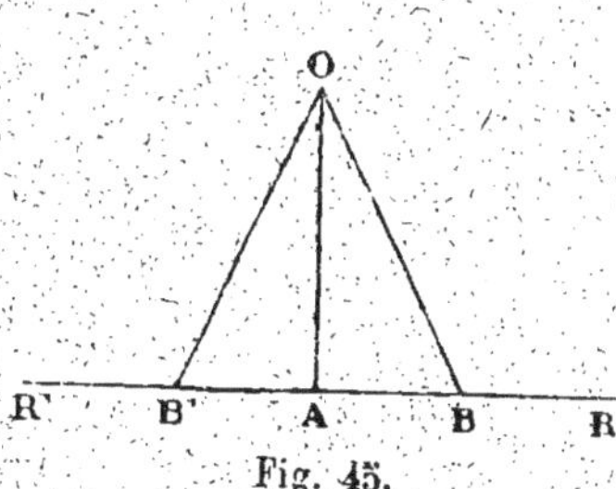

Fig. 45.

2° Soient OB et OB′ deux obliques dont les pieds B et B′ sont équidistants du pied A de la perpendiculaire OA menée du point O à la droite RR′ (*fig.* 45); les obliques sont égales.

En effet, les triangles OAB, OAB′, sont égaux comme ayant un angle égal compris entre deux côtés égaux, chacun à chacun; donc OB = OB′.

3°. Soient deux obliques, OB, OC, dont les pieds B et C s'écartent inégalement du pied A de la perpendiculaire, et soit AB moindre que AC; je dis que l'oblique OB est moindre que l'oblique OC (*fig.* 46).

Supposons d'abord les deux points B et C d'un même côté par rapport au point A. Prolongeons OA d'une longueur AO′ égale à OA, et menons les droites BO′ et CO′. Le point B étant

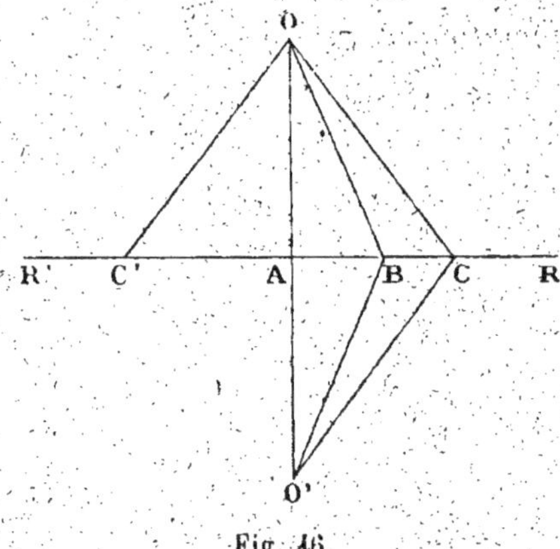

Fig 46.

dans l'intérieur du triangle OCO′, on sait (63) que OB + BO′ est moindre que OC + CO′. Or, OB + BO′ est double de OB, OC + CO′ est double de OC; donc OB est moindre que OC.

Nous avons supposé les pieds des obliques d'un même côté de la perpendiculaire; s'il en est autrement, comme par exemple pour les obliques OB et OC′, on prend, dans le sens AB, une longueur AC égale à AC′, et on mène l'oblique OC; les obliques OC et OC′ étant égales, on peut remplacer OC′ par OC et comparer OB et OC comme ci-dessus.

68. De l'ensemble de ces trois propositions, il résulte que :

Réciproquement. 1° *La portion de droite la plus courte menée d'un point O pris hors d'une droite* RR′ *aux différents points de cette droite est la perpendiculaire* OA *menée du point O à cette droite* RR′;

2° *Les pieds* B *et* B′ *de deux obliques égales,* OB *et* OB′, *menées du point O à la droite* RR′, *sont équidistants du pied* A de la perpendiculaire, et sont situés de part et d'autre de ce point ;

3° *Les pieds B et C de deux obliques inégales OB, OC menées du point O à la droite RR' sont à des distances inégales du pied A de la perpendiculaire, le pied de la plus grande oblique est le plus éloigné du point A.*

69. REMARQUE. On appelle *distance d'un point à une droite* la distance de ce point au point de la droite qui en est le plus rapproché. La distance d'un point à une droite est donc la distance du point au pied de la perpendiculaire menée de ce point à la droite.

D'un point on ne peut mener à une droite plus de deux obliques égales entre elles et égales à une longueur donnée. Les pieds de ces obliques égales sont de part et d'autre du pied de la perpendiculaire abaissée du point sur la droite, et sont équidistants de ce point.

Théorème.

70. *Tout point situé sur la perpendiculaire menée au milieu de la droite qui passe par deux points donnés est équidistant de ces deux points : et, réciproquement, tout point équidistant des deux points donnés est situé sur la perpendiculaire élevée au milieu de la droite qui joint ces deux points.*

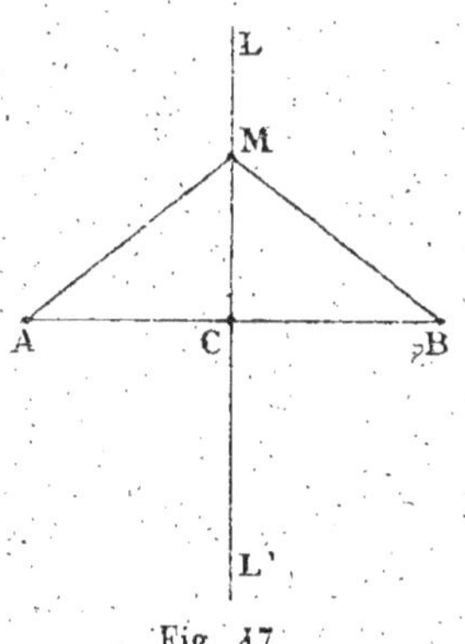

Fig. 47.

Soient A et B deux points (*fig. 47*) ; par le milieu C de la portion de droite AB menons la perpendiculaire LL' à la droite AB. 1° Tout point M de la droite LL' est équidistant des points A et B, car les obliques MA et MB, dont les pieds sont à égale distance du pied C de la perpendiculaire MC, sont égales (67). 2° Soit un point M équidistant des points A et B ; les obliques MA et MB étant égales, le pied de la perpendiculaire abaissée du point M sur AB est le milieu C de AB (68) ; donc le point M est sur la droite LL'.

71. Définition. On appelle *lieu géométrique* des points qui ont une certaine propriété, ou simplement *lieu* de ces points, une ligne dont tout point jouit de la propriété énoncée, et qui contient tous les points qui jouissent de cette même propriété.

On peut donc énoncer comme il suit le théorème précédent :

Le lieu géométrique des points équidistants de deux points donnés est la perpendiculaire à la droite qui joint ces deux points, menée par le milieu de cette droite.

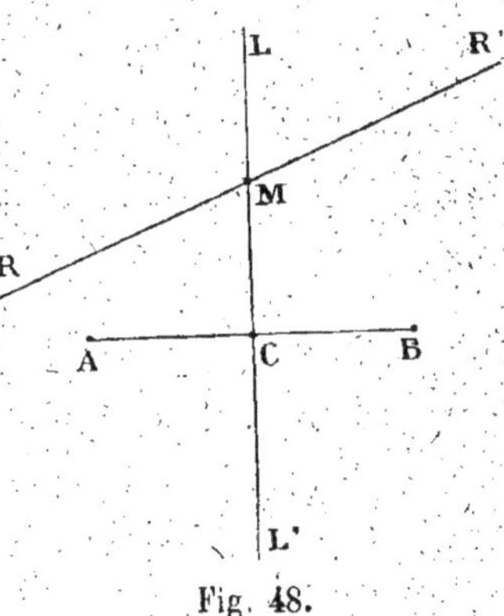

Fig. 48.

Application. *Trouver sur une droite indéfinie RR' un point équidistant de deux points donnés A et B (fig. 48).*

Le point demandé doit être à la fois sur la droite RR' et sur le lieu des points équidistants de A et de B, c'est-à-dire sur la perpendiculaire LL' à la droite AB menée par son milieu. Un point situé à la fois sur ces deux droites satisfait d'ailleurs aux conditions demandées. Si donc les droites RR' et LL' se rencontrent en un point M, le point M, et ce point seul, satisfait aux conditions du problème.

§ VI. — CAS D'ÉGALITÉ DES TRIANGLES RECTANGLES; LIEU GÉOMÉTRIQUE DES POINTS ÉQUIDISTANTS DE DEUX DROITES QUI SE COUPENT.

Théorème.

72. *Deux triangles rectangles qui ont l'hypoténuse égale et un angle aigu égal sont égaux.*

Soient les deux triangles ABC et A'B'C' (*fig.* 49), rectangles en A et en A', dans lesquels BC = B'C', et C = C'. Je dis que ces triangles sont égaux.

Portons le triangle A'B'C' sur le triangle ABC, de façon que l'hypoténuse B'C' tombe sur l'hypoténuse égale BC, B' en B, C' en C, et que, par rapport à BC, le point A' tombe du même côté que le point A. L'angle C' étant égal à l'angle C, le côté C'A' prend la direction CA, et le côté B'A', perpendiculaire à C'A', se place sur la perpendiculaire unique BA abaissée du point B sur CA. Le point A' devant se trouver ainsi sur CA et sur BA tombe en A, et les deux triangles coïncident; donc ils sont égaux.

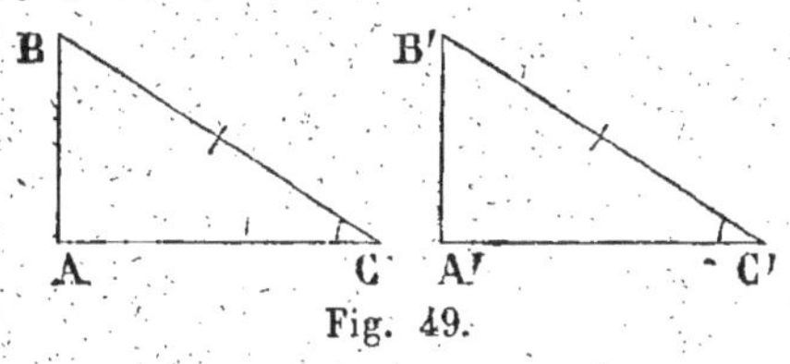
Fig. 49.

Théorème.

73. *Deux triangles rectangles qui ont l'hypoténuse égale et un côté de l'angle droit égal sont égaux.*

Soient les deux triangles ABC et A'B'C', rectangles en A et en A', dans lesquels BC = B'C', et AB = A'B' (*fig.* 50); je dis que ces triangles sont égaux.

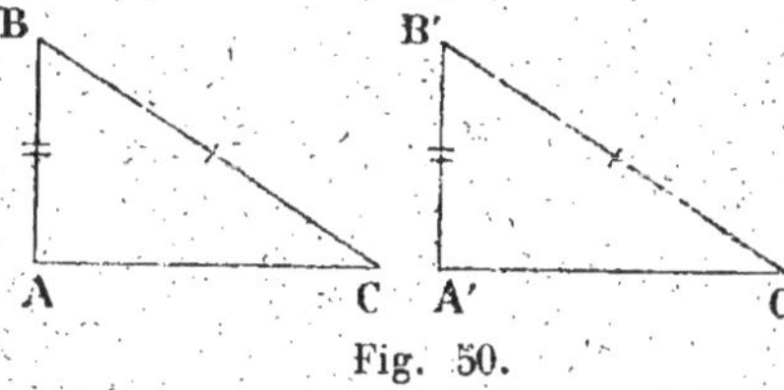
Fig. 50.

Portons le triangle A'B'C' sur le triangle ABC, de façon que le côté A'B' tombe sur le côté égal AB, A' en A, et B' en B, et que, par rapport à AB, le point C' tombe du même côté que le point C; le côté A'C', perpendiculaire à A'B', prend la direction AC perpendiculaire à AB. Quant au côté B'C' égal à BC, il se place sur BC; car, du point B, on ne peut mener à la droite AB, d'un même côté de BA, qu'une seule oblique égale à BC (69); les deux triangles coïncident, donc ils sont égaux.

Théorème.

74. *Tout point de la bissectrice d'un angle est équidistant des côtés de cet angle; et, réciproquement, tout point situé dans l'angle et équidistant de ses côtés est situé sur la bissectrice de cet angle.*

Soit M (*fig.* 51) un point quelconque de la bissectrice OC de l'angle AOB. Menons les droites MP et MQ respectivement perpendiculaires à OA et à OB. Les triangles rectangles, MOP, MOQ, sont égaux comme ayant l'hypoténuse MO commune, et un angle aigu égal, POM égal à QOM. Donc MP est égal à MQ, et le point M est équidistant des côtés de l'angle AOB.

Réciproquement, soit M un point situé dans l'angle AOB, et équidistant de ses côtés, c'est-à-dire tel que les perpendiculaires MP et MQ, menées du point M aux côtés de l'angle, sont égales. Les deux triangles

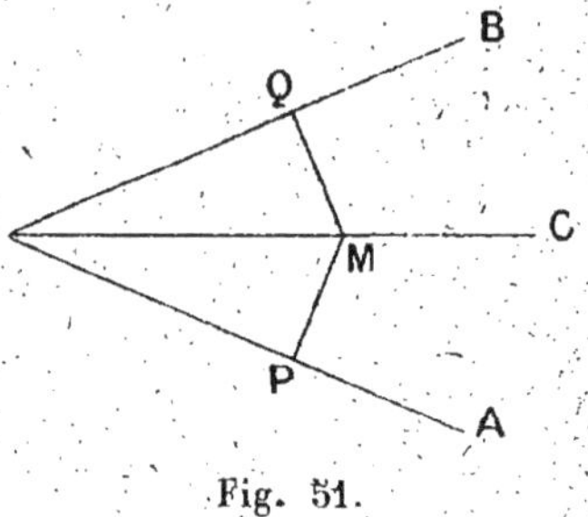

Fig. 51.

rectangles, MOP, MOQ, sont égaux comme ayant même hypoténuse OM, et un côté égal, MP=MQ. Donc les angles MOP, MOQ, sont égaux, et le point M appartient à la bissectrice de l'angle AOB.

75. Le même théorème peut encore être énoncé comme il suit :

Le lieu géométrique des points équidistants de deux droites indéfinies qui se coupent se compose des bissectrices des angles formés par ces droites.

Considérons, en effet, les deux droites indéfinies AA' et BB' qui se coupent au point O (*fig.* 52). Dans l'intérieur de l'angle AOB le lieu demandé est la bissectrice de cet angle ; il en est de même dans chacun des angles, A'OB', BOA' et AOB' ; donc le lieu des points du plan équidistants des deux droites AA' et BB' se compose des bis-

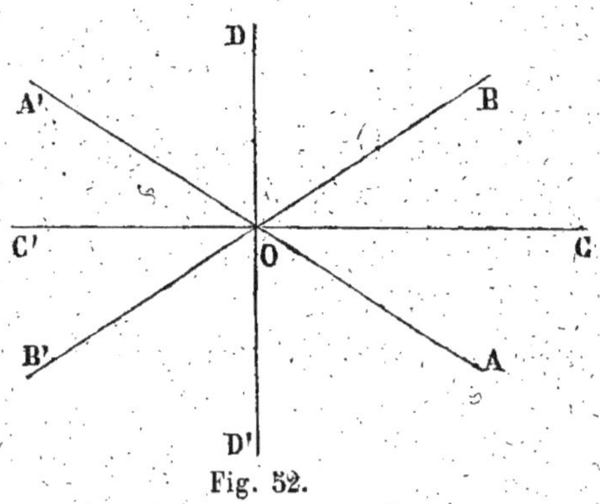

Fig. 52.

sectrices des quatre angles formés par ces deux droites. On sait d'ailleurs (39) que ces quatre bissectrices, OC, OC', OD, OD', forment deux droites indéfinies, COC', DOD', et que ces droites sont perpendiculaires.

Application. *Trouver, sur une droite indéfinie RR', un point équidistant de deux droites AA' et BB' qui se coupent en O (fig. 53).*

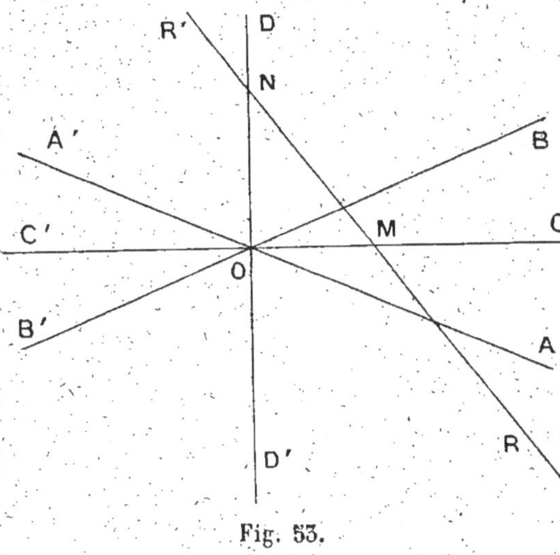

Fig. 53.

Le point demandé doit être à la fois sur la droite RR' et sur le lieu géométrique des points équidistants des deux droites AA' et BB', lieu qui est composé des bissectrices des angles formés par les droites AA' et BB'.

Si la droite RR' rencontre la bissectrice CC' en un point M, et la bissectrice DD' en un point N, les deux points M et N satisfont aux conditions demandées ; ce sont d'ailleurs les seuls, puisque tout autre point de la droite RR' n'est pas équidistant des droites AA' et BB'.

§ VII. — DROITES PARALLÈLES.

76. Définition. On appelle *droites parallèles* deux droites qui, situées dans un même plan, ne peuvent se rencontrer à quelque distance qu'on les prolonge.

Il n'est pas évident, *a priori*, qu'il existe de pareilles droites ; e théorème suivant prouve leur existence.

Théorème.

77. *Deux droites perpendiculaires à une troisième sont parallèles entre elles.*

Soient, dans un même plan, les droites AB et CD toutes les deux perpendiculaires à la droite EF (*fig.* 54). Ces droites ne peuvent se rencontrer, puisque d'un point on ne peut mener qu'une

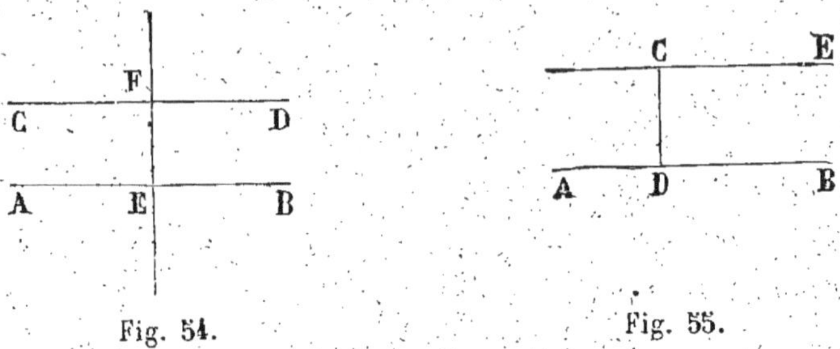

Fig. 54.   Fig. 55.

seule perpendiculaire à une droite : donc elles sont parallèles.

78. Corollaire I. *Par un point C situé hors d'une droite AB, on peut mener une parallèle à cette droite (fig. 55).*

Menons, en effet, CD perpendiculaire à AB, puis CE perpendiculaire à CD; la droite CE est parallèle à AB.

79. Postulatum d'Euclide. On admet comme évident que *par un point on ne peut mener qu'une parallèle à une droite donnée.*

80. Corollaire II. *Deux droites parallèles à une troisième sont parallèles entre elles.*

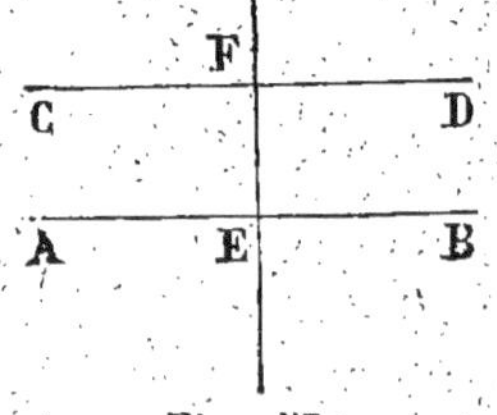

Fig. 56.

Les droites AB et CD, parallèles à EF (*fig.* 56), ne peuvent se rencontrer, puisqu'on ne peut, par un point, mener qu'une parallèle à une droite donnée : donc elles sont parallèles.

Théorème.

81. *Deux droites étant parallèles, toute droite perpendiculaire à l'une est perpendiculaire à l'autre.*

Soient AB et CD deux droites parallèles, et supposons EF perpendiculaire à AB (*fig.* 57) : je dis que EF est perpendiculaire à CD.

En effet, si par le point F, où la droite EF rencontre CD, on mène la perpendiculaire à EF, cette droite est parallèle à AB, et par conséquent se confond avec la droite CD parallèle à AB menée par le point F; donc la droite EF est perpendiculaire à CD.

Fig. 57.

Théorème.

82. *Une sécante rencontrant deux droites parallèles forme avec elles huit angles, dont généralement quatre sont aigus et quatre obtus : 1° les quatre angles aigus sont égaux; 2° les quatre angles obtus sont égaux; 3° l'un quelconque des angles aigus est le supplément de l'un quelconque des angles obtus.*

Soient AB et A'B' deux droites parallèles, CC' une sécante, D et D' les points où la sécante rencontre les parallèles AB et A'B' (*fig.* 58).

La sécante CC' forme avec AB deux angles aigus égaux, CDB et ADD', et deux angles obtus égaux, CDA et BDD'; chacun des angles aigus est le supplément de chacun des angles obtus.

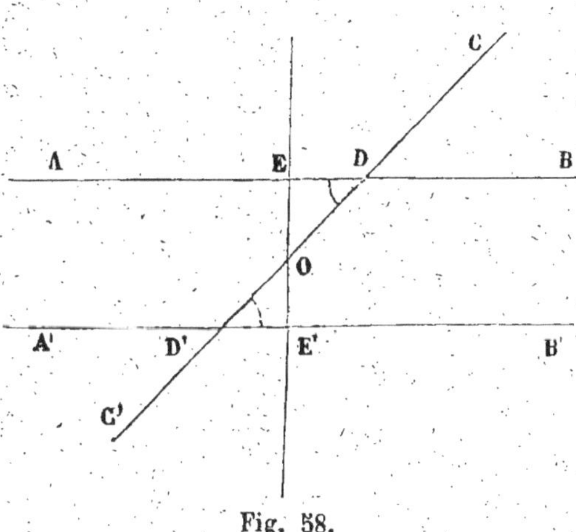

Fig. 58.

De même la sécante CC' forme avec A'B' deux angles aigus égaux, DD'B' et A'D'G', et deux angles obtus égaux, DD'A' et B'D'G'; chacun des angles aigus est le supplément de chacun des angles obtus.

Il suffit donc de démontrer qu'un des angles aigus formés par la sécante avec AB est égal à l'un des angles aigus formés par la sécante avec A'B'. Considérons les deux angles aigus ADD' et DD'B'.

Par le point O, milieu de DD', menons OE perpendiculaire à AB; et soient E, E' les points où cette droite rencontre les deux parallèles. La droite OE, perpendiculaire à AB, est aussi perpendiculaire à A'B' : les triangles ODE, OD'E', rectangles en E et en E', sont égaux comme ayant l'hypoténuse égale OD = OD', et un angle aigu égal DOE = D'OE' : donc les angles ADD', DD'B' sont égaux.

En particulier, si l'un des huit angles est droit, tous les autres sont droits.

85. Définitions. On a donné des noms particuliers aux divers groupes que l'on peut former en prenant ensemble deux angles formés par la sécante avec l'une et l'autre des deux parallèles. Pour abréger le discours, nous appellerons α, β, γ, δ, les angles formés par la sécante avec AB, et α', β', γ', δ', les angles formés par la sé-cante avec A'B', comme sur la *figure* 59.

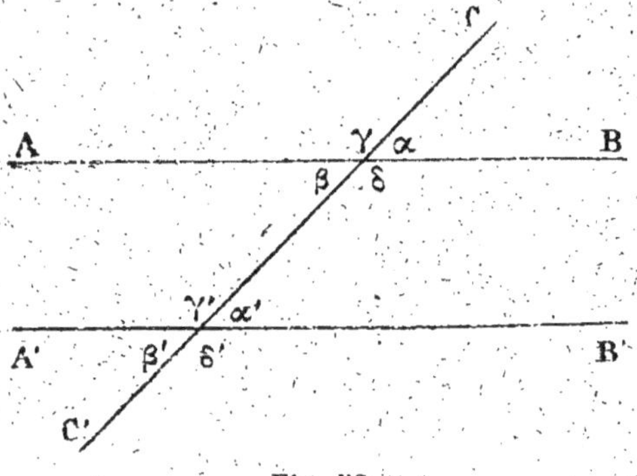

On appelle angles *alter-nes-internes* deux angles situés de part et d'autre de la sécante et dans l'in-térieur des deux paral-lèles : ex. β et α', δ et γ' ;

Fig. 59.

Angles *alternes-externes*, deux angles situés de part et d'autre de la sécante et à l'extérieur des deux parallèles : ex. γ et δ', α et β' ;

Angles *correspondants*, deux angles situés d'un même côté de la sécante, et ayant leurs côtés dirigés dans le même sens : ex. α et α', β et β', γ et γ', δ et δ' ;

Angles *intérieurs d'un même côté*, deux angles situés d'un même côté de la sécante et à l'intérieur des deux parallèles : ex. δ et α', β et γ' ;

Angles *extérieurs d'un même côté*, deux angles situés d'un même côté de la sécante et à l'extérieur des deux parallèles : ex. α et δ', γ et β'.

84. Du théorème précédent il résulte qu'une sécante fait avec deux droites parallèles :

Des angles alternes-internes égaux ;

Des angles alternes-externes égaux ;

Des angles correspondants égaux ;

Des angles intérieurs d'un même côté supplémentaires ;

Des angles extérieurs d'un même côté supplémentaires.

85. RÉCIPROQUEMENT. *Si deux droites rencontrées par une sécante présentent :*

Ou deux angles alternes-internes égaux;
Ou deux angles alternes-externes égaux;
Ou deux angles correspondants égaux;
Ou deux angles intérieurs d'un même côté supplémentaires;
Ou deux angles extérieurs d'un même côté supplémentaires;
ces deux droites sont parallèles.

Soient les deux droites AB et A′B′ rencontrées par la sécante CC′ (*fig.* 60). Je suppose égaux les angles alternes-internes ADD′ et DD′B′, et je dis que les droites AB et A′B′ sont parallèles.

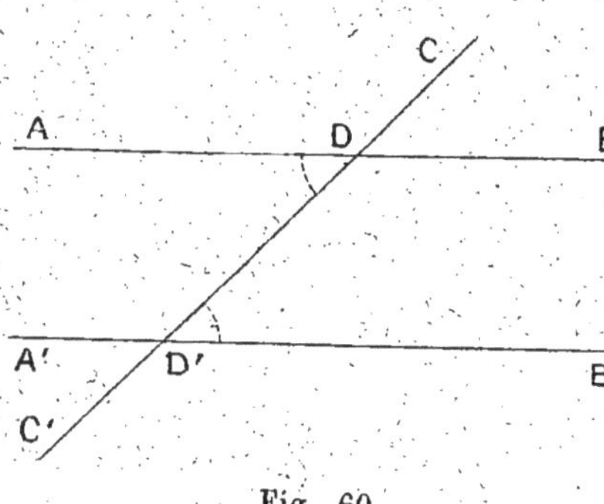

Fig. 60.

En effet, la parallèle à AB, menée par le point D′, fait avec D′D, à droite de cette ligne, un angle égal à l'angle ADD′, parce que les deux angles sont deux angles alternes-internes formés par une sécante et deux parallèles; mais l'angle ADD′ est supposé égal à l'angle DD′B′; donc la parallèle à AB, menée par D′, fait avec D′D, à droite de cette ligne, un angle égal à l'angle DD′B′, et, par conséquent, elle coïncide avec D′B′.

Le même raisonnement s'applique aux autres cas.

86. REMARQUE. Du théorème précédent et de la réciproque, il résulte que, si deux droites forment avec une sécante des angles qui ne satisfont pas aux conditions précédentes, ces droites ne sont pas parallèles.

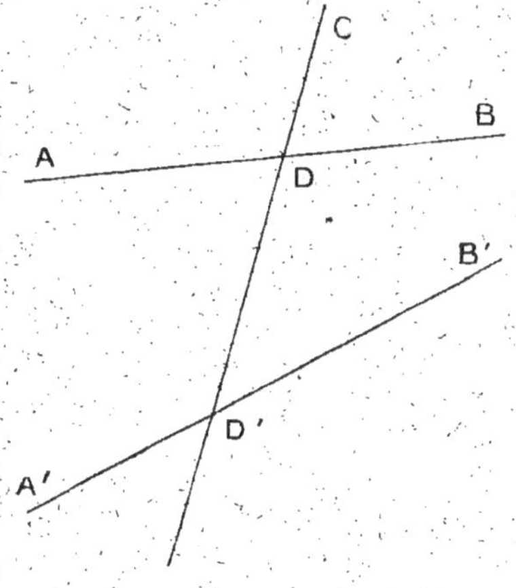

Fig. 61.

En particulier : *Si deux droites, AB, A′B′, font avec une sécante CD deux angles intérieurs d'un même côté dont la somme diffère de deux angles droits, ces droites ne sont pas parallèles (fig. 61).*

La rencontre de ces droites se fait du côté de la sécante CD, où la somme des angles intérieurs est moindre que deux angles droits (58).

Théorème.

87. *Deux angles qui ont les côtés parallèles sont égaux ou supplémentaires : ils sont égaux lorsque les côtés parallèles sont deux à deux dirigés dans le même sens, ou deux à deux dirigés en sens contraires ; ils sont supplémentaires si deux des côtés parallèles sont dirigés dans le même sens, et les deux autres en sens contraires.*

Comparons à l'angle DOE les quatre angles formés autour du point C, par deux droites indéfinies AA′ et BB′, respectivement parallèles aux côtés OD et OE de cet angle (*fig. 62*).

1° Les angles ACB et DOE, qui ont les côtés respectivement *parallèles et de même sens*, sont égaux. En effet, soit I le point de rencontre de BB′ avec OD ; les angles ACB, DIB sont égaux comme angles correspondants formés par deux parallèles et une sécante (84), et l'angle DIB est égal à l'angle DOE, pour la même raison.

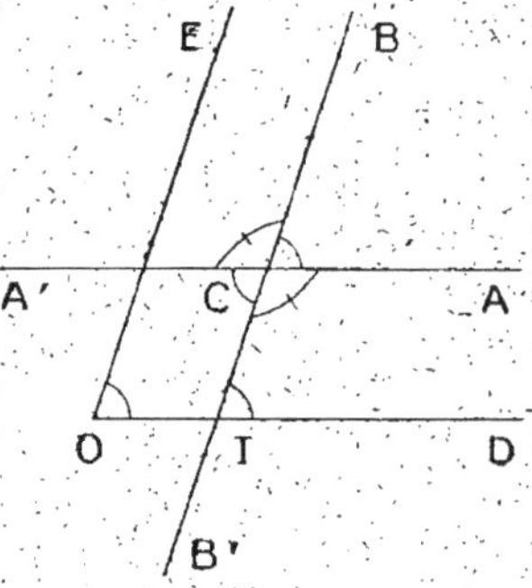

Fig. 62.

2° Les angles A′CB′ et DOE, qui ont les côtés respectivement *parallèles et de sens contraires*, sont égaux ; car A′CB′ est égal à ACB, comme angles opposés par le sommet, et ACB = DOE.

3° Les angles ACB′ et DOE, qui ont deux côtés *parallèles et de même sens*, CA et OD, et deux côtés *parallèles et de sens contraires*, CB′ et OE, sont supplémentaires ; car l'angle ACB′ est supplémentaire de l'angle ACB, et celui-ci est égal à DOE. Il en est de même des deux angles A′CB et DOE.

Théorème.

88. *Deux angles qui ont les côtés respectivement perpendiculaires sont égaux ou supplémentaires, égaux s'ils sont tous*

les deux aigus ou tous les deux obtus, supplémentaires si l'un est aigu et l'autre obtus.

Soient les angles DOE et ACB, dont les côtés sont respectivement perpendiculaires, OD perpendiculaire à CA, OE perpendiculaire à CB (*fig.* 63).

Faisons tourner l'angle ACB d'un angle droit autour de son

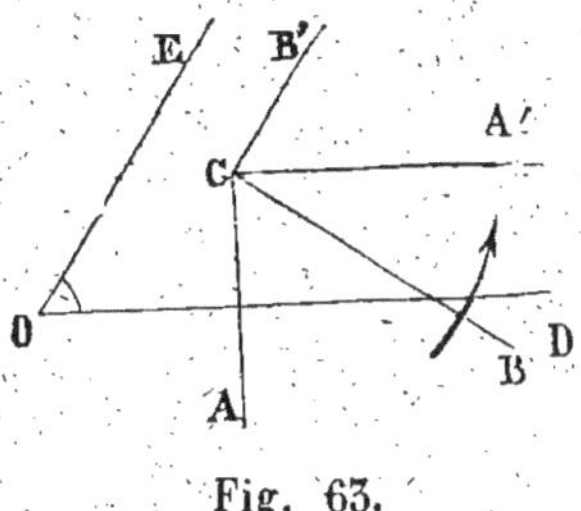

Fig. 63.

sommet C; de cette façon le côté CA vient se placer perpendiculairement à CA sur CA′, et le côté CB vient se placer perpendiculairement à CB sur CB′. Les droites CA′ et OD, perpendiculaires à CA, sont parallèles (77); de même les droites CB′ et OE, perpendiculaires à CB, sont parallèles. Donc, dans cette nouvelle position, les côtés de l'angle A′CB′, égal à l'angle ACB, sont respectivement parallèles aux côtés de l'angle DOE, et ces angles sont égaux ou supplémentaires (87), égaux s'ils sont de même nature, supplémentaires s'ils sont de nature opposée.

§ VIII. — SOMME DES ANGLES D'UN TRIANGLE ET D'UN POLYGONE CONVEXE.

Théorème.

89. *La somme des angles d'un triangle est égale à deux angles droits.*

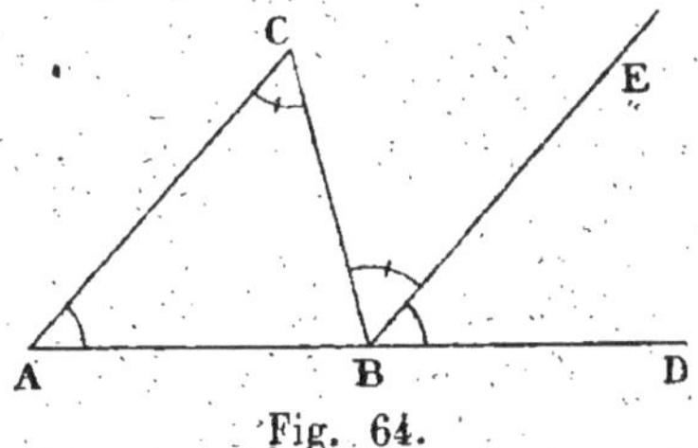

Fig. 64.

Soit un triangle ABC (*fig.* 64). Prolongeons le côté AB au delà du point B, et par le point B menons BE, parallèle à AC, et de même sens que AC. L'angle DBE est égal à l'angle A du triangle, ces deux angles étant des angles correspondants formés par deux parallèles, AC, BE, et une sécante AB. Comme l'angle extérieur DBC surpasse l'angle A (57), et que l'angle DBE est égal à A, la droite BE tombe dans l'angle DBC; cela étant, l'angle CBE et l'angle C du triangle sont alternes-internes par rapport aux parallèles, BE, AC, et à la sécante BC, et par conséquent sont égaux. L'angle CBA est le troisième angle du triangle. Or les trois angles consécutifs, DBE, EBC, CBA, formés autour du point B, d'un même côté de la droite AB, valent ensemble deux angles droits; donc la somme des trois angles d'un triangle quelconque est égale à deux angles droits.

90. Corollaire I. L'angle CBD, formé par le côté BC et le prolongement BD du côté AB, est appelé angle *extérieur* au triangle. Cet angle CBD est égal à la somme des angles A et C du triangle. Donc : *Un angle extérieur à un triangle est égal à la somme des deux angles intérieurs qui ne lui sont pas adjacents.*

91. Corollaire II. *Deux triangles qui ont deux angles égaux chacun à chacun ont les trois angles égaux chacun à chacun.*

92. Corollaire III. *Un triangle ne peut avoir plus d'un angle droit ou obtus.*

93. Corollaire IV. *Les deux angles aigus d'un triangle rectangle sont complémentaires.*

Théorème.

94. *La somme des angles intérieurs d'un polygone convexe est égale à autant de fois deux angles droits que ce polygone a de côtés moins deux.*

Soit par exemple le polygone convexe ABCDEF (*fig.* 65). En joignant le sommet A à chacun des autres sommets, on décompose le polygone en autant de triangles que le polygone a de côtés moins deux ; car, à l'exception des deux côtés, AB, AF, qui comprennent l'angle A, chaque côté du polygone sert de base à un triangle particulier ayant le point A pour sommet. La somme des angles de chacun de ces triangles valant deux angles droits, la somme totale des angles de ces triangles vaut autant de fois deux angles droits qu'il y a de triangles, c'est-à-dire autant de fois deux angles droits que le polygone a de côtés moins deux. Or, le polygone

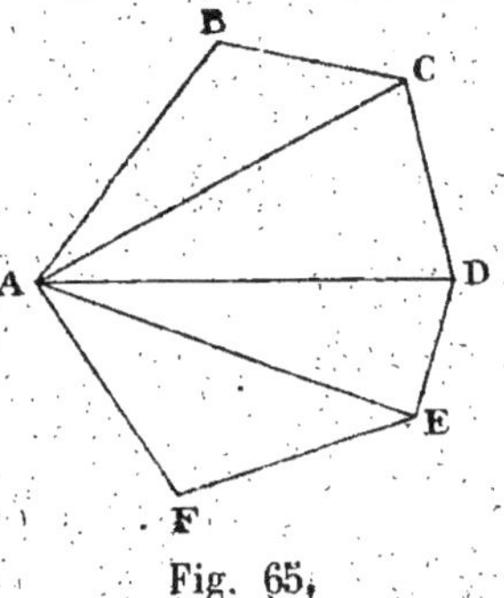

Fig. 65.

étant convexe, la somme totale des angles de ces triangles est égale à la somme des angles du polygone. Donc, la somme des angles du polygone vaut autant de fois deux angles droits que le polygone a de côtés moins deux.

Si n est le nombre des côtés d'un polygone, la somme des angles intérieurs est égale à $2(n-2)$ angles droits, ou $2n$ droits moins 4 droits. En particulier, dans un quadrilatère, la somme des quatre angles vaut quatre angles droits.

Théorème.

95. *Étant donné un polygone convexe ABCD... A (fig. 66), si l'on prolonge le côté AB dans le sens ABB', le côté suivant BC dans le sens BCC', le côté suivant CD dans le sens CDD', et ainsi de suite, la somme des angles extérieurs au polygone ainsi formés vaut quatre angles droits.*

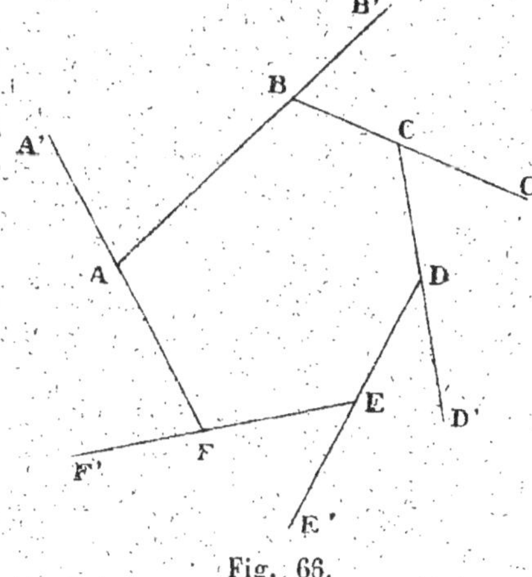

Fig. 66.

Chaque sommet du polygone, A par exemple, est le sommet d'un angle intérieur BAF et d'un angle extérieur BAA' dont la somme vaut deux angles droits. La somme totale des angles intérieurs et des angles extérieurs vaut donc $2n$ droits ; or la somme des angles intérieurs vaut $2n$ droits moins 4 droits : donc la somme des angles extérieurs vaut 4 droits, excès de $2n$ droits sur $2n-4$ droits.

§ IX. — PARALLÉLOGRAMMES.

96. **Définitions.** On appelle *parallélogramme* un quadrilatère dont les côtés opposés sont deux à deux parallèles (*fig.* 67).

Un parallélogramme dont l'un des angles est droit est appelé *rectangle.*

Un parallélogramme dont deux côtés consécutifs sont égaux est appelé *losange*.

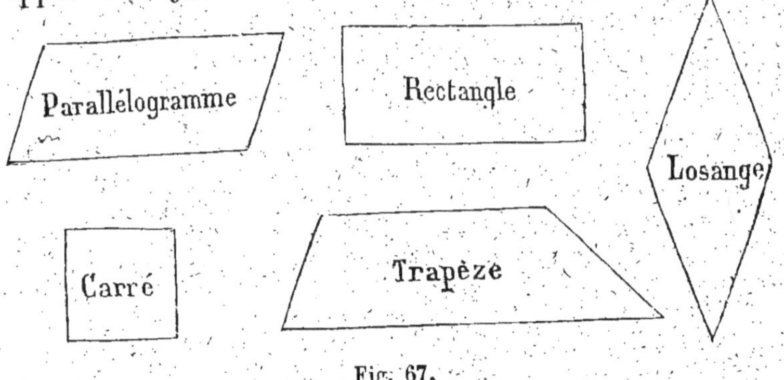

Fig. 67.

Un parallélogramme qui a un angle droit et deux côtés consécutifs égaux est appelé *carré*.

Un *trapèze* est un quadrilatère convexe qui a deux côtés parallèles ; ces côtés parallèles sont appelés les *bases* du trapèze.

Théorème.

97. *Dans un parallélogramme les angles opposés sont égaux, et les angles adjacents à un même côté sont supplémentaires.*

En effet, deux angles opposés, A et C, dans un parallélogramme ABCD (*fig.* 68), ont les côtés respectivement parallèles et de sens contraires, et par conséquent sont égaux. Deux angles A et B, adjacents à un même côté AB, sont intérieurs, d'un même côté, par rapport aux deux parallèles AD, BC et à la sécante AB, et, par conséquent, sont supplémentaires.

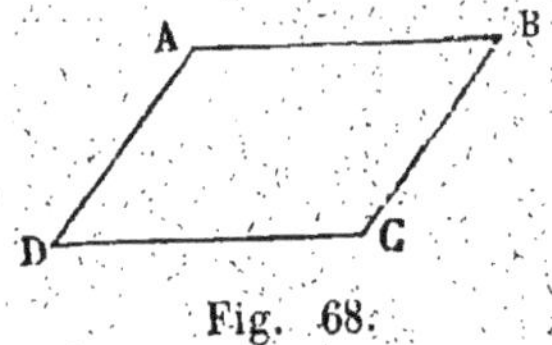

Fig. 68.

98. Corollaire. *Si l'un des angles d'un parallélogramme est droit, les quatre angles sont droits. — Dans un rectangle les quatre angles sont droits.*

99. Réciproquement. *Si dans un quadrilatère convexe les angles opposés sont égaux, la figure est un parallélogramme.*

Soit dans le quadrilatère ABCD, A $=$ C et B $=$ D (*fig.* 68). La somme des quatre angles du quadrilatère, A $+$ C $+$ B $+$ D, ou A $+$ 2 B, vaut quatre angles droits ; donc la somme des angles

A et B est égale à deux angles droits. Les angles supplémentaires A et B étant intérieurs d'un même côté par rapport aux droites, AD, BC, et à la sécante AB, les droites AD et BC sont parallèles ; on reconnaît de même que les côtés AB et DC sont parallèles, et on en conclut que la figure ABCD est un parallélogramme.

Théorème.

100. *Dans un parallélogramme, les côtés opposés sont égaux.*

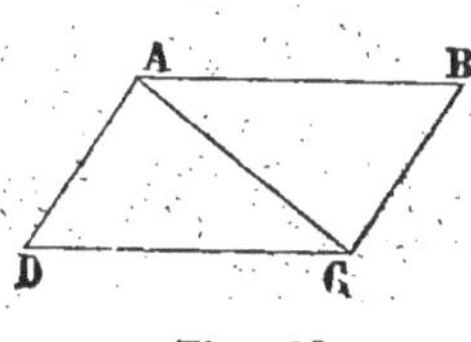

Fig. 69.

Soit le parallélogramme ABCD ; menons la diagonale AC (*fig.* 69). Les triangles ABC, ACD sont égaux, comme ayant un côté égal adjacent à deux angles égaux chacun à chacun, savoir : AC commun, les angles BAC et DCA égaux comme angles alternes-internes, par rapport à deux droites parallèles et à une sécante, et les angles ACB et CAD égaux pour la même raison : donc AB = DC, et BC = AD.

101. Corollaire I. *Si, dans un parallélogramme, deux côtés consécutifs sont égaux, les quatre côtés sont égaux. — Les quatre côtés d'un losange sont égaux.*

102. Corollaire II. *Deux droites parallèles sont partout également distantes.*

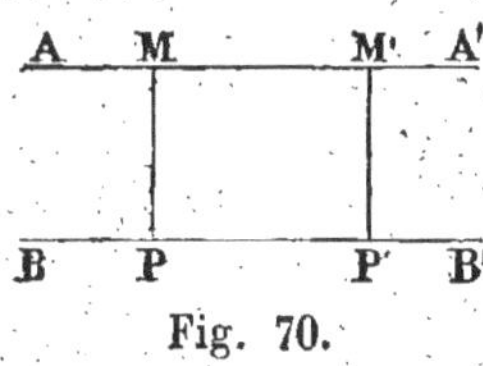

Fig. 70.

Soient deux parallèles AA' et BB' (*fig.* 70) ; des points M et M' pris quelconques sur AA', menons MP et M'P' perpendiculaires à BB', la figure MPP'M' est un parallélogramme ; les côtés opposés MP, M'P' sont égaux : donc deux points quelconques de la droite AA' sont à la même distance de la droite BB'.

103. Corollaire III. *Le lieu des points situés à une distance donnée d'une droite AB se compose de deux droites RR' et SS', parallèles à cette droite (fig. 71).*

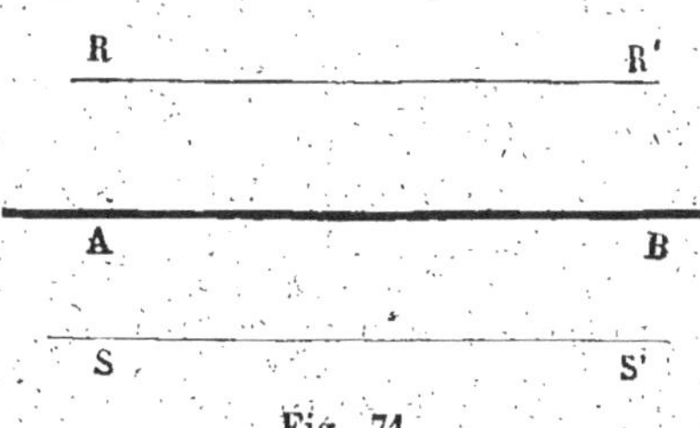

Fig. 71.

104. Réciproquement. *Si dans un quadrilatère convexe les côtés opposés sont égaux, la figure est un parallélogramme.*

Soit, dans le quadrilatère convexe ABCD (*fig.* 72), AB = DC, et AD = BC. Menons la diagonale AC ; les deux triangles ABC, ACD sont égaux comme ayant les trois côtés égaux chacun à chacun, savoir : AC commun, AB = CD, AD = BC. Donc, les angles BAC et ACD sont égaux, ainsi que les angles ACB et CAD. Les angles égaux BAC et ACD étant alternes-internes par

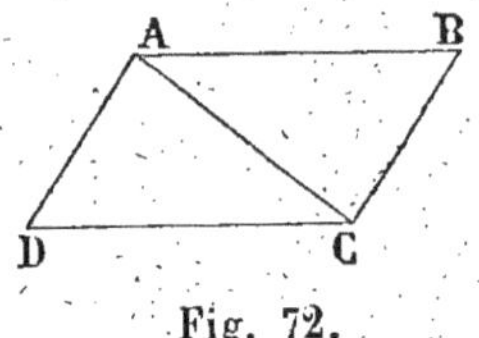
Fig. 72.

rapport aux droites AB, CD, et à la sécante AC, les droites AB et DC sont parallèles. On déduit de même de l'égalité des angles ACB et CAD que BC et AD sont parallèles : donc la figure ABCD est un parallélogramme.

Théorème.

105. *Si dans un quadrilatère convexe deux côtés opposés sont égaux et parallèles, la figure est un parallélogramme.*

Soient, dans le quadrilatère convexe ABCD, les côtés AB et DC égaux et parallèles (*fig.* 73). Menons la diagonale AC. Les deux triangles ABC, ACD sont égaux comme ayant un angle égal compris entre deux côtés égaux chacun à chacun, savoir : les angles BAC et ACD égaux comme angles alternes-internes par rapport à deux droites parallèles et à une sécante, le côté AC commun, et les côtés AB et DC égaux par hypothèse : donc les angles ACB et CAD sont égaux, et, par suite, les droites BC et AD, qui font avec la sécante AC des angles alternes-internes égaux, sont parallèles. Donc la figure est un parallélogramme.

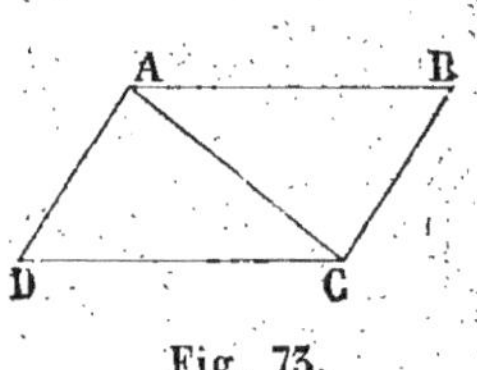
Fig. 73.

Théorème.

106. *Les diagonales d'un parallélogramme se coupent en parties égales.*

Menons les diagonales AC et BD du parallélogramme ABCD

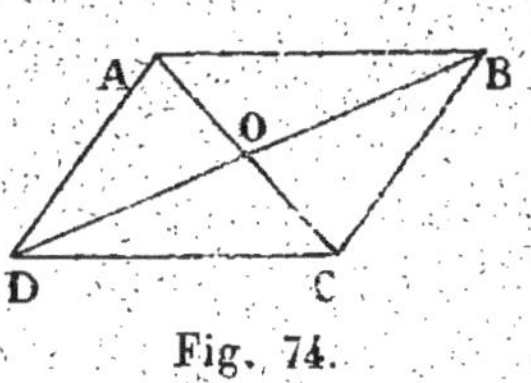

Fig. 74.

(*fig.* 74) ; les deux triangles AOB et COD sont égaux, comme ayant un côté égal adjacent à deux angles égaux chacun à chacun, savoir : AB = CD, côtés opposés du parallélogramme, ABD = BDC, et BAC = ACD comme angles alternes-internes par rapport à deux parallèles et à une sécante : donc AO = OC, et BO = OD.

107. RÉCIPROQUEMENT. *Si les diagonales d'un quadrilatère se coupent en parties égales, la figure est un parallélogramme.*

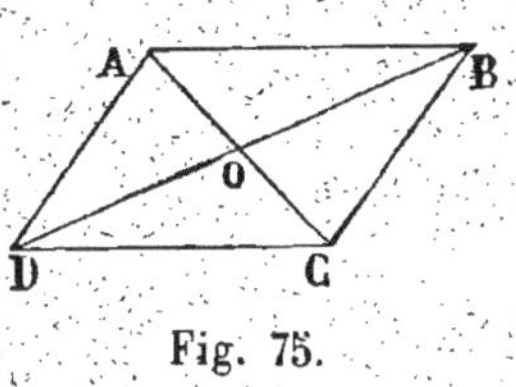

Fig. 75.

Soit AO = OC, BO = OD (*fig.* 75) ; les deux triangles AOB et COD, ayant un angle égal compris entre deux côtés égaux chacun à chacun, sont égaux : donc AB = DC, et ABD = BDC. Or, les angles égaux ABD et BDC étant alternes-internes par rapport aux droites AB, DC et à la sécante BD, les droites AB et DC sont parallèles. Le quadrilatère ABCD a deux côtés opposés, AB et DC, égaux et parallèles : donc c'est un parallélogramme.

Théorème.

108. *Dans un rectangle les diagonales sont égales.*

Soit le rectangle ABCD (*fig.* 76) ; les triangles ADC et BCD

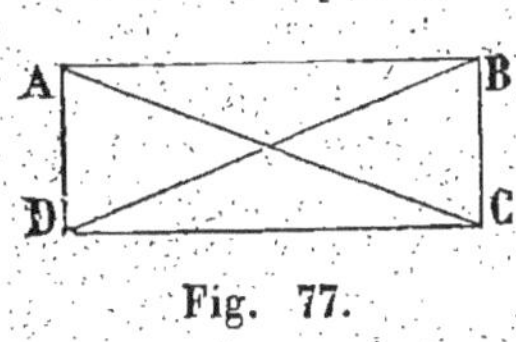

Fig. 76.

ont un angle égal compris entre deux côtés égaux chacun à chacun, savoir : les angles ADC, BCD égaux comme droits, CD côté commun, AD = BC, côtés opposés du rectangle ; donc ces triangles sont égaux, et, par conséquent, les diagonales AC et BD sont égales.

109. RÉCIPROQUEMENT. *Un parallélogramme dans lequel les diagonales sont égales est un rectangle.*

Soit, dans le parallélogramme ABCD (*fig.* 77), AC = BD. Les triangles ADC, BCD sont égaux comme ayant les trois côtés égaux chacun à chacun, DC commun, AC = BD par hypothèse, AD = BC comme côtés opposés du parallélogramme : donc les angles ADC et BCD sont égaux. Ces angles égaux, étant d'ailleurs supplémentaires (97), sont des angles droits : donc le parallélogramme est un rectangle.

Théorème.

110. *Dans un losange les diagonales sont perpendiculaires.*

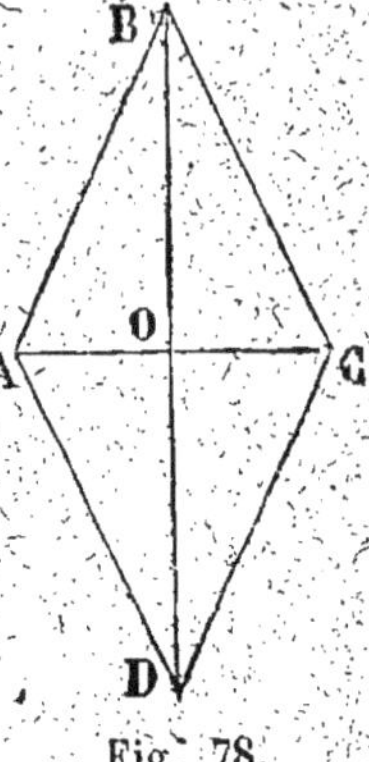

Fig. 78.

Soit le losange ABCD (*fig.* 78), et soit O le point de rencontre des diagonales ; le point O est le milieu de AC. Dans le triangle isocèle ABC, la droite BO, qui joint le sommet B au milieu de la base, est perpendiculaire sur cette base (49) : donc les diagonales AOC, BOD sont perpendiculaires.

111. CoROLLAIRE. *Dans un carré les diagonales se coupent en parties égales, sont égales, et sont perpendiculaires.*

112. RÉCIPROQUEMENT. *Un parallélogramme dont les diago- nales sont perpendiculaires est un losange.*

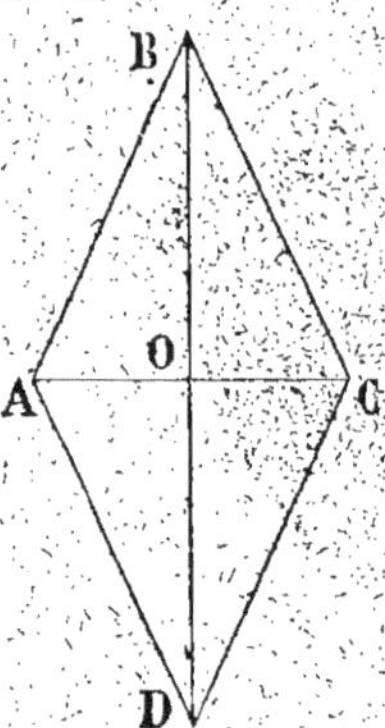

Fig. 79.

Soit ABCD (*fig.* 79) un parallélogramme dans lequel les diagonales AC, BD sont perpen- diculaires. Les deux côtés consécutifs BA et BC sont égaux comme obliques dont les pieds s'é- cartent également du pied O de la perpendicu- laire BO sur AC ; donc la figure est un losange.

113. CoROLLAIRE. *Si dans un quadrilatère les diagonales se coupent en parties égales, sont égales et sont perpendiculaires, le qua- drilatère est un carré.*

EXERCICES SUR LE LIVRE I.

Théorèmes à démontrer.

1. La somme des distances d'un point pris à l'intérieur d'un triangle aux trois sommets de ce triangle est comprise entre la moitié du péri- mètre du triangle et ce périmètre.

2. Démontrer que, si AD est une médiane du triangle ABC, on a

$$\frac{1}{2}(AB + AC - BC) < AD < \frac{1}{2}(AB + AC).$$

3. Démontrer que la somme des longueurs des trois médianes d'un triangle est comprise entre la moitié du périmètre du triangle et ce périmètre.

4. Dans un triangle isocèle, les hauteurs correspondant aux côtés égaux sont égales; réciproquement, si dans un triangle deux hauteurs sont égales, les côtés correspondants sont égaux; si les trois hauteurs sont égales, les trois côtés sont égaux.

5. Si dans un triangle, la bissectrice et la hauteur issues du même sommet, ou la bissectrice et la médiane, ou la hauteur et la médiane, coïncident, le triangle est isocèle.

6. Démontrer que les perpendiculaires élevées sur les côtés d'un triangle par les milieux de ces côtés sont concourantes.

7. Si par les sommets d'un triangle on mène des parallèles à ses côtés, on forme un nouveau triangle dont les côtés sont respectivement doubles des côtés du premier triangle.

8. Les trois hauteurs d'un triangle se coupent en un même point.

9. Les bissectrices des angles d'un quadrilatère forment un nouveau quadrilatère dans lequel les angles opposés sont supplémentaires. — Quelle est la forme du second quadrilatère quand le premier est un parallélogramme, un rectangle?

10. La somme des distances d'un point de la base d'un triangle isocèle aux deux autres côtés est constante. Comment faut-il modifier l'énoncé quand le point est pris sur le prolongement de la base?

11. La somme des distances d'un point pris dans l'intérieur d'un triangle équilatéral aux trois côtés est constante.

12. Dans un triangle, la droite qui joint les milieux de deux côtés est parallèle au troisième côté, et égale à sa moitié.

13. Les milieux des côtés d'un quadrilatère sont les sommets d'un parallélogramme. — Quelles conditions doit remplir le quadrilatère donné pour que le parallélogramme ainsi formé soit un rectangle, ou un losange, ou un carré?

14. Dans un quadrilatère les droites qui passent par les milieux de deux côtés opposés, et la droite qui joint les milieux des diagonales, se coupent en un même point, et chacune d'elles est partagée par ce point en deux parties égales.

15. Deux médianes d'un triangle se coupent mutuellement en deux parties dont l'une est double de l'autre. — Les trois médianes d'un triangle se coupent en un même point.

16. Soit O le point de concours des médianes d'un triangle ABC;

par ce point on mène une droite quelconque OR, et des sommets du triangle on abaisse sur OR les perpendiculaires AA′, BB″, CG′. Démontrer que la somme des deux perpendiculaires qui sont d'un même côté de OR est égale à la longueur de l'autre.

17. Démontrer que les trois bissectrices des angles intérieurs d'un triangle concourent en un même point, que deux bissectrices des angles extérieurs et la bissectrice intérieure du troisième angle sont concourantes.

18. Si le point de concours des bissectrices d'un triangle est sur l'une des hauteurs, ou sur l'une des médianes, le triangle est isocèle. Si ce point est à la fois sur deux hauteurs, ou sur deux médianes, le triangle est équilatéral.

19. Si le point de concours des médianes d'un triangle est sur la bissectrice d'un des angles du triangle, ou sur une des hauteurs, le triangle est isocèle. Si ce point est à la fois sur deux bissectrices, ou sur deux hauteurs, le triangle est équilatéral.

20. Soit un parallélogramme OACB; on prend, sur OA, OA′ = 2OA, et sur OB, OB′ = 2OB (*fig.* 80); démontrer que la droite A′B′ passe par le point C, et que ce point est le milieu de A′B′.

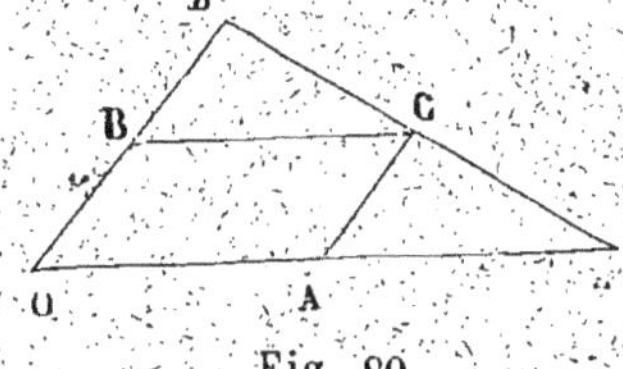

Fig. 80.

21. Démontrer que deux triangles sont égaux lorsqu'ils ont deux côtés égaux chacun à chacun et une médiane égale placée de la même façon (deux cas).

22. Démontrer que, dans un triangle rectangle, si un des angles aigus est double de l'autre, l'hypoténuse est double du plus petit côté; réciproque.

23. Démontrer que, dans un triangle ABC, l'angle formé par la hauteur et la bissectrice intérieure issues d'un même sommet A est égal à la demi-différence des angles à la base BC.

24. On prolonge la base AB d'un triangle ABC d'une longueur BD égale à BC, et l'on prend sur le côté BA la longueur BE égale à BC; démontrer : 1° que l'angle DCE est droit; 2° que l'angle CEA est égal à un angle droit augmenté ou diminué de la moitié de l'angle B du triangle ABC suivant que le côté BC est inférieur ou supérieur au côté AB.

25. Démontrer que, dans un trapèze, la droite qui passe par les milieux des côtés non parallèles est parallèle aux bases, passe par les milieux des diagonales du trapèze, et que la portion de cette droite comprise entre les deux diagonales est égale à la demi-différence des bases.

26. Démontrer que deux trapèzes sont égaux lorsqu'ils ont leurs quatre côtés égaux chacun à chacun et disposés de la même manière.

27. Démontrer que, dans tout trapèze dont les côtés non parallèles sont égaux, les angles opposés sont supplémentaires.

28. Étant donné un triangle ABC rectangle en A, soit AB le plus petit des côtés de l'angle droit; on fait tourner le triangle, dans son plan, autour du point A, de telle sorte que dans la nouvelle position AB'C' l'hypoténuse B'C' passe par le point B; démontrer que si D est le point d'intersection de BC et de AC', on a $\widehat{ADB} = 3\,\widehat{ACB}$.

Problèmes à résoudre.

29. Trouver un point équidistant de deux points donnés, et équidistant de deux droites données.

30. Trouver un point équidistant de deux points donnés et situé à une distance donnée d'une droite donnée.

31. Trouver un point équidistant de deux droites données et situé à une distance donnée d'une droite donnée.

32. Quelle condition doivent remplir les côtés non parallèles d'un trapèze pour que deux angles opposés du trapèze soient supplémentaires?

33. Étant donnés une droite MN et deux points A et B, situés d'un même côté de cette droite, déterminer sur la droite MN un point C tel que l'angle ACM soit égal à l'angle BCN. Démontrer que le point C ainsi obtenu est, de tous les points de la droite MN, celui dont la somme des distances aux points A et B est la plus petite.

34. Étant donnés deux points A et B dans un angle MON, trouver un point C sur OM, et un point D sur ON, tels que la somme des distances AC + CD + DB soit la plus petite possible.

35. Mener une parallèle à un côté d'un triangle, telle que la portion de cette ligne comprise dans le triangle soit égale à la somme ou à la différence des segments des deux autres côtés compris entre cette ligne et le côté du triangle auquel elle est parallèle.

36. Démontrer que dans un rectangle on peut inscrire un nombre infini de parallélogrammes ayant leurs côtés parallèles aux diagonales du rectangle et que tous ces parallélogrammes ont le même périmètre.

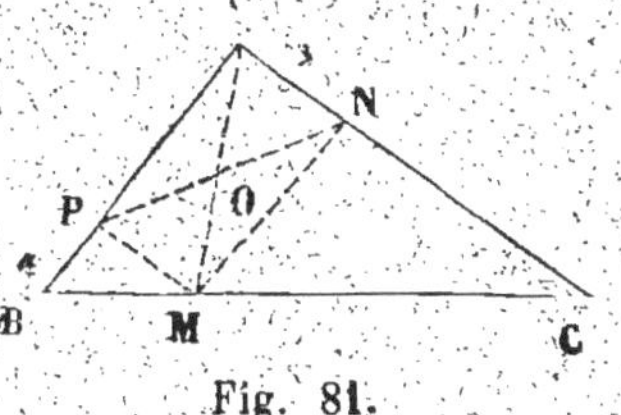

Fig. 81.

37. Soit un triangle ABC (*fig.* 81); on prend sur BC un point quelconque M, et on mène, par ce point, MN parallèle à AB et MP parallèle à AC, de manière à former le parallélogramme MNAP. On demande le lieu décrit par le point de concours O des diagonales de ce parallélogramme, quand le point M parcourt la droite BC.

38. Trouver le lieu géométrique des points dont la somme, ou la différence, des distances à deux droites fixes est constante et égale à une longueur donnée.

39. Soit un angle ROS; sur les côtés de cet angle on prend les longueurs OA et OB telles que la somme OA + OB soit égale à une longueur donnée, et l'on construit le parallélogramme OACB; trouver le lieu du sommet C du parallélogramme. Même question en supposant que la différence OA — OB est constante.

40. Soient deux points fixes, A, B, et une droite LL′ perpendiculaire à la droite qui passe par les points A et B; on prend sur LL′ un point quelconque C; on mène, du point A, AA′ perpendiculaire à BC, et du point B, BB′ perpendiculaire à AC; on demande le lieu décrit par le point de rencontre des droites AA′ et BB′ quand le point C parcourt la droite LL′.

41. Sur les côtés d'un angle xAy, on prend deux longueurs variables AM, AN; on trace MP perpendiculaire à Ax et NP perpendiculaire à Ay; ces droites se rencontrent en P; en supposant P à l'intérieur de l'angle xAy, prouver que, si la somme AM + AN demeure constante quand M et N se déplacent respectivement sur les droites Ax et Ay, la somme PM + PN demeure également constante; examiner si la propriété est encore vraie quand P n'est pas à l'intérieur de l'angle, et comment il faut la modifier quand elle cesse d'être vraie; enfin, trouver le lieu géométrique du point P. (École normale de Fontenay-aux-Roses, 1899.)

42. Construire un parallélogramme ABCD sachant que les côtés AB, BC ont des longueurs données a, b, et en outre, que si l'on abaisse du point de concours O des diagonales AC, BD la perpendiculaire OE sur la droite indéfinie AB, on a AE = 3 EB, E étant le pied de la perpendiculaire; calculer les longueurs des diagonales. (Fontenay-aux-Roses, 1901.)

LIVRE II

CIRCONFÉRENCE

§ I. — DÉFINITIONS, CERCLE, RAYONS, DIAMÈTRES, CORDES.

114. Définitions. On appelle *circonférence de cercle* ou plus simplement *circonférence*, une ligne plane dont tous les points sont à une même distance d'un point du plan nommé *centre*. La portion de plan limitée par une circonférence de cercle est appelée *cercle*.

Toute droite OA qui va du centre d'un cercle à un point de la circonférence de ce cercle est un *rayon (fig.* 82). Tous les rayons d'un même cercle sont égaux.

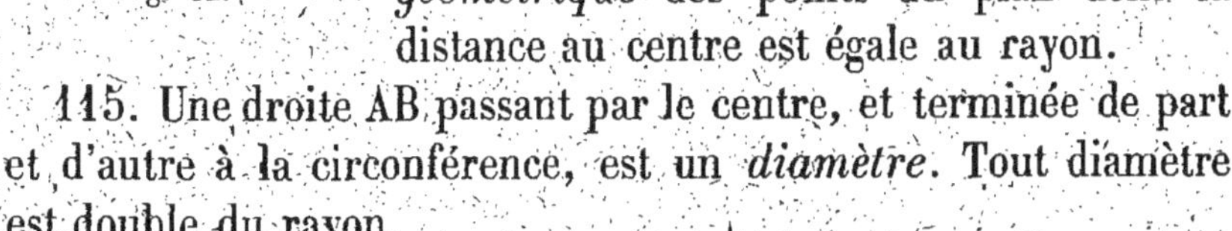

Fig. 82.

Tout point intérieur à une circonférence de cercle étant à une distance du centre moindre que le rayon, et tout point extérieur étant à une distance du centre plus grande que le rayon, une circonférence est le *lieu géométrique* des points du plan dont la distance au centre est égale au rayon.

115. Une droite AB passant par le centre, et terminée de part et d'autre à la circonférence, est un *diamètre*. Tout diamètre est double du rayon.

116. Une portion CMD de la circonférence d'un cercle est un *arc*. La portion de droite CD qui joint les extrémités d'un arc est une *corde*. On dit que la corde CD *sous-tend* l'arc CD, et que l'arc CD est *sous-tendu* par la corde CD.

Théorème.

117. *Une droite ne peut rencontrer une circonférence en plus de deux points.*

En effet, du centre de la circonférence on ne peut mener à la droite plus de deux obliques égales au rayon (69).

Une droite AB qui rencontre une circonférence en deux points est dite *sécante* (*fig.* 83).

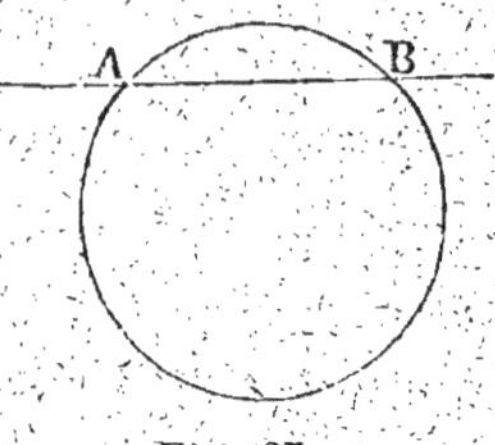

Fig. 83.

Théorème.

118. *Tout diamètre AB partage la circonférence et le cercle en deux parties égales.*

Faisons tourner (*fig.* 84) la partie AMB de la figure autour du diamètre AB pour la rabattre sur la partie AM'B. Un point quelconque M de l'arc AMB vient se placer sur l'arc AM'B, parce que la circonférence est le *lieu* des points du plan dont la distance au centre est égale au rayon; donc l'arc AMB coïncide avec l'arc AM'B, et le diamètre AB partage la circonférence et le cercle en deux parties égales.

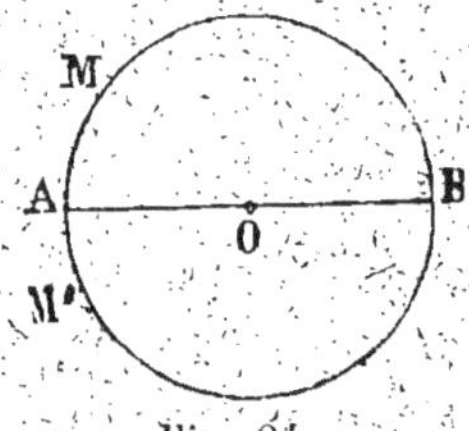

Fig. 84.

Théorème.

119. *Toute corde qui ne passe pas par le centre d'un cercle est plus petite qu'un diamètre.*

Soit CD une corde qui ne passe pas par le centre O du cercle donné, et soit AB un diamètre (*fig.* 85). Menons les rayons, OC, OD. Le diamètre AB, double du rayon, est égal à OC + OD; dans le triangle OCD, le côté CD est plus petit que la somme des deux autres; donc la corde CD est moindre que le diamètre AB.

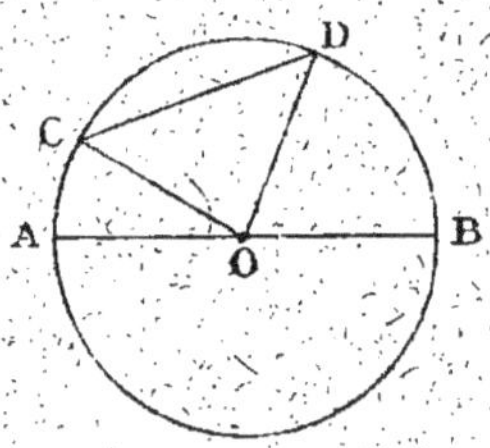

Fig. 85.

§ II. — DÉPENDANCE MUTUELLE DES CORDES ET DES ARCS.

Théorème.

120. *Dans un même cercle, ou dans deux cercles égaux :*
1° deux arcs égaux sont sous-tendus par des cordes égales ;
2° deux arcs inégaux, et moindres qu'une demi-circonfé-
rence, sont sous-tendus par des cordes inégales ; le plus
grand arc est sous-tendu par la plus grande corde.

1° Soient, dans deux cercles égaux O et O′, les arcs égaux AMB

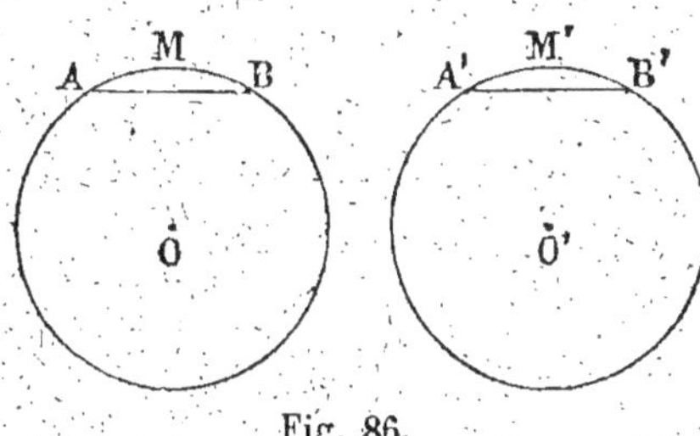

Fig. 86.

et A′M′B′ (*fig.* 86) ; les cordes AB et A′B′ qui les sous-tendent sont égales.

Nous pouvons toujours supposer les lettres A′, B′, placées de façon que, pour un observateur placé en O′ au-dessus du plan, le sens de l'arc A′M′B′ soit le même que le sens de l'arc AMB pour un observateur placé en O au-dessus du plan. Ceci posé, portons le cercle O′ sur le cercle O de façon que le centre O′ tombe en O ; les deux cercles coïncident. Faisons tourner le cercle O′ autour du point O de manière à amener le point A′ en A ; les deux cercles coïncident toujours, et comme l'arc A′M′B′ est égal à l'arc AMB et de même sens, le point B′ tombe en B, et, par

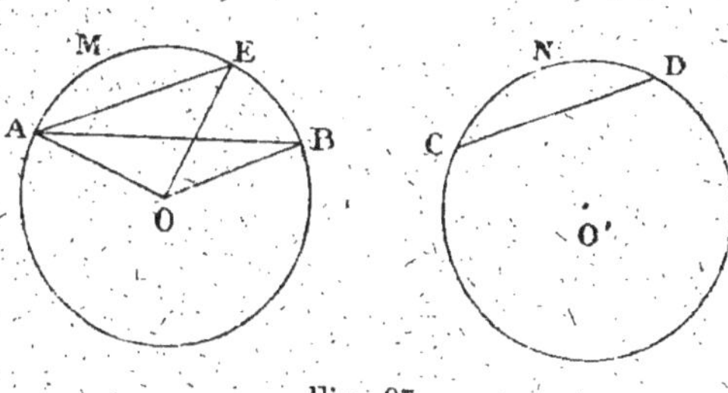

Fig. 87.

suite, la corde A′B′ coïncide avec la corde AB. Donc les deux cordes sont égales.

2° Soient, sur des cercles égaux, l'arc AMB plus grand que l'arc CND, et moindre qu'une demi-circonférence : la corde AB est plus grande que la corde CD (*fig.* 87). En effet, supposons toujours les arcs AMB, CND de même sens, et portons le cercle O′ sur le cercle O, de manière que les cercles coïncident et que C tombe en A. Le point D tombe sur l'arc AMB, entre A et B, en E je suppose, et la corde AE est égale à la corde CD. Menons les rayons OA, OB, OE. L'arc AMB est situé tout entier dans l'angle AOB, et, le point E étant sur cet arc, la droite OE est dans l'angle AOB ; par conséquent, l'angle AOB est plus grand que l'angle AOE. Cela étant, les triangles, AOB, AOE, ont deux côtés égaux chacun à chacun, comprenant des angles inégaux, savoir : OA côté commun, OB égal à OE comme rayons d'un même cercle, et l'angle AOB plus grand que l'angle AOE ; donc le troisième côté AB du premier triangle est plus grand que le troisième côté AE du second.

121. Si les arcs considérés sont pris sur un même cercle, on imagine que l'on détache de ce cercle un cercle égal, l'un des arcs restant sur l'un des cercles, l'autre sur l'autre, et on répète la démonstration précédente.

122. REMARQUE. Dans un cercle, un arc AMB moindre que la moitié de la circonférence du cercle et la corde AB qui le sous-tend sont deux grandeurs qui varient dans le même sens ; quand l'arc augmente, la corde augmente ; si l'arc devient égal à la demi-circonférence du cercle, la corde devient égale au diamètre. Si l'arc devient plus grand que la demi-circonférence, alors l'arc et la corde qui le sous-tend sont deux grandeurs qui varient en sens contraires : quand l'arc augmente, la corde diminue. Donc :

123. RÉCIPROQUEMENT. *Dans un même cercle, ou dans des cercles égaux, deux cordes égales sous-tendent des arcs, moindres chacun qu'une demi-circonférence, qui sont égaux ; deux cordes inégales sous-tendent des arcs, moindres chacun qu'une demi-circonférence, qui sont inégaux, et la plus grande corde sous-tend le plus grand arc.*

Si l'on considère des arcs inégaux tous deux plus grands qu'une demi-circonférence, c'est la plus petite corde qui sous-tend le plus grand arc.

Théorème.

124. *Le diamètre CD perpendiculaire à une corde AB d'une circonférence partage en deux parties égales la corde AB et chacun des arcs ACB, ADB qu'elle sous-tend (fig. 88).*

Soient O le centre du cercle et I le point où le diamètre CD, perpendiculaire à la corde AB, rencontre cette corde. Les obliques OA et OB étant égales comme rayons d'un même cercle, leurs pieds A et B sont équidistants du pied I de la perpendiculaire OI ; donc le diamètre CD partage en deux parties égales la corde AB. D'autre part, de ce que IA = IB, il résulte que les cordes CA, CB, sont des obliques égales ; et, par suite, les arcs CA, CB, sous-tendus par ces cordes, sont égaux. On verrait de même que les arcs DA, DB, sont égaux. Donc le diamètre CD partage en deux parties égales chacun des arcs, ACB, ADB, sous-tendus par la corde AB.

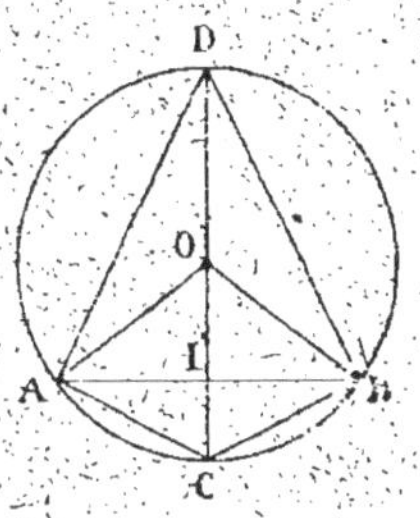

Fig. 88.

125. Corollaire I. *Dans un cercle, le centre, le milieu d'une corde, et les milieux des deux arcs sous-tendus par cette corde, sont quatre points en ligne droite.*

126. Corollaire II. *Le lieu des milieux des cordes d'un cercle parallèles à une droite donnée est le diamètre perpendiculaire à cette droite.*

Théorème.

127. *Par trois points non en ligne droite on peut faire passer une circonférence, et on n'en peut faire passer qu'une.*

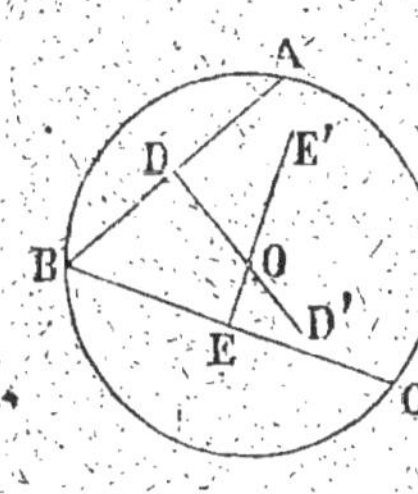

Fig. 89.

Soient, A, B, C, trois points non en ligne droite (*fig.* 89) ; joignons les points A et B, B et C ; menons la perpendiculaire DD' au milieu de AB, et la perpendiculaire EE' au milieu de BC. Les droites DD' et EE', perpendiculaires aux droites AB et BC, ne peuvent être parallèles ; car, si elles étaient parallèles, la droite BA perpendiculaire à DD' serait perpendiculaire à sa parallèle EE' (81), et se confondrait avec la droite BC perpendiculaire à EE' (40) ; les trois points A, B et C seraient en ligne droite, ce qui est contre l'hypothèse. Les deux droites DD' et EE' se coupant, soit O leur point de rencontre ; ce point O est équidistant des points, A, B et C. Donc si de O comme centre, avec OA pour rayon, on décrit une circonférence, elle passe par les trois points, A, B et C.

Cette circonférence est d'ailleurs la seule que l'on puisse faire passer par les trois points A, B, C. En effet, le centre de toute circonférence passant par ces trois points devant être également éloigné de chacun d'eux, est situé à la fois sur la droite DD', lieu des points équidistants de A et de B, et sur la droite EE', lieu des points équidistants de B et de C, c'est-à-dire au point de concours O de ces deux droites; donc toute circonférence passant par les trois points, A, B, C, coïncide avec la circonférence décrite du point O comme centre avec OA pour rayon.

128. COROLLAIRE. *Deux circonférences distinctes ne peuvent se rencontrer en plus de deux points.*

Car, si elles avaient trois points communs, elles coïncideraient.

129. REMARQUE. Si les trois points donnés sont en ligne droite (*fig.* 90), les droites, DD', EE', perpendiculaires à une même droite ABC, sont parallèles, et le point de rencontre s'éloigne à l'infini, ce qui indique que le problème n'est plus possible.

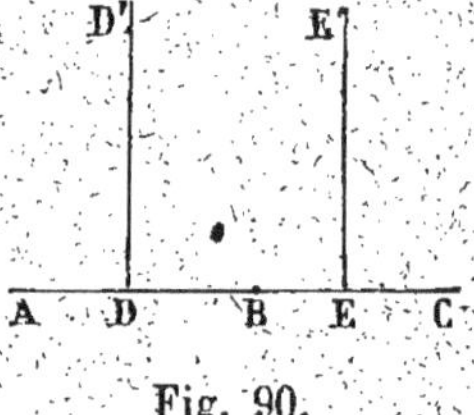

Fig. 90.

On savait d'ailleurs que par trois points en ligne droite on ne peut pas faire passer une circonférence, puisqu'une droite ne rencontre jamais une circonférence en plus de deux points.

Théorème.

130. *Dans un même cercle, ou dans deux cercles égaux, deux cordes égales sont également éloignées du centre.*

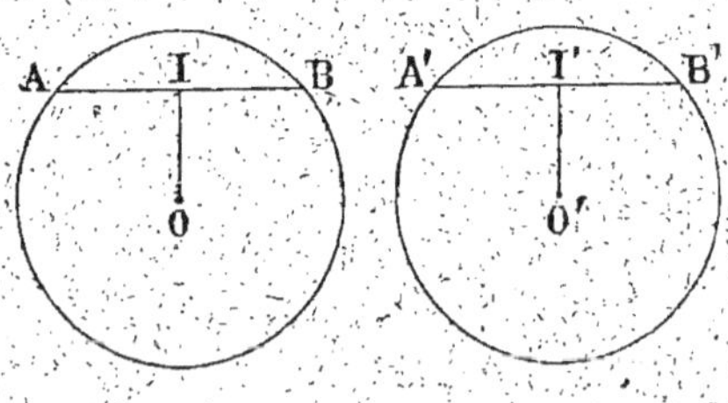

Fig. 91.

Soient (*fig.* 91), dans les cercles égaux O et O', les cordes égales AB et A'B': les perpendiculaires OI et O'I', menées des centres sur ces cordes, sont égales. Pour le démontrer, supposons, ce qui est toujours permis, que les arcs

AB et A'B', qui sont égaux (123), sont de même sens; portons le cercle O' sur le cercle O, de façon que le centre O' tombe sur le centre O, et faisons tourner le cercle O' autour du point O pour amener le point A' sur le point A. Les cercles coïncident, et les arcs de même sens AB, A'B' étant égaux, le point B' tombe en B; la corde A'B' coïncide avec AB, et par suite la perpendiculaire O'I' coïncide avec OI, et lui est égale.

Théorème.

131. *Dans un même cercle, ou dans des cercles égaux, de deux cordes inégales la plus grande est la plus rapprochée du centre.*

Soit, dans le cercle O, la corde AB plus grande que la corde CD (*fig.* 92): la corde AB est plus rapprochée du centre que la corde CD.

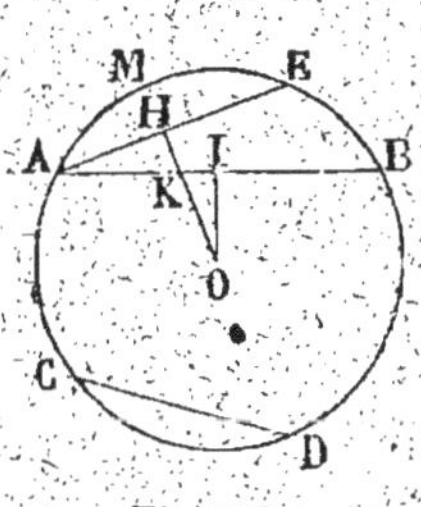

Fig. 92.

En effet, prenons à partir du point A, dans le sens de l'arc AMB, arc moindre qu'une demi-circonférence et sous-tendu par la corde AB, l'arc AME égal à l'arc CD, moindre qu'une demi-circonférence et sous-tendu par la corde CD; cet arc est moindre que l'arc AMB, parce que la corde CD est plus petite que la corde AB, et l'extrémité E tombe entre les points A et B. Les cordes AE et CD, qui sous-tendent des arcs égaux, sont égales et, par suite, également éloignées du centre. Il s'agit donc de démontrer que la distance OI du centre à la corde AB est plus petite que la distance OH du centre à la corde AE. Or le centre O et le point H, milieu de la corde AE, étant de part et d'autre de la corde AB, la perpendiculaire OH rencontre nécessairement la corde AB en un point K situé entre O et H, et OK est moindre que OH; d'autre part, la perpendiculaire OI est moindre que l'oblique OK : donc, à plus forte raison, OI est moindre que OH.

132. R*emarque.* Dans un cercle, la longueur d'une corde et la distance du centre à cette corde sont deux grandeurs qui varient en sens inverse : quand la première augmente, la seconde diminue. On en conclut la réciproque du théorème du n° 130 :

Dans un même cercle, ou dans deux cercles égaux, des cordes également éloignées du centre sont égales.

§ III. — TANGENTE A LA CIRCONFÉRENCE.

135. Définition. On dit qu'une droite est *tangente* en un point A à une circonférence, lorsqu'elle n'a que ce seul point commun avec la circonférence; ce point A est appelé *point de contact* de la tangente.

Le fait qu'une droite peut n'avoir qu'un seul point commun avec une circonférence n'est pas évident *a priori*. Cette possibilité se trouve démontrée par le théorème suivant.

Théorème.

134. *Soit* A *un point de la circonférence d'un cercle :*

1° La perpendiculaire au rayon OA *menée par le point* A *ne rencontre la circonférence qu'au point* A, *et, par suite, est tangente à la circonférence en ce point;*

2° Toute droite menée par le point A, *non perpendiculaire au rayon* OA, *rencontre la circonférence du cercle en un second point* B *différent de* A.

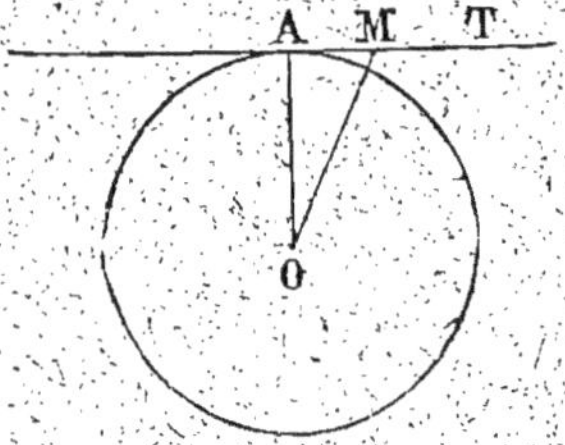

1° Soit AT la perpendiculaire au rayon OA menée par le point A (*fig.* 93). Tout point M de cette droite AT, autre que le point A, est extérieur au cercle, car l'oblique OM est plus grande que la perpendiculaire OA.

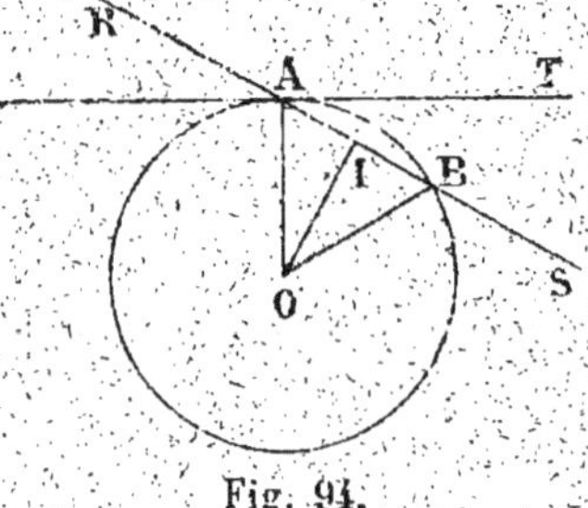
Fig. 93.

Il en résulte que la droite AT ne rencontre la circonférence du cercle qu'au seul point A; donc elle lui est tangente, et A est le point de contact.

2° Soit RAS une droite menée par le point A, non perpendiculaire au rayon OA (*fig.* 94); soit I le pied de la perpendiculaire à la droite RAS menée par le centre du cercle. Si, sur la droite RAS, à partir du point I, on prend, dans le sens AI, une longueur IB égale à AI, on sait que les deux obliques, OA, OB,

Fig. 94.

sont égales. Donc le point B, qui est différent du point A, est aussi commun à la droite RAS et à la circonférence du cercle donné.

De l'ensemble de ces deux propositions il résulte que :

135. Réciproquement. *Une tangente TT' à un cercle est perpendiculaire au rayon OA qui passe par le point de contact (fig. 93).*

136. Remarque. Si l'on fait tourner une sécante AB autour du point A, jusqu'à ce que le point B vienne se confondre avec le point A (*fig. 94*), le milieu I de la corde AB vient aussi se confondre avec le point A, et par suite la droite OI vient se placer sur OA. Or la sécante AB est perpendiculaire sur OI : donc, à la limite, quand le point B vient se confondre avec le point A, la sécante AB se place sur la perpendiculaire, au point A, au rayon OA, et se confond ainsi avec la tangente en A.

On peut donc regarder la tangente AT à une circonférence en un point A comme *la position limite vers laquelle tend une sécante AB, qui tourne autour du point A, jusqu'à ce que le second point B, où elle rencontre la circonférence, vienne se confondre avec le point A.*

Théorème.

137. *Deux droites parallèles interceptent sur une circonférence des arcs égaux.*

1° Soient d'abord les deux droites parallèles AB et CD, toutes deux sécantes (*fig. 95*) : les arcs interceptés AC et BD sont égaux. En effet, menons le diamètre EF perpendiculaire à la droite AB et, par suite, perpendiculaire à CD. Ce diamètre partage en deux parties égales les arcs AFB et CFD sous-tendus par les cordes AB et CD. Donc les arcs AF et BF sont égaux entre eux, ainsi que les arcs CF et DF ; par suite l'arc AC, excès de l'arc AF sur l'arc CF, est égal à l'arc BD, excès de l'arc BF sur l'arc DF.

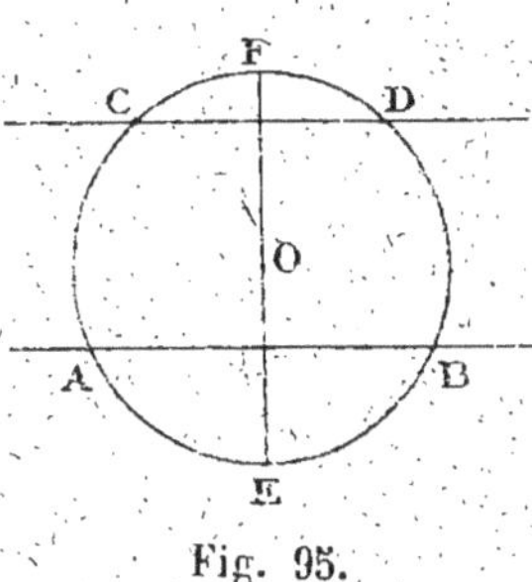

Fig. 95.

2° Soient encore les droites parallèles, AB et GH, la première sécante; la seconde tangente au point E (*fig.* 96); les arcs interceptés AE et BE sont égaux. En effet, le rayon OE, qui passe par le point de contact, est perpendiculaire à la tangente GH, et, par suite, à la parallèle AB; donc il partage l'arc AEB en deux parties égales.

3° Soient enfin deux droites parallèles GH et KL toutes deux tangentes, l'une en E, l'autre en F (*fig.* 96); les arcs inter-

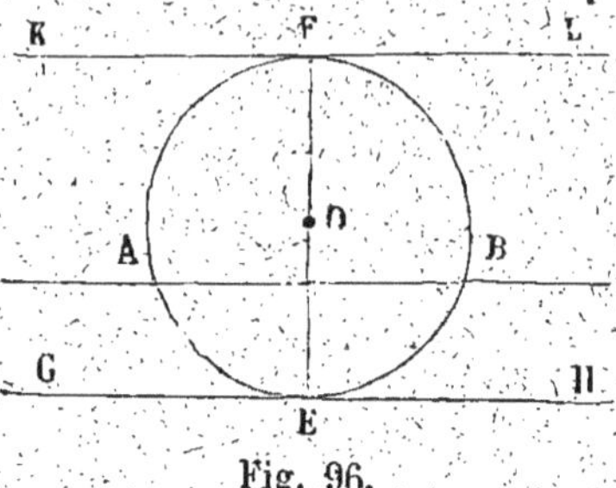

Fig. 96.

ceptés EAF et EBF sont encore égaux. En effet, les rayons OE et OF, respectivement perpendiculaires aux droites parallèles GH et KL, sont dans le prolongement l'un de l'autre, et la droite EOF est un diamètre qui partage la circonférence en deux parties égales.

138. Corollaire. *Lorsque deux tangentes à un cercle sont parallèles, les points de contact sont les extrémités d'un même diamètre.*

§ IV. — POSITIONS RELATIVES DE DEUX CIRCONFÉRENCES.

Théorème.

139. *Lorsque deux circonférences O et O′ ont deux points communs M et M′ (fig. 97), la corde commune MM′ est perpendiculaire à la ligne des centres, et est partagée par elle en deux parties égales.*

En effet, la droite OO′, qui passe par les deux points O et O′ respectivement équidistants de M et de M′, est le lieu des points équidistants de M et M′; donc elle est perpendiculaire à MM′ en son milieu.

140. Remarque. Nous savons que deux circonférences ne peuvent avoir plus de deux points communs (128). Quand elles ont deux points communs, on les dit *sécantes;* les deux points communs sont placés *symétriquement* par rapport à la ligne

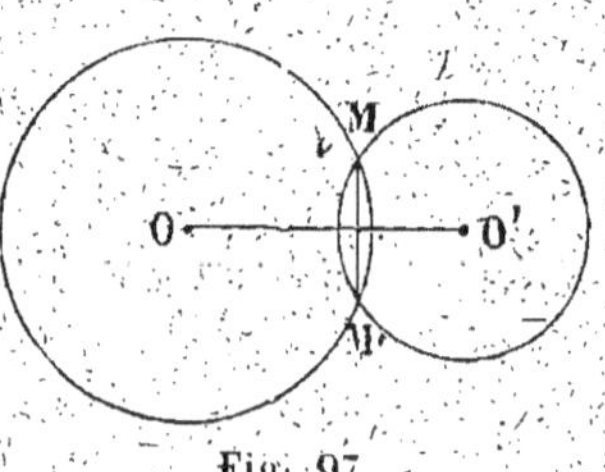

Fig. 97.

des centres. Si l'un des points communs est sur la ligne des centres, en A (*fig.* 98 et 99), l'autre est confondu avec le premier en A, et les deux cercles, dont les circonférences n'ont

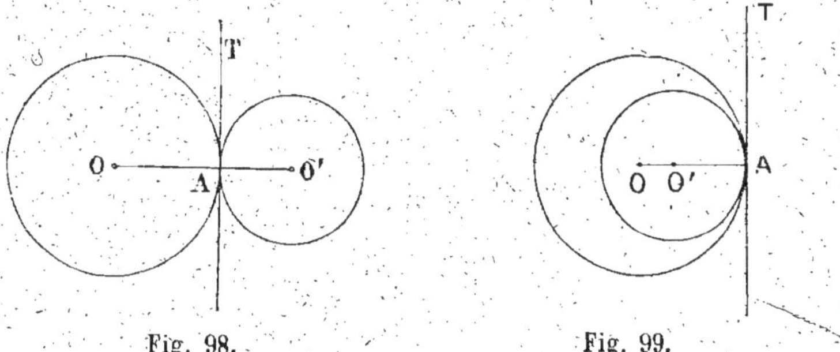

Fig. 98.　　　　　　　　　Fig. 99.

qu'un point commun, sont dits *tangents*. Le point de contact est sur la ligne des centres, et les deux tangentes en ce point aux deux cercles sont confondues avec la perpendiculaire à la ligne des centres.

Deux circonférences étant tangentes, si tous les points de l'une quelconque des deux sont en dehors de l'autre, on dit qu'elles sont tangentes *extérieurement* (*fig.* 98); si tous les points de l'une sont à l'intérieur de l'autre, on dit qu'elles sont tangentes *intérieurement* (*fig.* 99).

Quand deux circonférences n'ont aucun point commun, on dit que les circonférences sont *extérieures* si tous les points de chacune sont en dehors de l'autre (*fig.* 100); on dit que l'une

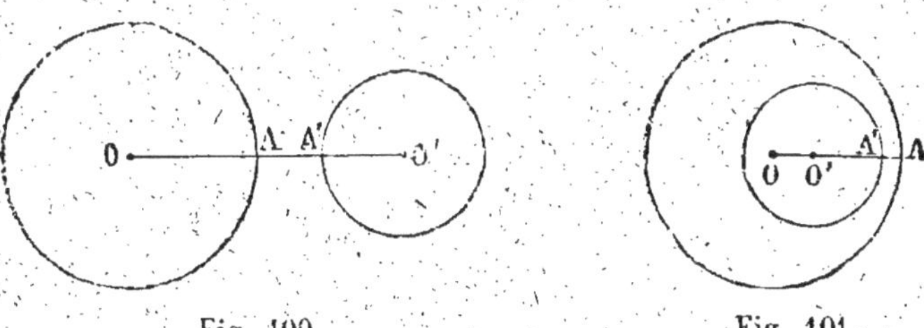

Fig. 100.　　　　　　　　　Fig. 101.

est *intérieure* à l'autre si tous les points de l'une sont à l'intérieur de l'autre (*fig.* 101).

Deux circonférences situées dans un plan occupent toujours, l'une par rapport à l'autre, une des cinq positions que nous venons de définir.

Théorème.

141. *Quand deux circonférences sont extérieures, la distance des centres est plus grande que la somme des rayons.*

On voit, en effet, que la distance des centres OO′ (*fig.* 102) se compose de la somme des rayons, OA + O′A′, augmentée de AA′.

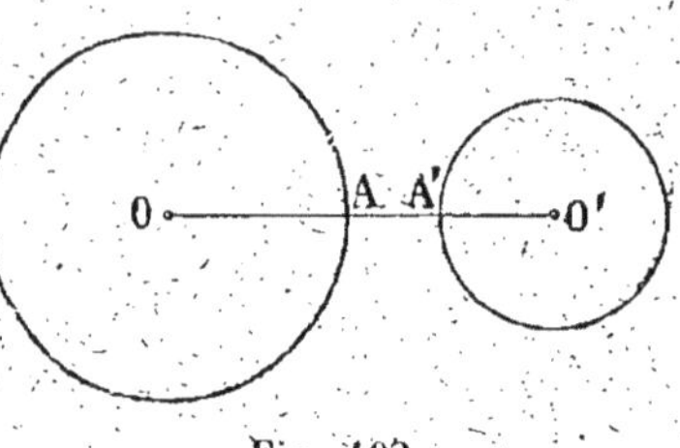

Fig. 102.

Théorème.

142. *Quand deux circonférences sont tangentes extérieurement, la distance des centres est égale à la somme des rayons.*

Le point de contact A (*fig.* 103) est situé sur la ligne des centres; le centre O′, extérieur au cercle O, est sur le prolongement de OA, et la distance des centres OO′ se compose de la somme des rayons, OA + O′A.

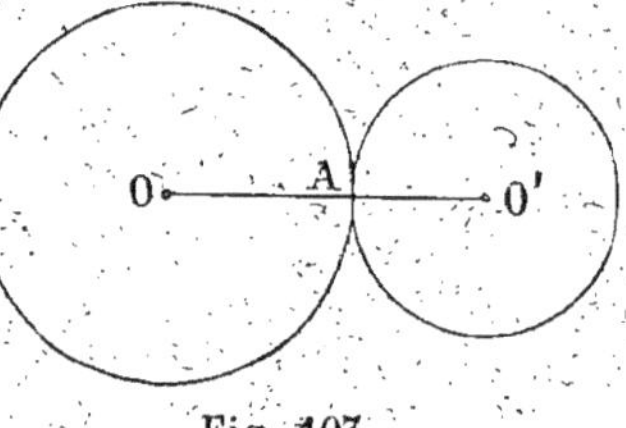

Fig. 103.

Théorème.

143. *Quand deux circonférences sont sécantes, la distance des centres est à la fois plus petite que la somme des rayons et plus grande que leur différence.*

Soient, en effet, deux circonférences sécantes O et O′, et soit M un des deux points communs (*fig.* 104). Le point M étant en dehors de la ligne des centres, les trois points, O, O′, M, sont les sommets d'un triangle dans lequel le côté OO′ est à la fois plus petit que la somme des deux autres OM et O′M et plus grand que leur différence. Donc la distance des centres OO′ est à

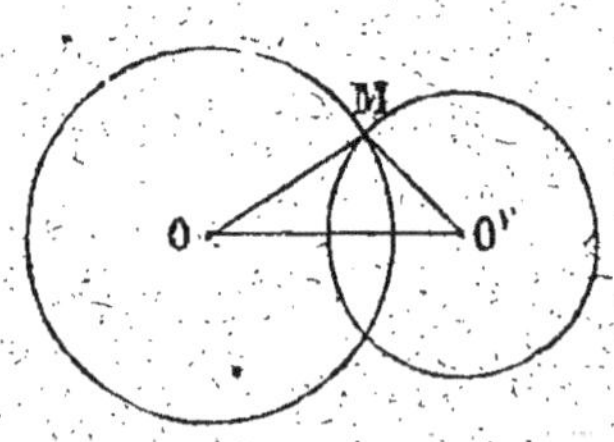

Fig. 104.

la fois plus petite que la somme des rayons et plus grande que leur différence.

Théorème.

144. *Quand deux circonférences sont tangentes intérieurement, la distance des centres est égale à
la différence des rayons.*

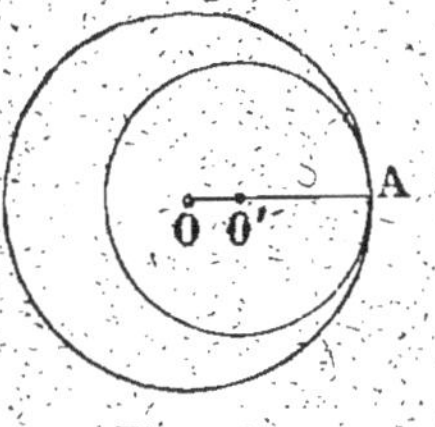

En effet, le point de contact A (*fig.* 105)
est situé sur la ligne des centres, le centre
O′ du plus petit cercle est entre O et A, et
la distance des centres OO′ est égale à

Fig. 105.

$OA - O'A$, c'est-à-dire à la différence des rayons.

Théorème.

145. *Quand une circonférence est intérieure à une autre,
la distance des centres est plus petite que
la différence des rayons.*

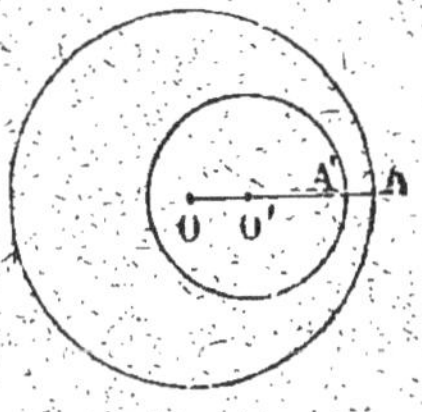

En effet, la distance des centres OO′
(*fig.* 106) est égale au rayon OA, moins le
rayon O′A′, moins encore la portion de rayon
A′A comprise entre les deux cercles.

Fig. 106.

146. *En résumé*, en appelant D la distance
des centres, R et R′ les deux rayons, et en supposant R supérieur ou égal à R′, si les deux circonférences sont :

Extérieures, on a . . . . $D > R + R'$

Tangentes extérieurement, on a . . . $D = R + R'$

Sécantes, on a à la fois. . . . . $\begin{cases} D < R + R' \\ D > R - R' \end{cases}$

Tangentes intérieurement, on a . . . $D = R - R'$

L'une intérieure à l'autre, on a . . . $D < R - R'$.

Théorème.

147. *Les réciproques des cinq derniers théorèmes sont
vraies, c'est-à-dire que si l'on a :*

1° $D > R + R'$ *les circonférences sont* *Extérieures;*
2° $D = R + R'$ *id.*   *Tangentes extérieu-
                                                       rement;*

$3° \left\{ \begin{array}{l} D < R + R' \\ D > R - R' \end{array} \right.$ *les circonférences sont   Sécantes;*

$4°$ $D = R - R'$ *id.*   *Tangentes intérieu-*
              rement;

$5°$ $D < R - R'$ *id.*   *L'une intérieure à*
              l'autre.

Prenons, par exemple, la première condition, $D > R + R'$; elle exclut chacune des quatre dernières, et les deux circonférences ne pouvant occuper aucune des quatre autres positions, sont nécessairement extérieures. Il en est de même pour la deuxième, pour la quatrième et pour la cinquième condition.

La troisième condition est double; elle comprend les deux inégalités :

$$D < R + R', \quad \text{et} \quad D > R - R'.$$

L'inégalité $D < R + R'$ exprime que les circonférences ne sont ni extérieures, ni tangentes extérieurement; l'inégalité $D > R - R'$ exprime que les circonférences ne sont ni l'une intérieure à l'autre, ni tangentes intérieurement; les deux inégalités, prises simultanément, expriment donc que les circonférences sont sécantes parce qu'elles n'occupent aucune des quatre autres positions.

§ V. — MESURE DES ANGLES.

148. Définitions. On appelle *angle au cen-tre* d'une circonférence un angle dont le sommet est au centre de la circonférence; tel est l'angle AOB (*fig.* 107).

149. On appelle *angle inscrit* dans une circonférence un angle formé par deux cordes qui se coupent sur cette circonférence; tel est l'angle ACB (*fig.* 107).

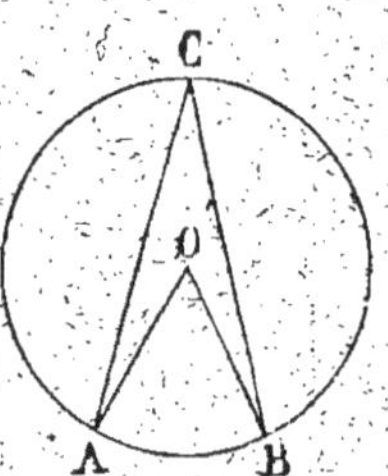

Fig. 107.

Théorème.

150. *Dans un même cercle, ou dans des cercles égaux*

1° *deux angles au centre égaux interceptent des arcs égaux;*
2° *deux angles au centre inégaux interceptent des arcs iné-*
gaux; le plus grand angle intercepte le plus grand arc.

1° Soient, dans deux cercles égaux O et O′, les angles au
centre égaux, AOB, A′O′B′, (*fig.* 108), que nous pouvons tou-

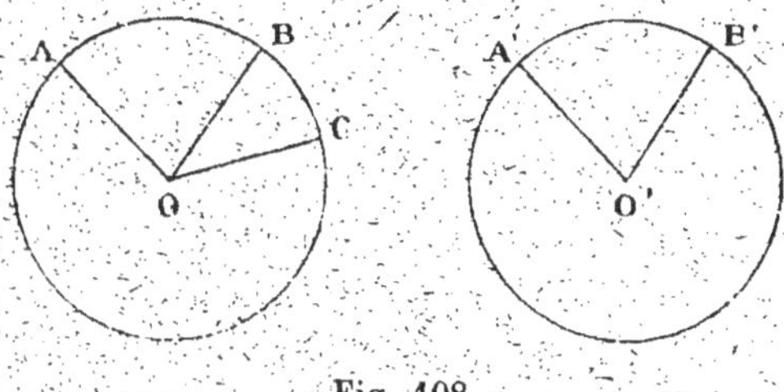

Fig. 108.

jours supposer de même sens. Portons le cercle O′ sur le cercle
O, de façon que le centre O′ tombe en O; les deux cercles
coïncident. Faisons tourner le cercle O′ autour du point O de
manière à amener le rayon O′A′ sur le rayon OA; les deux
cercles coïncident toujours; et, comme l'angle A′O′B′ est égal à
l'angle AOB et de même sens, le rayon O′B′ vient se placer sur
le rayon OB. Il en résulte que les deux arcs A′B′ et AB coïncident : donc ils sont égaux.

2° Soient, dans deux cercles égaux O et O′, les angles au centre,
AOC, A′O′B′, que nous supposerons inégaux et de même sens,
et supposons l'angle AOC plus grand que l'angle A′O′B′(*fig.* 108).
Portons encore le cercle O′ sur le cercle O de façon que le
centre O′ tombe en O; les deux cercles coïncident. Faisons
tourner le cercle O′ autour du centre O de manière à amener
O′A′ sur OA; les deux cercles coïncident toujours; comme l'angle
AOC est plus grand que l'angle A′O′B′ et est de même sens que
lui, le rayon O′B′ vient se placer à l'intérieur de l'angle AOC,
et son extrémité B′ vient se placer, sur l'arc AC, en un certain
point B situé entre A et C. Il en résulte que l'arc AC est plus
grand que l'arc AB; mais l'arc AB est égal à l'arc A′B′: donc
l'arc AC est plus grand que l'arc A′B′.

De l'ensemble de ces deux propositions il résulte que :

151. **Réciproquement.** *Dans un même cercle ou dans deux*

cercles égaux : 1° à deux arcs égaux correspondent des angles au centre égaux; 2° à deux arcs inégaux correspondent des angles au centre inégaux; au plus grand arc correspond le plus grand angle au centre.

Théorème.

152. *Si des sommets de deux angles comme centres on décrit deux arcs de cercle de même rayon, le rapport des angles est égal au rapport des arcs compris entre leurs côtés.*

Des sommets O et C des angles, AOB, DCE, comme centres (*fig.* 109), avec un même rayon, décrivons les arcs de cercle AB et DE : le rapport des angles AOB et DCE est égal au rapport des arcs AB et DE. En effet, supposons d'abord que les arcs, AB, DE, aient une commune mesure, c'est-à-dire qu'un certain arc PQ soit contenu un nombre entier de fois dans chacun des deux arcs, par exemple, cinq fois dans AB et quatre fois dans DE ; le rapport des arcs AB et DE est alors égal à $\frac{5}{4}$. Me-

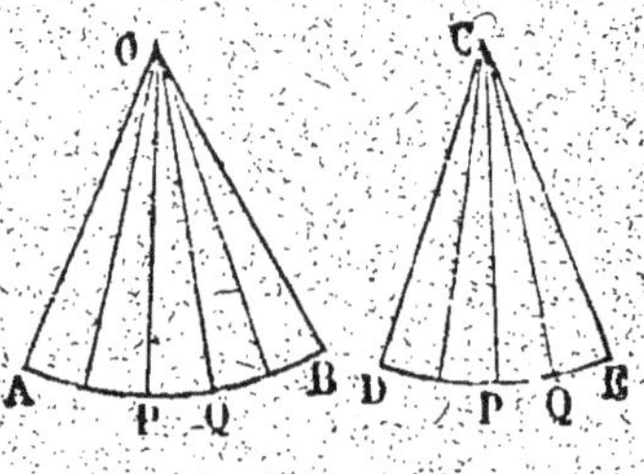

Fig. 109.

nons des rayons par les points de division des arcs AB et DE. Les angles AOB et DCE se trouvent ainsi partagés en angles égaux à l'angle POQ ; car, dans des cercles égaux, ces angles au centre interceptent sur la circonférence des arcs égaux. Or, l'angle AOB contient cinq de ces angles, l'angle DCE en contient quatre ; donc le rapport des angles AOB et DCE est aussi $\frac{5}{4}$.

Le théorème étant vrai, quelque petite que soit la commune mesure entre les deux arcs, est encore vrai quand ces arcs sont incommensurables.

153. On sait que le rapport de deux grandeurs de même espèce est le nombre qui *mesure* la première quand on prend la seconde pour unité (17). D'après cela, si l'on convient de prendre pour unité d'arc, sur une circonférence de rayon quel-

conque, l'arc de cette circonférence compris entre les côtés d'un angle au centre égal à l'angle pris pour unité d'angle, on peut énoncer comme il suit le théorème précédent :

La mesure d'un angle au centre est la même que celle de l'arc compris entre ses côtés.

En effet, soient MON l'angle pris pour unité d'angle, et AOB l'angle à mesurer (*fig.* 110). Du point O comme centre, avec un

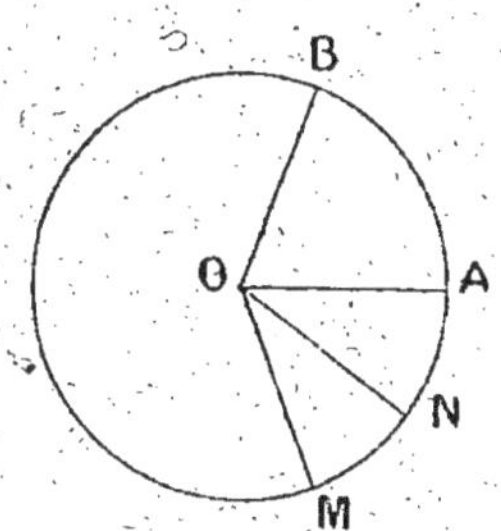

Fig. 110.

rayon quelconque, décrivons une circonférence : l'arc MN de cette circonférence est l'unité d'arc sur cette circonférence. La mesure de l'angle AOB est le rapport $\dfrac{\text{AOB}}{\text{MON}}$;

la mesure de l'arc AB est le rapport $\dfrac{\overparen{\text{AB}}}{\overparen{\text{MN}}}$.

Mais ces deux rapports sont égaux ; donc, la mesure de l'angle AOB est la même que celle de l'arc AB.

154. Pour effectuer commodément la mesure d'un arc et, par suite, la mesure d'un angle, on partage la circonférence en 360 parties égales que l'on nomme *degrés* ; on subdivise le *degré* en 60 parties égales que l'on nomme *minutes*, et la minute en 60 parties égales que l'on nomme *secondes*. Une demi-circonférence contient 180 degrés ; un quart de circonférence ou *quadrant* contient 90 degrés. Pour désigner un arc de 67 degrés 28 minutes 43 secondes et 0,52 de seconde, on écrit : 67° 28′ 43″,52.

L'angle au centre, dont les côtés comprennent sur la circonférence un arc égal à 1°, est appelé angle d'un degré. De même, un angle au centre dont les côtés comprennent un arc d'une minute, un arc d'une seconde, est appelé angle d'une minute, angle d'une seconde. Un angle d'un degré vaut 60 angles d'une minute ; il vaut aussi 60×60, c'est-à-dire 3600 angles d'une seconde. Un angle, au centre, dont les côtés comprennent un arc de 67° 28′ 43″,52, est un angle de 67° 28′ 43″,52.

Deux diamètres perpendiculaires partagent la circonférence en quatre parties égales ; un angle droit dont le sommet est du centre d'une circonférence intercepte sur la circonférence

un arc égal au quart de la circonférence, c'est-à-dire un arc
de 90°, un angle droit vaut donc 90°. Deux angles complémentaires valent ensemble 90°. Deux angles supplémentaires
valent ensemble 180°. La somme des trois angles d'un triangle
est égale à 180°. Dans un triangle équilatéral chaque angle
vaut le tiers de 180°, ou 60°. Dans un triangle rectangle, la
somme des deux angles aigus vaut 90°.

Théorème.

155. *Un angle inscrit dans une circon-*
férence a même mesure que la moitié de
l'arc compris entre ses côtés.

Nous distinguerons trois cas :

1° *Le centre O de la circonférence est*
sur l'un des côtés de l'angle inscrit ACB
(*fig.* 111).

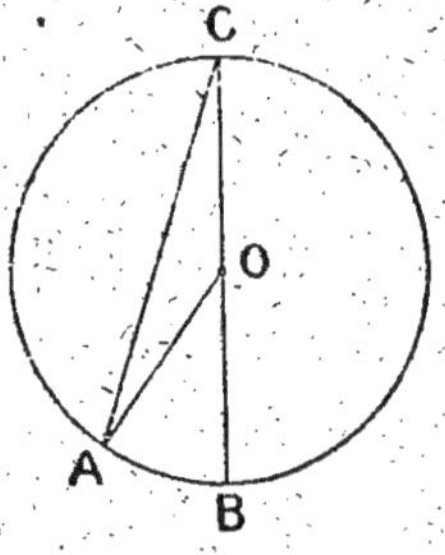

Fig. 111.

Menons le rayon OA ; dans le triangle AOC, les côtés OA, OC
étant égaux, les angles opposés C et A sont
égaux. Or, la somme de ces deux angles du
triangle est égale à l'angle extérieur non
adjacent AOB : donc chacun de ces angles
est égal à la moitié de l'angle AOB. L'angle
au centre AOB a même mesure que l'arc
AB ; l'angle ACB, moitié de l'angle AOB, a
donc même mesure que la moitié de l'arc AB.

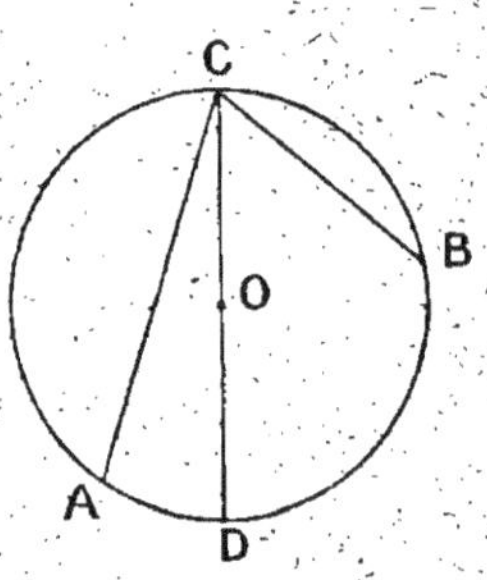

Fig. 112.

2° *Le centre O est dans l'intérieur de*
l'angle ACB (*fig.* 112).

Menons le diamètre COD ; l'angle ACB est la somme des angles,
ACD, DCB. Le premier a même mesure que
la moitié de l'arc AD, le second a même
mesure que la moitié de l'arc DB : donc
l'angle ACB a même mesure que la moitié
de la somme des arcs AD et DB, c'est-à-dire
que la moitié de l'arc AB.

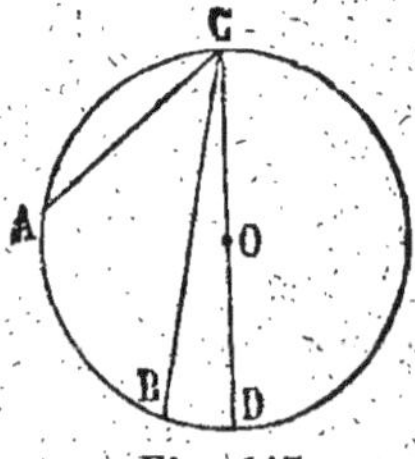

Fig. 113.

3° *Le centre O est en dehors de l'angle*
ACB (*fig.* 113).

Menons encore le diamètre COD. L'angle ACB est la différence des angles, ACD, BCD. Le premier a même mesure que la moitié de l'arc AD, le second que la moitié de l'arc BD : donc l'angle ACB a même mesure que la moitié de la différence des arcs AD et BD, c'est-à-dire que la moitié de l'arc AB.

156. Corollaire I. *Tous les angles, ACB, AC'B, AC''B, etc., inscrits dans un même arc AMB, sont égaux* (fig. 114).

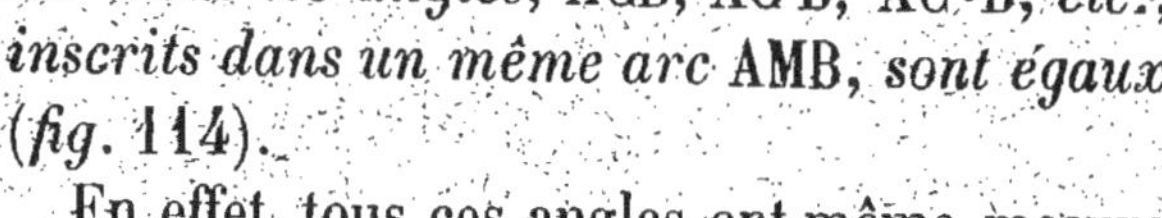

En effet, tous ces angles ont même mesure que la moitié du même arc AB.

On dit pour cette raison que l'arc AMB est *capable* de l'angle ACB. Quand l'arc est plus grand qu'une demi-circonférence, les angles inscrits sont aigus; quand il est plus petit qu'une demi-circonférence, les angles inscrits sont obtus. Quand l'arc est égal à une demi-circonférence, les angles inscrits sont droits.

Fig. 114.

157. Corollaire II. *Un angle ABC, formé par une corde AB et une portion BC de la tangente à l'extrémité B de la corde, a même mesure que la moitié de l'arc AMB sous-tendu par la corde et situé dans l'angle ABC* (fig. 115).

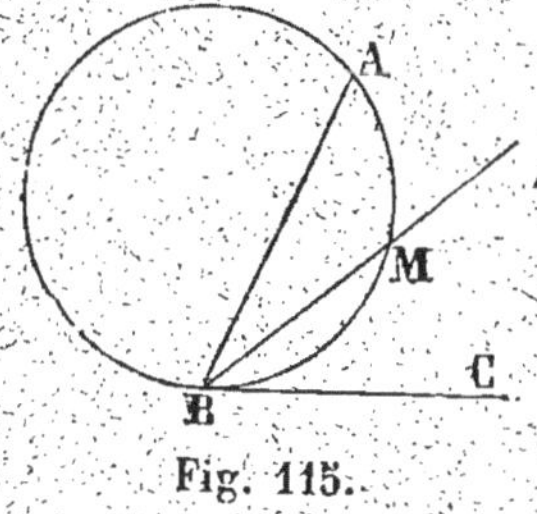

Menons la sécante BM; l'angle inscrit ABM a même mesure que la moitié de l'arc AM; faisons tourner la sécante BM autour du point B, de façon que le point M se rapproche indéfiniment du point B et vienne se confondre avec lui. L'angle ABM a toujours même mesure que la moitié de l'arc AM. Or, quand le point M se confond avec le point B, la sécante BM se confond avec la portion BC de la tangente en B, et l'angle ABM devient l'angle ABC; l'arc AM devient l'arc AB : donc l'angle ABC a même mesure que la moitié de l'arc AB.

Fig. 115.

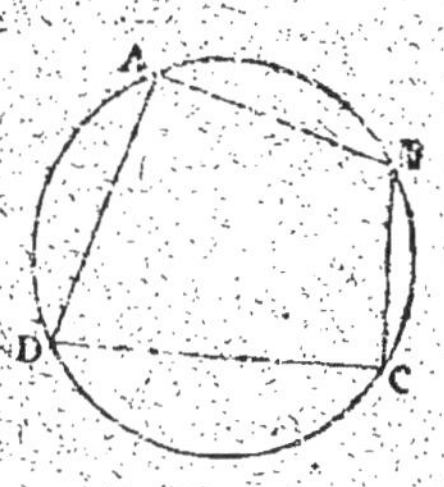

158. Corollaire III. *Deux angles opposés A et C d'un quadrilatère convexe ABCD inscrit dans un cercle sont supplémentaires* (fig. 116).

Fig. 116.

En effet, l'angle A ayant même mesure que la moitié de l'arc BCD, et l'angle C même mesure que la moitié de l'arc DAB, la somme de ces deux angles a même mesure que la moitié d'une circonférence entière et, par conséquent, équivaut à deux angles droits.

Théorème.

159. *Un angle ACB, formé par deux sécantes, dont le point de rencontre est dans l'intérieur d'un cercle, a même mesure que la moitié de la somme de l'arc AB compris entre ses côtés et de l'arc DE compris entre leurs prolongements (fig. 117).*

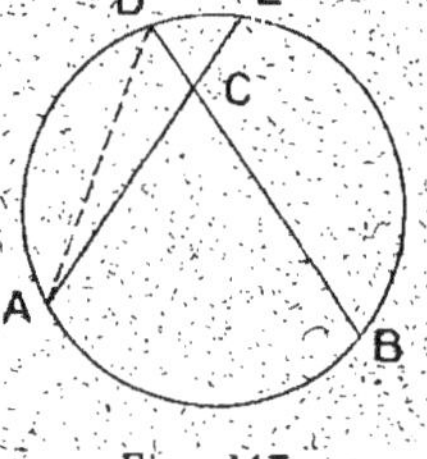
Fig. 117.

Menons la corde AD; l'angle ACB, extérieur au triangle ADC, est la somme des angles intérieurs non adjacents D et A; or, ces angles D et A étant inscrits dans le cercle ont même mesure, le premier que la moitié de l'arc AB, le second que la moitié de l'arc DE; donc l'angle ACB a même mesure que la moitié de la somme des arcs AB et DE.

Théorème.

160. *Un angle ACB, formé par deux sécantes, dont le point de rencontre est extérieur à un cercle, a même mesure que la moitié de la différence des arcs AB et DE compris entre ses côtés (fig. 118).*

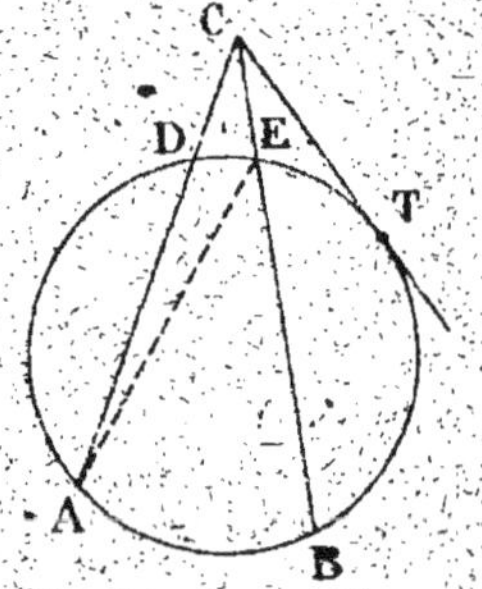

Menons la corde AE; l'angle AEB extérieur au triangle ACE est la somme des angles intérieurs non adjacents, et, par suite, l'angle ACB est l'excès de l'angle AEB sur l'angle CAE. Il a donc même mesure que l'excès de la moitié de l'arc AB sur la moitié de l'arc DE, ou que la moitié de la différence de ces deux arcs.

Fig. 118.

Si l'on fait tourner les côtés de l'angle autour du point C, de manière à amener un de ces côtés ou tous les deux à être tangents au cercle, on voit que le théorème subsiste pour un angle formé soit par une sécante et une tangente, soit par deux tangentes.

161. Corollaire. *Le lieu des points d'un plan d'où une portion de droite AB est vue sous un angle donné se compose de deux arcs de cercle AMB et AM'B, capables de l'angle donné, et placés symétriquement par rapport à AB (fig. 119).*

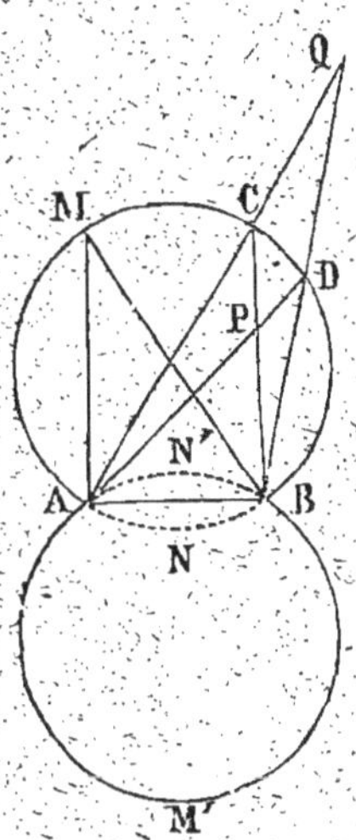

Fig. 119.

Il est évident que tout point pris sur l'un de ces arcs est un point du lieu ; il reste à faire voir que ces deux arcs contiennent tous les points du lieu. Prenons, par exemple, un point du plan qui, par rapport à AB, soit du même côté que l'arc AMB ; si ce point est à l'intérieur du segment, comme le point P, l'angle APB, sous lequel la portion de droite AB est vue de ce point, est plus grand que l'angle donné AMB, car cet angle APB a même mesure que la moitié de l'arc ANB, plus la moitié de l'arc CD compris entre les prolongements de ses côtés ; si ce point est extérieur au segment AMB, comme le point Q, l'angle AQB est plus petit que l'angle donné, car cet angle AQB a même mesure que la moitié de l'arc ANB moins la moitié de l'autre arc CD compris entre ses côtés.

L'arc AMB contient donc tous les points du lieu situés, par rapport à AB, du même côté que le point M ; l'arc AM'B contient de même tous les points du lieu situés de l'autre côté de AB, et le lieu demandé se compose de ces deux arcs égaux.

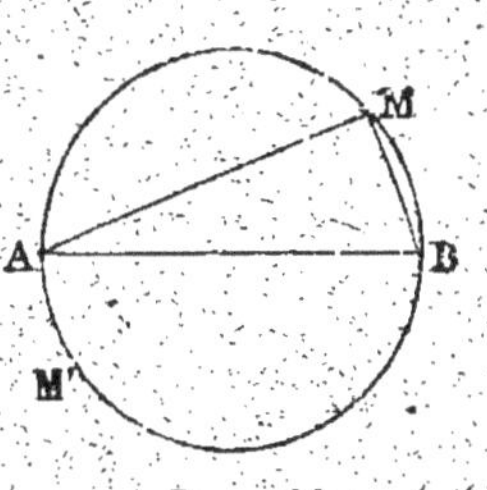

Fig. 120.

Les arcs, ANB, AN'B, constituent le lieu des points d'où la portion de droite AB est vue sous un angle supplémentaire de l'angle AMB.

Quand l'angle donné est droit, chacun des arcs, AMB, AM'B, est une moitié de la circonférence décrite sur AB comme diamètre, et le lieu est cette circonférence (*fig.* 120).

§ VI. — USAGES DE LA RÈGLE, DU COMPAS, DE L'ÉQUERRE,

DU RAPPORTEUR.

162. Règle. Pour tracer une ligne droite sur le papier, on se sert d'une *règle*, ou barre de bois, dont les faces sont planes, et les bords taillés en ligne droite. Si la droite doit passer par deux points donnés A et B, on applique la règle sur le papier, et l'on amène l'un des bords de la règle à passer par ces deux points (*fig.* 121); puis, avec la pointe d'un crayon bien taillé, ou avec un tire-ligne, on trace une ligne sur le papier en suivant bien exactement le bord de la règle.

Avant d'employer une règle, il faut la vérifier, c'est-à-dire s'assurer que le bord dont on se sert est bien en ligne droite. A cet effet, on trace avec la règle une ligne sur le papier, et sur cette ligne on marque deux points A et B; puis on fait mouvoir la règle, sans changer la face appuyée contre le papier, de façon que l'extrémité M, voisine du point A, vienne se placer près du point B; on fait en sorte que le bord passe encore par les points A et B, et l'on trace une nouvelle ligne en suivant ce même bord. Si la règle est bonne, la seconde ligne coïncide exactement avec la première (*fig.* 122); dans le cas contraire, les deux lignes sont différentes (*fig.* 123).

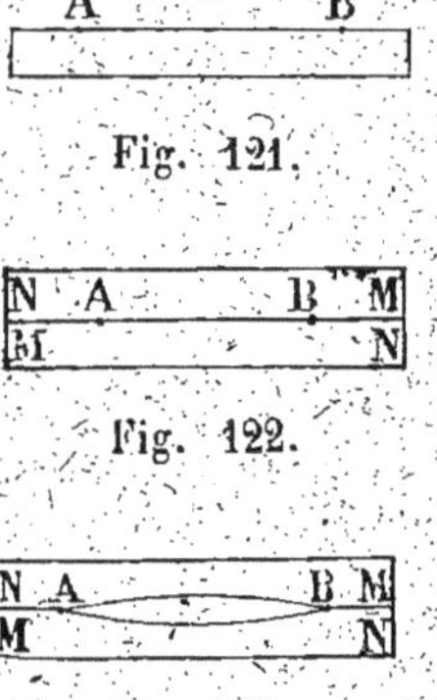

163. Compas. Pour tracer une circonférence, on se sert d'un instrument appelé *compas*. Le compas se compose de deux branches métalliques terminées en pointe, et réunies par un axe autour duquel elles tournent avec frottement. Le frottement doit être suffisant pour maintenir invariable l'écartement des branches quand on manie le compas; mais il doit néanmoins permettre d'ouvrir le compas sans secousses de manière à faire varier progressivement la distance des deux pointes. Une vis placée en tête du compas permet de serrer plus ou moins fortement les deux branches l'une contre l'autre, et par là d'augmenter ou de diminuer le frottement à volonté.

Pour tracer, d'un point O comme centre, une circonférence de rayon égal à une longueur AB, il suffit d'ouvrir le compas de façon que les deux pointes reposent, l'une sur le point A, l'autre sur le point B, de placer ensuite une pointe en O, et de faire mouvoir l'autre sur le papier tandis que la première reste en O.

164. Équerre. L'*équerre* (*fig.* 124) est un triangle rectangle, en bois ou en métal, qui sert à mener des perpendiculaires et des parallèles.

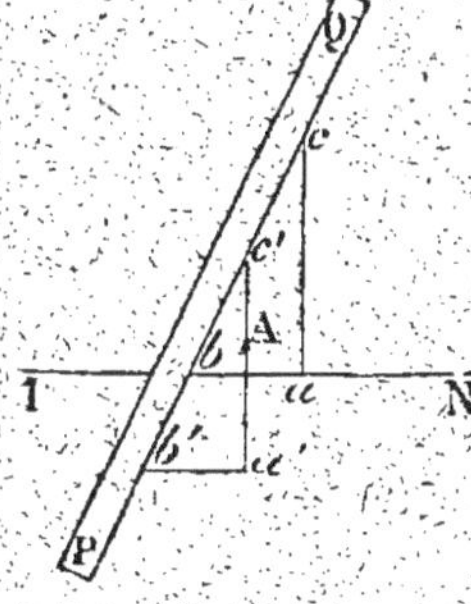

Fig. 124.

Pour mener, par un point A, une perpendiculaire à une droite MN (*fig.* 125), on applique l'équerre sur le papier, de façon que l'un des côtés *ab* de l'angle droit coïncide avec la droite MN ; puis, appuyant la main sur l'équerre afin de l'empêcher de glisser, on applique le bord d'une règle PQ contre l'hypoténuse de l'équerre. Cela fait, on appuie la main sur la règle PQ, pour la rendre immobile à son tour, et l'on fait glisser l'équerre sur le papier, l'hypoténuse toujours appuyée contre la règle, jusqu'à ce que le second côté *ac* de l'angle droit transporté en *a'c'* passe par le point A. On trace alors une ligne droite en suivant le bord *a'c'* de l'équerre, cette droite est la perpendiculaire demandée. On voit, en effet, que les angles correspondants *bca*, *b'c'a'* étant égaux, le côté *ca* de l'équerre s'est transporté parallèlement à lui-même en *a'c'*, et comme *ac* est perpendiculaire à MN, la droite *a'c'* l'est aussi.

Fig. 125.

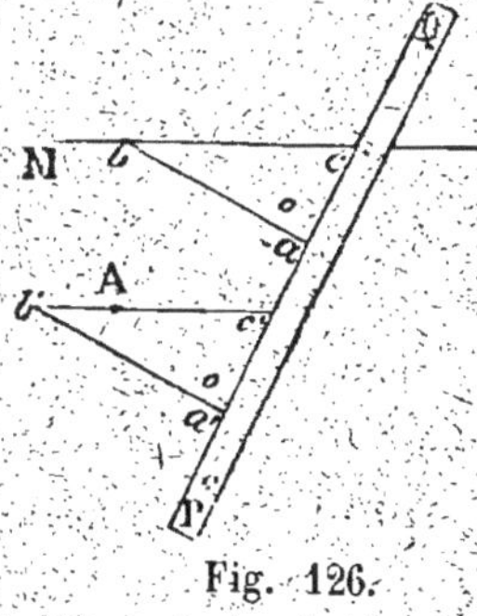

Fig. 126.

165. Pour mener, par un point A, une parallèle à une droite MN (*fig.* 126), on applique sur MN l'un des bords de l'équerre, *bc*, par exemple, et contre un autre bord de l'équerre, *ac*, par exemple, on applique une règle PQ ; on presse avec la main la règle contre le papier pour la rendre immobile, on fait glisser l'équerre le long de la règle jusqu'à ce que le côté *bc*, venant en *b'c'*, passe par le point A ; on se sert du bord *b'c'* de l'équerre comme d'une règle, et l'on trace une droite ; cette droite est évidemment la parallèle demandée.

166. Avant d'employer une équerre on doit la vérifier, c'est-à-dire s'assurer que les trois bords constituent de bonnes règles, et que l'angle *bac* est rigoureusement droit.

La première vérification se fait comme nous l'avons expliqué pour la règle. Pour vérifier que l'angle *bac* est droit, on applique un côté de l'angle droit *ab* contre une règle (*fig.* 127), et avec un crayon on trace une ligne suivant le côté *ac*, puis on fait mouvoir l'équerre, sans changer la face appuyée contre le papier, de façon à l'amener dans la position *a'b'c'*,

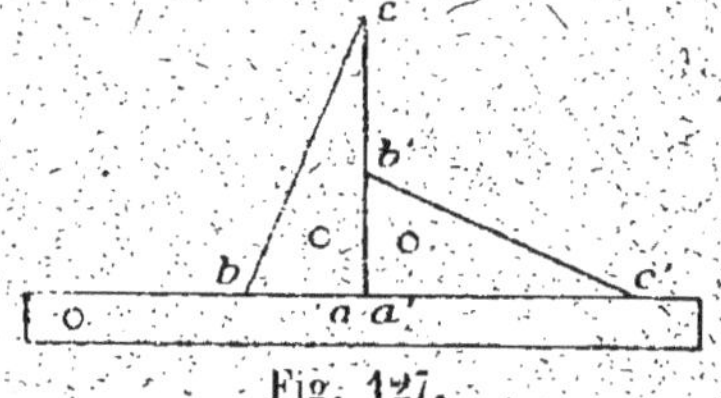

Fig. 127.

le sommet *a'* coïncidant avec le sommet *a*, et le côté *a'c'* étant appliqué contre la règle. On trace une nouvelle droite suivant *a'b'* ; si l'angle *bac* de l'équerre est droit, cette droite *a'b'* coïncide avec la droite *ac* ; si l'angle n'est pas droit, la coïncidence n'a pas lieu.

167. **Rapporteur.** Le *rapporteur* est un demi-cercle, ordinairement en cuivre ou en corne, dont la demi-circonférence est divisée en 180 degrés. Les divisions sont marquées au burin, et numérotées de 10 en 10 dans les deux sens ; le centre est marqué par un petit trou (*fig.* 128). On se sert du rapporteur

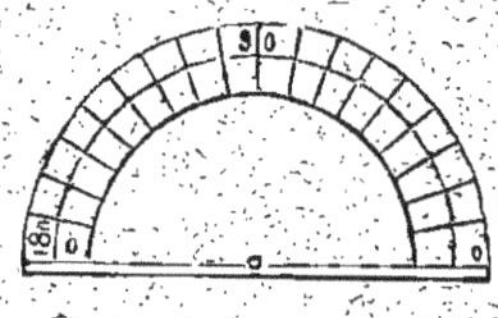

Fig. 128.

pour évaluer en degrés un angle donné sur le papier, et pour faire sur le papier un angle d'un nombre déterminé de degrés.

Pour mesurer avec le rapporteur un angle AOB (*fig.* 129),

on place le centre du rapporteur au sommet O de l'angle, on
dirige le diamètre 0⁰ — 180⁰ sur
le côté OA, et on lit sur la circonférence le nombre de degrés et
la fraction de degré que contient
l'arc DE compris entre les côtés de
l'angle AOB.

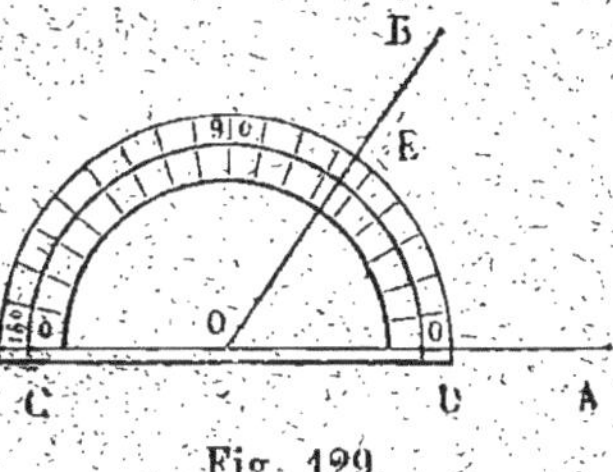

Fig. 129.

Pour faire avec le rapporteur un
angle d'un nombre donné de degrés, de 40⁰ par exemple, en un
point A d'une droite MN, on opère comme il suit : on place le
rapporteur de façon que le centre et
la division 40⁰ soient sur la droite
MN (*fig.* 130), puis on fait glisser
le rapporteur sur le papier, en
laissant toujours le centre et la
division 40⁰ sur la droite MN,
jusqu'à ce que le bord *ab* du rapporteur passe par le point A, et

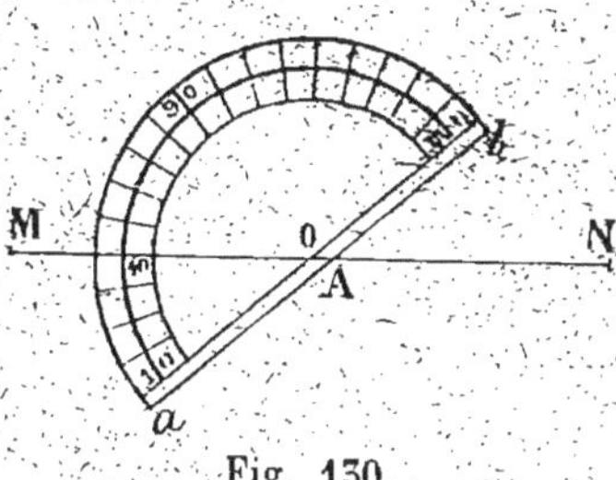

Fig. 130.

avec un crayon on trace une droite en se servant du bord *ab*
comme d'une règle. Cette droite, parallèle au diamètre
0⁰ —180⁰ du rapporteur, fait avec la droite MN, au point A,
un angle de 40⁰.

168. On rend plus commode l'usage du rapporteur en lui
donnant une forme rectangulaire
(*fig.* 131), qui permet de le faire
glisser comme une équerre le long
d'une règle. Les traits de division
s'obtiennent alors en prolongeant
les rayons qui passent par les traits
de division d'un demi-cercle dont
le diamètre est la ligne 0⁰ — 180⁰
du rapporteur.

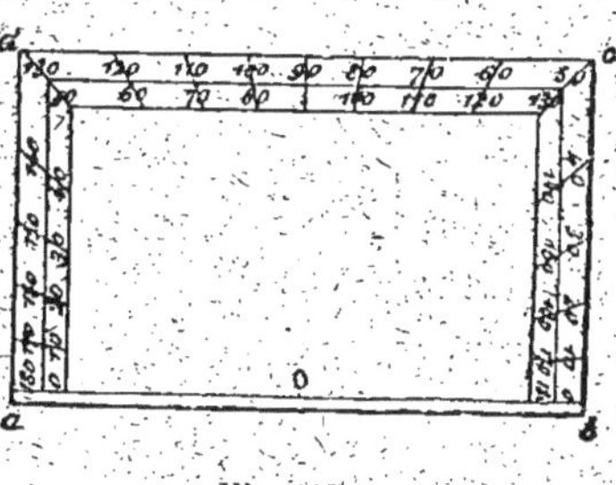

Fig. 131.

Si l'on veut, avec un rapporteur de cette forme, mener par
un point A une droite faisant avec une droite MN un angle de 40⁰
par exemple, on place le rapporteur (*fig.* 132) de façon que le
centre et la division 40⁰ soient sur la ligne MN, le bord *ab* fait
ainsi un angle de 40⁰ avec MN. On appuie une règle contre le

bord *ac*, et l'on fait glisser le rapporteur le long de la règle
jusqu'à ce que le bord *ab*, transporté parallèlement à lui-même
en *a'b'*, passe par le point
A; puis on trace la droite
demandée en se servant
de ce bord *a'b'* comme
d'une règle.

169. Avant d'employer
un rapporteur, il faut le
vérifier, c'est-à-dire s'assurer que les 180 divisions
de la demi-circonférence

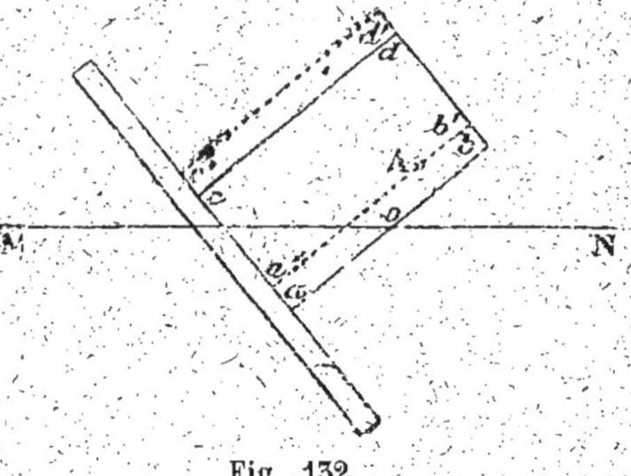

Fig. 132.

sont égales entre elles. A cet effet, on trace sur le papier un angle
d'un certain nombre de degrés, on place le centre du rapporteur au sommet de l'angle, et l'on fait tourner le rapporteur
autour de ce point. Si les divisions du rapporteur sont égales, il
est évident que le nombre des divisions comprises entre les côtés
de l'angle doit rester constant.

§ VII. — PROBLÈMES RELATIFS AUX PERPENDICULAIRES, AUX PARALLÈLES, AUX ANGLES.

Problème.

170. *Mener par un point donné* A *une perpendiculaire à
une droite donnée* MN.

1° Le point est sur la droite MN (*fig.* 133). Prenons de part et
d'autre du point A sur la droite MN
des longueurs égales AB et AC; puis,
du point B comme centre, avec un
rayon arbitraire mais plus grand que
AB, décrivons un arc de cercle; du
point C comme centre, avec le même
rayon, décrivons un second arc de

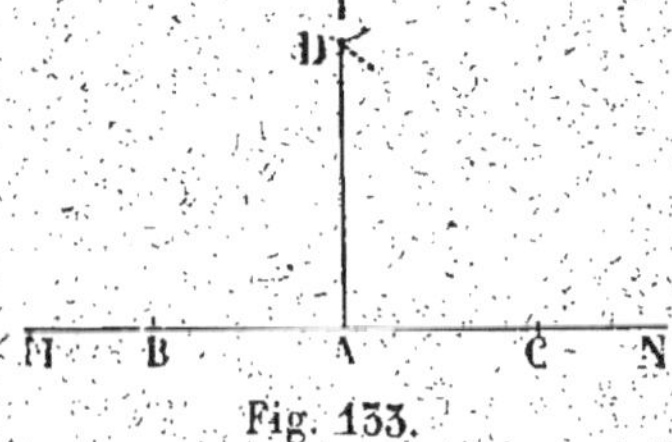

Fig. 133.

cercle qui coupe le premier en un point D; enfin menons la
droite AD : cette droite est la perpendiculaire demandée. En

effet, les points A et D étant équidistants des points B et C,

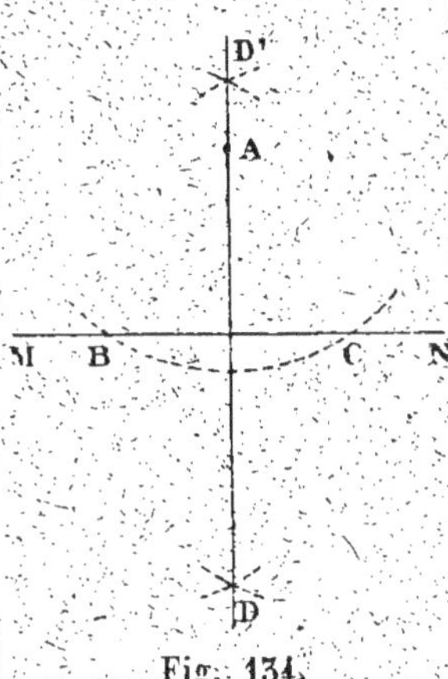

Fig. 134.

appartiennent à la perpendiculaire à la droite BC en son milieu (70).

2° Le point A est en dehors de la droite MN (*fig.* 134). Du point A comme centre, avec un rayon arbitraire, décrivons un arc de cercle qui rencontre la droite MN aux deux points B et C. Du point B comme centre, avec un rayon arbitraire mais plus grand que la moitié de BC, décrivons un arc de cercle, et du point C comme centre, avec le même rayon, décrivons un second arc de cercle qui coupe le premier au point D. Menons la droite AD : cette droite est la perpendiculaire demandée. En effet, les points A et D étant équidistants des points B et C, appartiennent à la perpendiculaire à la droite BC en son milieu.

171. REMARQUE. Les arcs de cercle décrits des points B et C comme centres, avec le même rayon, se coupent en deux points D et D' ; on se servira de préférence, pour tracer la droite demandée, de celui de ces points qui est le plus éloigné du point donné A.

Problème.

172. *Mener une perpendiculaire à une portion de droite AB, en son milieu.*

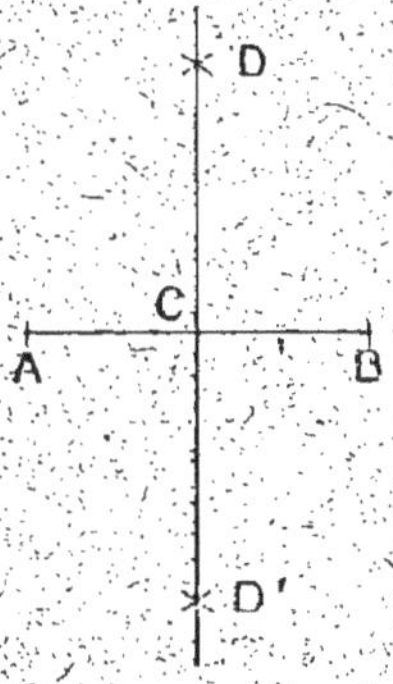

Fig. 135.

Du point A comme centre, avec un rayon arbitraire plus grand que la moitié de AB, je décris un arc de cercle (*fig.* 135) ; du point B comme centre avec le même rayon, je décris un second arc de cercle ; ces deux arcs se coupent aux points D et D'. Je mène la droite DD' : elle rencontre la droite AB en un point C qui est le milieu de AB.

En effet, les points D et D' étant équidistants

des points A et B, la droite DD' est le lieu des points équidistants des points A et B; elle est donc perpendiculaire à la droite AB, en son milieu.

173. **Application.** *Tracer la circonférence qui passe par trois points, A, B, C, non en ligne droite.*

Des points A et B comme centres, avec un même rayon plus grand que la moitié de AB, je décris deux arcs de cercle qui se coupent aux points D et D' (*fig.* 136), et je mène la droite DD' qui est le lieu des points équidistants des points A et B; je construis de même la droite EE', lieu des points équidistants des points B et C. Ces deux lieux

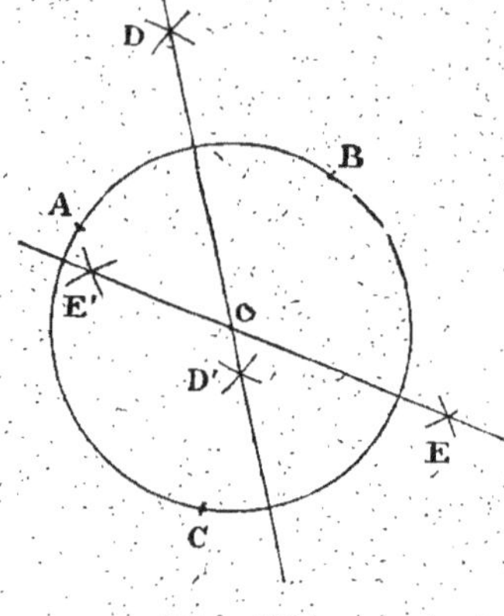

Fig. 136.

se coupent (127), soit O leur point de rencontre. Ce point est équidistant de A et de B, de B et de C, et par conséquent si, du point O comme centre, avec OA pour rayon, je décris une circonférence, cette circonférence est celle qui passe par les trois points, A, B, C.

Cette construction peut servir pour déterminer le centre d'une circonférence; il suffit, à cet effet, de prendre sur la circonférence trois points quelconques, et d'opérer comme précédemment.

174. **Remarque.** Le point de concours de la droite DD' perpendiculaire à AB en son milieu, et de la droite EE' perpendiculaire à la droite BC en son milieu, étant équidistant à la fois des points A et B, et des points B et C, est équidistant des points A et

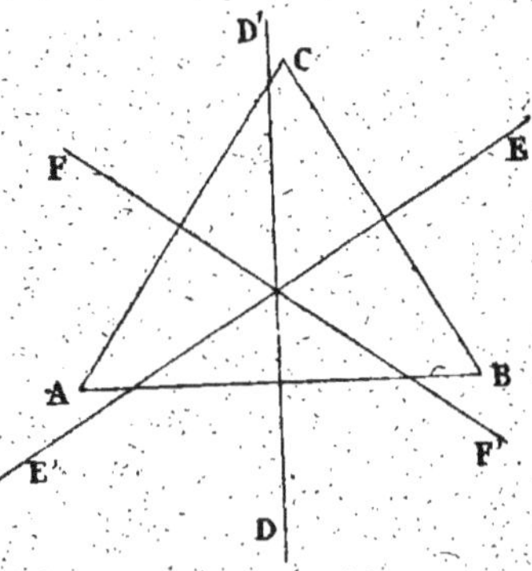

Fig. 137.

C, et, par conséquent, appartient à la droite FF' perpendiculaire à la droite AC en son milieu (*fig.* 137). D'où le théorème suivant :

Si l'on mène à chaque côté d'un triangle une perpendiculaire en son milieu, on obtient trois droites qui concourent en un même point.

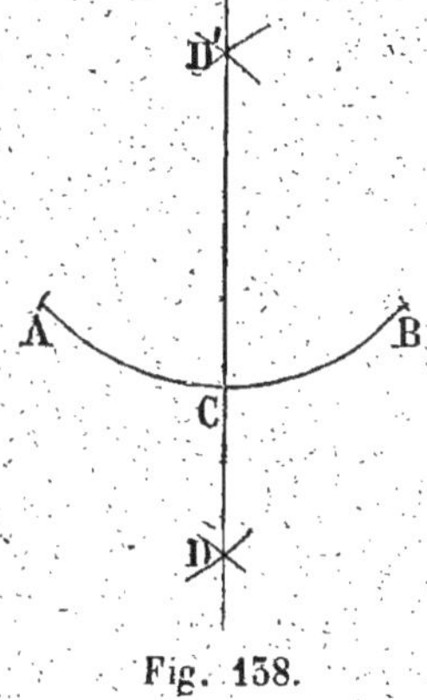

Fig. 138.

Problème.

175. *Partager un arc de cercle* AB *en deux parties égales.*

Je mène, comme dans le problème précédent, la droite DD', lieu des points équidistants de A et de B (*fig.* 138); cette droite est perpendiculaire à la corde AB, en son milieu, et partage l'arc AB en deux parties égales (124).

Problème.

176. *Mener la bissectrice d'un angle donné* AOB (*fig.* 139).

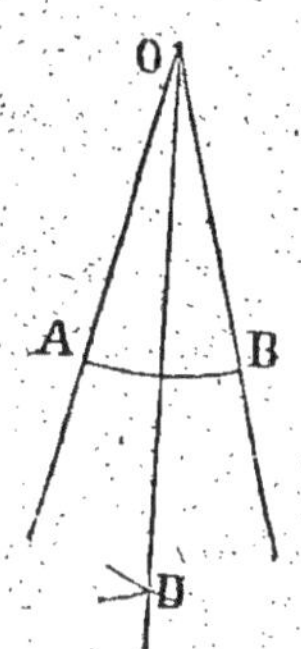

Fig. 139.

Du point O comme centre, avec un rayon arbitraire, je décris un arc de cercle qui rencontre les côtés de l'angle aux points A et B. De ces points comme centres, avec un rayon plus grand que la moitié de la corde AB, je décris des arcs de cercle qui se coupent en D. Je joins O et D. La droite OD est la bissectrice de l'angle AOB, car elle partage l'arc AB, et par suite l'angle AOB, en deux parties égales.

177. Application. *Mener un cercle tangent aux trois côtés d'un triangle* ABC (*fig.* 140).

Le centre d'un cercle tangent aux trois droites AB, AC, BC, est un point équidistant de ces trois droites; c'est donc un point appartenant à la fois au lieu des points équidistants des droites AB et AC, et au lieu des points équidistants des droites AB et BC. Réciproquement d'ailleurs, tout point appartenant à la fois à ces deux lieux géométriques est équidistant des trois droites AB, AC, BC, et, par conséquent, est centre d'un cercle tangent à ces trois droites. Or, le lieu des points équidistants des droites AB et AC est l'ensemble des bissectrices RR', R_1R_1' des angles formés par ces droites (75); de même, le lieu des points équidistants des droites AB, BC, est l'ensemble des bissectrices SS′, S_1S_1' des angles formés par ces droites.

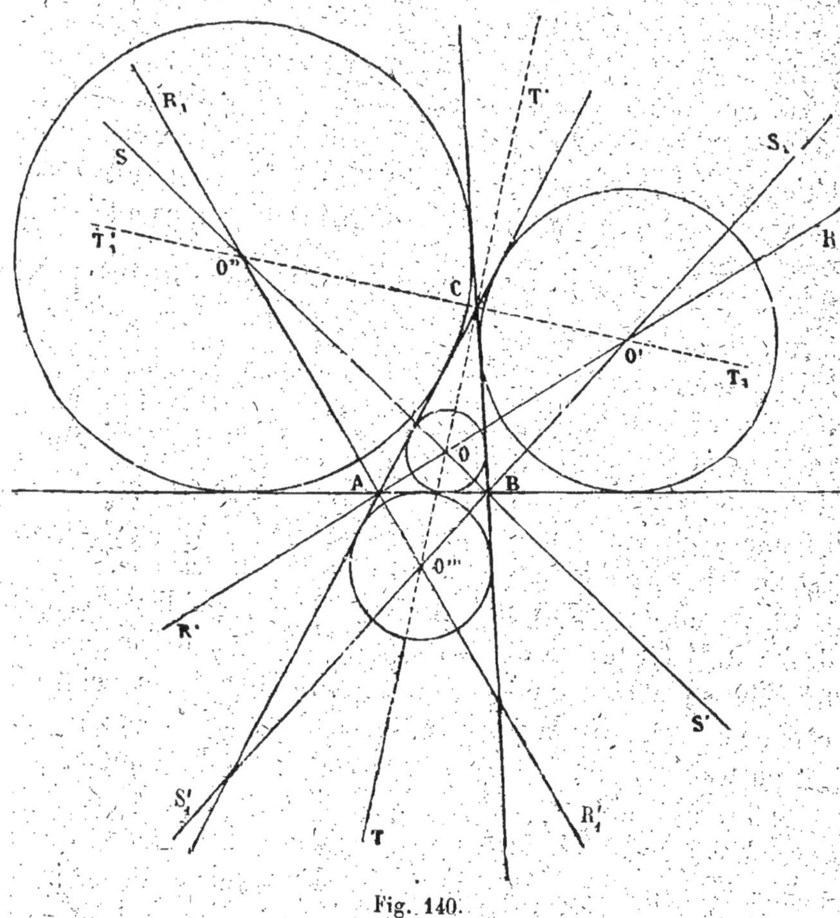

Fig. 140.

Les centres des cercles cherchés sont donc les points communs à ces deux lieux.

La droite RR′ du premier lieu coupe la droite SS′ du second, car ces droites forment, avec la sécante AB, du même côté que le point C par rapport à AB, deux angles intérieurs d'un même côté, RAB, SBA, dont la somme est égale à la demi-somme des angles A et B du triangle, et est par conséquent non seulement moindre que deux droits, mais même moindre qu'un droit. Le point de rencontre O est, par rapport à AB, du même côté que le point C (86); ce point O se trouvant ainsi à la fois dans chacun des angles CAB, CBA, est dans la portion du plan commune à ces deux angles, c'est-à-dire dans l'intérieur du triangle. Le cercle décrit du point O comme centre, avec un rayon égal à la distance de ce point à la droite AB, est tangent aux trois côtés du triangle.

La droite RR' du premier lieu et la droite S_1S_1' du second se coupent aussi; car elles font, avec la sécante AB, du même côté que le point C par rapport à AB, deux angles intérieurs d'un même côté, RAB, S_1BA, dont la somme est encore plus petite que deux droits, attendu que cette somme est égale à $\frac{1}{2}\left(A+B\right)+1$ droit. Le point de rencontre O' est, par rapport à AB, du même côté que le point C; ce point se trouvant ainsi à la fois dans l'angle A du triangle, et dans l'angle extérieur formé par BC et par le prolongement de AB au delà du point B, est dans la portion du plan commune à ces angles, c'est-à-dire dans l'angle A et hors du triangle. Le cercle décrit du point O' comme centre, avec la distance du point O' à AB pour rayon, est un second cercle tangent aux trois côtés du triangle.

On verrait de même que la droite SS' du second lieu coupe la droite R_1R_1' du premier en un point O'' situé dans l'angle B du triangle, en dehors du triangle. Le cercle décrit du point O'' comme centre, avec la distance du point O'' à AB pour rayon, est un troisième cercle tangent aux trois côtés du triangle.

Enfin, la droite R_1R_1' du premier lieu et la droite S_1S_1' du second se coupent aussi : car elles font, avec la sécante AB, du même côté que le point C par rapport à AB, deux angles intérieurs d'un même côté, R_1AB, S_1BA, dont la somme, composée de $\frac{A}{2}+1$ droit et de $\frac{B}{2}+1$ droit, surpasse deux droits. Le point de rencontre O''' est, par rapport à AB, du côté opposé à celui où est le point C. Ce point O''' se trouvant ainsi à la fois dans l'angle extérieur formé par AB et par le prolongement de CA, et dans l'angle extérieur formé par BA et par le prolongement de CB, est dans la portion du plan commune à ces deux angles, c'est-à-dire dans l'angle C, en dehors du triangle. Le cercle décrit de O''' comme centre, avec un rayon égal à la distance du point O''' à AB, est un quatrième cercle tangent aux trois côtés du triangle.

Il y a donc quatre cercles tangents aux trois côtés du triangle. Celui qui a pour centre le point O est situé dans l'intérieur du triangle, on le nomme le *cercle inscrit*. Chacun des trois autres cercles est situé en dehors du triangle, et dans l'un des angles du triangle, on les nomme les *cercles exinscrits*. On distingue l'un des cercles exinscrits des deux autres en désignant l'angle du triangle dans lequel il est contenu. Ainsi le cercle exinscrit qui a pour centre le point O′ est celui qui est contenu dans l'angle A.

178. REMARQUE. Le point de concours O des bissectrices RR′, SS′ des angles A et B du triangle, étant équidistant des côtés CA, CB du troisième angle, et situé dans cet angle, appartient à la bissectrice TT′ de l'angle C ; donc :

Les trois bissectrices des angles d'un triangle se coupent en un même point.

Pareillement le point de concours O‴ des bissectrices $R_1R_1′$, $S_1S_1′$ des angles extérieurs au triangle, dont les sommets sont A et B, étant équidistant des droites CA, CB, et situé dans l'angle ACB formé par ces droites, appartient à la bissectrice TT′ de l'angle C du triangle ; donc :

La bissectrice d'un angle d'un triangle et les bissectrices des angles extérieurs au triangle, non adjacents à cet angle, se coupent en un même point.

Problème.

179. *Mener par un point donné A une parallèle à une droite donnée MN (fig. 141).*

D'un point quelconque B de la droite MN pris pour centre, avec BA pour rayon, je décris un arc de cercle qui rencontre la droite MN au point C ; du point A comme centre, avec le même rayon, je décris un arc de

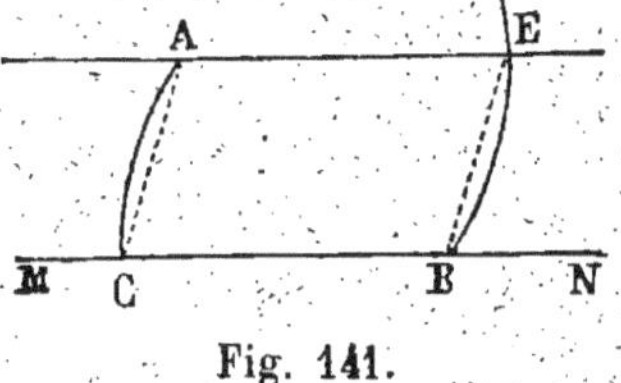

Fig. 141.

cercle BD ; je porte ensuite sur cet arc, du même côté de la droite MN que le point A, une ouverture de compas BE égale à AC, et je mène la droite AE ; je dis que cette droite est la parallèle demandée.

En effet, d'après les constructions effectuées, le quadrilatère convexe ACBE a ses côtés opposés égaux, et, par conséquent, est un parallélogramme (104).

Problème.

180. *Mener, par un point* A *d'une droite* AB, *une droite faisant avec la demi-droite* AB *un angle égal à un angle donné* EDF (*fig.* 142).

Du point D comme centre, avec une ouverture de compas ar-

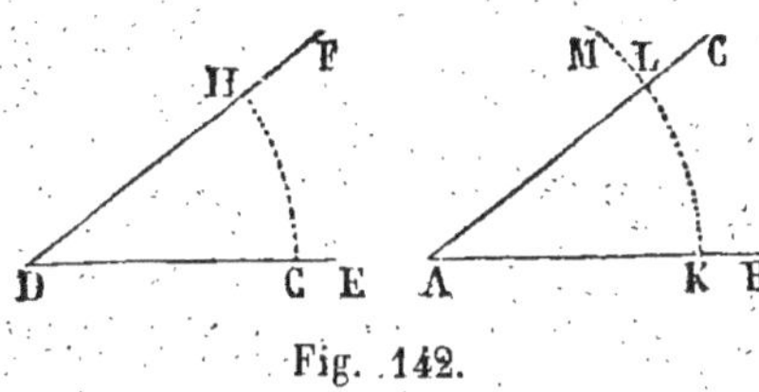
Fig. 142.

bitraire, décrivons un arc de cercle qui coupe en G et en H les côtés de l'angle EDF ; du point A comme centre, avec la même ouverture de compas, décrivons l'arc de cercle KM ; puis, avec une ouverture de compas égale à la corde GH, prenons la corde KL égale à la corde GH, enfin menons la droite AL. L'angle BAL est égal à l'angle EDF, car les arcs de même rayon GH et KL, étant sous-tendus par des cordes égales, sont égaux, et, par conséquent, les angles au centre GDH et KAL sont égaux.

Problème.

181. *Connaissant deux angles* A *et* B *d'un triangle, déterminer le troisième* (*fig.* 143).

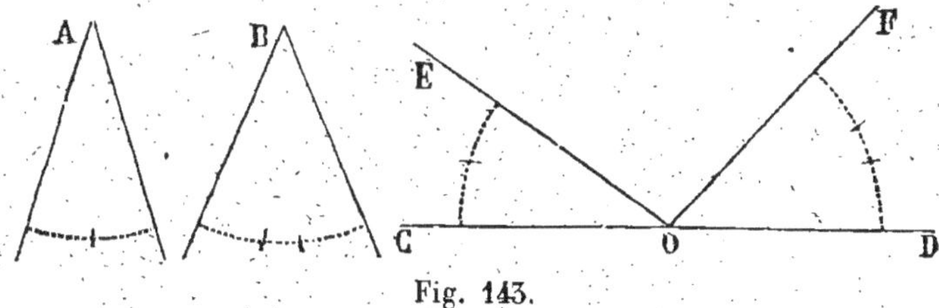
Fig. 143.

Par un point O d'une droite indéfinie CD menons une demi-droite OE telle que l'angle COE soit égal à A, et une demi-droite OF telle que l'angle DOF soit égal à B ; l'angle EOF, supplément de la somme des deux angles A et B, est l'angle cherché.

VIII. — PROBLÈMES ÉLÉMENTAIRES SUR LA CONSTRUCTION DES TRIANGLES.

Problème.

182. *Construire un triangle, connaissant un côté a et les deux angles adjacents B et C (fig. 144).*

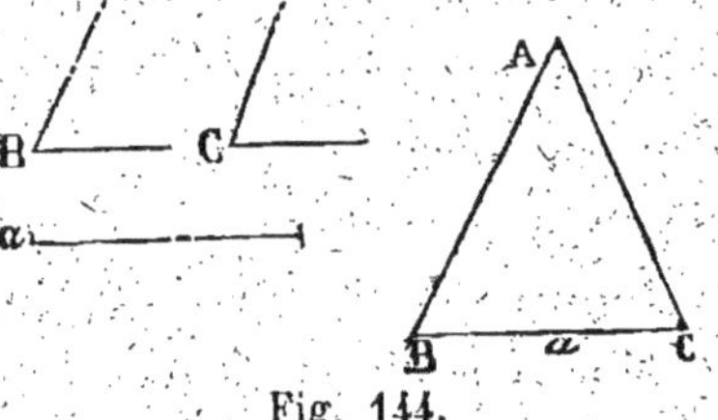

Fig. 144.

Sur une droite indéfinie on prend une longueur BC égale à *a*; au point B on fait un angle ABC égal à l'angle B, au point C un angle ACB égal à l'angle C; soit A le point de rencontre des côtés de ces angles; le triangle ABC ainsi formé est le triangle demandé, pourvu que la somme des deux angles donnés soit moindre que 180°.

Problème.

183. *Construire un triangle, connaissant deux côtés a, b, et l'angle compris C (fig. 145).*

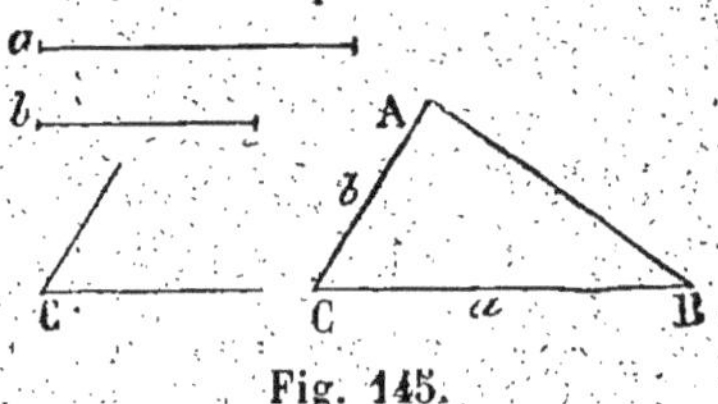

Fig. 145.

On prend sur une ligne droite une longueur CB égale à *a*; on fait au point C un angle BCA égal à l'angle C donné, et, sur la droite CA, on prend une longueur CA égale à *b*; enfin on joint B et A. Le triangle ABC est le triangle demandé.

Problème.

184. *Construire un triangle, connaissant les trois côtés a, b et c (fig. 146).*

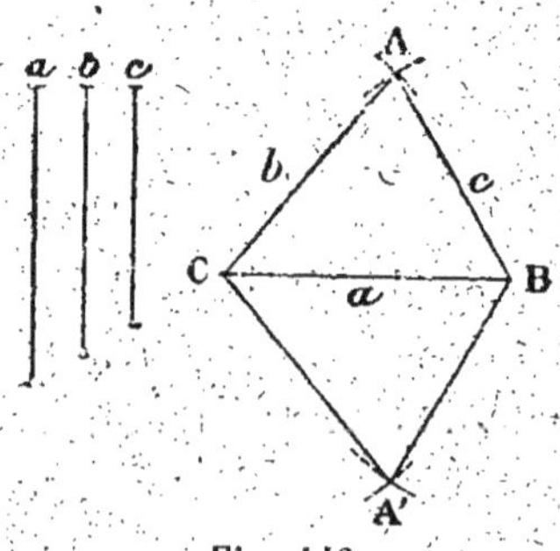

Fig. 146.

On prend sur une droite indéfinie une longueur BC égale au plus grand *a* des trois côtés donnés; du point C comme centre, avec un rayon égal à *b*, on décrit un arc de cercle; du point B comme centre, avec un rayon égal à c, on décrit un second arc de cercle. Soit A un point commun à ces deux arcs de cercle; en joignant les points C et A, et les points B et A, on obtient un triangle ABC qui, ayant les trois côtés respectivement égaux à a, b, c, est le triangle demandé.

185. Remarque. Pour que le problème soit possible, il faut et il suffit que les arcs de cercle décrits des points C et B comme centres, avec des rayons égaux à b et à c, se coupent, c'est-à-dire que la distance des centres soit à la fois plus petite que la somme des rayons et plus grande que leur différence. Or, le plus grand côté a est plus grand que la différence des deux autres; donc la condition *nécessaire et suffisante* pour qu'avec trois côtés donnés on puisse construire un triangle, est que le plus grand côté soit plus petit que la somme des deux autres.

Cette condition étant remplie, les arcs de cercle se coupent en deux points A et A′; mais le triangle A′BC est égal au triangle ABC. (55).

Problème.

186. *Construire un triangle, connaissant deux côtés a, b, et l'angle A opposé au côté a.*

On prend (*fig.* 147) l'angle CAR égal à l'angle donné A, et sur l'un des côtés de cet angle on porte une longueur AC égale au côté donné b; puis, du point C comme centre, avec un rayon égal au côté

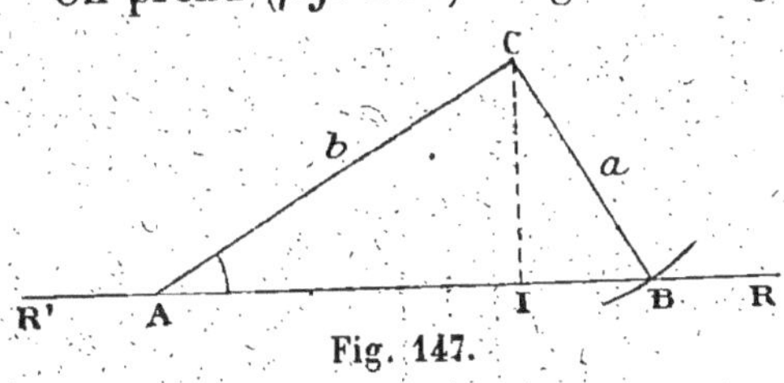

Fig. 147.

a, on décrit une circonférence. Soit B un point où cette circonférence rencontre le second côté AR de l'angle donné; le triangle ABC satisfait aux conditions du problème. Donc, selon que la circonférence décrite du point C comme centre, avec a pour rayon, rencontre la portion AR de la droite indéfinie R′R en deux points, en un point, ou ne la rencontre pas, le problème admet deux solutions, une solution, ou n'en admet pas.

Pour que le problème soit possible, il faut d'abord que la circonférence employée rencontre la droite RR′, et pour cela il faut que a soit supérieur ou égal à la perpendiculaire CI menée du point C à la droite RR′.

Supposons cette condition remplie. La circonférence rencontre la droite RR′. Pour distinguer les différents cas qui peuvent se présenter, nous supposerons successivement l'angle A aigu, ou obtus, ou droit.

1° L'angle A est aigu (*fig.* 148). Si a est égal à CI, la circonférence est tangente en I à RR′, et le triangle rectangle ACI répond seul à la question. Si a est plus grand que CI et moindre

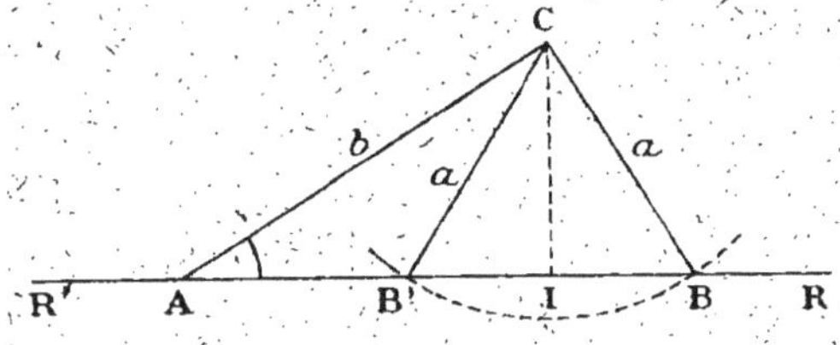

Fig. 148.

que b, la circonférence rencontre la droite RR′ en deux points B et B′ situés sur la portion AR de cette droite, et les deux triangles ACB, ACB′ répondent à la question. Si a est égal à b, le point B′ se confond avec le point A, le triangle ACB′ se réduit à une droite, l'autre devient isocèle. Si a est plus grand que b, les deux points B et B′ sont l'un sur la portion AR de la droite RR′, l'autre sur la portion AR′, et, par conséquent, le premier seul convient et le problème n'a qu'une solution.

2° L'angle A est obtus (*fig.* 149). Si a est plus grand que b,

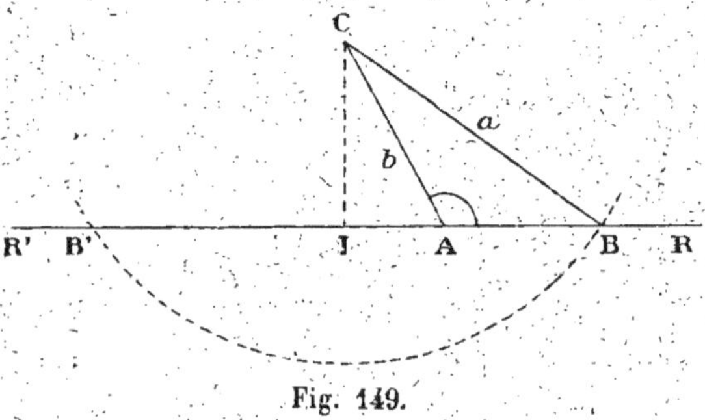

Fig. 149.

la circonférence rencontre la droite RR′ en deux points B et B′

situés l'un sur AR, l'autre sur AR'; le premier convient, le second ne convient pas; et le problème admet une solution. Si a est égal à b, le point B se confond avec le point A, et le triangle se réduit à une droite. Si a est moindre que b, les points B et B' sont tous deux sur la portion AR' de la droite RR', et le problème est impossible.

3° L'angle A est droit (*fig.* 150). Dans ce cas, les deux portions

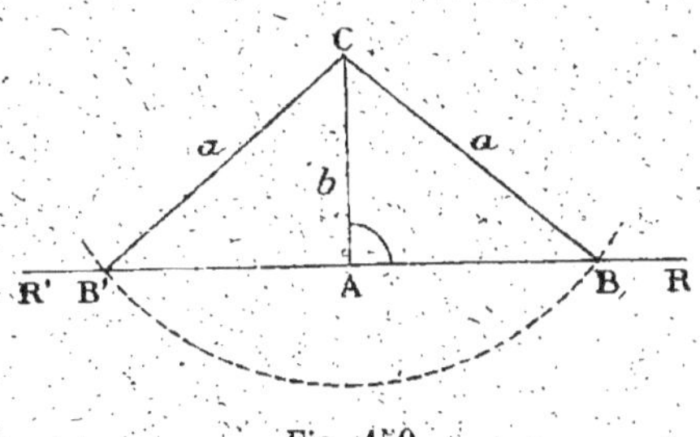

Fig. 150.

AR et AR' de la droite RR' faisant le même angle avec la droite AC, il n'y a plus lieu de distinguer ces deux portions de la droite indéfinie. Si a est supérieur à CA, c'est-à-dire à b, la circonférence rencontre la droite RR' aux deux points B et B', situés à égale distance du point A. Les deux triangles ACB, ACB' répondent à la question; mais, comme ils sont égaux, nous dirons que le problème n'admet qu'une solution. Si a est égal à b, le triangle ABC se réduit à une droite; si a est moindre que b, le problème est impossible.

Nous pouvons réunir dans le tableau suivant les résultats principaux de cette discussion :

$$a < \text{Cl} \dots \dots \dots \dots \dots \quad 0 \text{ solution.}$$

$$a > \text{Cl} \begin{cases} \text{A} < 90° \begin{cases} a < b \dots \dots \dots & 2 \text{ solutions.} \\ a \geqslant b \dots \dots \dots & 1 \text{ solution.} \end{cases} \\ \text{A} > 90° \begin{cases} a \leqslant b \dots \dots \dots & 0 \text{ solution.} \\ a > b \dots \dots \dots & 1 \text{ solution.} \end{cases} \\ \text{A} = 90° \begin{cases} a \leqslant b \dots \dots \dots & 0 \text{ solution.} \\ a > b \dots \dots \dots & 1 \text{ solution.} \end{cases} \end{cases}$$

IX. — PROBLÈMES SUR LES TANGENTES; DÉCRIRE SUR UNE PORTION DE DROITE UN SEGMENT CAPABLE D'UN ANGLE DONNÉ.

Problèmes.

187. *Mener une tangente à une circonférence :* 1° *par un point de la circonférence;* 2° *par un point extérieur;* 3° *parallèlement à une droite donnée.*

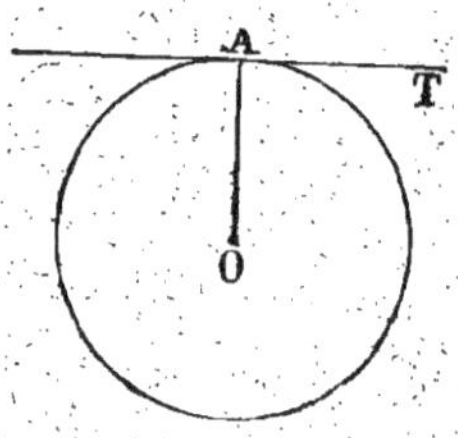

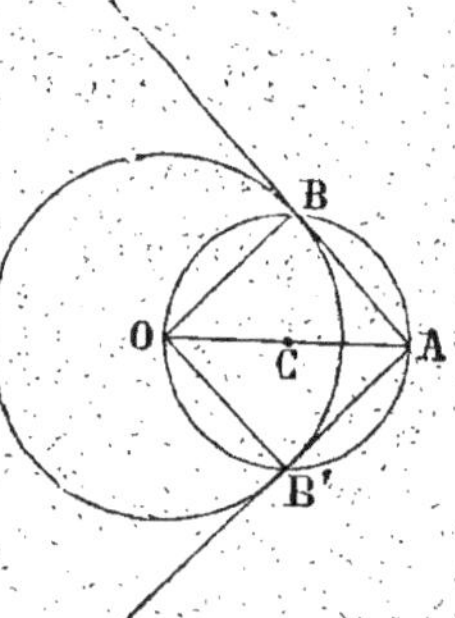

Fig. 151.

1° Pour mener une tangente à une circonférence par un point A de cette circonférence, il suffit d'élever au point A une perpendiculaire au rayon OA (*fig.* 151).

2° Proposons-nous de mener par un point A extérieur à une circonférence donnée une tangente à cette circonférence. Supposons le problème résolu; soit B le point de contact d'une tangente menée par le point A à la circonférence donnée (*fig.* 152). Il s'agit de trouver ce point B. Or la tangente AB étant perpendiculaire au rayon OB, l'angle OBA est droit, et, par conséquent, le point B est sur la circonférence décrite sur OA comme diamètre; comme il doit être aussi sur la circonférence donnée, il est l'un des points de rencontre de ces deux circonférences. On décrira donc sur OA comme diamètre une circonférence, et on joindra

Fig. 152.

le point A aux deux points de rencontre de cette circonférence avec la circonférence donnée.

Si le point A est à l'extérieur du cercle donné, les deux circonférences se coupent en deux points B, B′, et du point A on peut mener à la circonférence donnée les deux tangentes, AB, AB′.

Si le point A est à l'intérieur du cercle donné, les deux circonférences ne se rencontrent pas. Le problème est impossible, ce qui est évident *a priori*, puisqu'une tangente à un cercle n'a aucun point à l'intérieur de ce cercle.

Si le point A est sur la circonférence donnée, les deux circonférences sont tangentes en A ; les points, B, B', se confondent avec le point A ; les deux tangentes, AB, AB' se confondent avec la perpendiculaire au point A au rayon OA.

3° Soit à mener à la circonférence O une tangente parallèle à la droite donnée MN. Supposons encore le problème résolu. Soit A le point de contact d'une tangente AT à la circonférence donnée, parallèle à la droite donnée MN (*fig*. 153). Il s'agit de trouver ce point A. Or, le rayon OA étant perpendiculaire à la tangente AT et, par suite, à la droite MN parallèle à AT, le point A est sur la perpendiculaire menée du centre O sur MN, et, comme il doit être sur la circonférence donnée, il est un des deux points de rencontre de cette circonférence et de la perpendiculaire à MN menée par le centre. On mènera donc du centre O la perpendiculaire à MN, et par chacun des points, A, A', où elle rencontre la circonférence donnée, on mènera une parallèle à MN. On obtiendra ainsi deux tangentes, AT, A'T'. On voit *que le problème est toujours possible et admet toujours deux solutions.*

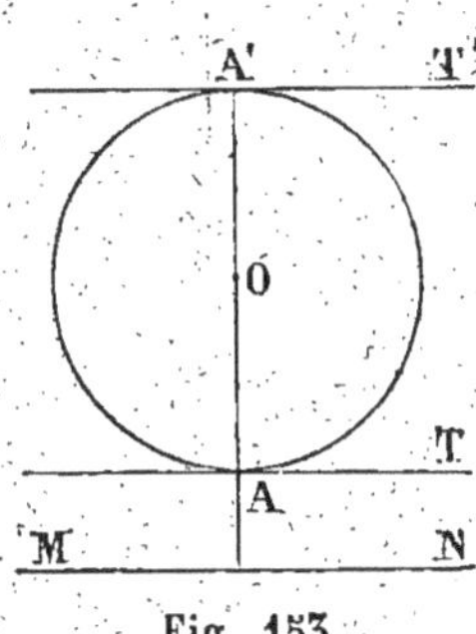

Fig. 153.

Problème.

188. *Mener une tangente commune à deux circonférences.*

Commençons par supposer le problème résolu. Soit d'abord une droite AA₁ tangente commune aux deux circonférences O et O₁ et telle que les deux circonférences soient d'un même côté par rapport à cette droite (*fig*. 154). Menons les rayons OA et O₁A₁ qui passent par les points de contact ; ils sont tous deux perpendiculaires à la tangente commune AA₁, et sont dirigés dans le même sens ; menons encore la droite O₁B parallèle à AA₁. La figure ABO₁A₁ est un rectangle ; les côtés opposés AB et O₁A₁ sont égaux, et la longueur OB est égale à la différence des rayons des deux circonférences. Si du point O comme centre, avec un rayon égal à la différence des deux rayons, on décrit

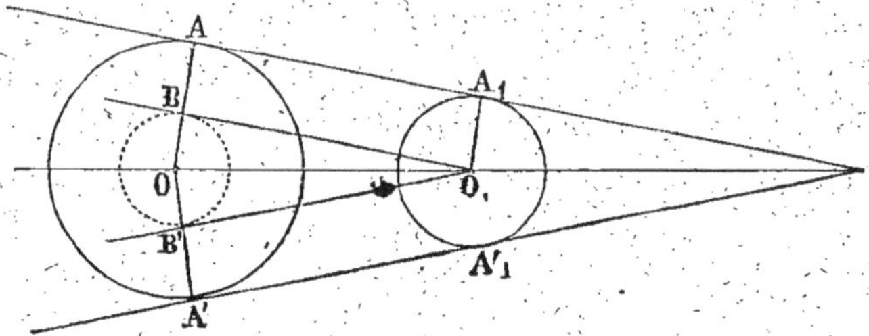

Fig. 154.

une circonférence, cette circonférence est tangente à la droite O_1B au point B, puisque O_1B est perpendiculaire au rayon OB.

De là résulte la construction suivante : du point O comme centre, avec un rayon égal à la différence des deux rayons, on décrit une circonférence, et du point O_1 on mène à cette circonférence les tangentes O_1B et O_1B' ; on mène les rayons OBA, OB'A' de la circonférence donnée O, et aux points A et A' on mène à cette circonférence les tangentes AA_1 et $A'A'_1$; ces tangentes sont communes aux deux circonférences ; on les nomme tangentes communes *extérieures*. Les deux circonférences sont d'un même côté par rapport à chacune de ces tangentes.

189. REMARQUE. La construction précédente suppose le point O_1 extérieur au cercle OB, c'est-à-dire la distance des centres des cercles donnés plus grande que la différence de leurs rayons ; elle est donc applicable tant que les cercles ne sont ni intérieurs, ni tangents intérieurement (147). Si les cercles sont tangents intérieurement (*fig.* 155), le point O_1 étant sur la circonférence OB, les points B et B' se confondent avec le point O_1 ; les points A et A' se confondent avec le point de contact des deux circonférences,

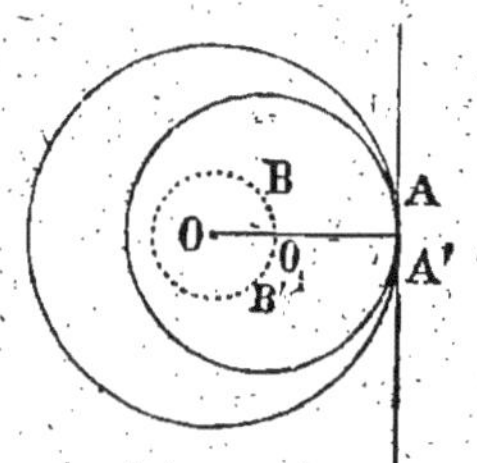

Fig. 155.

et, par suite, les tangentes communes extérieures aux deux circonférences se confondent en une seule. Si le second cercle est intérieur au premier, le point O_1 étant à l'intérieur du cercle OB, la construction est impossible. Il est d'ailleurs évident *a priori* que, dans ce cas, les circonférences n'ont pas de tangente commune.

190. Soit en second lieu une droite CC_1 tangente commune aux circonférences O et O_1, et telle que les deux circonférences soient de part et d'autre de cette droite (*fig.* 156). Menons les rayons OC et O_1C_1 qui passent par les points de contact; ils

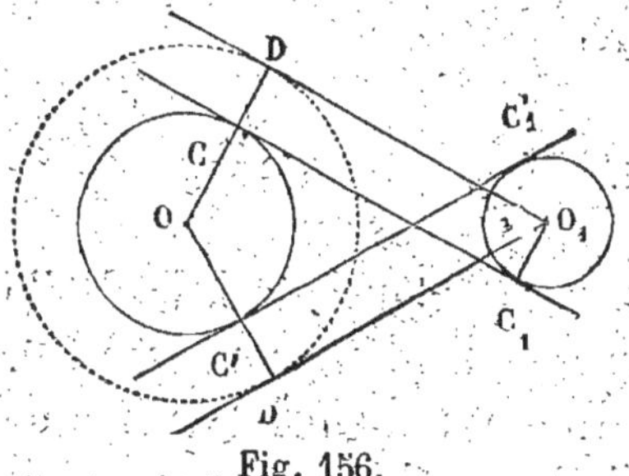

Fig. 156.

sont tous deux perpendiculaires à la tangente commune CC_1, et sont dirigés en sens contraires. Menons encore la parallèle O_1D à la tangente CC_1. La figure CDO_1C_1 est un rectangle; les côtés opposés CD, C_1O_1 sont égaux, et la longueur OD est égale à la somme des rayons des deux circonférences. Si du point O comme centre, avec un rayon égal à la somme des rayons des deux circonférences, nous décrivons une circonférence, elle est tangente au point D à la droite O_1D, puisque O_1D est perpendiculaire à OD.

De là résulte la construction suivante : du point O comme centre, avec un rayon égal à la somme des rayons, on décrit la circonférence OD; on mène du point O_1 les tangentes O_1D et O_1D' à cette circonférence, et aux points C et C', où les rayons OD, OD' rencontrent la circonférence donnée O, on mène à cette circonférence les tangentes CC_1 et $C'C'_1$; ces tangentes seront tangentes communes aux deux circonférences données. On les nomme tangentes communes *intérieures*; les deux circonférences sont de part et d'autre de chacune d'elles.

191. Remarque. Cette construction suppose le point O_1 extérieur au cercle OD, c'est-à-dire la distance des centres des cercles donnés plus grande que la somme des rayons; elle est donc applicable quand les cercles sont extérieurs.

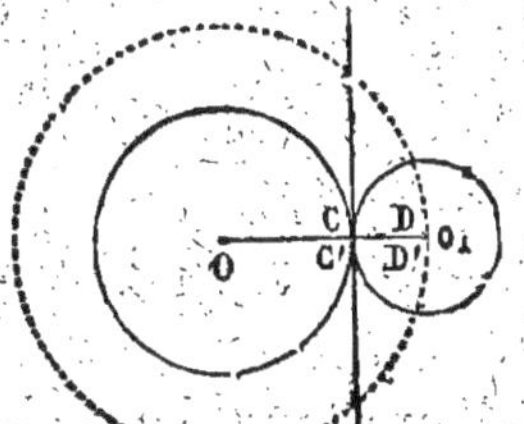

Fig. 157.

Si les cercles sont tangents extérieurement (*fig.* 157), le point O_1 est sur le cercle OD, les points C et C' se confondent avec le point de contact des deux circonférences, et les deux tangentes communes intérieures se confondent en une seule. Dans toute autre position des deux circonférences, le point O_1 étant à l'intérieur du cercle O, la construction est impossible. Il est d'ailleurs évident *a priori* qu'alors les circonférences n'ont pas de tangente commune intérieure.

Problème.

192. *Décrire sur une portion de droite AB, d'un côté de cette droite, l'arc d'un segment de cercle capable d'un angle donné.*

Supposons le problème résolu. Soit AMB l'arc demandé que nous supposerons au-dessus de la droite AB, et soit O le centre de cet arc (*fig.* 158). Le point O est sur la perpendiculaire DE menée à la droite AB par son milieu. D'autre part, soit BC la tangente en B à l'arc AMB; l'angle ABC, formé par la corde AB et par la partie BC de la tangente située au-dessous de AB, a même mesure que la moitié de l'arc ANB, comme tout angle inscrit dans le segment AMB; par conséquent, cet angle ABC est égal à l'angle donné. Si donc on mène par le

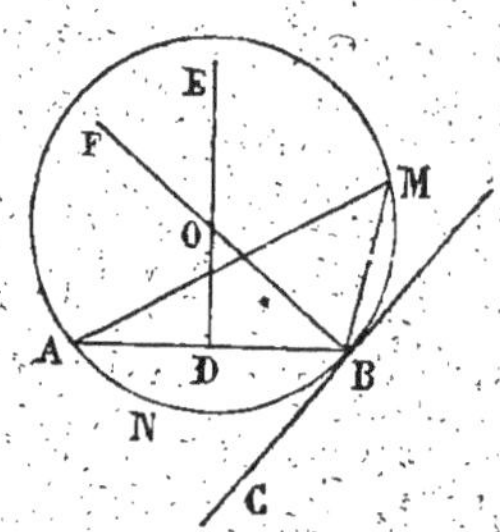

Fig. 158.

point B une droite BC faisant avec BA, au-dessous de AB, un angle ABC égal à l'angle donné, cette droite est la tangente en B à l'arc demandé. Mais alors, le centre de cet arc est aussi situé sur la perpendiculaire BF à BC, au point B. Le centre de l'arc demandé est donc le point de concours des droites DE et BF.

De là résulte la construction suivante : on élève à AB une perpendiculaire DE, en son milieu; on mène par le point B une droite BC faisant avec BA au-dessous de BA un angle ABC égal à l'angle donné, et, par le point B, on mène la droite BF perpendiculaire à BC. Du point de concours O des droites DE et BF, comme centre, avec OB pour rayon, on décrit une circonférence. L'arc AMB de cette circonférence, situé par rapport à AB du côté où n'est pas l'angle ABC, est l'arc demandé.

L'arc ANB, situé de l'autre côté de la corde, est l'arc d'un segment capable d'un angle égal au supplément de l'angle donné.

§ X. — REMARQUES SUR LA RÉSOLUTION DES PROBLÈMES.

193. Lorsque la solution d'un problème se présente aisément à l'esprit, on indique cette solution, et l'on démontre ensuite qu'elle satisfait aux conditions demandées : c'est la marche *synthétique* ; c'est celle que nous avons suivie pour résoudre les problèmes des nᵒˢ 170, 172, 175, 179, 180, 187 (1ʳᵉ partie), etc.

Mais lorsque la solution paraît plus difficile à découvrir, on procède autrement : on commence par supposer le problème résolu ; on construit, aussi bien que possible, une figure que l'on suppose satisfaire à toutes les conditions du problème ; puis, par un examen attentif de cette figure, on cherche à découvrir quelles constructions il faudrait effectuer avec les données du problème pour construire effectivement la figure demandée. C'est la marche *analytique* ; c'est celle que nous avons suivie pour résoudre les problèmes du nᵒ 187 (2ᵉ et 3ᵉ parties), des nᵒˢ 188, 190, 192.

Lorsque, en opérant ainsi, on reconnaît que la construction de la figure dépend essentiellement de la détermination d'un point, pour trouver ce point on cherche à déterminer deux lignes sur lesquelles ce point doit être situé. A cet effet, on laisse d'abord de côté une des conditions du problème, et l'on cherche quel est le lieu géométrique des points qui satisfont aux autres conditions de l'énoncé ; puis, reprenant la condition d'abord négligée, on en laisse une autre de côté, et l'on cherche encore le lieu géométrique des points qui satisfont aux conditions conservées ; on a ainsi deux lieux géométriques sur lesquels le point doit être situé. Si ces deux lieux ne se composent que de droites et de cercles, on saura trouver leurs points communs, et le problème sera résolu.

Reprenons, par exemple, le dernier problème.

Décrire sur une portion de droite AB, au-dessus de cette droite, l'arc d'un segment de cercle capable d'un angle donné.

Ayant supposé le problème résolu et tracé l'arc AMB, qui

est censé satisfaire aux conditions de l'énoncé, on voit que la possibilité de tracer cet arc dépend uniquement de la détermination de son centre O. Or, l'arc doit remplir trois conditions : passer par A, passer par B, et limiter un segment capable d'un angle donné, situé au-dessus de AB. Laissant de côté la dernière condition, on dira : Le lieu des centres des arcs de cercle qui passent par A et par B est la droite DE perpendiculaire à AB en son milieu ; donc le point O est sur la droite DE. Puis, reprenant la dernière condition, le segment AMB, situé au-dessus de AB, est capable de l'angle donné, et, abandonnant la première, l'arc passe par A, on dira : Le lieu des centres des arcs de cercle qui passent par B et limitent des segments situés au-dessus de AB, capables de l'angle donné, est la perpendiculaire BF menée par le point B, à une droite BC, qui fait avec AB, au-dessous de AB, un angle ABC égal à l'angle donné. Or, on sait construire les deux droites DE et BF, qui toutes deux doivent contenir le point O, et par suite on sait déterminer la position de ce point.

EXERCICES SUR LE LIVRE II.

Théorèmes à démontrer.

1. Deux cercles étant tangents, si l'on mène par le point de contact deux sécantes quelconques, les droites qui joignent les extrémités de ces sécantes sont parallèles.

2. Étant donnés deux cercles qui se coupent, si par l'un des points communs on mène deux sécantes quelconques, les droites qui joignent les extrémités de ces sécantes font un angle constant.

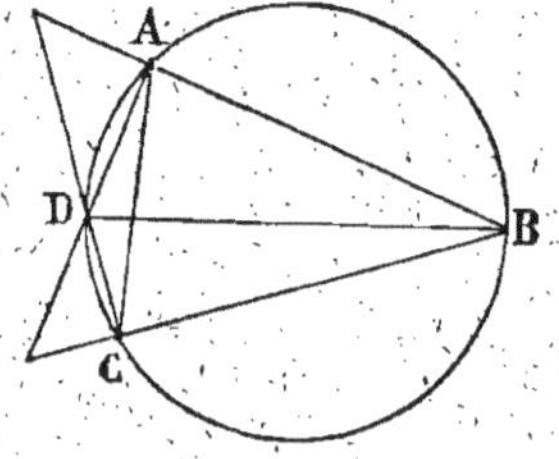

Fig. 159.

3. Soient quatre points A, B, C et D situés sur une circonférence (*fig.* 159) ; on peut mener par ces quatre points les trois couples de sécantes AB et CD, AC et BD, AD et BC ; démontrer que les bissectrices des angles des sécantes AB et CD sont parallèles aux bissectrices des angles des sécantes AC et BD, et aussi aux bissectrices des angles des sécantes AD et BC.

4. Un parallélogramme circonscrit à un cercle est un losange. — Dans un losange on peut toujours inscrire un cercle.

5. Soit un arc de cercle AB; si, en un point quelconque M de cet arc, on mène une tangente au cercle, la portion PQ de cette ligne, comprise entre les tangentes au cercle aux points A et B, est vue du centre sous un angle constant (*fig.* 160).

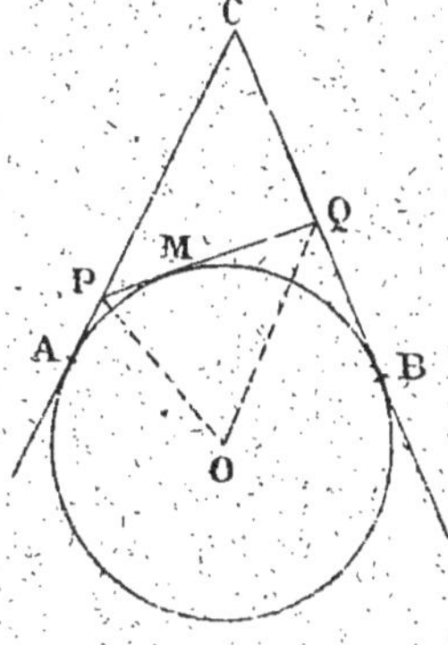

Fig. 160.

6. Soient un arc de cercle AMB moindre qu'une demi-circonférence, AC et BC les tangentes au cercle aux points A et B (*fig.* 160); si, en un point quelconque M de l'arc AB, on mène une tangente PQ, cette tangente forme avec les droites CA et CB un triangle CPQ dont le périmètre est constant. — Si l'arc donné AB est plus grand qu'une demi-circonférence, l'excès de la somme des côtés CP et CQ sur le côté PQ est constant.

7. Si un quadrilatère est circonscrit à un cercle, la somme *ou la* différence de deux côtés opposés est égale à la somme ou à la différence des deux autres côtés, selon que les points de contact sont sur les côtés du quadrilatère, ou sur leurs prolongements.

8. Réciproque du théorème précédent.

9. Les pieds des perpendiculaires abaissées du sommet A d'un triangle ABC sur les quatre bissectrices des angles formés par la droite BC avec les droites AB et AC sont quatre points en ligne droite.

10. Démontrer que si, sur les côtés d'un triangle comme diamètres, on décrit des circonférences, ces circonférences se coupent deux à deux sur les côtés du triangle.

11. Démontrer que les hauteurs d'un triangle sont les bissectrices des angles du triangle qui a pour sommets les pieds des hauteurs.

12. Démontrer que dans un triangle les droites qui joignent les pieds des hauteurs sont respectivement perpendiculaires aux droites qui joignent les sommets au centre du cercle circonscrit au triangle.

13. Soit ABC un triangle équilatéral inscrit dans une circonférence donnée; démontrer que, si l'on joint le sommet A à un point D quelconque du plus petit arc sous-tendu par le côté BC, on a AD = BD + CD; comment doit-on modifier l'énoncé dans le cas où le point D est sur l'arc AB ou sur l'arc AC?

14. Étant donnés une circonférence de centre O et deux diamètres rectangulaires AB et CD, par le point A ou même une sécante quelconque qui rencontre le diamètre CD en E et la circonférence en F; au point F on mène la tangente à la circonférence qui rencontre CD au point G; démontrer que l'angle OGF est double de l'angle OAF.

15. Par le milieu C d'un arc AB d'une circonférence donnée O, on mène deux cordes quelconques qui rencontrent en D et E la droite AB, en F et G la circonférence ; démontrer que les quatre points D, E, F, G sont sur une même circonférence.

16. Soient un angle ROR′ et OS la bissectrice de cet angle (*fig.* 161) ; on prend, sur cette bissectrice OS, un point quelconque C, et de ce point comme centre, avec un rayon arbitraire, on décrit une circonférence qui rencontre les côtés de l'angle aux points A, B, A′, B′ ; démontrer que la droite BA′ qui joint les points B et A′ situés de part et d'autre de OS, et non situés sur une perpendiculaire à OS, est vue du point C sous un angle BCA′

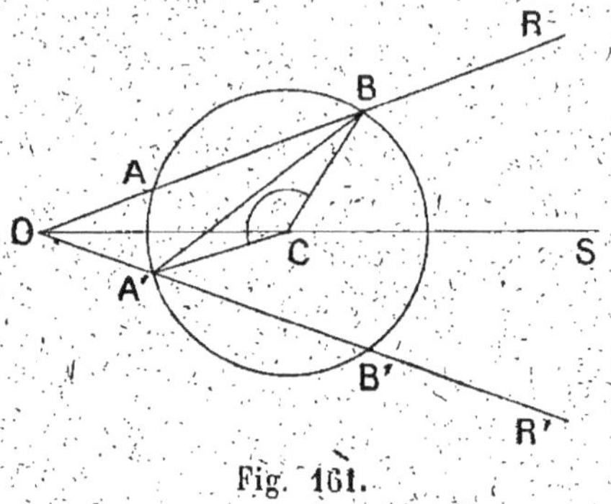

Fig. 161.

dont la grandeur ne dépend ni de la position du point C sur OS, n du rayon de la circonférence.

Problèmes à résoudre.

Construire un triangle connaissant :

17. Le rayon du cercle circonscrit et deux angles.

18. Le rayon du cercle circonscrit, un côté et l'un des angles adjacents à ce côté.

19. Le rayon du cercle circonscrit et deux côtés.

20. Le rayon du cercle inscrit et deux angles.

21. Le rayon du cercle inscrit, un angle et un côté adjacent à cet angle.

22. Deux côtés et une médiane.

23. Un côté et deux médianes.

24. Les trois médianes.

25. Un côté, l'angle opposé, et la somme ou la différence des deux autres côtés.

26. Un côté, un angle adjacent, et la somme ou la différence des deux autres côtés.

27. Un côté, l'angle opposé, et le rayon du cercle ex-inscrit situé dans l'angle donné.

28. Deux côtés et l'une des hauteurs.

29. Un côté et deux des hauteurs.

30. Deux angles et l'une des hauteurs.

31. Un angle et deux des hauteurs.

32. Le périmètre et deux angles.

33. Déterminer les sommets d'un triangle connaissant les points de rencontre, autres que les sommets du triangle, des bissectrices des angles du triangle avec le cercle circonscrit au triangle.

34. Déterminer les sommets d'un triangle connaissant les points de rencontre, autres que les sommets du triangle, du cercle circonscrit au triangle avec les perpendiculaires abaissées de chaque sommet du triangle sur le côté opposé.

35. Déterminer les sommets d'un triangle ABC connaissant les points, autres que le point A, où le cercle circonscrit au triangle est rencontré par la perpendiculaire abaissée de A sur BC, par la bissectrice de l'angle A, et par la droite qui joint le point A au milieu de BC.

36. Construire un triangle ABC connaissant la base AB, la grandeur de l'angle C et un point de la bissectrice de l'angle que fait le côté AC avec le prolongement de BC. (Concours général, Troisième, 1876.)

37. Mener à une circonférence une tangente qui fasse avec une droite donnée un angle donné.

38. Par un point pris dans le plan d'une circonférence donnée, mener une sécante telle que la portion interceptée par la circonférence ait une longueur donnée.

39. Mener, par deux points donnés sur une circonférence donnée, deux cordes parallèles dont la somme ait une longueur donnée.

40. Avec un rayon donné, tracer une circonférence passant par deux points donnés.

41. Avec un rayon donné, tracer une circonférence tangente à deux droites données.

42. Avec un rayon donné, tracer une circonférence passant par un point donné et tangente à une droite donnée.

43. Avec un rayon donné, tracer une circonférence tangente à une droite et à une circonférence données.

44. Avec un rayon donné, tracer une circonférence tangente à deux circonférences données.

45. Tracer une circonférence tangente à une droite donnée en un point donné et tangente à une circonférence donnée.

46. Tracer une circonférence tangente à une circonférence donnée en un point donné et tangente à une droite donnée.

47. Étant donnés quatre points, tracer une circonférence également distante de ces quatre points. (La distance d'un point à une circonférence est comptée sur la droite qui passe par ce point et par le centre de la circonférence.)

48. Construire un trapèze connaissant les longueurs des bases parallèles et des deux diagonales.

49. Construire un trapèze connaissant les longueurs des bases parallèles et des côtés non parallèles.

50. Construire un quadrilatère connaissant les longueurs des quatre côtés et la longueur de la droite qui joint les milieux de deux côtés opposés.

51. Soit AB un diamètre d'un cercle (*fig.* 162); on prend sur la circonférence un point quelconque C, on mène la droite AC, et on prend sur CA, de part et d'autre du point C, les longueurs CD et CD′ égales à la corde CB. Trouver le lieu décrit par les points D et D′, quand le point C parcourt le cercle donné.

52. Lieu des milieux des cordes d'un cercle qui passent par un point donné.

53. Lieu des points tels que les pieds des perpendiculaires menées de chacun d'eux aux trois côtés d'un triangle soient en ligne droite.

Fig. 162.

54. Soit un triangle ABC; on déplace le sommet C dans le plan du triangle, de façon que la base AB du triangle restant fixe, la médiane issue du sommet A conserve une longueur constante : 1° Quel est le lieu décrit par le sommet C? 2° Quel est le lieu décrit par le point de concours des médianes du triangle?

55. Deux circonférences se coupent au point A (*fig.* 163); on mène par le point A une sécante fixe BAC et une sécante mobile MAN ; on mène par les extrémités de ces sécantes les droites BM et CN qui se coupent en un point P. Lieu décrit par le point P quand on fait tourner la sécante mobile MAN autour du point A.

56. Soient un triangle ABC, et un point fixe P sur le côté AB (*fig.* 164).

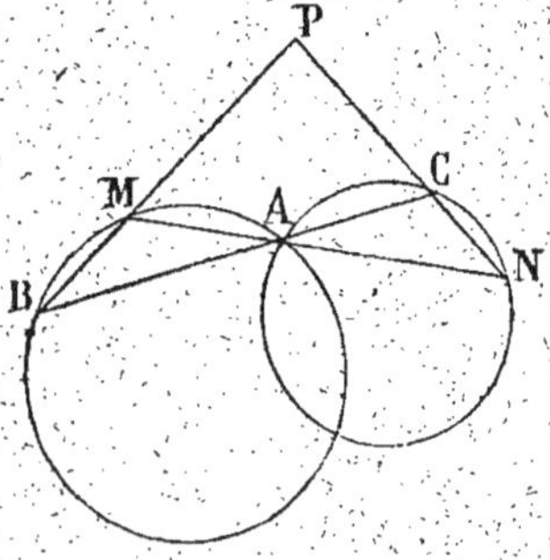

Fig. 163.

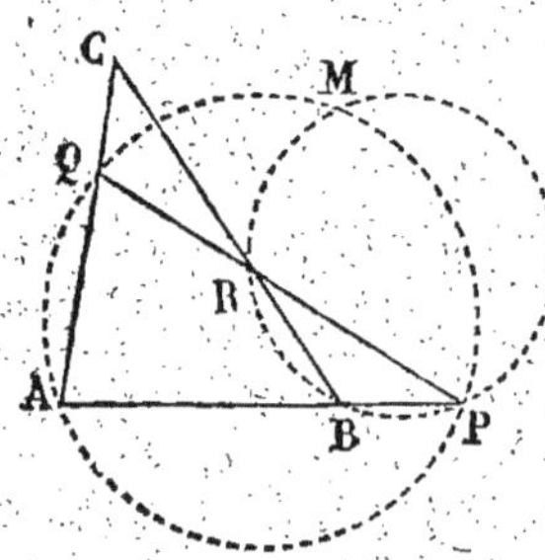

Fig. 164.

On mène par le point P une droite quelconque qui rencontre en Q le côté AC, et en R le côté BC; par les trois points P, A, Q on fait passer un cercle, de même par les trois points P, B, R on fait passer un cercle; ces deux cercles se coupent au point P, et en un autre point M. On demande le lieu décrit par le point M, quand la sécante PRQ tourne autour du point P.

57. Une droite de longueur constante AB se meut, en restant appuyée par ses extrémités A et B sur les côtés d'un angle droit ROS; on demande : 1° le lieu du sommet C du rectangle AOBC, construit sur OA et sur OB; 2° le lieu du milieu de la droite AB.

58. On donne un cercle et un point A extérieur au cercle; par le point A on mène une sécante qui rencontre le cercle aux points M et M'; sur cette sécante on prend, dans le sens AM, une longueur AP égale à AM + AM'; on demande le lieu décrit par le point P quand la sécante tourne autour du point A. Comment faut-il modifier l'énoncé pour obtenir le même lieu quand le point A est intérieur au cercle?

59. On donne un cercle et une droite LL'; par un point A du cercle on mène une parallèle à LL', et sur cette droite, dans un sens déterminé, on porte une longueur AB égale à une longueur donnée; on demande le lieu décrit par le point B quand le point A parcourt le cercle?

60. On fait tourner une circonférence autour d'un de ses points, et, dans chacune de ses positions, on mène à cette circonférence des tangentes parallèles à une direction donnée; lieu des points de contact.

61. Soit ABC un triangle inscrit dans un cercle; le côté AB restant fixe, on fait mouvoir le point C sur le cercle, et on demande : 1° le lieu du centre du cercle inscrit dans le triangle ABC; 2° le lieu du centre de chacun des cercles ex-inscrits au même triangle.

62. On donne dans un plan deux points fixes A et A'; on mène dans ce plan un cercle C de rayon quelconque tangent à la droite AA' au point A et un cercle C' tangent à la même droite au point A' et tangent au cercle C; on mène la tangente commune extérieure autre que AA' aux deux cercles C et C'; soient B et B' les deux points de contact; sur BB' comme diamètre, dans le plan de la figure, *on décrit un cercle C''* : 1° Démontrer que tous les cercles, tels que le cercle C'', que l'on obtient en faisant varier le rayon du cercle C, sont tangents à un même cercle fixe.; 2° Trouver le lieu du centre de chacun des cercles, tels que le cercle C'', obtenus en faisant varier le rayon du cercle C. (Concours général, Philosophie, 1888.)

63. Soit un triangle isocèle OAB ayant pour côtés égaux OA et OB et pour hauteur OH; on décrit, du point O comme centre, un cercle C de rayon arbitraire et on lui mène deux tangentes, non symétriques par rapport à OH, l'une par le point A, l'autre par le point B; ces deux tangentes se coupent en un point M : 1° Trouver le lieu géométrique du point M lorsque le rayon du cercle C varie; 2° Trouver, dans la même hypothèse, le lieu du point I obtenu en portant sur MB à partir de M une longueur MI égale à MA; 3° Démontrer que le produit MA × MB

est égal à la différence $\overline{OA}^2 - \overline{OM}^2$, ou à la différence $\overline{OM}^2 - \overline{OA}^2$, suivant que l'on a $OA > OM$, ou $OM > OA$. (Concours général, Troisième, 1893.)

64. Par un point P pris sur la circonférence du cercle circonscrit à un triangle ABC, on mène des parallèles aux côtés BC, CA, AB de ce triangle ; ces droites rencontrent la circonférence aux points A′, B′, C′ : 1° Comparer le triangle A′B′C′ au triangle ABC ; 2° Les triangles ABC et A′B′C′ étant connus, peut-on retrouver le point P ? 3° Peut-on supposer le triangle ABC déduit du triangle A′B′C′ par le même procédé, à l'aide d'un point P′, et quelle relation y a-t-il entre P et P′ ? 4° *Peut-il arriver que les triangles* ABC et A′B′C′ aient un ou deux sommets communs ? Dans ce cas, où doivent se trouver les points P et P′ ? (École normale de Fontenay-aux-Roses, 1897.)

65. Inscrire dans une circonférence donnée un triangle dont deux côtés soient parallèles à deux droites données, le troisième côté allant passer par un point donné ; discussion. (Sèvres, 1902.)

66. Soient AD, BE, CF les hauteurs d'un triangle ABC ; on prolonge AD d'une longueur égale DA′, BE d'une longueur égale EB′, CF d'une longueur égale FC′ ; démontrer que les cercles circonscrits aux trois triangles BCA′, CAB′, ABC′ ont un point commun H. (Fontenay-aux-Roses, 1900.)

67. Soient PQ, P′Q′ deux cordes variables d'un même cercle ; on suppose que PQ passe par un point fixe A, et que les droites PP′, QQ′ sont parallèles à une même droite donnée ; lieu du pied de la perpendiculaire abaissée du point A sur P′Q′. (Fontenay-aux-Roses, 1900.)

LIVRE III

FIGURES SEMBLABLES

§ I. Longueurs proportionnelles. — § II. Propriétés des bissectrices d'un triangle. — § III. Triangles semblables. — § IV. Polygones semblables. — § V. Puissance d'un point par rapport à un cercle. — § VI. Relations métriques entre les éléments d'un triangle. — § VII. Problèmes sur les lignes proportionnelles. — § VIII. Polygones réguliers; leur inscription dans un cercle.

§ I. — LONGUEURS PROPORTIONNELLES.

Théorème.

194. *Sur la droite indéfinie qui passe par deux points donnés* A *et* B, *il y a deux points tels que le rapport des distances de chacun d'eux aux deux points* A *et* B *soit égal à un rapport donné, et il n'y en a que deux. L'un de ces points est situé entre les deux points* A *et* B, *l'autre en dehors de ces points, sur le prolongement de la droite* AB.

Cherchons d'abord s'il y a, entre A et B (*fig.* 165), un point

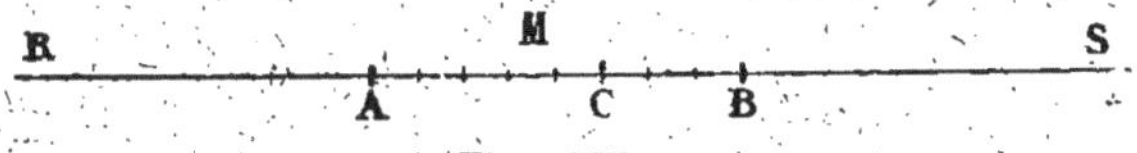

Fig. 165.

satisfaisant à la question. Supposons, pour fixer les idées, le rapport donné égal à $\frac{5}{3}$, et concevons que la longueur AB soit partagée en $5 + 3$, ou 8, parties égales. Si nous prenons, sur AB, la longueur AC égale à cinq de ces parties, la longueur *CB* en contiendra trois, et, par conséquent, le rapport $\frac{CA}{CB}$ sera égal à $\frac{5}{3}$.

Le point C est d'ailleurs le seul point de la droite, situé entre A et B, pour lequel le rapport des distances aux points A et B soit égal à $\frac{5}{3}$. En effet, imaginons un point mobile M allant de

A en B sur la droite AB; à mesure que ce point s'éloigne de A le numérateur MA du rapport $\dfrac{MA}{MB}$ augmente, tandis que le dénominateur MB diminue, et, pour cette double raison, le rapport $\dfrac{MA}{MB}$ augmente sans cesse. Ce rapport, allant toujours en augmentant, ne peut passer plus d'une fois par la valeur donnée $\dfrac{5}{3}$.

Cherchons encore s'il y a sur la droite AB, en dehors des points A et B, un point D tel que le rapport $\dfrac{DA}{DB}$ soit égal à un rapport donné. Nous distinguerons deux cas, selon que le rapport donné est plus grand, ou plus petit que 1.

Supposons d'abord le rapport donné plus grand que 1, égal à $\dfrac{5}{3}$ par exemple. Ce point D devant, dans ce cas, être plus éloigné de A que de B, ne peut être sur la portion AR de la droite AB; c'est seulement sur la portion BS que nous devrons le chercher. A cet effet (*fig.* 166), concevons la longueur AB partagée en

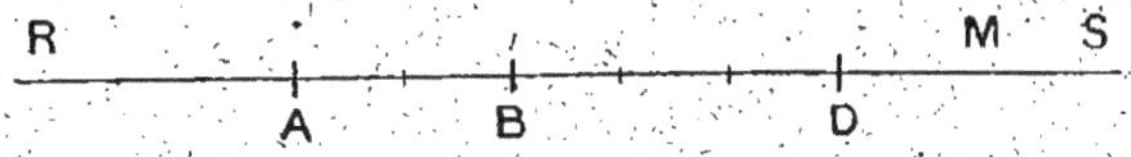

R   M   S

A   B   D

Fig. 166.

5 — 3, ou 2, parties égales; puis prenons sur BS une longueur BD égale à 3 de ces parties; la longueur AD, qui est égale à AB + BD, contiendra 2 + 3, ou 5, de ces parties, et le rapport $\dfrac{DA}{DB}$ sera égal à $\dfrac{5}{3}$. Le point D est d'ailleurs le seul point de la portion BS de la droite AB tel que le rapport de ses distances aux points A et B soit égal à $\dfrac{5}{3}$. En effet, imaginons un point mobile M s'éloignant de B sur BS. Comme MA est égal à MB + AB, on peut écrire

$$\frac{MA}{MB} = \frac{MB + AB}{MB} = 1 + \frac{AB}{MB}.$$

On voit ainsi que le rapport $\dfrac{MA}{MB}$ se compose de l'unité augmentée du rapport $\dfrac{AB}{MB}$, et par conséquent que, si le point M se déplace, le rapport $\dfrac{MA}{MB}$ diminue quand le rapport $\dfrac{AB}{MB}$ diminue. Or, ce dernier rapport, dont le numérateur AB est invariable, diminue à mesure que le point M s'éloigne de B. Donc, à mesure que le point M s'éloigne de B, sur BS, le rapport $\dfrac{MA}{MB}$ diminue sans cesse, et, par suite, il ne peut passer plus d'une fois par la même valeur $\dfrac{5}{3}$. Le point D est donc bien le seul point de la droite AB, en dehors de la portion AB, tel que l'on ait

$$\frac{DA}{DB} = \frac{5}{3}.$$

Supposons, en second lieu, le rapport donné moindre que 1, par exemple égal à $\dfrac{4}{7}$. Dans ce cas, le point D devant être plus près de A que de B, ne peut être sur la portion BS de la droite; c'est sur la portion AR qu'il faut le chercher. A cet effet

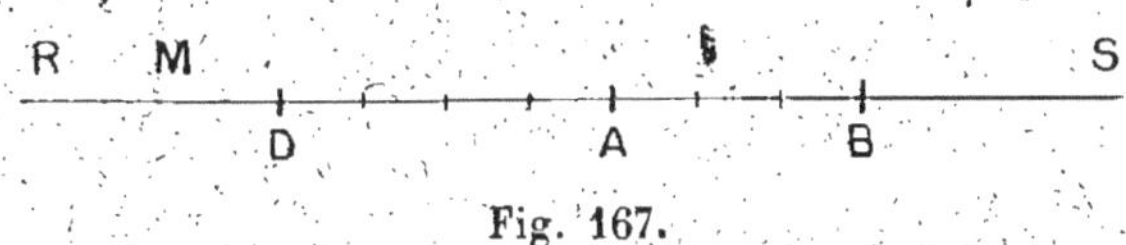

Fig. 167.

(*fig.* 167), concevons la longueur AB partagée en 7 — 4, ou 3, parties égales; et portons sur AR une longueur AD égale à 4 de ces parties; la longueur BD, qui est égale à BA + AD, contiendra 3 + 4, ou 7, de ces parties, et le rapport $\dfrac{DA}{DB}$ sera bien égal à $\dfrac{4}{7}$.

Le point D, ainsi déterminé, est d'ailleurs le seul point de la portion AR de la droite AB pour lequel le rapport des distances à A et à B soit égal à $\frac{4}{7}$. En effet, imaginons un point mobile M s'éloignant de A sur AR. Comme MA est égal à MB — AB, on peut écrire

$$\frac{MA}{MB} = \frac{MB - AB}{MB} = 1 - \frac{AB}{MB}.$$

On voit ainsi que le rapport $\frac{MA}{MB}$ se compose de l'unité diminuée du rapport $\frac{AB}{MB}$, et par conséquent que $\frac{MA}{MB}$ augmente quand $\frac{AB}{MB}$ diminue. Or, à mesure que le point M s'éloigne de A, sur AR, le rapport $\frac{AB}{MB}$ diminue ; donc, dans ces conditions, le rapport $\frac{MA}{MB}$ augmente sans cesse, et par suite il ne peut passer plus d'une fois par la même valeur $\frac{4}{7}$.

Le point D est donc bien le seul point de la portion AR de la droite AB pour lequel on ait

$$\frac{DA}{DB} = \frac{4}{7}.$$

Si le rapport donné est égal à 1, le point C est au milieu de AB, et le point D est rejeté à l'infini.

195. REMARQUES. De cette étude, il résulte que, sur la droite indéfinie RS qui passe par les deux points A et B, il y a *deux* positions d'un point M, et deux seulement, telles que le rapport $\frac{MA}{MB}$ soit égal à un rapport donné, une entre A et B, l'autre sur l'un des prolongements AR, BS de AB.

Soit O le milieu de AB ; si le rapport donné est plus petit que 1, une des deux positions du point M est entre A et O, l'autre est sur AR ; si le rapport est plus grand que 1, une des deux positions du point M est entre O et B, l'autre est sur BS ; dans ces deux cas, les deux positions du point M sont d'un même côté du milieu O de AB. Enfin, si le rapport est égal à 1, une des positions du point M est en O, l'autre est rejetée à l'infini.

On voit, par ce qui précède, que, si les points A et B sont donnés, pour fixer sans ambiguïté la position d'un point M de la droite AB tel que le rapport $\dfrac{MA}{MB}$ ait une valeur donnée, il faut indiquer si le point M considéré est entre A et B, ou sur le prolongement de AB.

Théorème de Thalès.

196. *Toute parallèle à un côté d'un triangle détermine sur les deux autres côtés des segments proportionnels.*

Soit, dans le triangle ABC (*fig.* 168), la droite DE parallèle à BC; je dis que l'on a

$$\frac{AD}{DB} = \frac{AE}{EC}.$$

Supposons d'abord que AD et DB aient une commune mesure Am, contenue 4 fois dans AD, et 3 fois dans DB; le rapport $\dfrac{AD}{DB}$ est égal à $\dfrac{4}{3}$, et il faut démontrer que le rapport $\dfrac{AE}{EC}$ est aussi égal à $\dfrac{4}{3}$.

Les droites AD et BD étant partagées l'une en 4, l'autre en 3 parties égales, par les points de division menons des parallèles au côté BC; ces lignes déterminent sur AC des segments qui sont tous égaux entre eux. Considérons en effet un segment quelconque pq, et le segment An; menons pr parallèle à AB, et comparons le triangle prq au triangle Amn. Le côté pr est égal à st (côtés opposés d'un parallélogramme), et st est égal à Am par hypothèse; les angles rpq et mAn sont égaux comme angles correspondants formés

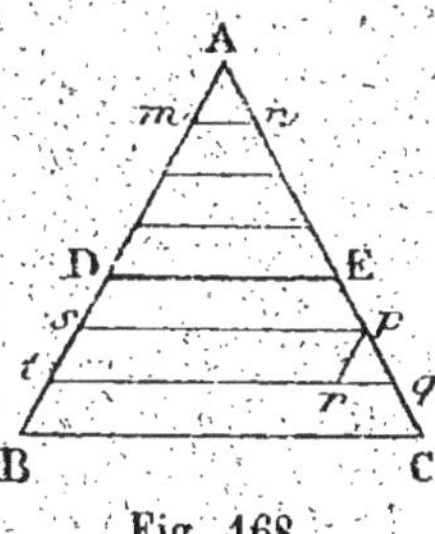

Fig. 168.

par une sécante et deux parallèles ; les angles *prq* et A*mn* sont égaux comme ayant les côtés parallèles et de même sens ; les deux triangles ayant un côté égal adjacent à deux angles égaux, chacun à chacun, sont égaux ; par suite *pq* est égal à A*n*. Les longueurs AE et EC contiennent donc, la première 4 fois, la seconde 3 fois, une même longueur A*n* : donc le rapport $\dfrac{AE}{EC}$ est égal à $\dfrac{4}{3}$.

Si AD et DB n'ont pas de commune mesure, on remarque que, le théorème étant vrai quelque petite que soit la commune mesure entre les deux longueurs AD et BD, est encore vrai quand ces longueurs sont incommensurables.

Nous avons supposé que la parallèle DE au côté BC rencontre le côté AB entre A et B, mais on répéterait le même raisonnement si le point de rencontre D de ces droites était sur le prolongement de AB, d'un côté ou de l'autre par rapport au point A.

197. R**EMARQUE**. Les rapports $\dfrac{AD}{DB}$ et $\dfrac{AE}{EC}$ étant tous deux égaux à $\dfrac{4}{3}$, les rapports $\dfrac{AD}{AB}$ et $\dfrac{AE}{AC}$ sont tous deux égaux à $\dfrac{4}{7}$, et, par suite, sont aussi égaux. De même les rapports $\dfrac{DB}{AB}$ et $\dfrac{EC}{AC}$, tous deux égaux à $\dfrac{3}{7}$, sont égaux.

198. R**ÉCIPROQUEMENT.** *Toute droite qui détermine sur deux côtés d'un triangle des segments proportionnels est parallèle au troisième côté du triangle, pourvu toutefois que les points de rencontre de la droite avec les deux côtés du triangle soient tous deux sur ces côtés non prolongés, ou tous deux sur les prolongements de ces côtés.*

Soient sur les côtés, AB, AC, du triangle ABC les points D et E tels que l'on ait

$$\frac{DA}{DB} = \frac{EA}{EC}.$$

1° Si les points D et E sont tous deux sur les côtés, AB, AC, non prolongés, la droite DE est parallèle à BC (*fig.* 169). En effet, supposons le point D entre A et B; si l'on mène par ce point D une parallèle à BC, cette droite rencontre AC, entre A et C, en un point tel que le rapport de ses distances aux points A et C est égal à $\dfrac{DA}{DB}$; or on sait qu'entre les points A et C il n'y a qu'un seul point, le point E, qui satisfasse à cette condition; donc la parallèle au côté BC menée par le point D passe par le point E, et, par conséquent, se confond avec DE.

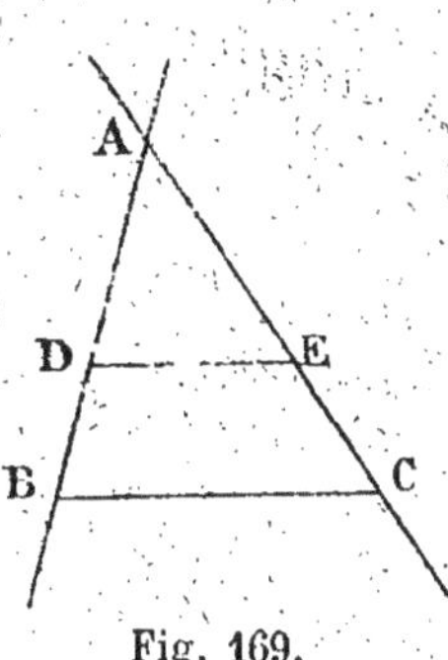

Fig. 169.

2° Si les points D et E sont tous deux sur les prolongements des côtés AB et AC, la droite DE est encore parallèle à BC. Remarquons d'abord que si le point D est sur le prolongement de AB, dans le sens AB (*fig.* 170), le rapport $\dfrac{DA}{DB}$ est plus grand que 1 ; il en est de même du rapport égal $\dfrac{EA}{EC}$; donc le point E est sur le prolongement de AC dans le sens AC. Si, au contraire

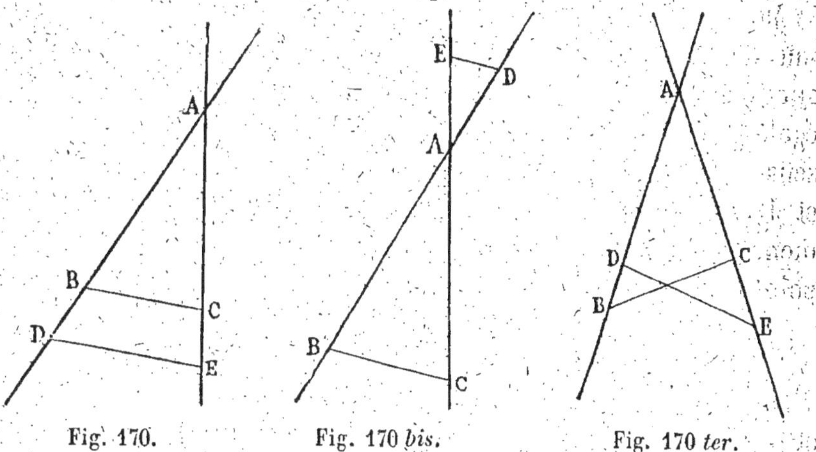

Fig. 170.   Fig. 170 *bis.*   Fig. 170 *ter.*

(*fig.* 170 *bis*), le point D est sur le prolongement de AB, dans le sens BA, le rapport $\dfrac{DA}{DB}$ est plus petit que 1 ; il en est de même du rapport égal $\dfrac{EA}{EC}$, et, par conséquent, le point E est sur le prolongement de AC, dans le sens CA. Ces remarques faites, on achèvera la démonstration comme dans le premier cas.

Si le point D était sur le côté AB, non prolongé, et le point E sur le prolongement de AC, dans un sens ou dans l'autre, (*fig.* 170 *ter*) il est clair que, malgré l'égalité

$$\frac{DA}{DB} = \frac{EA}{EC}.$$

la droite DE ne serait pas parallèle à BC.

199. APPLICATION. Le théorème précédent permet de déterminer sur la droite passant par deux points A et B (*fig.* 171) les deux points C et D tels que les rapports $\dfrac{CA}{CB}$ et $\dfrac{DA}{DB}$ soient égaux entre eux, et égaux au rapport de deux longueurs données m et n.

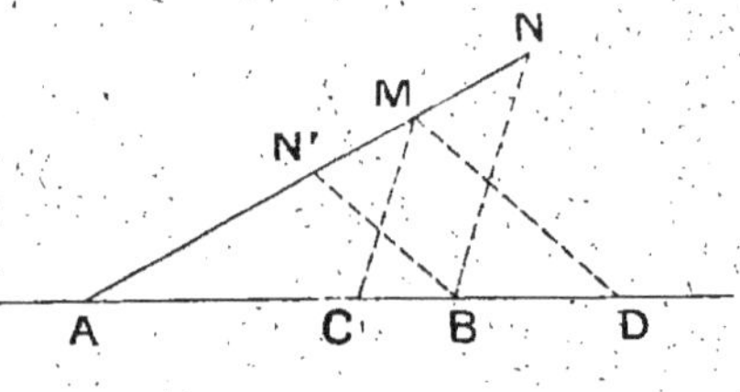

Fig. 171.

Menons en effet par A une droite quelconque, et, sur cette droite, à partir de A, portons une longueur AM égale à m, puis à partir de M, dans le sens AM et dans le sens opposé, des longueurs MN et MN′ égales à n. Joignons N et B, et menons MC parallèle à NB ; joignons N′ et B, et menons MD parallèle à N′B. Les points C et D sont les deux points cherchés ; car, en vertu du théorème précédent, on a

$$\frac{CA}{CB} = \frac{MA}{MN} = \frac{m}{n}$$

et

$$\frac{DA}{DB} = \frac{MA}{MN'} = \frac{m}{n}.$$

§ II. — PROPRIÉTÉS DES BISSECTRICES D'UN TRIANGLE.

Théorème.

200. *La bissectrice de l'angle intérieur d'un triangle partage le côté opposé de ce triangle en deux segments proportionnels aux côtés adjacents.*

La bissectrice de l'angle extérieur jouit de la même propriété.

1° Soit ABC un triangle (*fig. 172*) et soit CD la bissectrice de l'angle intérieur ACB de ce triangle ; je me propose d'établir que l'on a

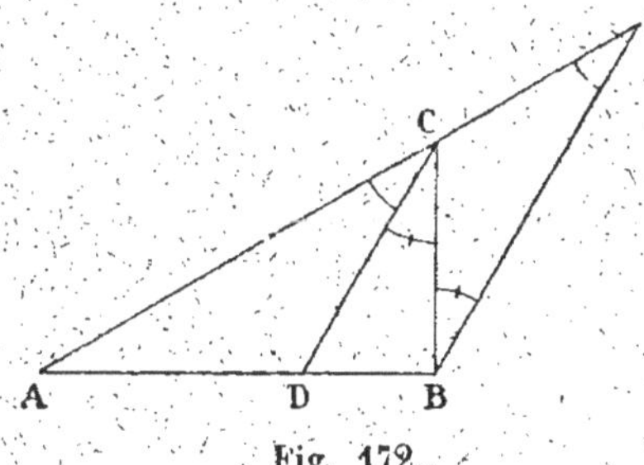

Fig. 172.

$$(1) \qquad \frac{DA}{DB} = \frac{CA}{CB}.$$

Menons par le sommet B la parallèle BE à la bissectrice CD, et soit E le point où elle rencontre le côté AC prolongé. Dans le triangle ABE, la droite CD, parallèle à la base BE, partage les côtés AB et AE en segments proportionnels, et on a

$$\frac{DA}{DB} = \frac{CA}{CE};$$

pour démontrer la relation (1), il suffit donc de prouver que CE est égal à CB.

Or les angles CEB et ACD sont égaux comme *correspondants* par rapport aux deux parallèles BE, CD et à la sécante AE ; les angles CBE et BCD sont égaux comme alternes-internes par rapport aux deux mêmes parallèles et à la sécante BC ; d'ailleurs les angles ACD, BCD sont égaux par hypothèse ; donc les angles CEB et CBE, respectivement égaux aux angles égaux ACD et BCD, sont égaux ; le triangle BCE est isocèle, et les côtés CB, CE, opposés à ces angles égaux, sont égaux.

2° Soit CD' la bissectrice de l'angle extérieur BCK du triangle ABC (*fig.* 172 *bis*) ; je dis que l'on a

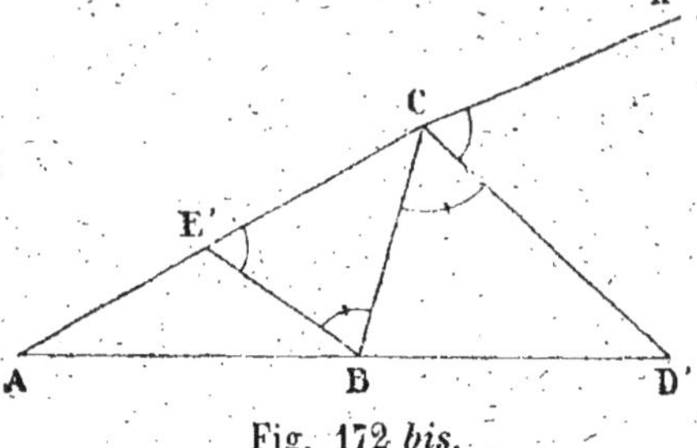

Fig. 172 *bis.*

$$(2) \qquad \frac{D'A}{D'B} = \frac{CA}{CB}.$$

La démonstration est la même que dans le cas précédent. Menons par le sommet B la parallèle BE' à la bissectrice CD', et soit E' le point où elle rencontre le côté AC. Dans le triangle ABE', la droite CD', parallèle au côté BE', partage les deux autres côtés en segments proportionnels, et on a

$$\frac{D'A}{D'B} = \frac{CA}{CE'} ;$$

pour démontrer la relation (2), il suffit donc de prouver que CE' est égal à CB.

Or les angles CE'B et KCD' sont égaux comme correspondants par rapport aux deux parallèles CD', BE' coupées par la sécante AC ; les angles CBE' et BCD' sont égaux comme alternes-internes par rapport aux deux mêmes parallèles et à la sécante BC ; mais les angles KCD' et BCD' sont égaux par hypothèse ; donc les angles CE'B et CBE' sont égaux. Le triangle BCE' est isocèle, et les côtés CB, CE', opposés aux angles égaux, sont égaux.

Dans le cas particulier où les côtés CA, CB du triangle ABC sont égaux, la bissectrice CD de l'angle intérieur ACB passe par le milieu du côté AB et est perpendiculaire à AB ; la bissectrice CD' de l'angle extérieur BCK est parallèle à AB ; le point D est au milieu de AB, le point D' est rejeté à l'infini.

201. RÉCIPROQUEMENT. *Si sur le côté* AB *d'un triangle* ABC *on prend les deux points* D *et* D' *tels que l'on ait*

$$\frac{DA}{DB} = \frac{D'A}{D'B} = \frac{CA}{CB},$$

                                        8

*les droites CD, CD′ sont, l'une la bissectrice de l'angle inté-
rieur C du triangle ABC, l'autre la bissectrice de l'angle extérieur en C de ce triangle.*

En effet, supposons que D soit celui des deux points D et D′ qui
soit situé entre les points A et B (*fig.* 172); il n'existe (194)
entre A et B qu'un seul point tel que le rapport de ses distances
aux points A et B soit égal à un rapport donné $\dfrac{CA}{CB}$; or le
pied de la bissectrice de l'angle intérieur ACB jouit de cette propriété (200); AD est donc cette bissectrice. — Même raisonnement pour le point D′, situé sur le prolongement de AB.

Théorème.

202. *Le lieu géométrique des points tels que le rapport
des distances de chacun d'eux à deux points fixes A et B est
égal à un rapport donné, est une circonférence dont le centre
est sur la droite AB.*

Soit λ le rapport donné; on sait qu'il existe sur la droite AB
deux points, et deux points seulement, tels que le rapport des
distances de chacun d'eux aux points A et B est égal à λ. Il
y a donc sur la droite AB deux points du lieu; soient D et D′
ces deux points (*fig.* 173). Soit C un point quelconque du
lieu, en dehors de la
droite AB; on a

$$\lambda = \frac{DA}{DB} = \frac{D'A}{D'B} = \frac{CA}{CB};$$

donc les droites CD,
CD′ sont, l'une la bis-
sectrice de l'angle C du
triangle ABC, l'autre la
bissectrice de l'angle
extérieur en C. Donc
l'angle DCD′ est un

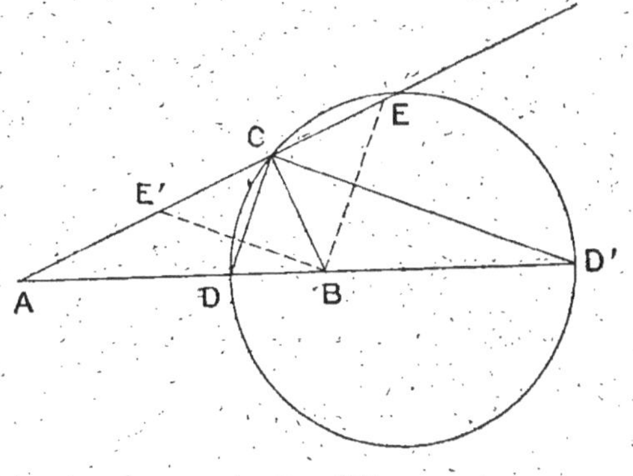

Fig. 173.

angle droit; donc le point C est sur la circonférence décrite
sur DD′ comme diamètre.

Réciproquement, tout point C de la circonférence décrite sur DD′ comme diamètre est un point du lieu. En effet, par le point B menons la parallèle BE à DC et la parallèle BE′ à D′C, et soient E et E′ les points où ces droites rencontrent la droite AC.

Du parallélisme des droites DC et BE il résulte l'égalité

$$\frac{DA}{DB} = \frac{CA}{CE}.$$

Du parallélisme des droites D′C et BE′ il résulte de même l'égalité

$$\frac{D'A}{D'B} = \frac{CA}{CE'} ;$$

mais $\dfrac{DA}{DB}$ étant, par hypothèse, égal à $\dfrac{D'A}{D'B}$, on a

$$\frac{CA}{CE} = \frac{CA}{CE'}$$

et par suite CE = CE′. Or l'angle EBE′, dont les côtés sont respectivement parallèles aux côtés de l'angle droit DCD′, est lui-même un angle droit ; son sommet B est sur une circonférence décrite sur EE′ comme diamètre, et par conséquent CE = CE′ = CB. Le rapport $\dfrac{DA}{DB}$, qui est égal à $\dfrac{CA}{CE}$, est donc aussi égal à $\dfrac{CA}{CB}$, et le point C est un point du lieu.

Si le rapport donné λ est égal à 1, le point D est le milieu de AB, le point D′ est rejeté à l'infini. — La circonférence décrite sur DD′ comme diamètre est remplacée par la perpendiculaire à la droite AB, en son milieu.

§ III. — TRIANGLES SEMBLABLES.

203. **Définitions.** Lorsque deux triangles, ABC, A′B′C′, sont tels que les angles,

$$A, \quad B, \quad C,$$

du premier sont respectivement égaux aux angles,

$$A', \quad B', \quad C',$$

du second, on dit que les deux triangles ont leurs angles égaux *chacun à chacun*, et on donne le nom d'*homologues* à deux angles égaux qui se correspondent dans ces deux triangles. Les angles A et A′ sont homologues, ainsi que les angles B et B′, et les angles C et C′.

Dans ces conditions, on appelle aussi *homologues* deux côtés, l'un d'un triangle, l'autre de l'autre, qui sont adjacents à deux angles égaux chacun à chacun. Les côtés BC et B′C′ sont homologues, ainsi que les côtés CA et C′A′, et les côtés AB et A′B′.

Dans deux triangles, qui ont les angles égaux chacun à chacun, on peut aussi reconnaître qu'un côté AB du premier est *homologue* à un côté A′B′ du second à ce fait que ces côtés sont opposés à des angles égaux C et C′. Mais, il ne suffirait pas que les deux angles C et C′ fussent égaux pour qu'on donnât le nom d'homologues aux côtés AB et A′B′ opposés à ces angles.

On dit que deux triangles sont *semblables* quand ils ont les angles égaux chacun à chacun et les côtés homologues proportionnels.

Le rapport de deux côtés homologues est appelé *rapport de similitude* des deux triangles.

Le fait que deux triangles peuvent remplir les conditions nécessaires pour être *semblables* n'est pas évident *a priori*. Le théorème suivant montre qu'il y a une infinité de triangles semblables à un triangle donné, et fait connaître un moyen de les former tous.

Théorème.

204. *Toute droite* DE, *parallèle à l'un des côtés* BC *d'un triangle* ABC, *forme avec les deux autres côtés du triangle un nouveau triangle* ADE *semblable au premier.*

Supposons d'abord les deux droites BC et DE d'un même côté du sommet A (*fig.* 174 et *fig.* 174 *bis*).

On voit que dans ces triangles les angles sont égaux chacun à chacun ; car l'angle A est commun, les angles D et B sont égaux comme correspondants ; il en est de même pour les angles E et C.

Je dis de plus que les côtés homologues sont proportionnels. Du parallélisme des droites DE et BC, il résulte (197) que le rapport

$\dfrac{AD}{AB}$ est égal au rapport $\dfrac{AE}{AC}$; si on mène la parallèle EF au côté AB,

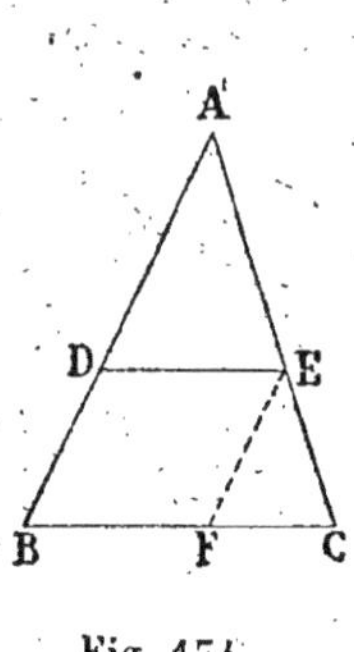

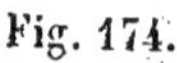

Fig. 174.

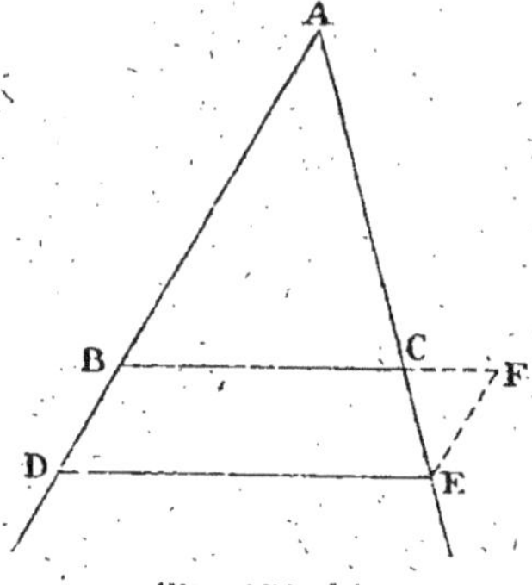

Fig. 174 *bis*.

on voit encore que le rapport $\dfrac{AE}{AC}$ est égal au rapport $\dfrac{BF}{BC}$; on a donc les trois rapports égaux

$$\frac{AD}{AB} = \frac{AE}{AC} = \frac{BF}{BC}.$$

Mais dans le parallélogramme BDEF, les côtés opposés DE et BF sont égaux; on a donc, en remplaçant BF par DE,

$$\frac{AD}{AB} = \frac{AE}{AC} = \frac{DE}{BC}.$$

Les triangles ADE et ABC, qui ont les angles égaux chacun à chacun et les côtés homologues pro-portionnels, sont semblables.

La démonstration s'applique quelle que soit la position de la droite DE; seulement, dans le cas où la droite DE rencontre les côtés AB, AC, du triangle sur leurs prolon-gements au delà du sommet A (*fig.* 174 *ter*), les angles en A sont égaux comme opposés par le sommet, les angles B et D, les angles E et C, sont respectivement égaux comme alternes-internes.

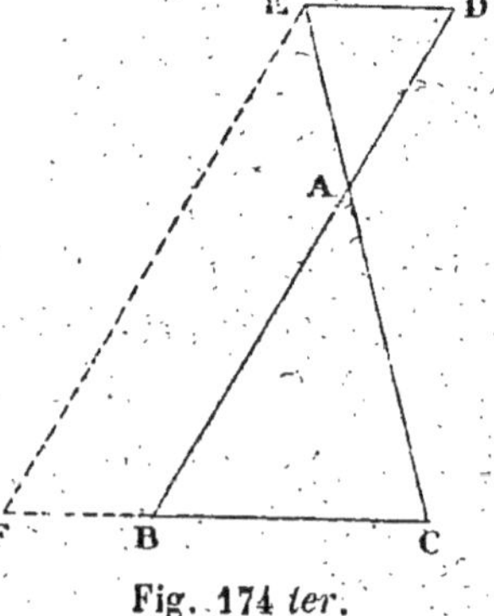

Fig. 174 *ter*.

205. Réciproquement. *Deux triangles ABC et A'B'C' étant semblables, si on déplace le triangle A'B'C' de façon à placer l'angle A' sur l'angle homologue A du triangle ABC ou sur l'angle opposé par le sommet, chacun des côtés de l'angle A' étant amené sur le côté homologue du triangle ABC, et si le côté B'C' vient se placer en $B'_1C'_1$ dans l'angle A du triangle ABC, ou en $B'_2C'_2$ dans l'angle opposé par le sommet à l'angle A du triangle, chacune des droites $B'_1C'_1$ et $B'_2C'_2$ est parallèle à BC (fig. 175).*

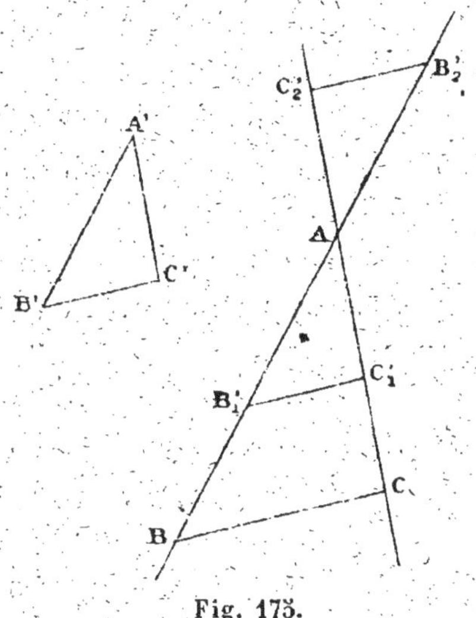

Fig. 175.

On a en effet, par hypothèse,

$$\frac{A'B'}{AB} = \frac{A'C'}{AC};$$

or, comme on a

$$A'B' = AB'_1 = AB'_2$$
$$A'C' = AC'_1 = AC'_2,$$

on en déduit les égalités

$$\frac{AB'_1}{AB} = \frac{AC'_1}{AC} \quad \text{et} \quad \frac{AB'_2}{AB} = \frac{AC'_2}{AC},$$

qui démontrent que les droites $B'_1C'_1$ et $B'_2C'_2$ sont parallèles à BC.

206. Remarque. De ce théorème et de sa réciproque il résulte que pour obtenir en grandeur, sinon en position dans le plan, tous les triangles semblables à un triangle donné ABC, il suffit de mener, dans le plan du triangle, une parallèle à l'un de ses côtés, au côté BC par exemple, et de faire mouvoir cette droite de façon que son point de rencontre avec la droite AB, d'abord en A, parcouru, soit toute la demi-droite indéfinie AB dans le sens AB, soit toute la demi-droite opposée AB'_2 dans le sens AB'_2.

Si la droite parallèle à BC se meut successivement dans les deux sens, chaque triangle semblable au triangle ABC sera formé deux fois.

207. On appelle *cas de similitude* de deux triangles certains cas dans lesquels on peut affirmer que deux triangles sont semblables.

Il y a quatre cas de similitude; les trois premiers correspondent, comme nous le verrons, aux trois cas d'égalité de deux triangles.

Théorème.

(Premier cas de similitude des triangles.)

208. *Deux triangles qui ont deux angles égaux chacun à chacun sont semblables.*

Soient les triangles ABC et A'B'C', dans lesquels $A = A'$ et $B = B'$ (*fig.* 176). Les angles C et C' sont égaux, comme suppléments d'angles égaux (91). Je prends sur le côté AB, homologue de A'B', la longueur AD égale à A'B'; et, par le point D, je mène la parallèle DE au côté BC. Le triangle ADE ainsi formé est semblable au triangle ABC. Si je fais voir que le triangle A'B'C' est égal à ce triangle ADE, j'aurai démontré le théorème énoncé. Or les triangles A'B'C' et ADE sont égaux, comme ayant un côté égal adja-cent à deux angles égaux chacun à chacun (premier cas d'égalité), savoir : A'B' = AD par construc-tion, A' = A par hypothèse, et B' = D, parce que les angles B' et B sont égaux par hypothèse, et que les angles B et D sont égaux comme correspondants.

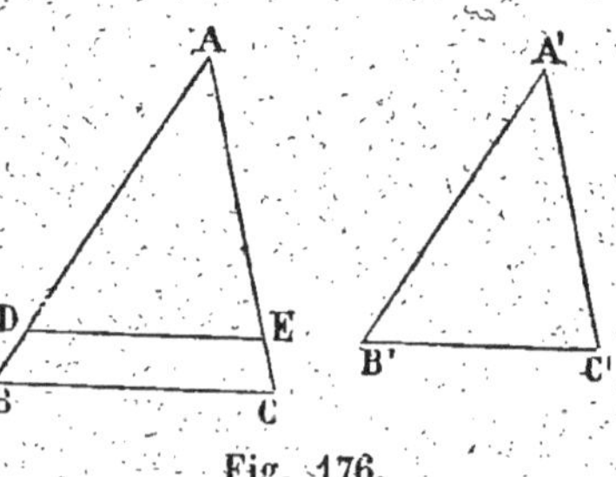

Fig. 176.

209. Corollaire. *Deux triangles rectangles qui ont un angle aigu égal sont semblables.*

Théorème.

(Deuxième cas de similitude des triangles.)

210. *Deux triangles qui ont un angle égal compris entre deux côtés proportionnels sont semblables.*

Soit dans les triangles ABC et A′B′C′ (*fig.* 177) :

$$A' = A, \quad \text{et} \quad \frac{A'B'}{AB} = \frac{A'C'}{AC}.$$

Je dis que ces triangles sont semblables. Pour le démontrer, je prends sur AB, homologue de A′B′, la longueur AD égale à A′B′, et par le point D je mène la parallèle DE à BC. Le triangle ADE ainsi formé est semblable au triangle ABC. Si je fais voir que le triangle A′B′C′ est égal au triangle ADE, j'aurai démontré le théorème énoncé.

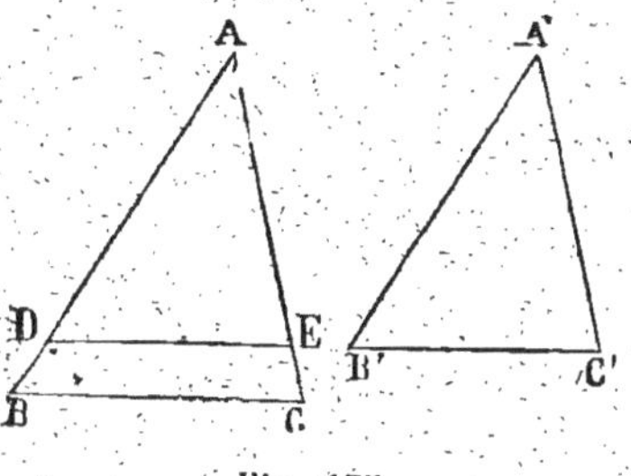

Fig. 177.

Or les triangles ADE et ABC étant semblables, on a :

$$\frac{AD}{AB} = \frac{AE}{AC};$$

on a aussi par hypothèse

$$\frac{A'B'}{AB} = \frac{A'C'}{AC};$$

et, comme d'ailleurs AD est égal à A′B′ par construction, il en résulte que AE est égal à A′C′. Les deux triangles ADE et A′B′C′ ayant un angle égal, A = A′, compris entre deux côtés égaux chacun à chacun, AD = A′B′ et AE = A′C′, sont deux triangles égaux. (Deuxième cas d'égalité.)

Théorème.

(Troisième cas de similitude des triangles.)

211. *Deux triangles qui ont leurs trois côtés proportionnels sont semblables.*

Soit dans les triangles ABC et A'B'C' (*fig.* 178) :

$$\frac{A'B'}{AB} = \frac{A'C'}{AC} = \frac{B'C'}{BC};$$

je dis que ces triangles sont semblables. Pour le démontrer, je
prends sur AB une longueur AD
égale à A'B', et je mène DE parallèle à BC. Le triangle ADE est
semblable au triangle ABC ; si je
fais voir que le triangle A'B'C' est
égal au triangle ADE, j'aurai démontré le théorème énoncé. Or
ces deux triangles sont égaux,
comme ayant les trois côtés égaux

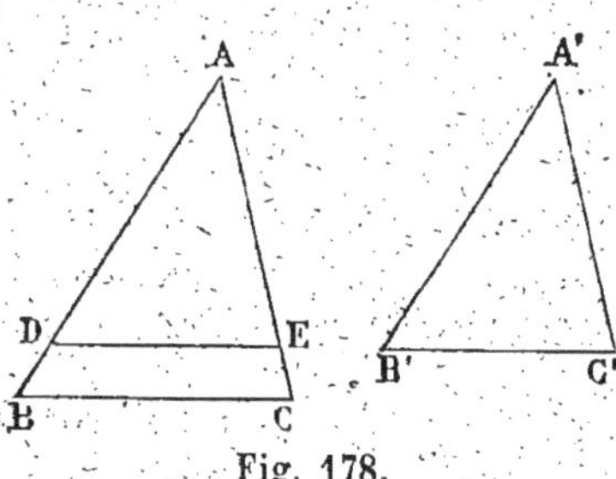

Fig. 178.

chacun à chacun ; on a en effet, par hypothèse :

$$\frac{A'B'}{AB} = \frac{A'C'}{AC} = \frac{B'C'}{BC};$$

à cause de la similitude des triangles ADE, ABC, on a aussi :

$$\frac{AD}{AB} = \frac{AE}{AC} = \frac{DE}{BC};$$

comme d'ailleurs A'B' = AD par construction, les seconds rapports sont égaux aux premiers, et comme les dénominateurs
sont respectivement les mêmes, les numérateurs correspondants
sont égaux, et on a :

$$A'B' = AD, \quad A'C' = AE, \quad \text{et} \quad B'C' = DE.$$

Les deux triangles ADE et A'B'C' sont donc égaux comme
ayant les trois côtés égaux chacun à chacun. (Troisième cas
d'égalité.)

Théorème.

(Quatrième cas de similitude des triangles.)

212. *Deux triangles, ABC, A'B'C', qui ont les côtés respectivement, ou parallèles, ou perpendiculaires, sont semblables.*

Supposons d'abord que les angles A et A′, B et B′, C et C′ aient leurs côtés respectivement parallèles (*fig.* 179). On sait que ces angles sont deux à deux égaux, ou supplémentaires (87).

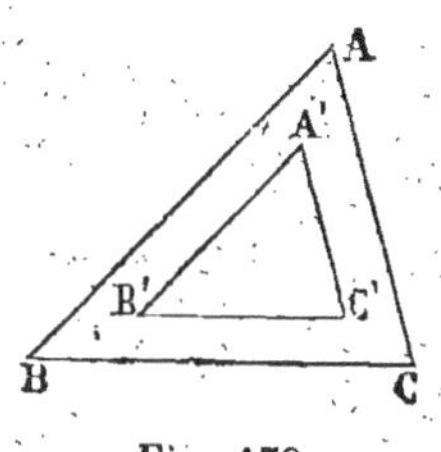

Fig. 179.

Or il est facile de reconnaître qu'ils sont nécessairement égaux deux à deux. D'abord ils ne peuvent être en même temps supplémentaires ni dans les trois groupes, ni dans deux de ces groupes; car, dans le premier cas, la somme des six angles de ces triangles ferait six angles droits, tandis que l'on sait qu'elle équivaut toujours à quatre angles droits; dans le second cas, la somme de quatre des six angles des triangles vaudrait quatre droits, et serait ainsi égale à la somme des six angles, ce qui est évidemment impossible. Donc les angles seront égaux au moins dans deux des trois groupes; mais alors, ils seront aussi nécessairement égaux dans le troisième groupe (91). Donc les triangles ont les angles égaux chacun à chacun, et par conséquent sont semblables. Les côtés parallèles sont homologues.

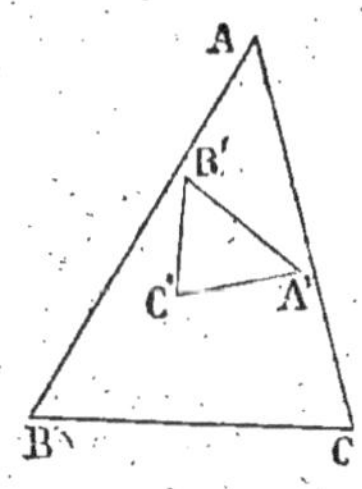

Fig. 180.

On démontre de même la similitude de deux triangles dont les côtés sont respectivement perpendiculaires. Dans ces triangles, deux côtés perpendiculaires sont homologues (*fig.* 180).

213. REMARQUE I. Les conditions comprises dans les trois premiers cas de similitude sont *nécessaires et suffisantes*; les conditions énoncées dans ce dernier théorème sont *suffisantes*, mais non *nécessaires*.

214. REMARQUE II. Des théorèmes précédents, il résulte que les six éléments d'un triangle ABC et les six éléments d'un triangle A′B′C′ satisferont aux *cinq* relations

$$A′ = A, \quad B′ = B, \quad C′ = C,$$

$$\frac{B′C′}{BC} = \frac{A′C′}{AC} = \frac{A′B′}{AB},$$

dès qu'ils satisfont à deux de ces relations formant un des

trois groupés compris dans les trois premiers cas de similitude, ou encore, dès que les côtés de l'un de ces triangles sont ou parallèles ou perpendiculaires aux côtés de l'autre.

Dans l'étude des figures, on se servira souvent de la similitude de deux triangles pour démontrer soit l'égalité de deux angles, soit l'égalité du rapport de deux portions de droites au rapport de deux autres portions de droites.

§ IV. — POLYGONES SEMBLABLES.

215. Sommets consécutifs, angles consécutifs. Avant de définir ce qu'on entend par deux polygones semblables, nous fixerons le sens de certaines expressions dont nous ferons usage.

On dit que deux sommets d'un polygone sont *consécutifs*, quand la portion de droite qui les joint est un côté du polygone; on dit aussi que deux *angles* d'un polygone sont *consécutifs* quand les sommets de ces angles sont deux *sommets consécutifs* du polygone.

Quand le nombre des côtés d'un polygone est égal à trois, c'est-à-dire quand le polygone est un triangle, deux sommets quelconques du polygone sont deux *sommets consécutifs*, deux angles quelconques du polygone sont deux *angles consécutifs*; mais il n'en est pas de même quand le nombre des côtés surpasse trois.

Pour abréger l'écriture, on désignera par une même lettre un sommet du polygone et l'angle du polygone qui a ce point pour sommet. Désignons par les lettres,

A, B, C, ... L,

les sommets d'un polygone, et supposons que deux sommets désignés par deux lettres placées à la suite l'une de l'autre, et aussi les deux sommets désignés par la dernière et par la première lettre, soient des sommets *consécutifs*.

L'ensemble des sommets, ainsi rangés, forme ce que nous appellerons une *suite de sommets consécutifs*. L'ensemble des angles du polygone désignés par les mêmes lettres, ainsi rangés, formera une *suite d'angles consécutifs*.

216. Polygones qui ont leurs angles égaux chacun à chacun. On dit que deux polygones, qui ont le même nombre de sommets, ont leurs *angles égaux chacun à chacun*, lorsque à une suite

$$(1) \qquad A, B, C, \ldots L,$$

d'*angles consécutifs* comprenant tous les angles de l'un des polygones, on peut faire correspondre une suite

$$(2) \qquad A', B', C', \ldots L',$$

d'*angles consécutifs*, comprenant tous les angles de l'autre polygone, et telle que deux angles, l'un du premier, l'autre du second polygone, occupant le même rang dans les deux suites, soient égaux quel que soit ce rang.

Lorsque deux triangles sont tels qu'à chaque angle de l'un correspond un angle égal de l'autre, ces deux triangles ont leurs angles égaux chacun à chacun. Il n'en est pas de même pour deux polygones d'un même nombre de côtés quand ce nombre surpasse trois; ces polygones peuvent être tels qu'à chaque angle de l'un corresponde un angle égal de l'autre sans que, pour cela, les polygones aient *leurs angles égaux chacun à chacun*.

217. Éléments homologues dans deux polygones qui ont leurs angles égaux chacun à chacun. Quand deux polygones ont leurs angles égaux chacun à chacun, on donne le nom d'*homologues* à deux sommets, à deux angles, qui occupent le même rang dans les deux suites; et on appelle aussi *homologues* deux côtés, l'un d'un polygone, l'autre de l'autre, dont les extrémités sont des sommets homologues des deux polygones.

Ainsi soient (1) et (2), deux suites d'angles consécutifs

$$(1) \qquad A, \quad B, \quad C, \ldots L,$$
$$(2) \qquad A', \quad B', \quad C', \ldots L',$$

comprenant, la première tous les angles du premier polygone, la seconde tous les angles du second, et telles que deux angles, qui occupent le même rang dans les deux suites, soient égaux quel que soit ce rang ; les sommets et les angles représentés par les lettres de la suite (1) sont respectivement *homologues* aux sommets et aux angles représentés par les lettres qui occupent le même rang dans la suite (2). Le sommet et l'angle A sont homologues au sommet et à l'angle A′, le sommet et l'angle B sont homologues au sommet et à l'angle B′, et ainsi de suite.

Les côtés

$$AB, \quad BC, \quad CD, \quad \ldots\ldots, \quad KL, \quad LA,$$

du premier polygone sont respectivement *homologues* aux côtés

$$A'B', \quad B'C', \quad C'D', \quad \ldots\ldots, \quad K'L', \quad L'A',$$

du second polygone : AB homologue à A′B′, BC homologue à B′C′, et ainsi de suite.

218. Définition de deux polygones semblables. On dit que deux polygones sont semblables quand *ils ont leurs angles égaux chacun à chacun et leurs côtés homologues proportionnels.*

Le rapport de deux côtés homologues est appelé le rapport de *similitude* des deux polygones.

Soient par exemple,

$$A, \ B, \ C, \ \ldots\ldots L,$$

une suite d'angles consécutifs comprenant tous les angles d'un polygone, et

$$A', \ B', \ C', \ \ldots\ldots L',$$

une suite d'angles consécutifs comprenant tous les angles d'un autre polygone. On dira que ces deux polygones sont semblables si l'on a pu former ces deux suites de telle façon que les angles et les côtés satisfassent aux conditions suivantes :

$$A = A', \quad B = B', \quad C = C', \quad \ldots\ldots, \quad L = L',$$

et

$$\frac{AB}{A'B'} = \frac{BC}{B'C'} = \frac{CD}{C'D'} = \ldots\ldots = \frac{LA}{L'A'}.$$

Le fait que deux polygones peuvent remplir les conditions

nécessaires pour être semblables n'est pas évident *a priori*. Le théorème 219 montre qu'il existe une infinité de polygones semblables à un polygone quelconque donné, et le problème 224 fait connaître un moyen de les former tous.

Théorème.

219. *Deux polygones composés d'un même nombre de triangles semblables chacun à chacun, et disposés de la même façon, sont semblables.*

Soient ABCDEF, A′B′C′D′E′F′, deux polygones formés le premier des triangles ABC, ACD, …, AEF, le second des triangles A′B′C′, A′C′D′ …, A′E′F′ respectivement semblables et disposés de la même façon (*fig.* 181). On voit d'abord que ces deux polygones ont les angles égaux chacun à chacun, soit directement, soit comme sommes d'angles égaux chacun à chacun. Ils ont aussi les côtés

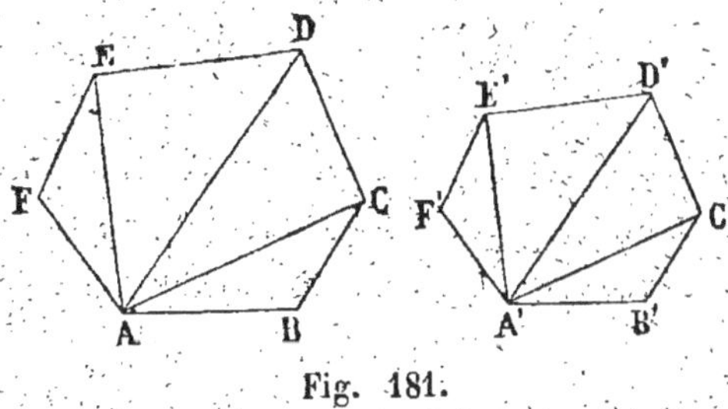

Fig. 181.

proportionnels; car, prenons d'abord le triangle ABC, dont les côtés AB et BC sont des côtés du polygone; ce triangle étant semblable au triangle A′B′C′, on a

$$\frac{AB}{A′B′} = \frac{BC}{B′C′},$$

et ces rapports sont égaux au rapport $\dfrac{AC}{A′C′}$; les triangles suivants ACD et A′C′D′ étant encore semblables, ce dernier rapport est aussi égal au rapport $\dfrac{CD}{C′D′}$, et on a

$$\frac{AB}{A′B′} = \frac{BC}{B′C′} = \frac{CD}{C′D′}.$$

En continuant ainsi de proche en proche, on voit que les côtés homologues des deux polygones sont proportionnels.

Il est bon de remarquer que le rapport de similitude des

deux polygones semblables est égal au rapport des diagonales qui unissent des sommets respectivement homologues.

Théorème.

220. RÉCIPROQUEMENT. *Deux polygones semblables peuvent être décomposés en un même nombre de triangles semblables chacun à chacun, et disposés de la même façon.*

Soient les deux polygones semblables, ABCDEF, A′B′C′D′E′F′ (*fig.* 182). Menons du sommet A les diagonales, AC, AD et AE aux autres sommets du premier polygone ; de même, du sommet A′ homologue de A, menons les diagonales aux autres sommets du second

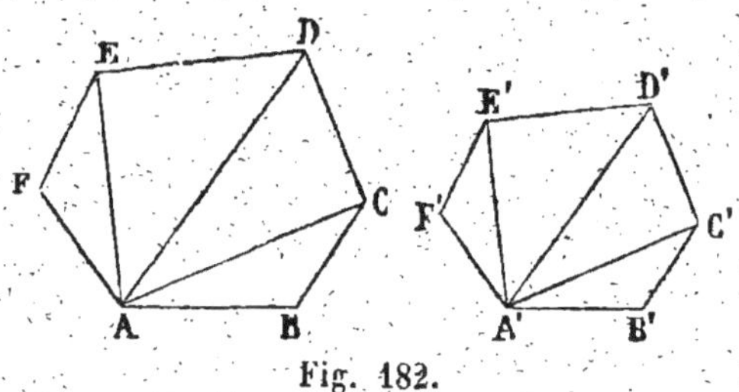

Fig. 182.

polygone. Je dis que ces deux polygones sont ainsi décomposés en triangles semblables chacun à chacun et disposés dans le même ordre. En effet, on voit d'abord que les triangles ABC, A′B′C′ sont semblables, comme ayant un angle égal compris entre deux côtés proportionnels, savoir :

$$B = B' \quad \text{et} \quad \frac{AB}{A'B'} = \frac{BC}{B'C'}.$$

On en conclut que l'angle BCA est égal à l'angle B′C′A′, et que le rapport $\frac{AC}{A'C'}$ est égal à $\frac{AB}{A'B'}$. Les triangles suivants ACD et A′C′D′ sont aussi semblables, comme ayant un angle égal compris entre deux côtés proportionnels ; car les angles ACD et A′C′D′ sont égaux comme excès des angles égaux BCD et B′C′D′ sur les angles égaux BCA et B′C′A′, et le rapport $\frac{CD}{C'D'}$, égal par hypothèse au rapport $\frac{AB}{A'B'}$, est, par suite, égal au rapport $\frac{AC}{A'C'}$. En continuant le même raisonnement de proche en proche, on voit que les polygones sont décomposés en triangles semblables chacun à chacun, et disposés dans le même ordre.

221. COROLLAIRE. *Le rapport de similitude de deux polygones semblables est égal au rapport des périmètres de ces polygones.*

En effet, on a, par hypothèse,

$$\frac{AB}{A'B'} = \frac{BC}{B'C'} = \frac{CD}{C'D'} = \ldots\ldots = \frac{FA}{F'A'},$$

et, d'après un théorème d'arithmétique, chacun de ces rapports est égal au rapport $\dfrac{AB + BC + CD + \ldots\ldots + FA}{A'B' + B'C' + C'D' + \ldots\ldots + F'A'}$, c'est-à-dire au rapport des périmètres des deux polygones.

222. REMARQUE. D'après les deux théorèmes précédents, pour que deux polygones soient semblables, *il faut et il suffit* qu'ils puissent être décomposés en un même nombre de triangles semblables chacun à chacun et disposés de la même façon. Si chaque polygone a n côtés, on peut décomposer chacun en $n-2$ triangles. La similitude de deux triangles correspondants exige deux conditions; le nombre total des conditions *nécessaires et suffisantes* pour entraîner la similitude de deux polygones de n côtés est donc $2(n-2)$.

Problème.

223. *Construire un polygone semblable à un polygone donné ABCDEF, et tel que le côté homologue au côté AB du polygone donné ait une longueur donnée l (fig. 183).*

Je joins le sommet A du polygone donné aux autres sommets de ce polygone (*fig.* 183); je prends une longueur A'B' égale à l, puis je construis le triangle A'B'C' semblable au triangle ABC, en faisant l'angle B'A'C' égal à l'angle BAC et l'angle A'B'C' égal à l'angle ABC. Je construis de même le triangle A'C'D' semblable au triangle ACD, et disposé par rapport à

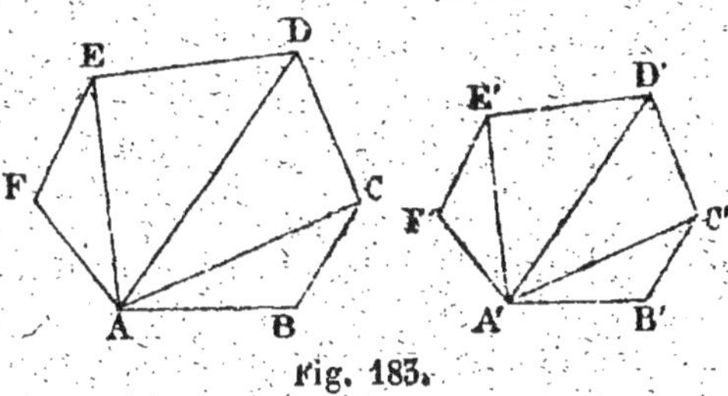

Fig. 183.

A'C'D' semblable au triangle ACD, et disposé par rapport à

A′B′C′ comme ACD est disposé par rapport à ABC. En continuant ainsi, je forme le polygone A′B′C′D′E′F′ composé de triangles respectivement semblables aux triangles qui composent le polygone donné et disposés de la même façon. Du théorème 219 il résulte que le polygone ainsi formé est semblable au polygone donné; du théorème 220 il résulte que ce polygone est le seul polygone semblable au polygone donné et tel que le côté homologue au côté AB ait une longueur égale à l. En faisant croître la longueur donnée l de zéro à l'infini, on obtiendra tous les polygones semblables au polygone donné.

224. On peut encore opérer comme il suit : on prend, dans le plan du polygone, un point quelconque O (*fig.* 184), et on joint ce point à tous les sommets du polygone; puis, dans l'angle AOB, on inscrit une droite A′B′ parallèle à AB et de longueur l. A cet effet, on prend sur AB la longueur AL égale à l, on mène par L une parallèle à OA, et, par le point B′ où cette droite rencontre OB, on mène, dans l'angle AOB, la droite B′A′ parallèle à BA. Cela fait, on mène dans l'angle BOC la droite B′C′ parallèle à BC, puis, dans l'angle COD, la droite C′D′ parallèle à CD, et ainsi de suite. La parallèle à EA menée dans l'angle EOA, par le point E′, passe par le point A′, et le polygone A′B′C′D′E′ ainsi formé est le polygone demandé.

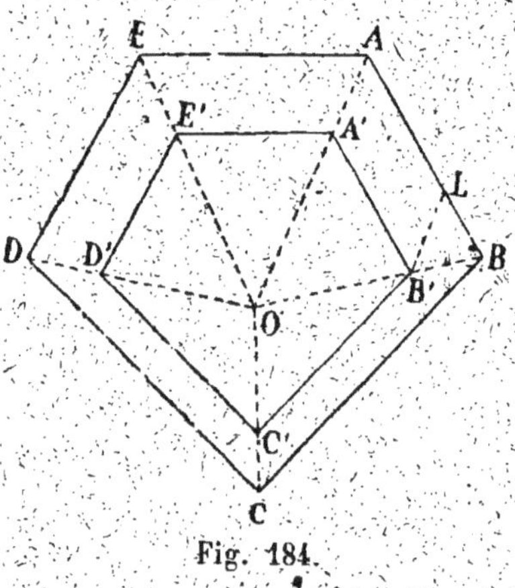

Fig. 184.

En effet, les deux polygones sont composés de triangles semblables chacun à chacun et disposés de la même façon. Le point O peut d'ailleurs être pris soit à l'intérieur (*fig.* 184), soit à l'extérieur du polygone donné (*fig.* 185).

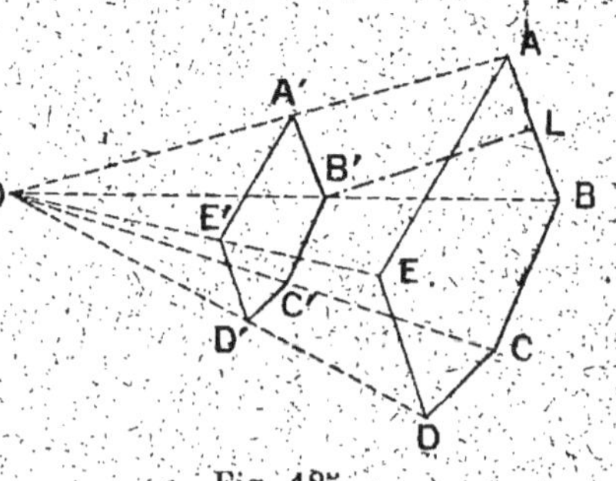

Fig. 185.

§ V. — PUISSANCE D'UN POINT PAR RAPPORT A UN CERCLE.

225. Une *relation métrique* entre certaines longueurs est une relation entre les nombres que l'on obtient en mesurant ces longueurs avec une même longueur prise pour unité. La longueur prise pour unité peut être choisie arbitrairement, la relation métrique subsiste quelle que soit cette unité.

Pour abréger le discours, dans l'énoncé d'une relation métrique entre des longueurs, on dit *longueur* d'une portion de droite au lieu de *nombre* qui mesure cette longueur, *carré d'une longueur* au lieu de *carré du nombre* qui mesure cette longueur, *produit de deux longueurs* au lieu de *produit des nombres* qui mesurent ces longueurs.

On dit qu'un nombre a est *moyen proportionnel* entre deux nombres b et c, lorsque le rapport de b à a est égal au rapport de a à c, c'est-à-dire lorsqu'on a

$$\frac{b}{a} = \frac{a}{c},$$

ou

$$a^2 = bc.$$

On peut donc dire qu'un nombre a est *moyen proportionnel* entre deux autres b et c quand le carré de a est égal au produit des nombres b et c.

Théorème.

226. *Si par un point pris dans le plan d'un cercle on mène des sécantes, le produit des distances de ce point aux deux points d'intersection de chaque sécante avec la circonférence est constant, quelle que soit la direction de la sécante.*

Considérons d'abord le cas où le point donné M est dans l'intérieur du cercle (*fig.* 186) ; si nous menons par ce point deux sécantes quelconques AMB et A'MB', nous aurons toujours

$$MA \times MB = MA' \times MB'.$$

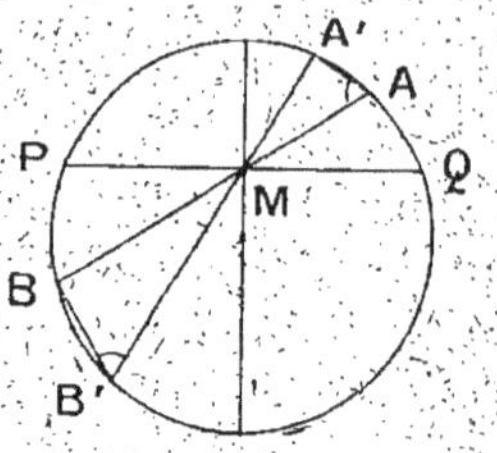

En effet, menons les cordes AA' et BB' ; les triangles AMA' et BMB' sont semblables, car ils ont deux angles égaux chacun à chacun, savoir : les angles en M égaux

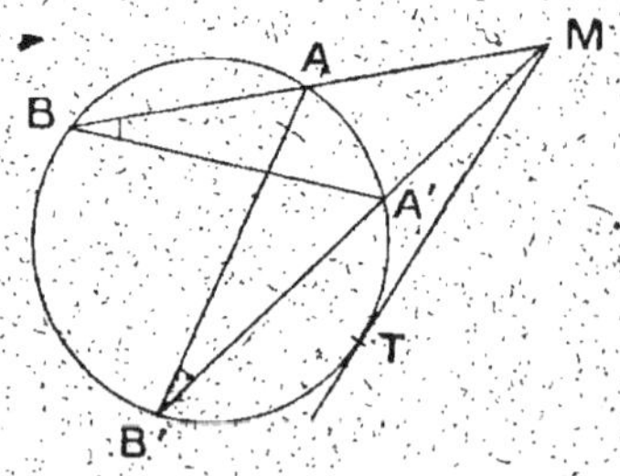

Fig. 186.

comme opposés par le sommet, et les angles MAA' et MB'B égaux comme étant inscrits dans le même segment A'AB'B ; dans ces triangles semblables les côtés homologues sont proportionnels, et on a

$$\frac{MA}{MB'} = \frac{MA'}{MB}$$

ou

$$MA \times MB = MA' \times MB'.$$

Si donc nous faisons tourner la sécante A'B' autour du point M, les longueurs MA' et MB' varient, mais leur produit reste constant. En particulier, si la sécante se place sur la droite PQ perpendiculaire au diamètre passant par le point M, les deux longueurs MP et MQ sont égales (124), et le produit constant est égal à $\overline{MP}^2$.

Considérons le cas où le point M est en dehors du cercle (*fig.* 187) ; menons par le point M deux sécantes quelconques MAB et MA'B', nous aurons encore

$$MA \times MB = MA' \times MB'.$$

En effet, menons les cordes AB' et BA'. Les triangles AMB' et MA'B sont semblables parce qu'ils ont deux angles égaux chacun à chacun, savoir : l'angle M commun, et les angles MB'A et MBA'

Fig. 187.

égaux comme étant inscrits dans le même segment ABB'A' ; ces triangles semblables ont leurs côtés homologues proportionnels, et on a

$$\frac{MA}{MA'} = \frac{MB'}{MB},$$

d'où

$$MA \times MB = MA' \times MB'.$$

Si nous faisons tourner la sécante A'B' autour du point M, les distances MA' et MB' varient, mais leur produit reste constant. En particulier, si la sécante devient la tangente MT, les deux distances deviennent égales à MT, et le produit constant est égal à $\overline{MT}^2$; donc :

227. Corollaire. *Si d'un point extérieur à un cercle on mène une tangente et une sécante, la tangente est moyenne proportionnelle entre la sécante entière et sa partie extérieure.*

228. Remarque! Si l'on prend au hasard quatre points, A, B, C, D, sur une circonférence, les droites AB et CD se rencontrent généralement ; si leur point de concours M est entre A et B, il est aussi entre C et D (*fig.* 188) ; s'il est sur le prolongement de AB, il est aussi sur le prolongement de CD (*fig.* 188 *bis*) ; dans les deux cas le produit MA × MB est égal au produit MC × MD.

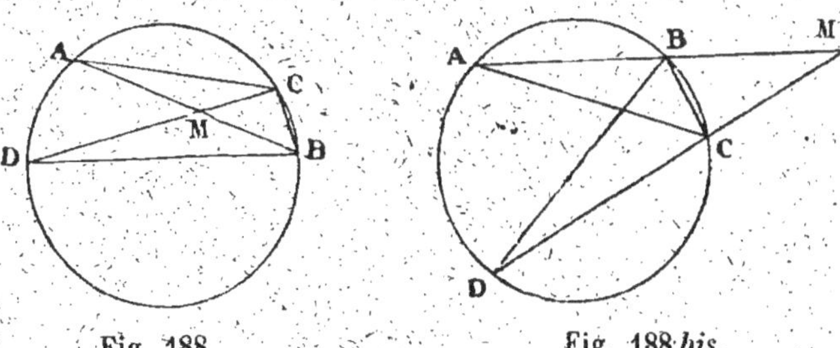

Fig. 188.   Fig. 188 *bis*.

229. Réciproquement. *Soient dans un plan quatre points, A, B, C, D, tels que le point de rencontre M des droites AB et CD soit à la fois entre A et B et entre C et D, ou sur le prolonge-*

ment de AB *et sur le prolongement de* CD *(fig.* 188 *et* 188 *bis)*; *si l'on a*

$$MA \times MB = MC \times MD,$$

les quatre points, A, B, C, D, *sont sur une même circonfé-rence.*

En effet l'égalité $MA \times MB = MC \times MD$ peut être écrite

$$\frac{MA}{MD} = \frac{MC}{MB}$$

et les triangles AMC et DMB sont semblables comme ayant un angle égal, AMC = DMB, compris entre deux côtés proportionnels; dans ces triangles semblables, les angles BAC et BDC, opposés aux côtés homologues MC et MB, sont égaux. D'ailleurs les sommets A et D sont situés d'un même côté par rapport à la droite BC; si donc on décrit sur BC l'arc capable de l'angle BAC, arc qui contient le point A, cet arc contient le point D, et par conséquent les quatre points donnés sont sur une même cir-conférence.

230. **Puissance d'un point par rapport à un cercle.** On appelle *puissance* d'un point M par rapport à un cercle O le produit constant des nombres qui mesurent les distances MA, MB, du point M aux points de rencontre A et B d'une sécante quelconque menée par M avec la circonférence du cercle, ce produit étant précédé du signe $+$ quand les deux portions de droite MA, MB, sont de même sens, et du signe $-$ quand elles sont de sens contraires.

Les portions de droite MA, MB, sont de même sens pour une sécante menée par M quand le point M est extérieur au cercle; elles sont de sens contraires quand le point M est intérieur au cercle. Donc, la puissance d'un point M par rapport à un cercle O est *négative* quand le point M est *intérieur* au cercle, et *positive* quand le point M est *extérieur* au cercle; elle est nulle quand le point M est sur la circonférence du cercle.

Soit d la distance OM du centre du cercle au point M, et soit r le rayon du cercle; la puissance du point M par rapport au cercle est, en grandeur et en signe, $d^2 - r^2$. En effet, menons le diamètre passant par le point M et soient D l'extrémité de ce diamètre situé sur le prolongement de MO, E l'autre extrémité.

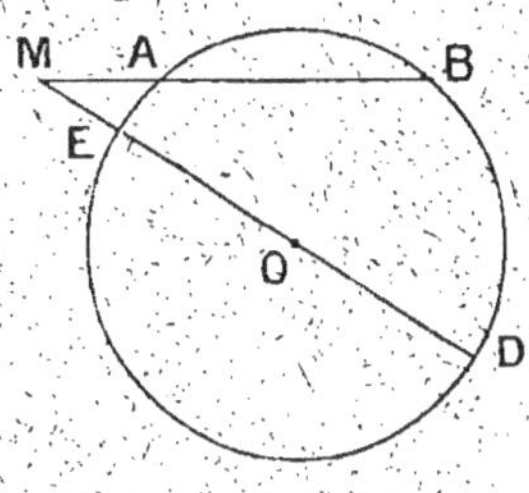

Fig. 189.

Si le point M est extérieur au cercle O (*fig.* 189), sa puissance par rapport à ce cercle est

$$MD \times ME.$$

Or

$$MD = MO + OD = d + r,$$
$$ME = MO - OE = d - r,$$

donc

$$MD \times ME = (d + r)(d - r) = d^2 - r^2.$$

Si le point M est intérieur au cercle O (*fig.* 189 *bis*), sa puissance par rapport à ce cercle est

$$- (MD \times ME).$$

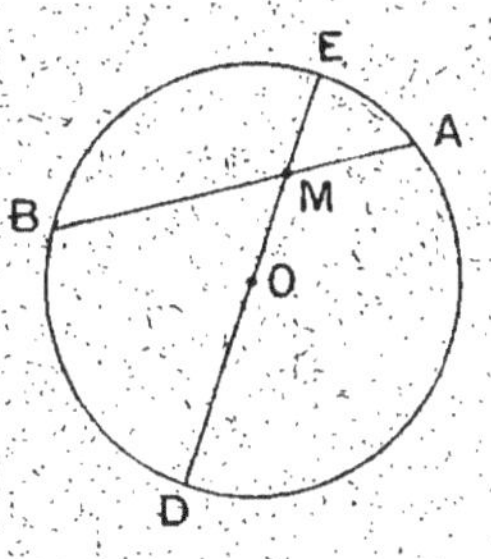

Fig. 189 *bis*.

Or, dans ce cas,

$$MD = DO + OM = r + d$$
$$ME = OE - OM = r - d,$$

donc

$$MD \times ME = (r + d)(r - d) = r^2 - d^2,$$

et

$$- (MD \times ME) = d^2 - r^2.$$

On voit par là que tous les points situés sur la circonférence d'un cercle de rayon d, concentrique au cercle O, ont la même puissance, $d^2 - r^2$. Cette puissance augmente si d augmente, et diminue si d diminue; donc *le lieu des points qui, par rapport au cercle O, ont une même puissance donnée, est la circonférence d'un cercle concentrique au cercle O.* Cette puissance donnée peut prendre toutes les valeurs de $-r^2$ à $+\infty$.

§ VI. — RELATIONS MÉTRIQUES ENTRE LES ÉLÉMENTS D'UN TRIANGLE.

231. Définition. On appelle *projection* d'un point sur une droite le pied de la perpendiculaire abaissée de ce point sur la droite. On appelle *projection* d'une portion de droite AB sur une droite indéfinie RS la portion A'B' de la droite RS comprise

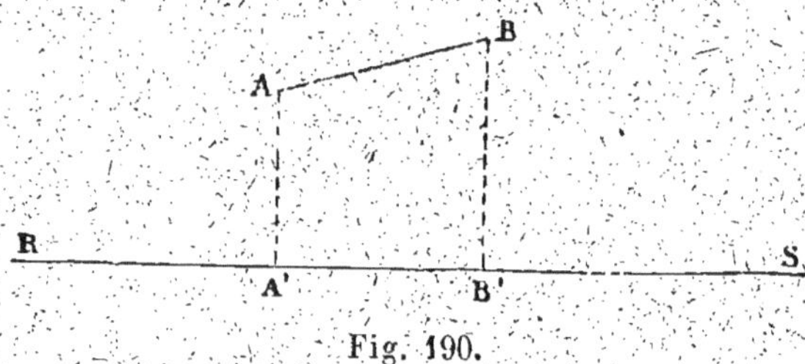

Fig. 190.

entre les projections A' et B' des points A et B sur la droite RS (*fig.* 190).

Théorème.

232. *Si du sommet de l'angle droit d'un triangle rectangle on abaisse une perpendiculaire sur l'hypoténuse :* 1° *chaque côté de l'angle droit est moyen proportionnel entre l'hypoténuse entière et sa projection sur l'hypoténuse;* 2° *la perpendiculaire abaissée du sommet de l'angle droit sur l'hypoténuse est moyenne proportionnelle entre les deux segments de l'hypoténuse.*

Soit un triangle rectangle ABC (*fig.* 191); je remarque d'abord que la perpendiculaire AD, abaissée du sommet A de l'angle droit sur l'hypoténuse, détermine deux triangles rectangles ADB et ADC semblables au triangle ABC; car chacun de ces triangles a

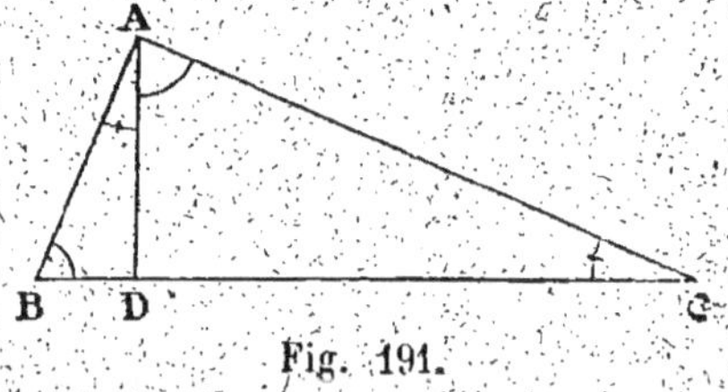

Fig. 191.

avec le triangle rectangle ABC un angle aigu commun.

1° Les triangles ABC et ABD ont les côtés homologues proportionnels; pour reconnaître les côtés homologues, je remarque

que, l'angle aigu B étant commun aux deux triangles, le second angle aigu C du triangle ABC est égal au second angle aigu BAD du triangle ABD. L'hypoténuse BC du triangle ABC est homologue à l'hypoténuse AB du triangle ABD; le côté AB du triangle ABC, opposé à l'angle C, est homologue au côté BD du triangle ABD, opposé à l'angle BAD. Donc on a

$$\frac{BC}{AB} = \frac{AB}{BD},$$

et le côté de l'angle droit AB est moyen proportionnel entre l'hypoténuse entière BC et la projection BD de ce côté sur l'hypoténuse.

On aurait de même, en comparant les triangles semblables ABC et ACD :

$$\frac{BC}{AC} = \frac{AC}{CD},$$

c'est-à-dire que le côté AC est moyen proportionnel entre BC et CD.

2° Les triangles ABD et ACD, tous deux semblables au triangle ABC, sont semblables; leurs côtés homologues sont proportionnels. On en déduit, en opérant comme précédemment pour reconnaître les côtés homologues :

$$\frac{BD}{AD} = \frac{AD}{CD}.$$

Donc la perpendiculaire AD est moyenne proportionnelle entre les deux segments de l'hypoténuse.

On voit donc que, si l'on mesure les longueurs, AB, AC, BC, etc. avec une même unité de longueur, et si on désigne par AB, AC, BC, etc., les nombres ainsi obtenus, on aura entre ces nombres les relations :

$$(1) \quad \frac{BC}{AB} = \frac{AB}{BD} \qquad \text{ou} \qquad \overline{AB}^2 = BC \times BD$$

$$(2) \quad \frac{BC}{AC} = \frac{AC}{CD} \qquad \text{ou} \qquad \overline{AC}^2 = BC \times CD$$

$$(3) \quad \frac{BD}{AD} = \frac{AD}{CD} \qquad \text{ou} \qquad \overline{AD}^2 = BD \times CD.$$

233. Corollaire. *Le rapport des carrés des deux côtés de l'angle droit d'un triangle rectangle est égal au rapport des projections de ces côtés sur l'hypoténuse.*

En effet, en divisant membre à membre les égalités (1) et (2), on a

$$\frac{\overline{AB}^2}{\overline{AC}^2} = \frac{BD}{CD}.$$

Théorème.

234. *Dans un triangle rectangle, le carré de l'hypoténuse est égal à la somme des carrés des deux côtés de l'angle droit.*

Soit le triangle rectangle ABC (*fig.* 192); menons la perpendiculaire AD du sommet A de l'angle droit sur l'hypoténuse; nous aurons (232) :

$$\overline{AB}^2 = BC \times BD$$
$$\overline{AC}^2 = BC \times CD,$$

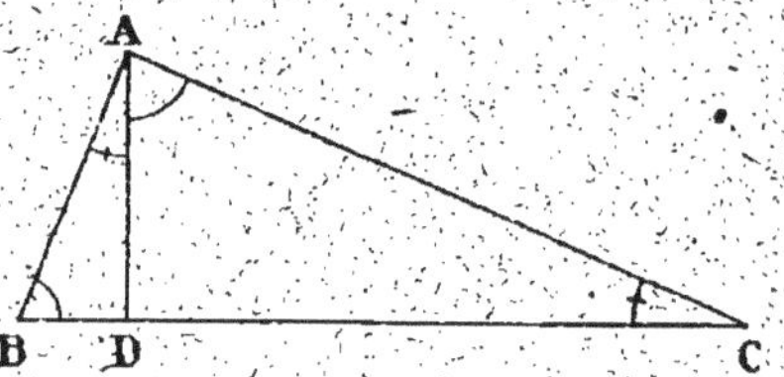

et, en additionnant membre à membre,

$$\overline{AB}^2 + \overline{AC}^2 = BC\,(BD + CD) = \overline{BC}^2.$$

Fig. 192.

235. Corollaire I. *Le carré d'un côté de l'angle droit d'un triangle rectangle est égal au carré de l'hypoténuse moins le carré de l'autre côté de l'angle droit.*

En effet, de la relation

$$\overline{BC}^2 = \overline{AB}^2 + \overline{AC}^2,$$

on déduit :

$$\overline{AB}^2 = \overline{BC}^2 - \overline{AC}^2 \qquad \text{et} \qquad \overline{AC}^2 = \overline{BC}^2 - \overline{AB}^2.$$

256. Corollaire II. *Le rapport de la diagonale d'un carré au côté de ce carré est le nombre incommensurable* $\sqrt{2}$.

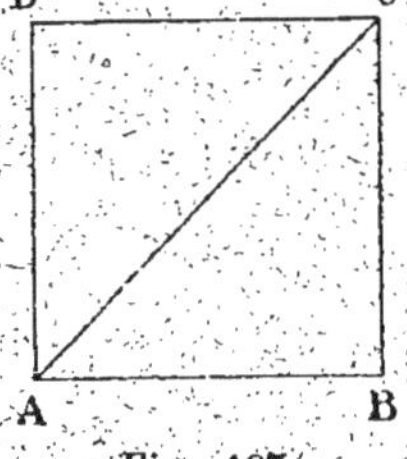

Fig. 193.

Soit, en effet, le carré ABCD (*fig.* 193). Le triangle ABC étant rectangle en B, on a :

$$\overline{AC}^2 = \overline{AB}^2 + \overline{BC}^2 = 2\,\overline{AB}^2$$

d'où

$$\frac{AC}{AB} = \sqrt{2}.$$

237. Remarque. Désignons par a l'hypoténuse d'un triangle rectangle, par b et par c les côtés de l'angle droit, par b' et par c' les projections de ces côtés sur l'hypoténuse, et par h la perpendiculaire abaissée du sommet de l'angle droit sur l'hypoténuse; d'après les deux théorèmes précédents, ces six grandeurs sont liées entre elles par les quatre relations

$$b^2 = ab', \qquad c^2 = ac', \qquad h^2 = b'c', \qquad a^2 = b^2 + c^2,$$

qui permettent de calculer quatre de ces six grandeurs quand on connaît les deux autres.

Applications numériques. I. *On donne, dans un triangle rectangle, les deux côtés de l'angle droit,* $b = 4^m$, $c = 3^m$; *calculer l'hypoténuse* a, *les projections* b' *et* c' *des côtés de l'angle droit sur l'hypoténuse, et la hauteur* h (*fig.* 194).

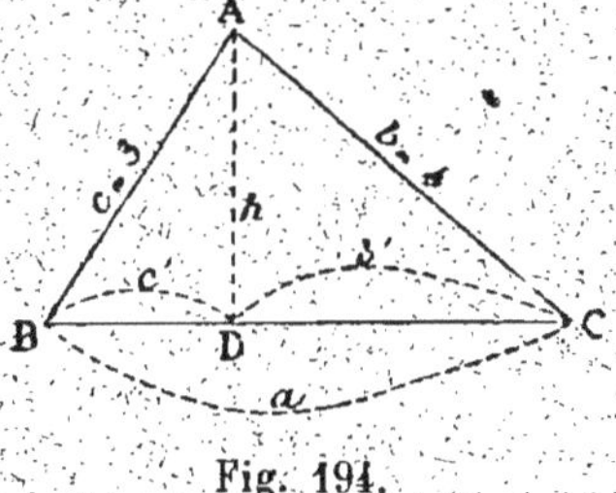

Fig. 194.

On a

$$a^2 = b^2 + c^2 = 16 + 9 = 25,$$

d'où

$$a = 5.$$

On a encore

$$b^2 = ab', \qquad c^2 = ac',$$

d'où

$$b' = \frac{b^2}{a} = \frac{16}{5} = 3,2$$

$$c' = \frac{c^2}{a} = \frac{9}{5} = 1,8,$$

enfin,

$$h^2 = b'c' = 3,2 \times 1,8 = 5,76,$$

d'où

$$h = \sqrt{5,76} = 2,4.$$

L'unité de longueur étant ici le mètre, on a :

$$a = 5^m, \quad b' = 3^m,2, \quad c' = 1^m,8, \quad \text{et} \quad h = 2^m,4.$$

Comme vérification, on a :

$$b' + c' = 3^m,2 + 1^m,8 = 5^m = a.$$

II. *On donne dans un triangle rectangle l'hypoténuse*
$a = 7^m$, *un côté de l'angle droit* $b = 4^m$; *calculer l'autre côté*
c *de l'angle droit, les projections* b' *et* c' *des côtés de l'angle*
droit sur l'hypoténuse et la hauteur h.

On a :

$$c^2 = a^2 - b^2 = 49 - 16 = 33,$$

d'où

$$c = \sqrt{33} = 5,744$$

à 1/2 millième près.

Ayant b et c, le problème est ramené au problème précédent.
On aura :

$$b' = \frac{b^2}{a} = \frac{16}{7} = 2,286$$

$$c' = \frac{c^2}{a} = \frac{33}{7} = 4,714$$

à un 1/2 millième près.

Enfin on a, pour déterminer h,

$$h^2 = b'c' = 2,286 \times 4,714 = 10,776204;$$

d'où

$$h = \sqrt{10,776204} = 3,282.$$

Le mètre étant l'unité, on a donc, à 1 millimètre près,

$$c = 5^m,744, \quad b' = 2^m,286, \quad c' = 4^m,714, \quad h = 3^m,282.$$

Comme vérification, on a :

$$b' + c' = 2^m,286 + 4^m,714 = 7^m = a.$$

III. *On donne, dans un triangle rectangle, les projections des côtés de l'angle droit sur l'hypoténuse, $b' = 4^m$, $c' = 5^m$, calculer les autres éléments du triangle.*

L'hypoténuse a est la somme des projections des deux côtés

$$a = b' + c' = 9^m.$$

Des relations

$$b^2 = ab', \qquad c^2 = ac',$$

on déduit

$$b^2 = 9 \times 4 = 36, \qquad c^2 = 9 \times 5 = 45,$$

d'où

$$b = \sqrt{36} = 6^m, \quad c = \sqrt{45} = 6^m,708.$$

Enfin on a

$$h^2 = b'c' = 4 \times 5 = 20,$$

d'où

$$h = \sqrt{20} = 4,472.$$

Théorème.

238. *Dans un triangle, le carré d'un côté opposé à un angle aigu est égal à la somme des carrés des deux autres côtés, moins deux fois le produit de l'un de ces côtés par la projection de l'autre sur lui.*

Si, dans le triangle ABC, l'angle A est aigu (*fig.* 195), je dis que le carré du côté BC, opposé à l'angle aigu A, est égal à la somme des carrés des deux autres côtés AB et AC, moins deux fois le produit de l'un de ces deux côtés, AB par exemple, par la projection AD de l'autre sur lui.

En effet, dans le triangle rectangle BDC, on a

$$\overline{BC}^2 = \overline{BD}^2 + \overline{DC}^2;$$

or

$$BD = AB - AD$$

ou

$$BD = AD - AB,$$

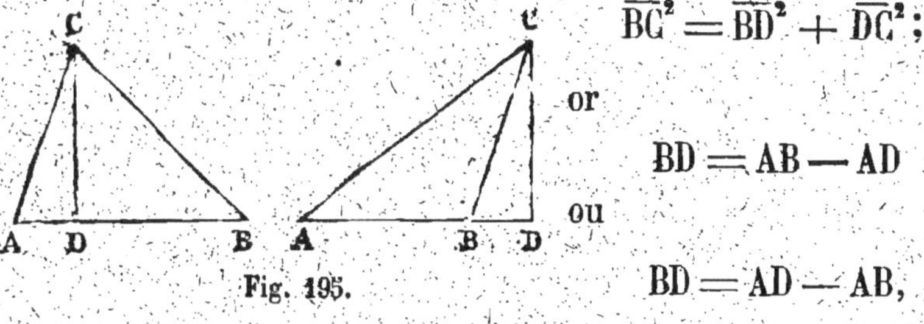

Fig. 195.

suivant que l'angle B du triangle est aigu ou obtus ; dans tous les cas on aura :

$$\overline{BD}^2 = \overline{AB}^2 - 2AB \times AD + \overline{AD}^2 ;$$

donc

$$\overline{BC}^2 = \overline{AB}^2 - 2AB \times AD + \overline{AD}^2 + \overline{DC}^2 ,$$

et, comme $\overline{AD}^2 + \overline{DC}^2$ est égal à $\overline{AC}^2$, on a enfin

$$\overline{BC}^2 = \overline{AB}^2 + \overline{AC}^2 - 2AB \times AD.$$

Théorème.

239. *Dans un triangle, le carré d'un côté opposé à un angle obtus est égal à la somme des carrés des deux autres côtés, plus deux fois le produit de l'un de ces côtés par la projection de l'autre sur lui.*

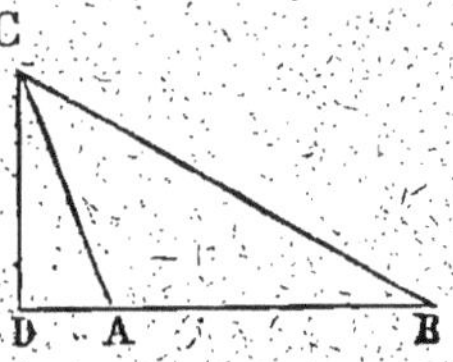

Soit ABC un triangle dans lequel l'angle A est supposé obtus ; je dis que, dans ce triangle (*fig.* 196), le carré du côté BC, opposé à l'angle obtus A, est égal à la somme des carrés des deux autres côtés AB et AC, plus deux fois le produit de l'un de ces deux côtés, AB par exemple, par la projection AD de l'autre côté AC sur AB.

Fig. 196.

En effet, dans le triangle rectangle BDC, on a :

$$\overline{BC}^2 = \overline{BD}^2 + \overline{DC}^2 ;$$

or,

$$BD = AB + AD$$

et

$$\overline{BD}^2 = \overline{AB}^2 + 2AB \times AD + \overline{AD}^2 ;$$

donc

$$\overline{BC}^2 = \overline{AB}^2 + 2AB \times AD + \overline{AD}^2 + \overline{DC}^2 ,$$

et, comme $\overline{AD}^2 + \overline{DC}^2$ est égal à $\overline{AC}^2$, on a enfin

$$\overline{BC}^2 = \overline{AB}^2 + \overline{AC}^2 + 2AB \times AD.$$

240. REMARQUE. Les théorèmes des n°s 234, 238, 239, donnent des propriétés spéciales pour les côtés opposés à un angle,

soit droit, soit aigu, soit obtus, d'un triangle. Il en résulte que les réciproques sont vraies; donc selon que le carré d'un côté d'un triangle est supérieur, ou inférieur, ou égal à la somme des carrés des deux autres, l'angle opposé est obtus, ou aigu, ou droit.

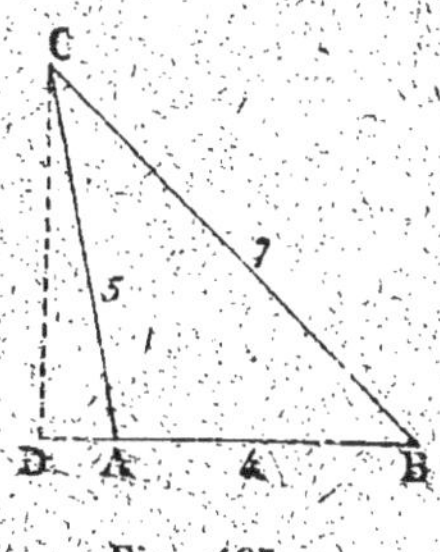

Fig. 197.

APPLICATION. Les théorèmes qui précèdent permettent, connaissant les trois côtés d'un triangle, de calculer les projections de deux de ces côtés sur le troisième, et la hauteur qui correspond à ce troisième côté.

Soient par exemple, $AB = 4^m$, $AC = 5^m$, $BC = 7^m$, les trois côtés d'un triangle ABC; proposons-nous de calculer les projections BD et AD des côtés BC et AC sur AB, et la hauteur CD qui correspond au côté AB (*fig.* 197).

On remarque d'abord que le plus grand des trois côtés, le côté $BC = 7^m$, étant tel que son carré 49 surpasse la somme des carrés des deux autres, $16 + 25$, ou 41, l'angle A opposé au côté BC est obtus. Les deux autres angles du triangle sont aigus.

On a donc

$$\overline{AC}^2 = \overline{BC}^2 + \overline{AB}^2 - 2AB \times BD$$

$$\overline{BC}^2 = \overline{AC}^2 + \overline{AB}^2 + 2AB \times AD,$$

d'où

$$BD = \frac{\overline{BC}^2 + \overline{AB}^2 - \overline{AC}^2}{2AB} = \frac{49 + 16 - 25}{8} = 5^m.$$

$$AD = \frac{\overline{BC}^2 - \overline{AC}^2 - \overline{AB}^2}{2AB} = \frac{49 - 16 - 25}{8} = 1^m.$$

Pour calculer la hauteur CD, on a, dans le triangle rectangle ADC,

$$\overline{CD}^2 = \overline{AC}^2 - \overline{AD}^2 = 25 - 1 = 24,$$

d'où

$$CD = \sqrt{24} = 4^m,898$$

à 1 millimètre près.

On aurait pu calculer aussi CD en considérant CD comme côté du triangle rectangle CDB; on aurait

$$\overline{CD}^2 = \overline{CB}^2 - \overline{BD}^2 = 49 - 25 = 24.$$

§ VII. — PROBLÈMES SUR LES LIGNES PROPORTIONNELLES.

Problème.

241. *Partager une longueur donnée en parties proportionnelles à des longueurs données.*

Soit à partager une longueur AB (*fig.* 198) en quatre parties proportionnelles aux longueurs, a, b, c et d. On mène par le point A une droite quelconque AK, sur laquelle on prend à la suite les unes des autres avec un compas les longueurs AC $= a$, CD $= b$, DE $= c$, et EF $= d$; on joint les points B et F, et on mène les droites, CM, DN, EP, parallèles à BF. La

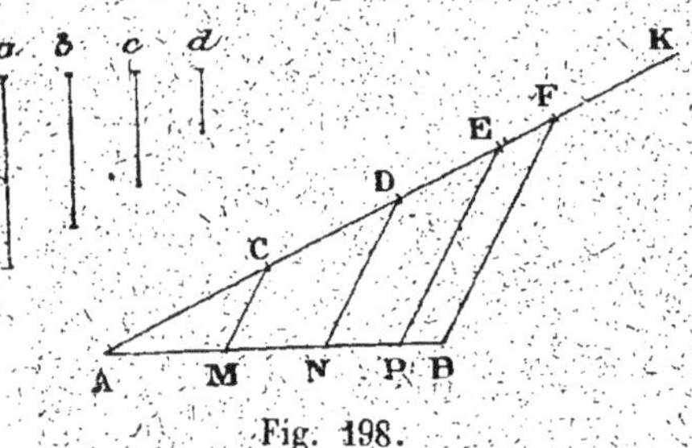

Fig. 198.

droite AB est ainsi partagée par les points, M, N, P, en parties proportionnelles aux longueurs données, a, b, c, d.

En effet, dans le triangle ADN, la droite CM étant parallèle au côté DN, on a

$$\frac{AM}{AC} = \frac{MN}{CD} = \frac{AN}{AD};$$

de même, dans le triangle APE, les droites ND et BF étant parallèles au côté PE, on a

$$\frac{AN}{AD} = \frac{NP}{DE} = \frac{PB}{EF},$$

d'où

$$\frac{AM}{a} = \frac{MN}{b} = \frac{NP}{c} = \frac{PB}{d}.$$

On voit, en particulier, que, si les longueurs données, a, b, c, d, étaient égales, la longueur AB serait partagée par les points, M, N, P, en quatre parties égales, d'où un procédé très simple pour partager une longueur donnée en un nombre quelconque de parties égales.

Problème.

242. *Construire une quatrième proportionnelle à trois longueurs données, a, b, c.*

On dit qu'une longueur x est quatrième proportionnelle aux trois longueurs, a, b, c, lorsque x est le quatrième terme d'une proportion dont a, b, c, sont les trois premiers termes, c'est-à-dire lorsqu'on a

$$\frac{a}{b} = \frac{c}{x}.$$

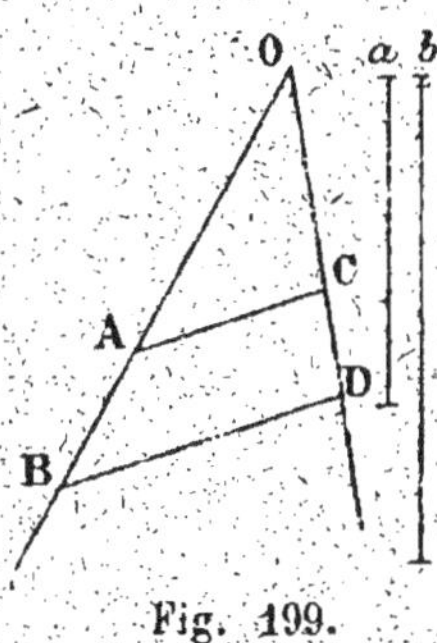

Fig. 199.

Par un point O je mène deux droites quelconques (*fig.* 199); je prends sur l'une $OA = a$ et $OB = b$, sur l'autre $OC = c$, et je joins les points A et C. Je mène BD parallèle à AC; OD est la longueur demandée.

On a, en effet,

$$\frac{OA}{OB} = \frac{OC}{OD}, \quad \text{ou} \quad \frac{a}{b} = \frac{c}{OD}.$$

Problème.

243. *Construire une moyenne proportionnelle entre deux longueurs données a et b.*

1re SOLUTION. Sur une droite indéfinie je prends $AB = a$, et à la suite $BC = b$ (*fig.* 200); sur AC comme diamètre je décris une demi-circonférence; j'élève au point B la perpendiculaire BD à AC. Soit D le point où cette droite rencontre la demi-circonférence; la longueur BD est la longueur demandée.

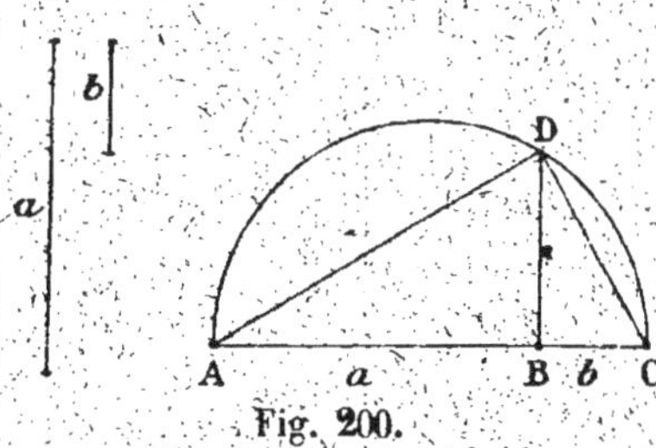

Fig. 200.

En effet, si l'on joint le point D au point A et au point C, on forme un triangle rectangle ADC dans lequel la perpendiculaire DB, abaissée du sommet de l'angle droit sur l'hypoténuse, est moyenne proportionnelle entre les deux segments de l'hypoténuse (232).

2ᵉ Solution. Soit $AB = a$ la plus grande des deux longueurs données (*fig.* 201); je prends sur AB, de A vers B, une longueur AC égale à b, et sur AB comme diamètre je décris une demi-circonférence; j'élève au point C la perpendiculaire CD à AB. Soit D le point où cette ligne rencontre la demi-circonférence; la longueur AD est la longueur demandée.

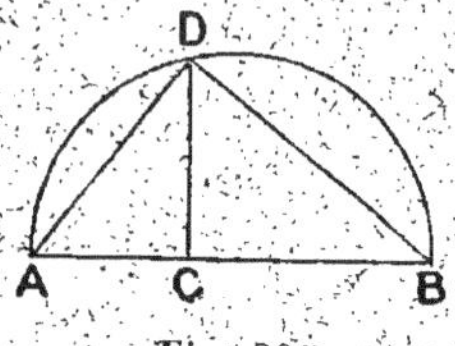

Fig. 201.

En effet, dans le triangle rectangle ADB, le côté AD est moyen proportionnel entre l'hypoténuse entière et la projection du côté AD sur l'hypoténuse (232).

3ᵉ Solution. Soit encore $AB = a$ la plus grande des deux longueurs données; je prends sur la droite BA, de B vers A, la longueur BC égale à b (*fig.* 202); par les points A et C je fais passer une circonférence quelconque, et je mène du point B la tangente BD à cette circonférence; la longueur BD est la longueur demandée.

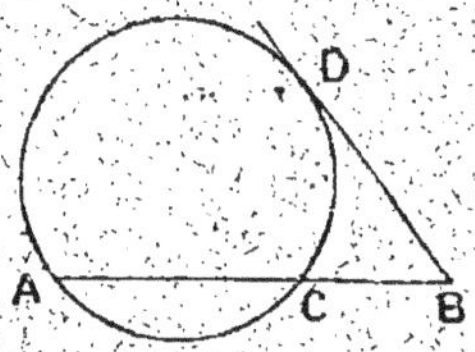

On sait en effet que, si d'un point on mène une tangente et une sécante à une circonférence, la tangente est moyenne proportionnelle entre la sécante entière et sa partie extérieure (227).

Fig. 202.

§ VIII. — POLYGONES RÉGULIERS; LEUR INSCRIPTION DANS UN CERCLE.

244. Définitions. On appelle *polygone régulier* un polygone qui a tous ses angles égaux et tous ses côtés égaux. Le triangle équilatéral est un polygone régulier de trois côtés; le carré est un polygone régulier de quatre côtés.

On dit d'un polygone qu'il est *inscrit* dans un cercle quand tous ses sommets sont situés sur la circonférence du cercle, qu'il est *circonscrit* à un cercle quand tous ses côtés sont tangents à la circonférence de ce cercle. Réciproquement, on dit d'un cercle qu'il est *inscrit* dans un polygone quand sa circonférence est tangente à tous les côtés du polygone, et qu'il est *circonscrit* à un polygone quand sa circonférence passe par tous les sommets du polygone.

Il n'est pas évident, *a priori*, qu'il existe des polygones réguliers ; le théorème suivant prouve leur existence.

Théorème.

245. *Si une circonférence est partagée en un certain nombre de parties égales par les points, A, B, C,... (fig. 203), les cordes qui unissent les points de division consécutifs forment un polygone régulier inscrit, et les tangentes à la circonférence aux points de division forment un polygone régulier circonscrit.*

Le polygone inscrit ABCD.... est régulier ; car les côtés de ce polygone sont égaux parce qu'ils sous-tendent des arcs égaux, et les angles sont égaux parce qu'ils sont inscrits dans des arcs égaux.

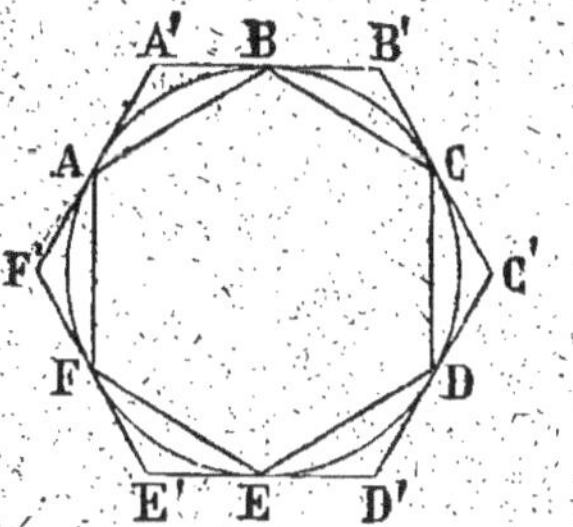

Le polygone circonscrit A'B'C'D'... est aussi régulier ; en effet, la corde AB fait avec les tangentes AA' et BA' des angles BAA' et ABA' qui sont égaux, parce qu'ils ont tous deux même mesure que la moitié de l'arc AB ; de même la corde BC fait avec les tangentes BB' et CB' des angles égaux entre eux, et égaux aux précédents ; et ainsi de suite. Il en résulte que les triangles A'AB, B'BC, C'CD,... sont des triangles isocèles, qui ont des bases égales et les angles à la base égaux entre eux ; par conséquent, ces triangles sont égaux. On en conclut l'égalité des angles, A', B', C',... du polygone, et l'égalité des segments, AA', A'B, BB', B'C, CC',... et, par suite, l'égalité des côtés du polygone, puisque chacun d'eux comprend deux de ces segments.

Le polygone A'B'C'..., ayant ses angles égaux et ses côtés égaux, est un polygone régulier.

Comme on peut toujours concevoir une circonférence partagée

Fig. 205.

en un nombre quelconque n de parties égales, ce théorème prouve qu'il y a des polygones réguliers convexes d'un nombre quelconque de côtés.

Théorème.

246. *On peut toujours mener un cercle circonscrit à un polygone régulier et un cercle inscrit dans le même polygone.*

Je remarque d'abord que si, par trois sommets consécutifs, A, B, C, d'un polygone régulier ABCDEFGH (*fig.* 204), on fait passer une circonférence, cette circonférence passe nécessairement par le sommet suivant D. En effet, soit O le centre de la circonférence qui passe par les sommets, A, B, C, et soit I le milieu du côté BC; la droite OI est perpendiculaire sur BC, et si je fais tourner autour de OI la partie IBA de la figure, pour la rabattre sur la partie ICD, la droite IB coïncide avec IC, l'angle IBA coïncide avec l'angle égal ICD, et, comme BA est égal à CD, le point A se confond avec le point D; d'ailleurs, le point O étant resté fixe, la droite OA coïncide avec OD, et est égale

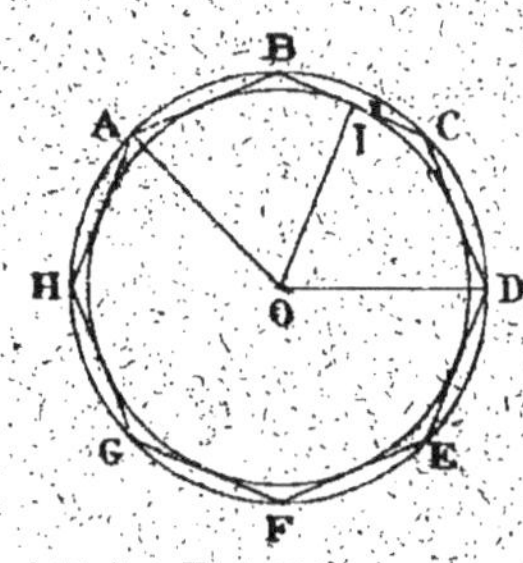

Fig. 204.

à OD. Donc la circonférence, qui passe par trois sommets consécutifs A, B, C du polygone, passe par le sommet suivant. Ainsi, si je trace la circonférence passant par les trois sommets A, B, C, cette circonférence passe par le sommet D; passant par les trois sommets consécutifs B, C, D, cette circonférence passe encore par le sommet suivant E, et ainsi de suite; donc elle passe par tous les sommets du polygone.

Les côtés du polygone ABCDEFGH sont des cordes égales du cercle OA, et par suite sont tous également éloignés du centre; donc si du point O comme centre, avec OI pour rayon, je décris un cercle, tous les côtés du polygone sont tangents à ce cercle, et le polygone est circonscrit au cercle OI.

247. Le centre commun O du cercle inscrit et du cercle circonscrit à un polygone régulier est aussi appelé *centre* du poly-

gone; le rayon du cercle circonscrit est appelé *rayon* du polygone, et le rayon du cercle inscrit est appelé *apothème* du polygone.

On appelle *angle au centre* d'un polygone régulier l'angle AOB formé par deux droites allant du centre à deux sommets consécutifs du polygone. Dans un polygone régulier convexe de n côtés, si l'on joint le centre à tous les sommets du polygone, on forme n triangles isocèles égaux dont la somme des angles au sommet O vaut 360°; l'angle au sommet de chaque triangle, c'est-à-dire l'angle au centre du polygone, est donc égal à $\dfrac{360^{\circ}}{n}$.

Quant aux angles mêmes du polygone, leur somme valant autant de fois 180° que le polygone a de côtés moins deux, c'est-à-dire $180^{\circ} \times (n - 2)$, chacun de ces angles vaut $180^{\circ} \times \dfrac{n - 2}{n}$, ou $180^{\circ} - \dfrac{360^{\circ}}{n}$; l'angle au centre est le supplément de l'angle du polygone.

Théorème.

248. *Deux polygones réguliers convexes d'un même nombre de côtés sont semblables, et les périmètres de ces polygones sont proportionnels aux rayons des cercles circonscrits et aux rayons des cercles inscrits.*

Soient, ABCD..., A'B'C'D'... (*fig.* 205), deux polygones réguliers convexes de n côtés. Chacun des angles d'un polygone régulier convexe de n côtés valant $180^{\circ} \times \dfrac{n - 2}{n}$, les deux polygones ont tous leurs angles égaux; d'ailleurs les rapports, $\dfrac{AB}{A'B'}$, $\dfrac{BC}{B'C'}$, $\dfrac{CD}{C'D'}$,.... sont identiques; donc ces polygones sont semblables.

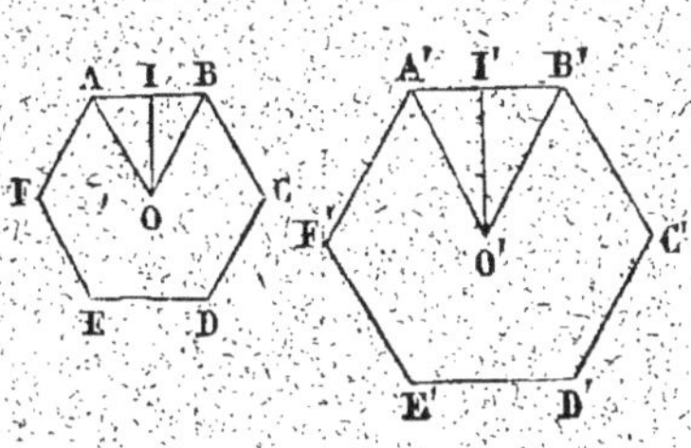

Fig. 205.

Soient O et O' les centres des deux polygones, les triangles AOB et A'O'B', qui ont un angle égal compris entre deux côtés proportionnels, sont semblables, et le rapport de AB à A'B' est égal au rapport de OA à O'A'. Or le rapport des périmètres des deux polygones est égal au rapport de deux côtés homologues AB, A'B'; il est donc aussi égal au rapport des rayons OA et O'A' des cercles circonscrits.

Si nous menons OI perpendiculaire à AB, et O'I' perpendiculaire à A'B', les triangles rectangles OAI, O'A'I', qui ont un angle aigu égal, sont semblables, et le rapport de OA à O'A' est égal au rapport de OI à O'I'; donc le rapport des périmètres des deux polygones est aussi égal au rapport des rayons des cercles inscrits.

Problème.

249. *Inscrire un carré dans un cercle.*

On prend deux diamètres rectangulaires AC et BD (*fig.* 206), et on joint leurs extrémités; le quadrilatère ABCD, ainsi formé, est un carré, car les sommets partagent la circonférence en quatre parties égales.

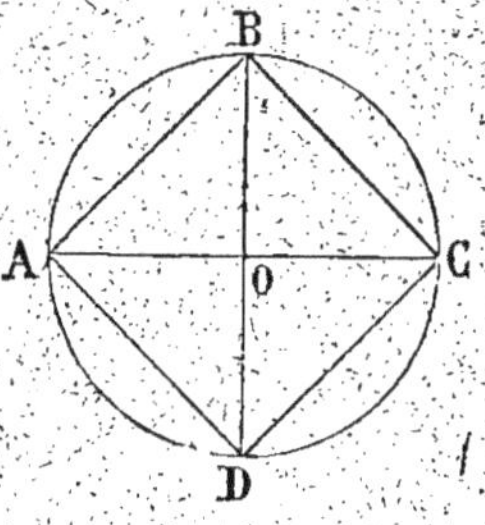

Fig. 206.

250. Corollaire I. Soit R le rayon du cercle; dans le triangle rectangle AOB, on a :

$$\overline{AB}^2 = \overline{OA}^2 + \overline{OB}^2 = 2R^2;$$

donc le côté AB du carré inscrit est égal à $R\sqrt{2}$.

251. Corollaire II. Ayant inscrit un carré, pour inscrire un octogone régulier, il suffit de partager en deux parties égales l'arc sous-tendu par chaque côté du carré. On passe de même de l'octogone régulier au polygone régulier de 16 côtés, de celui-ci au polygone régulier de 32 côtés, et ainsi de suite. De sorte que, sachant inscrire un carré, on sait inscrire des polygones réguliers de 8, de 16, de 32, et en général d'un nombre de côtés égal à 2^n.

Problème.

252. *Inscrire dans un cercle un hexagone régulier.*

Supposons le problème résolu, et soit AB (*fig.* 207) le côté

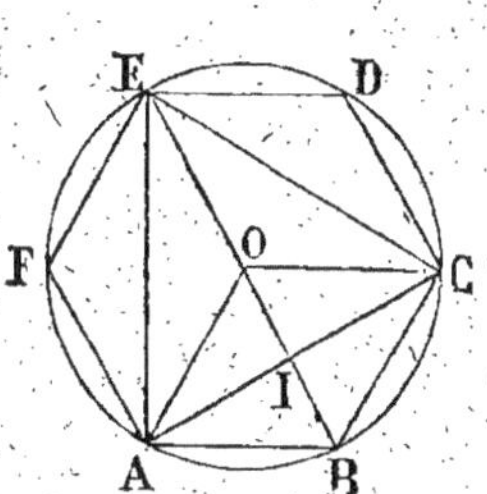

Fig. 207.

d'un hexagone régulier inscrit dans le cercle OA. L'angle AOB étant le sixième de 360°, est égal à 60°; chacun des angles égaux OAB et OBA est la moitié du supplément de 60°, c'est-à-dire la moitié de 120°, ou 60°; donc le triangle AOB est équiangle et par suite équilatéral, et le côté de l'hexagone régulier inscrit dans un cercle est égal au rayon du cercle.

Il suffit donc, pour inscrire dans un cercle un hexagone régulier, de prendre six cordes consécutives égales au rayon.

253. Corollaire I. En joignant de deux en deux les sommets de l'hexagone régulier, on obtient le triangle équilatéral inscrit ACE. Mais, le quadrilatère ABCO, dont les quatre côtés sont égaux, étant un losange, les diagonales, AC, OB, se coupent en parties égales, et à angle droit. De là résulte un autre moyen pour inscrire un triangle équilatéral dans un cercle : on prend un rayon OB, et on mène une corde AC perpendiculaire au milieu du rayon OB. Les points A et C sont deux sommets d'un triangle équilatéral inscrit dans le cercle; le troisième sommet est le point E diamétralement opposé au point B.

254. Si on appelle R le rayon du cercle donné, on a, dans le triangle rectangle AOI,

$$\overline{AI}^2 = \overline{OA}^2 - \overline{OI}^2 = R^2 - \frac{R^2}{4} = \frac{3R^2}{4}$$

d'où

$$AI = \frac{R\sqrt{3}}{2}, \quad \text{et} \quad AC = R\sqrt{3}.$$

255. Corollaire II. Sachant inscrire l'hexagone régulier, on sait inscrire des polygones réguliers de 12, de 24, de 48 côtés, et en général d'un nombre de côtés égal à 3×2^n.

EXERCICES SUR LE LIVRE III.

Théorèmes à démontrer.

1. Dans un triangle, la somme des carrés de deux côtés est égale à deux fois le carré de la moitié du troisième côté, plus deux fois le carré de la médiane qui correspond à ce troisième côté.

2. Dans un quadrilatère, la somme des carrés des quatre côtés est égale à la somme des carrés des diagonales, plus quatre fois le carré de la distance des milieux de ces diagonales.

3. La somme des carrés des quatre côtés d'un parallélogramme est égale à la somme des carrés des diagonales. — Réciproque.

4. Dans un triangle, la différence des carrés de deux côtés est égale à deux fois le produit du troisième côté par la projection sur ce côté de la médiane qui lui correspond.

5. Le produit de deux côtés d'un triangle est égal au produit du diamètre du cercle circonscrit au triangle par la hauteur qui correspond au troisième côté.

6. Si par un point quelconque on mène à un cercle deux sécantes rectangulaires, la somme des carrés des segments de ces sécantes compris entre le point donné et les points de rencontre des sécantes avec le cercle est constante.

7. Soient AR et BS les tangentes aux extrémités A et B d'un diamètre d'un cercle, P et Q les points où une tangente quelconque à ce même cercle rencontre les droites AR et BS; démontrer que le produit $AP \times BQ$ est constant.

8. Soit O le milieu d'une portion de droite AB, et soient C et D deux points de la droite indéfinie AB tels que l'on ait

$$\frac{CA}{CB} = \frac{DA}{DB},$$

démontrer que

$$\overline{OA}^2 = OC \times OD;$$

si O′ est le milieu de CD, on a de même

$$\overline{O'C}^2 = O'A \times O'B.$$

9. Le produit de deux côtés d'un triangle est égal au carré de la bissectrice de l'angle compris entre ces côtés augmenté du produit des deux segments que cette bissectrice détermine sur le troisième côté.

10. On donne deux droites parallèles, RS, R′S′; on joint un point O à divers points A, B, C, D..., de la droite RS; les droites OA, OB,

OC, OD...., rencontrent la droite R'S' en des points A', B', C', D'...; démontrer que l'on a

$$\frac{AB}{A'B'} = \frac{BC}{B'C'} = \frac{CD}{C'D'} \cdots$$

11. Réciproquement, soient, sur une droite RS, des points $A, B, C, D...$, et sur une droite R'S', parallèle à RS, des points A', B', C', D'..., disposés tous dans le même ordre que les points pris sur RS, ou tous dans l'ordre inverse, et tels que l'on ait

$$\frac{AB}{A'B'} = \frac{BC}{B'C'} = \frac{CD}{C'D'}, \text{ etc.},$$

les droites AA', BB', CC', DD', etc., concourent en un même point.

12. Étant donnés deux polygones semblables, on peut toujours les placer dans un plan de façon que les côtés homologues soient parallèles; quand cette condition est remplie, les droites qui joignent deux à deux les sommets homologues des deux polygones concourent en un même point.

13. Soient O et O' les centres de deux cercles, OA et O'A' deux rayons parallèles et de même sens, OA et $O'A'_1$ deux rayons parallèles et de sens opposés; démontrer que les droites AA' et AA'_1 rencontrent la droite OO' en des points D et D_1 dont la position est la même, quelle que soit la direction du rayon OA.

Si les cercles ont des tangentes communes extérieures, ces tangentes passent par le point D; s'ils ont des tangentes communes intérieures, ces tangentes passent par le point D_1.

Si un cercle O'' est tangent aux cercles O et O', la droite, qui passe par les points de contact du cercle O'' avec le cercle O et avec le cercle O', passe aussi par le point D ou par le point D_1. — Distinguer les deux cas l'un de l'autre.

14. Soient donnés deux points A et B et un cercle O; par les points A et B on fait passer un cercle de rayon arbitraire coupant le cercle O aux points P et Q; démontrer que la position du point de rencontre de la droite PQ et de la droite AB est indépendante de la grandeur du rayon du cercle mené par les points A et B.

15. On donne deux triangles ABC, A'B'C', tels que les angles B et B' sont égaux et les angles C et C' supplémentaires; démontrer que $\frac{AB}{A'B'} = \frac{AC}{A'C'}$; formuler une réciproque. (Fontenay-aux-Roses, 1902.)

Problèmes à résoudre.

16. Mener un cercle passant par deux points donnés et tangent à une droite donnée.

17. Mener un cercle passant par deux points donnés et tangent à un cercle donné.

18. Mener un cercle tangent à deux droites données et à un cercle donné.

19. Trouver sur une droite donnée un point équidistant d'un point donné et d'une droite donnée.

20. Trouver sur une droite donnée un point tel que la somme ou la différence de ses distances à deux points donnés soit égale à une longueur donnée.

21. Construire un triangle, connaissant deux angles et la somme ou la différence de deux côtés.

22. Construire un triangle isocèle, connaissant l'angle au sommet et la somme de la base et de la hauteur.

23. Construire un triangle isocèle, connaissant le rayon du cercle circonscrit et la somme de la base et de la hauteur.

24. Construire un trapèze, connaissant les longueurs des deux côtés non parallèles et des deux diagonales.

25. Soient deux droites, OR, OS, un point A sur OR, un point B sur OS; on mène une parallèle à AB qui rencontre OR en A′ et OS en B′; on demande le lieu décrit par le point de concours des droites AB′, BA′, quand la droite A′B′ se déplace parallèlement à AB.

26. Soient, A, B, C, trois points en ligne droite; on demande le lieu des points de contact des tangentes menées par le point A aux cercles passant par les points B et C.

27. Lieu des points dont le rapport des distances à deux droites fixes est égal à un rapport donné.

28. Lieu des points tels que la somme des carrés des distances de chacun d'eux à deux points fixes soit constante, et égale au carré d'une longueur donnée.

29. Lieu des points tels que la différence des carrés des distances de chacun d'eux à deux points fixes soit constante et égale au carré d'une longueur donnée.

30. Lieu des points d'où deux cercles donnés sont vus sous des angles égaux.

31. Tracer un cercle tel que les tangentes issues de trois points donnés aient des longueurs données.

32. Lieu d'un point P tel que la droite MN, qui passe par les pieds M et N des perpendiculaires abaissées de ce point sur les côtés d'un angle donné AOB, soit parallèle à une direction donnée.

33. Lieu des points de contact des tangentes menées parallèlement à une direction donnée à tous les cercles qui sont tangents à une droite donnée, en un même point de cette droite.

34. Lieu des points de contact des tangentes menées parallèlement à une direction donnée à tous les cercles tangents à deux droites données.

35. Soient deux circonférences tangentes au point A; on mène dans l'une une corde AB, et dans l'autre une corde AC perpendiculaire à AB; on mène la droite BC, et on abaisse du point A une perpendiculaire AM sur BC; lieu du point M quand on fait tourner la corde AB autour du point A.

36. On donne une droite MN et un point A en dehors de cette droite; sur la droite MN on prend un point quelconque B, on mène la droite AB, et sur cette droite on prend un point C tel que le produit AB × AC soit égal au carré d'une longueur donnée; trouver le lieu décrit par le point C quand le point B décrit la droite MN.

37. On donne un point A sur la circonférence d'un cercle; on prend sur cette circonférence un point quelconque B, on mène la droite AB, et on prend sur cette droite un point C tel que AB × AC soit égal au carré d'une longueur donnée; trouver le lieu décrit par le point C quand le point B parcourt la circonférence du cercle donné.

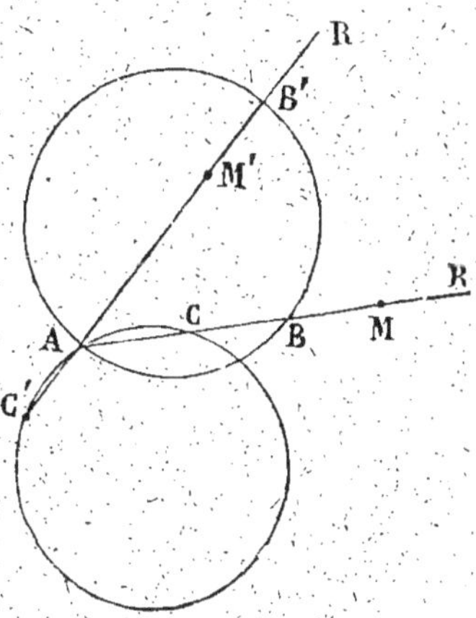

Fig. 208.

38. Un triangle rectangle, de forme invariable, se meut dans un plan de façon que les extrémités de l'hypoténuse glissent sur deux droites rectangulaires : lieu du troisième sommet du triangle.

39. On donne deux cercles qui se coupent au point A (*fig.* 208); par ce point on mène une sécante AR qui rencontre les deux cercles aux points B et C; si les deux segments AB et AC de la sécante sont dans le même sens, on prend sur la droite AR, dans le sens AB, une longueur AM égale à la somme des deux segments AB et AC; si les segments AB' et AC' sont de sens contraires, on prend sur la sécante AR, dans le sens du plus grand segment, une longueur AM' égale à la différence des segments AB' et AC'; trouver le lieu décrit par le point M ou par le point M' quand la sécante AR tourne autour du point A. — Même problème lorsqu'on donne un nombre quelconque de cercles se coupant au point A.

40. Soit un triangle isocèle ABC; lieu d'un point situé dans l'angle A opposé à la base BC du triangle, et tel que sa distance à la base BC

soit moyenne proportionnelle entre ses distances aux deux autres côtés
du triangle.

41. On donne deux droites AA′ et BB′ perpendiculaires à la droite
AB, et sur AB, entre les points A et B, un point fixe P (*fig.* 209). On
prend sur AA′ un point quelconque C, et sur BB′ un
point D tel que le produit $AC \times BD$ soit égal au
produit $PA \times PB$: lieu de la projection du point P
sur la droite CD quand le point C parcourt la droite
AA′. — Le lieu est indépendant de la position du
point P sur AB.

42. On donne deux droites parallèles MN et PQ,
et sur la première un point A (*fig.* 210). Par le
point A on mène une sécante quelconque AB qui
rencontre la droite PQ au point B; on mène la perpendiculaire BC à
la sécante AB, et au point C, où elle rencontre la droite MN, on fait
un angle ACD double de l'angle
BAC; enfin on mène la perpendiculaire AI sur CD; lieu du point I.
(Concours général.)

43. Par le point de contact A de
deux circonférences données, on
mène, dans ces circonférences, deux
cordes AB et AD qui soient dans un
rapport donné, et des centres O et C
on abaisse des perpendiculaires sur
ces cordes : lieu du point de rencontre M de ces deux perpendiculaires. (Concours général.)

44. On donne une circonférence O et un point fixe A; on construit
un rectangle ABDC qui a un sommet au point A, et deux sommets B
et C sur la circonférence O : on de-
mande le lieu du sommet D.

45. Soit ABCDEF un hexagone régulier (*fig.* 211); par le centre O de cet
hexagone on mène une droite quelconque
qui rencontre la diagonale AC en P et la
diagonale AE en Q; on mène les droites
BP et FQ : on demande le lieu décrit par
le point de rencontre M de ces droites
BP et FQ quand la droite PQ tourne autour du point O.

46. On donne deux cercles O et O′ et on mène deux cercles O″ et
O‴ tangents entre eux, et tangents à la fois aux deux cercles donnés.
On demande le lieu du point de contact des cercles O″ et O‴.

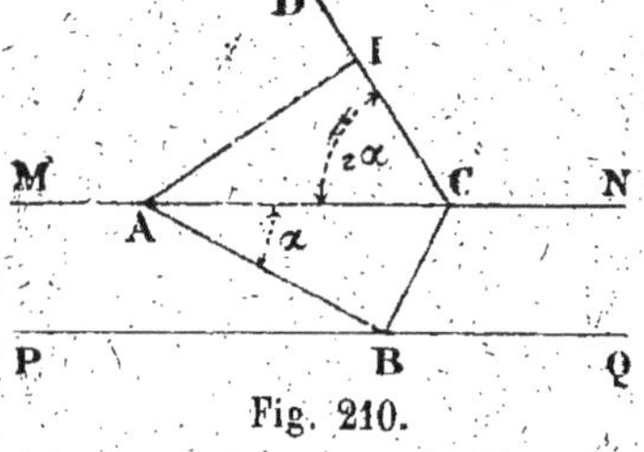

Fig. 209.

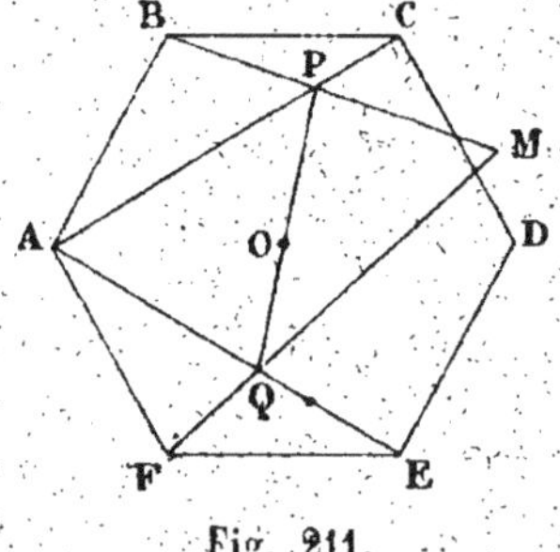

Fig. 210.

Fig. 211.

47. Soit ABC un triangle isocèle; par le sommet A du triangle on mène une droite quelconque AK, et sur cette droite on détermine le point M tel que la somme des distances BM et CM soit la plus petite possible. On demande la ligne décrite par le point M quand la droite AK tourne autour du point A.

48. Soit ABC (*fig.* 212) un triangle isocèle rectangle en A; on mène une droite DE perpendiculaire à l'hypoténuse BC, et l'on joint les sommets B et C aux points E et D où cette droite rencontre les côtés de l'angle droit. Les droites BE et CD ainsi construites se coupent au point M. On demande la ligne décrite par le point M quand la droite DE se déplace en restant perpendiculaire à BC.

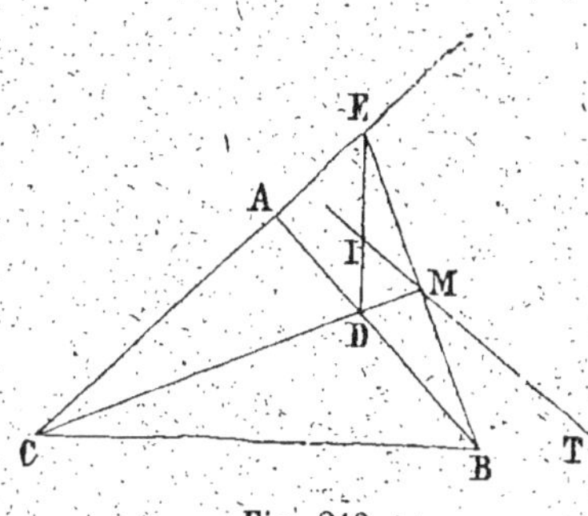

Fig. 212.

On mène la tangente MT au point M à la ligne décrite par le point M; cette tangente rencontre la droite DE en un point I. On demande le lieu du point I quand la droite DE se déplace.

49. On donne deux rectangles, et on demande le lieu des points tels que la somme des carrés des distances de chacun de ces points aux sommets du premier rectangle soit égale à la somme des carrés des distances du même point aux sommets du second.

50. Soit I le point de concours des hauteurs d'un triangle ABC; on prend les points, A′, B′, C′, respectivement symétriques du point I par rapport aux droites, BC, CA, AB.

1° Démontrer que les deux triangles, ABC, A′B′C′, sont inscrits dans un même cercle;

2° Évaluer les angles du triangle A′B′C′ en supposant connus les angles du triangle ABC;

3° On désigne par M et N les points où la droite AB rencontre les droites B′C′ et C′A′, par P et Q les points où la droite BC rencontre les droites C′A′ et A′B′, enfin par R et S les points où la droite CA rencontre les droites A′B′ et B′C′ : démontrer que les trois droites, MQ, NR, PS, passent par un même point.

Dans chaque question on examinera le cas où les trois angles du triangle ABC sont aigus, et le cas où l'un de ces angles, A par exemple, est obtus.

51. On donne deux droites parallèles RR′ et SS′, et une droite perpendiculaire à ces parallèles qui rencontre RR′ en A et SS′ en B; sur AR, à partir du point A, on porte une longueur arbitraire AA′, et sur

BS, à partir du point B, et du même côté par rapport à AB, on porte une longueur BB' telle que le produit des longueurs AA', BB' soit égal au carré de AB; on mène les droites AB' et BA' et on désigne par M leur point de rencontre; on mène par le point M une perpendiculaire à AB, et on désigne par P et par Q les points où elle rencontre les droites AB, A'B'. Enfin, on désigne par C le point de rencontre des droites, AB, A'B' :

1° Trouver le lieu décrit par le point M quand on fait varier la longueur AA';

2° Démontrer que le point M est le milieu de PQ;

3° Démontrer que la tangente au point M à la courbe que décrit ce point passe au point de concours C des droites, AB, A'B'.

52. Lieu du point de concours des tangentes menées à un cercle aux extrémités d'une corde qui tourne autour d'un point fixe.

53. Si un point se meut sur une droite, la corde des points de contact des tangentes menées de ce point à un cercle passe par un point fixe.

54. On donne une droite LL' et un cercle; d'un point M pris sur LL', on mène au cercle deux tangentes MP, MQ, et on forme le triangle MPQ. On fait mouvoir le point M sur la droite LL' et on demande :

1° Le lieu du centre du cercle inscrit dans le triangle MPQ;

2° Le lieu du centre du cercle circonscrit au triangle MPQ;

3° Le lieu du point de concours des hauteurs du triangle MPQ.

On remarquera *a priori* que tout point commun à deux de ces trois lieux appartient nécessairement au troisième, et on vérifiera ce fait directement.

55. On donne un cercle O, et sur ce cercle deux points, A, A'. On considère tous les couples de deux cercles, C, C', tangents entre eux et tangents au cercle O, le premier en A, le second en A', et on demande le lieu des points de contact des cercles C et C' d'un même couple, et le lieu du point de concours des tangentes extérieures communes aux deux cercles d'un même couple.

Prenant ensuite un point sur un de ces lieux, on déterminera, d'après la position de ce point sur le lieu, le mode de contact des cercles C et C' correspondants, et le mode de contact de chacun d'eux avec le cercle O.

56. Sur le côté BC d'un triangle ABC ou sur son prolongement, on prend un point arbitraire D; on fait passer deux circonférences, l'une par les points A, B et D, l'autre par les points A, C et D; soient O et O' les centres de ces deux circonférences; on propose :

1° De démontrer que le rapport des rayons de ces deux circonférences est indépendant de la position du point D sur le côté BC;

2° De déterminer la position que doit occuper le point D pour que les deux rayons aient la plus petite longueur possible;

3° De démontrer que le triangle AOO' est semblable au triangle ABC;

4° De trouver le lieu décrit par le point M qui partage la droite OO' dans le rapport de deux longueurs données m et n; on examinera le cas particulier où le point M est le pied de la perpendiculaire abaissée du point A sur OO'. (Concours général, Seconde, 1880.)

57. On donne un carré ABCD inscrit dans un cercle et un point I dans le plan de ce cercle; on mène les droites qui joignent ce point aux quatre sommets du carré; soient A', B', C', D' les seconds points de rencontre de ces droites avec le cercle; démontrer que l'on a, entre les côtés du quadrilatère A'B'C'D', la relation

$$A'B' \times C'D' = B'C' \times A'D';$$

réciproquement, si l'on donne quatre points A', B', C', D' situés sur un cercle et tels que l'on ait la relation précédente, trouver dans le plan du cercle un point I tel que, si l'on mène les droites qui le joignent aux points A', B', C', D', les points A, B, C, D où ces droites rencontrent une seconde fois le cercle soient les sommets d'un carré. (Concours général, Philosophie, 1881.)

58. On donne sur une circonférence deux points fixes A et B que l'on joint à un point M quelconque de la circonférence, et du centre O on mène sur la corde MB une perpendiculaire OK qui, par sa rencontre avec la seconde corde MA, forme le triangle MKP; on propose de déterminer les lieux géométriques que décrivent le point de rencontre des médianes, le point de rencontre des bissectrices, le point de concours des hauteurs du triangle MKP, le centre du cercle circonscrit au triangle MKP, lorsque le point M se déplace sur la circonférence O. (Concours général, Troisième, 1885.)

59. On donne un cercle O et un point G intérieur à ce cercle :

1° Démontrer qu'il existe une infinité de triangles ABC inscrits dans le cercle et tels que les médianes de chacun d'eux se coupent au point G;

2° Trouver le lieu géométrique des milieux des côtés du triangle ABC;

3° Examiner si, pour toutes les positions du point G, on peut prendre un point quelconque de la circonférence du cercle O comme sommet d'un des triangles ABC; quand il en est autrement, déterminer l'arc du cercle O sur lequel sont alors situés les sommets du triangle ABC;

4° Démontrer que la somme des carrés des côtés du triangle ABC a une valeur constante. (Concours général, Philosophie, 1885.)

60. On donne trois points A, B, C en ligne droite, le point C sur le prolongement de AB; par les points A et B on fait passer une circonférence quelconque à laquelle on mène du point C deux tangentes qui la touchent aux points M et N; on demande le lieu du milieu de la corde MN quand on fait varier le rayon du cercle qui passe par les points A et B. (Concours général, Philosophie, 1887.)

61. Soit un quadrilatère ABCD rectangle au point B et dont les trois points A, B, C sont invariables; le quatrième sommet D est assujetti à la seule condition que l'angle BDC soit toujours égal à un angle donné de grandeur α; pour chacune des positions que peut occuper le point D dans le plan du quadrilatère on divise le côté correspondant AD dans un rapport déterminé $\dfrac{3}{7}$, par exemple, c'est-à-dire de telle sorte que l'on ait $\dfrac{AM}{MD} = \dfrac{3}{7}$, et sur AM on construit un triangle équilatéral; on propose de trouver le lieu du centre du cercle circonscrit à chacun des triangles équilatéraux ainsi obtenus et de le construire. (Concours général, Troisième, 1887.)

62. On considère le quadrilatère inscriptible convexe ABCM; les sommets A, B, C sont fixes, le sommet M est mobile :

1° Trouver le lieu géométrique du point de rencontre P des droites qui joignent les milieux des côtés opposés;

2° Déterminer les positions limites du point P, et calculer la longueur du chemin parcouru par ce point pour passer de l'une de ses positions à l'autre : on désignera par a, b, c les longueurs des côtés du triangle ABC et par α, β, γ ses angles; toutes ces quantités sont connues. (Concours général, Troisième, 1890.)

63. 1° Étant donné un triangle ABC, construire un point M tel que ses distances aux côtés soient proportionnelles aux nombres donnés α, β, γ; nombre des solutions; examen du cas où les nombres α, β, γ sont égaux entre eux, et du cas où ces nombres sont inversement proportionnels aux longueurs des côtés correspondants; 2° Si l'on suppose connus les points tels que M qui correspondent à un même triangle, construire les sommets de ce triangle; 3° Étant donné arbitrairement un point M dans le plan du triangle connu ABC, construire tous les points dont les distances aux côtés du triangle ABC sont proportionnelles aux distances du point donné M à ces mêmes côtés; discuter le nombre des solutions; 4° Étant donnés les longueurs a, b, c des côtés du triangle ABC et les nombres α, β, γ, établir la formule générale qui donne la distance au côté BC de l'un quelconque des points M qui satisfait au numéro 1. (Concours général, Troisième, 1891.)

64. On donne un triangle ABC; sur le côté BC on porte, de part et d'autre du point B, des longueurs BB' et BB" égales à une longueur donnée β, et de part et d'autre du point C, des longueurs CC' et CC" égales à une longueur donnée γ; en menant par B' et B" des parallèles au côté AB, par C' et C" des parallèles au côté AC, on forme un parallélogramme MNPQ; de même, en menant par B' et B" des parallèles au côté AC, et par C' et C" des parallèles au côté AB, on forme un deuxième parallélogramme M'N'P'Q':

1° Trouver les lieux géométriques des sommets du parallélogramme MNPQ, lorsque β et γ varient de manière que le rapport $\dfrac{\beta}{\gamma}$ reste égal à un nombre donné m;

2° Trouver, dans la même hypothèse, les lieux géométriques des sommets du parallélogramme M'N'P'Q';

3° Pour quelle valeur de m le parallélogramme MNPQ est-il un losange? Résoudre la même question pour le parallélogramme M'N'P'Q'. (Concours général, Troisième, 1894.)

65. On donne deux circonférences qui se coupent aux points A et B; par le point B on mène une sécante quelconque qui rencontre, l'une des circonférences en C, l'autre en D; on joint ces points au point A et on détermine le centre M du cercle inscrit et les centres M_1, M_2, M_3 des cercles exinscrits au triangle CAD:

1° Lieu géométrique du centre M;

2° Lieu géométrique des centres M_1, M_2, M_3;

3° Lieu géométrique du point de rencontre des médianes du triangle CAD;

4° On suppose que l'on place la sécante mobile dans la position KBH pour laquelle l'aire du triangle est maximum; trouver cette position, et trouver le lieu géométrique du point d'intersection des droites CK et DH. (Concours général, Troisième moderne, 1894.)

66. Étant donnés un cercle C et une droite D dans son plan, trouver deux points A et B symétriques par rapport à la droite D, et tels que le rapport de leurs distances à un point M quelconque de la circonférence du cercle C soit indépendant de la position du point M sur cette circonférence; quelle doit être la distance de la droite D au centre du cercle C pour que le rapport $\dfrac{MA}{MB}$ ait une valeur donnée a. (Concours général, Troisième moderne, 1896.)

67. On donne un cercle C de centre O et de rayon R et un point M; par les deux points O et M on fait passer un cercle C'; la corde commune aux cercles C et C' coupe OM en un point M'; 1° Démontrer que le point M' est déterminé, quel que soit le cercle variable C'; 2° Trouver le lieu de M' quand le point M se meut sur une droite donnée ou sur un cercle donné. (Concours général, Troisième moderne, 1897.)

68. On donne deux cercles O, O' et deux points fixes A et B; montrer qu'il existe, en général, une infinité de cercles tels que la corde commune à l'un de ces cercles et au cercle O passe par le point A et que la corde commune au même cercle et au cercle O passe par B; trouver le lieu de leurs centres. (Concours général, Troisième moderne, 1895.)

69. Par le point de concours D des tangentes BD, CD au cercle circonscrit au triangle ABC, on mène la droite EDF parallèle à la tangente en A et qui rencontre en E le côté AC, en F le côté AB; prouver que D est le milieu du segment EF, et, en second lieu, que, G étant le milieu du côté BC, H le milieu de l'arc BC, la droite AH est la bissectrice de l'angle GAD. (École normale de Fontenay-aux-Roses, 1894.)

70. On considère un cercle de centre fixe C et de rayon variable R; trouver le lieu des points communs aux cercles ayant pour centres deux points fixes A et B et coupant à angle droit le premier cercle, quand son rayon R varie. — On dit que deux cercles se coupent à angle droit quand leurs tangentes en un point commun sont perpendiculaires. (Fontenay-aux-Roses, 1898.)

71. Construire un triangle semblable à un triangle donné et dont deux côtés passent chacun par un point donné, connaissant en outre le centre du cercle circonscrit au triangle cherché. (Concours général, Troisième moderne, 1901.)

72. Les trois hauteurs d'un triangle ABC se coupent en un point H; on donne la distance AH : 1° Calculer la distance au côté BC du centre du cercle circonscrit au triangle ABC; 2° Les sommets B et C restant fixes et la longueur AH demeurant invariable, trouver le lieu des extrémités et du milieu du segment AH; trouver le lieu d'un point quelconque de ce segment. (Fontenay-aux-Roses, 1902.)

73. Étant donnés un cercle et un point A fixe sur ce cercle, un angle BAC de grandeur donnée tourne autour du point A; ses côtés coupent le cercle en B et C; soit A', B', C' les milieux des côtés BC, CA, AB : 1° Trouver le lieu du milieu de B'C'; 2° Construire la position de l'angle pour laquelle l'aire du triangle A'B'C' est la plus grande possible; 3° Trouver le lieu de la projection de B' sur le côté C'A'. (Sèvres, 1902.)

74. Dans un quadrilatère *convexe* ABCD inscrit dans une circonférence de rayon R, le côté AB est donné en grandeur et en position, le côté CD est connu en grandeur seulement : 1° Trouver le lieu du point M de rencontre des tangentes à la circonférence donnée aux points C et D; 2° Trouver le lieu du milieu de la droite qui joint les milieux des diagonales du quadrilatère convexe ABCD. (Saint-Cloud, 1902.)

75. Soient un cercle de centre O, un diamètre AB de ce cercle, la corde CC′ perpendiculaire au milieu D du rayon OB, et les tangentes AT, BT′ au cercle O aux points A et B; on considère toutes les cordes du cercle O, telles que MN, qui sont divisées en deux parties égales par la droite CC′ (IM = IN) : 1° Démontrer que le point de rencontre des hauteurs du triangle formé par deux de ces cordes, prolongées au besoin, et par CC′, est situé sur la tangente BT′; 2° Construire géométriquement la corde MN lorsque cette corde prolongée passe par un point donné K situé sur la tangente AT; discuter; 3° Démontrer que la quantité $\overline{AM}^2 + \overline{AN}^2$ conserve une valeur constante lorsque la corde MN varie de manière que son milieu reste sur CC′; 4° Connaissant la distance AP = d du point A à la corde MN, calculer la distance OI du point O à cette corde, ainsi que les longueurs AM et AN; discuter. (Concours général, Rhétorique, 1902.)

TABLE DES MATIÈRES

CONTENUES DANS LA PREMIÈRE PARTIE

PREMIER CYCLE

GÉOMÉTRIE PLANE

NOTIONS PRÉLIMINAIRES.

LIVRE I.

LIGNE DROITE.

LIVRE II.

CIRCONFÉRENCE.

LIVRE III.

FIGURES SEMBLABLES.

48685. — Imprimerie LAHURE, 9, rue de Fleurus, à Paris.

SECOND CYCLE

LIVRE IV

LONGUEUR D'UNE CIRCONFÉRENCE — MESURE DES AIRES

§ I. — MESURE DE LA CIRCONFÉRENCE; RAPPORT DE LA CIRCONFÉRENCE DU CERCLE AU DIAMÈTRE.

256. Définition de la longueur de la circonférence. La circonférence étant une ligne courbe, on ne peut comparer cette ligne à une portion de droite prise pour unité de longueur; de là la nécessité de définir ce qu'il faut entendre par longueur d'une circonférence.

On appelle *longueur de la circonférence* d'un cercle la *limite* vers laquelle tend le périmètre d'un polygone régulier convexe inscrit ou circonscrit au cercle, quand on double indéfiniment le nombre des côtés de ce polygone.

Pour démontrer l'existence de cette limite, imaginons deux polygones réguliers convexes d'un même nombre de côtés, l'un inscrit, l'autre circonscrit à un même cercle. Ces polygones sont semblables, et le rapport de leurs périmètres est égal au rapport de leurs apothèmes (248). Soient AB et A'B' les côtés des deux polygones (*fig.* 213); l'apothème du polygone inscrit est la perpendiculaire OI abaissée du centre sur le côté AB; l'apothème du polygone circonscrit est le rayon R du cercle donné. En désignant par P et P' les périmètres des deux polygones, on a donc :

$$\frac{P'}{P} = \frac{R}{OI};$$

et, comme R est supérieur à OI, le périmètre P' du polygone circonscrit est plus grand que le périmètre P du polygone inscrit. Supposons maintenant qu'on remplace les deux polygones par des polygones réguliers d'un nombre double de côtés. On augmente ainsi le périmètre du polygone inscrit, car au côté AB on substitue la somme des côtés AC et CB, qui est évidemment plus grande; mais on diminue le périmètre du polygone circonscrit, car à la partie CB' + B'D du périmètre on substitue la somme moindre CG + GH + HD. Si l'on double ainsi indéfiniment le nombre des côtés des polygones réguliers inscrits et des polygones circonscrits, les périmètres des polygones inscrits vont toujours en augmentant, mais chacun reste moindre que le périmètre du polygone circonscrit du même nombre de côtés, et, à plus forte raison, moindre que le périmètre P' du premier polygone circonscrit; donc ces périmètres tendent vers une *certaine limite*. D'autre part, les périmètres des polygones circonscrits vont toujours en diminuant; chacun d'eux reste supérieur au périmètre du polygone inscrit du même nombre de côtés, et, à plus forte raison, supérieur au périmètre P du premier polygone inscrit; donc ces périmètres tendent aussi vers

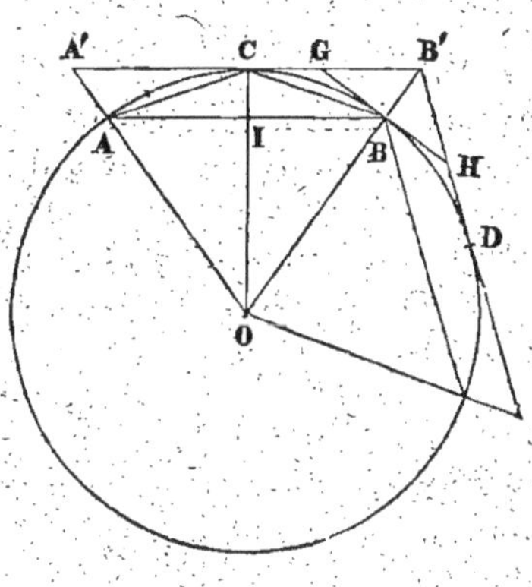

Fig. 213.

une *certaine limite*. Enfin il est facile de montrer que ces deux limites sont égales. En effet, de l'égalité

$$\frac{P'}{P} = \frac{R}{OI}$$

on déduit

$$\frac{P' - P}{P'} = \frac{R - OI}{R} = \frac{IC}{R}$$

ou

$$P' - P = \frac{IC}{R} \times P'.$$

Or, quand on double indéfiniment le nombre des côtés des polygones considérés, IC, qui est moindre que AC, tend vers zéro, parce que AC tend vers zéro; P', qui va toujours en diminuant, reste fini; R est constant; donc la différence P' — P tend vers zéro, et, par conséquent, les limites vers lesquelles tendent les périmètres P' et P, quand on double indéfiniment le nombre des côtés, sont égales.

C'est la limite commune de ces périmètres que l'on nomme la longueur de la circonférence.

257. On définit d'une façon analogue la *longueur d'un arc de cercle* AB (*fig.* 214). On imagine une portion de polygone régulier convexe inscrit dans cet arc AB, et on

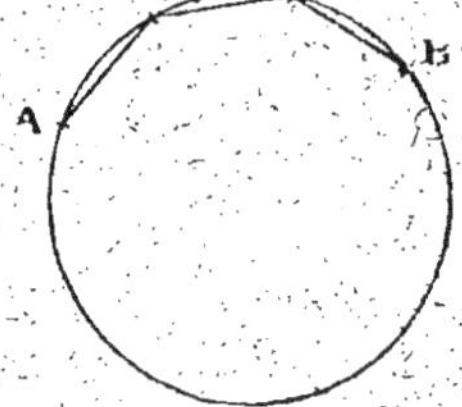
Fig. 214.

double indéfiniment le nombre des côtés; le périmètre de cette portion de polygone régulier tend vers une certaine limite, et c'est cette limite que l'on appelle la *longueur* de l'arc de cercle AB.

Théorème.

258. *Le rapport des longueurs de deux circonférences est égal au rapport de leurs rayons.*

Dans les deux circonférences inscrivons des polygones réguliers convexes d'un même nombre de côtés; le rapport des périmètres des deux polygones est égal au rapport des rayons de ces circonférences, quel que soit le nombre des côtés. Si l'on double indéfiniment le nombre des côtés, les périmètres des deux polygones tendent respectivement vers des limites qui sont les longueurs des deux circonférences; donc le rapport des longueurs des deux circonférences est égal au rapport de leurs rayons.

259. Corollaire. *Le rapport de la longueur d'une circonférence à son diamètre est un nombre constant.*

En effet, soient C et C′ les longueurs de deux circonférences, R et R′ leurs rayons; on a

$$\frac{C}{C'} = \frac{R}{R'} = \frac{2R}{2R'}$$

et, par suite,

$$\frac{C}{2R} = \frac{C'}{2R'}.$$

Donc le rapport de la longueur d'une circonférence à son diamètre est égal au rapport de la longueur d'une autre circonférence quelconque à son diamètre; en d'autres termes ce rapport est constant.

Ce nombre constant est incommensurable; on le désigne ordinairement par la lettre π.

260. En appelant C la *longueur d'une circonférence de rayon* R, on a

$$C = 2\pi R.$$

Si l'on suppose le nombre π connu, la formule précédente permet de calculer la longueur d'une circonférence quand on connaît le rayon, et le rayon quand on connaît la longueur de la circonférence.

Dans un cercle de rayon R, la longueur d'un arc d'un degré est égale à $\dfrac{\pi R}{180}$, par conséquent la longueur d'un arc de n degrés est $\dfrac{\pi R n}{180}$. Si l'on appelle l la *longueur* d'un arc de n degrés, on a

$$l = \frac{\pi R n}{180},$$

formule qui permet de calculer une des trois quantités, l, n, R, quand on connaît les deux autres.

261. Calcul du rapport π de la circonférence au diamètre. Si l'on prend pour unité de longueur le diamètre d'une circonférence, le rapport de la circonférence au diamètre est le nombre qui mesure la longueur de la circonférence. Le problème revient donc à chercher la longueur d'une circonférence dont le diamètre est égal à 1.

A cet effet on calcule d'abord le périmètre d'un certain polygone régulier convexe inscrit dans cette circonférence, par exemple le périmètre d'un carré ou d'un hexagone régulier; puis on calcule successivement les périmètres des polygones réguliers convexes inscrits d'un nombre de côtés de deux en deux fois plus grand. Ces périmètres augmentent sans cesse et approchent indéfiniment de la circonférence. Si l'on s'arrête, après un certain nombre d'opérations, au périmètre P_n d'un polygone régulier inscrit de n côtés, le nombre P_n est une valeur approchée, par défaut, du nombre π. Pour évaluer l'approximation du résultat obtenu, on calcule le périmètre P'_n d'un polygone régulier convexe, du même nombre de côtés, circonscrit au même cercle. La longueur de la circonférence étant comprise entre les périmètres P_n et P'_n de ces deux polygones, les nombres P_n et P'_n représentent, l'un par défaut, l'autre par excès, la longueur de la circonférence avec une erreur moindre que leur différence $P'_n - P_n$.

Pour effectuer ces calculs il faut savoir résoudre les deux problèmes suivants.

Problème.

262. *Connaissant le périmètre P_n d'un polygone régulier de n côtés inscrit dans un cercle de rayon* R, *calculer le périmètre P_{2n} d'un polygone régulier de $2n$ côtés inscrit dans le même cercle.*

Soit AB (*fig.* 215) le côté d'un polygone régulier de n côtés

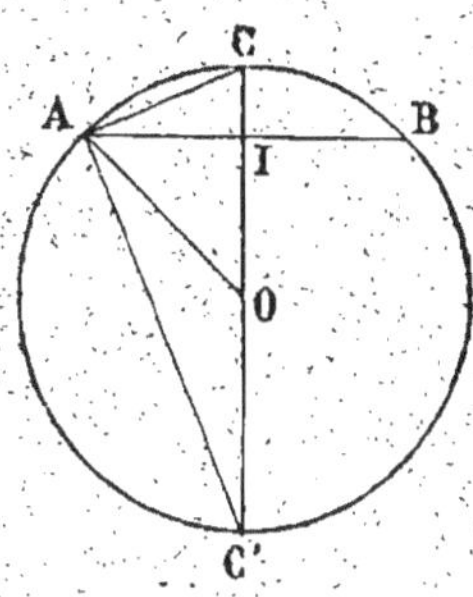

Fig. 215.

inscrit dans le cercle OA. Si nous menons le diamètre CC′ perpendiculaire à AB, et si nous joignons le point A au milieu C du plus petit des deux arcs sous-tendus par AB, nous obtiendrons le côté d'un polygone régulier de $2n$ côtés inscrit dans le même cercle. Menons la corde AC′ et le rayon OA; le triangle CAC′ étant rectangle en A, on a :

$$\overline{AC}^2 = CC' \times CI = 2R\,(R - OI).$$

D'ailleurs, dans le triangle rectangle AOI, on a :

$$\overline{OI}^2 = \overline{OA}^2 - \overline{AI}^2 = R^2 - \frac{\overline{AB}^2}{4}$$

d'où

$$OI = \sqrt{R^2 - \frac{\overline{AB}^2}{4}} \, ;$$

donc enfin,

$$\overline{AC}^2 = 2R\left[R - \sqrt{R^2 - \frac{\overline{AB}^2}{4}}\right].$$

Or,

$$P_n = n.AB \qquad\qquad P_n^2 = n^2.\overline{AB}^2$$
$$P_{2n} = 2n.AC \qquad\qquad P_{2n}^2 = 4n^2.\overline{AC}^2 \, ;$$

donc,

$$P_{2n}^2 = 4n^2.2R\left[R - \sqrt{R^2 - \frac{\overline{AB}^2}{4}}\right]$$

ou

$$P_{2n}^2 = 4nR\left[2nR - \sqrt{4n^2R^2 - P_n^2}\right].$$

Si l'on prend pour unité de longueur le diamètre du cercle, c'est-à-dire, si l'on fait 2R égal à 1, on a :

$$P_{2n}^2 = 2n\left[n - \sqrt{n^2 - P_n^2}\right].$$

Problème.

263. *Connaissant le périmètre P_n d'un polygone régulier de n côtés, inscrit dans un cercle de rayon R, calculer le périmètre P'_n d'un polygone régulier d'un même nombre de côtés, circonscrit au même cercle.*

Le rapport des périmètres de ces polygones est égal au rapport de leurs apothèmes OC et OI (*fig.* 216), donc on a

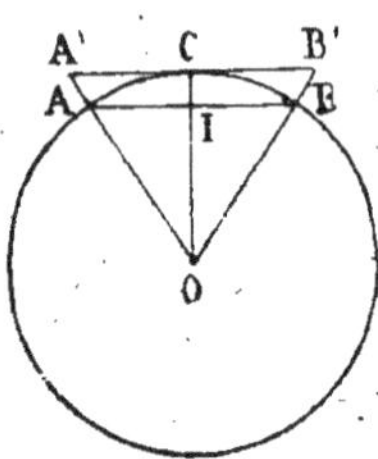

Fig. 216.

$$\frac{P'_n}{P_n} = \frac{OC}{OI} = \frac{R}{\sqrt{R^2 - \dfrac{\overline{AB}^2}{4}}}.$$

Or

$$P_n^2 = n^2 . \overline{AB}^2, \quad \text{d'où} \quad \overline{AB}^2 = \frac{P_n^2}{n^2};$$

donc

$$\frac{P'_n}{P_n} = \frac{R}{\sqrt{R^2 - \dfrac{P_n^2}{4n^2}}} = \frac{2nR}{\sqrt{4n^2R^2 - P_n^2}}$$

et

$$P'_n = P_n \times \frac{2nR}{\sqrt{4n^2R^2 - P_n^2}}.$$

Si l'on prend pour unité de longueur le diamètre du cercle, c'est-à-dire si l'on fait 2R égal à 1, on a :

$$P'_n = P_n \times \frac{n}{\sqrt{n^2 - P_n^2}}.$$

264. Calcul numérique de π. Appliquons la méthode expliquée au n° 261, en partant de l'hexagone régulier inscrit.

Le côté de cet hexagone étant $\frac{1}{2}$, le périmètre est 3, et on a :

$$P_6^2 = 9$$

$$P_{12}^2 = 12\left[6 - \sqrt{6^2 - P_6^2}\right] = 9,64612\ldots$$

$$P_{24}^2 = 24\left[12 - \sqrt{12^2 - P_{12}^2}\right] = 9,81331\ldots$$

$$P_{48}^2 = 48\left[24 - \sqrt{24^2 - P_{24}^2}\right] = 9,85552\ldots$$

$$P_{96}^2 = 96\left[48 - \sqrt{48^2 - P_{48}^2}\right] = 9,86607\ldots$$

$$P_{192}^2 = 192\left[96 - \sqrt{96^2 - P_{96}^2}\right] = 9,86871\ldots$$

Arrêtons-nous à P_{192} ; on a

$$P_{192} = \sqrt{9,86871\ldots} = 3,14145\ldots$$

et

$$P'_{192} = P_{192} \times \frac{192}{\sqrt{192^2 - P_{192}^2}} = 3,14194\ldots$$

La différence $P'_{192} - P_{192}$ étant égale à $0,00049\ldots$, le nombre $3,14145$ est une valeur de π approchée par défaut à moins d'un demi-millième ; et, par conséquent, $3,141$ est une valeur de π approchée par défaut, à moins d'un millième.

La valeur de π avec sept décimales exactes est

$$3,1415926.$$

Archimède avait donné comme valeur approchée la fraction simple $\frac{22}{7}$; cette fraction, qui est égale à $3,1428\ldots$, est un peu trop forte, et l'erreur est moindre que deux millièmes.

Adrien Métius, géomètre hollandais du seizième siècle, a donné la valeur $\frac{355}{113}$, qui, convertie en décimales, est égale à $3,1415920\ldots$ et, par conséquent, représente le nombre π avec six chiffres décimaux exacts.

APPLICATIONS NUMÉRIQUES. I. *Paris et Carcassonne sont sur un même méridien; la latitude de Paris est 48° 50′ 49″; la latitude de Carcassonne est 43° 12′ 54″. Quelle est la distance de Paris à Carcassonne?*

La différence des latitudes étant 5° 37′ 55″, ou 20275″, le problème revient à calculer la longueur d'un arc de méridien terrestre de 20275″. Or, le quart du méridien ayant une longueur de 10 000 000 mètres, un arc d'une seconde du méridien a une longueur égale à $\dfrac{10\,000\,000^{m}}{90 \times 60 \times 60}$, ou $\dfrac{10\,000^{m}}{324}$, ou $\dfrac{10^{kilom}}{324}$. Donc un arc de méridien de 20275″ a une longueur égale à $\dfrac{202\,750^{kil}}{324}$ ou égale à 625^{kil},771.

II. *Calculer la longueur d'un arc de 23° 42′ 37″ appartenant à une circonférence dont le rayon est 235 millimètres.*

La longueur d'une demi-circonférence dont le rayon est 235^{mill} est $\pi \times 235$; la longueur d'un arc d'une seconde, sur cette circonférence, est, en prenant le millimètre pour unité,

$$\frac{\pi \times 235}{180 \times 60 \times 60} = \frac{\pi \times 235}{648\,000}.$$

Donc la longueur d'un arc de 23° 42′ 37″ ou de 85357″ est égale à $\dfrac{\pi \times 235 \times 85357}{648\,000}$, ou à $\dfrac{\pi \times 20\,058,895}{648}$.

En effectuant les calculs indiqués on trouve, pour la longueur de l'arc, 97 millimètres, à un millimètre près.

III. *Calculer, à moins d'un millimètre, le rayon d'une circonférence dont la longueur est* 4^{m},627.

En appelant R le rayon cherché, on a :

$$2\pi R = 4,627$$

d'où :

$$R = \frac{4,627}{2\pi} = \frac{2,3135}{\pi} = 0^{m},736$$

à moins d'un millimètre.

IV. *Calculer, à moins d'un millimètre, le rayon* R *d'un cercle tel que, sur ce cercle, un arc de* 85° 21′ 42″ *ait une longueur égale à* 0^m,452.

Un arc de 85° 21′ 42″ vaut 307302″; donc on a :

$$\frac{\pi R \times 307302}{648000} = 0,452,$$

d'où

$$R = \frac{0,452 \times 648000}{\pi \times 307302} = \frac{292896}{\pi \times 307302} = 0^m,303$$

à moins d'un millimètre.

§ II. — AIRE D'UN POLYGONE.

265. **Définitions**. On appelle *aire* ou *superficie*, l'étendue d'une portion limitée de surface.

On prend pour unité d'aire le carré construit sur l'unité de longueur. L'unité principale de longueur étant le *mètre*, l'unité principale de surface est le *mètre carré*.

On emploie aussi comme unités de longueur les multiples du mètre, *décamètre, hectomètre, kilomètre, myriamètre*, et les sous-multiples *décimètre, centimètre, millimètre*; à ces différentes unités de longueur correspondent pour unités d'aire le *décamètre carré*, l'*hectomètre carré*, le *kilomètre carré*, le *myriamètre carré*, et le *décimètre carré*, le *centimètre carré*, le *millimètre carré*.

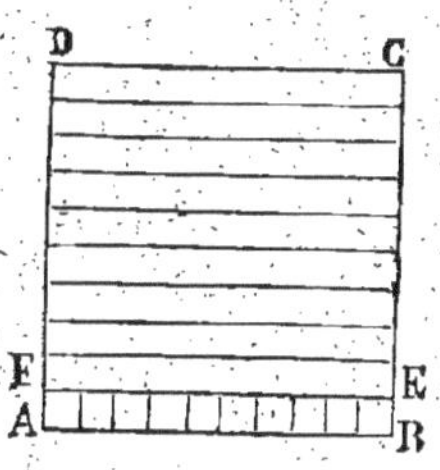

Fig. 217.

266. Le mètre carré contient 100 décimètres carrés. En effet, soit ABCD (*fig.* 217) un carré dont chaque côté est égal à 1 mètre, ou à 10 décimètres; partageons le côté AD en 10 décimètres, et par les points de division menons des perpendiculaires à AD. Le carré est ainsi décomposé en 10 rectangles égaux au rectangle ABEF. Partageons de même le côté AB en 10 décimètres, et me-

nons par les points de division des perpendiculaires à AB ; le rectangle ABEF est ainsi décomposé en 10 carrés ayant chacun 1 décimètre de côté, et contient par conséquent 10 décimètres carrés. Donc le carré ABCD contient 10 rectangles valant chacun 10 décimètres carrés, et par conséquent contient 10×10, ou 100 décimètres carrés. De même, le décamètre carré vaut 100 mètres carrés, l'hectomètre carré vaut 100 décamètres carrés, etc.

267. Voici le tableau des différentes unités de surfaces évaluées en mètres carrés :

Myriamètre carré	$100\,000\,000^{mq}$
Kilomètre carré.	$1\,000\,000$
Hectomètre carré	$10\,000$
Décamètre carré	100
Mètre carré.	1
Décimètre carré.	$0,01$
Centimètre carré.	$0,00\,01$
Millimètre carré	$0,00\,00\,01.$

268. Le mot surface appliqué à une figure plane rappelle à la fois la forme et l'étendue de cette figure, tandis que par le mot *aire* on désigne seulement son étendue. Quand deux surfaces sont superposables, on dit qu'elles sont *égales* ; quand deux surfaces ont même étendue, ou même aire, on dit qu'elles sont *équivalentes*. Deux surfaces qui sont égales sont toujours équivalentes, mais deux surfaces équivalentes peuvent ne pas être égales ; ainsi, les surfaces d'un triangle et d'un carré ne sont jamais égales, mais elles peuvent être équivalentes.

269. On appelle *base* d'un parallélogramme la longueur d'un de ses côtés choisi arbitrairement, et on appelle *hauteur* du parallélogramme la longueur de la perpendiculaire commune au côté pris pour base et au côté opposé.

Dans un rectangle, la base et la hauteur sont deux côtés consécutifs du rectangle, on les nomme les *dimensions* du rectangle.

Dans un triangle, la *base* est la longueur de l'un des côtés choisi arbitrairement, la *hauteur* correspondante est la distance à ce côté du sommet qui lui est opposé.

Théorème.

270. *Le rapport des aires de deux rectangles qui ont même base est égal au rapport de leurs hauteurs.*

Remarquons d'abord que deux rectangles qui ont même base et même hauteur sont égaux; cela est évident, car les deux rectangles sont superposables. Cela posé, soient ABCD, ABEF, deux rectangles ayant même base AB, et pour hauteur l'un AD, l'autre AF (*fig.* 218).

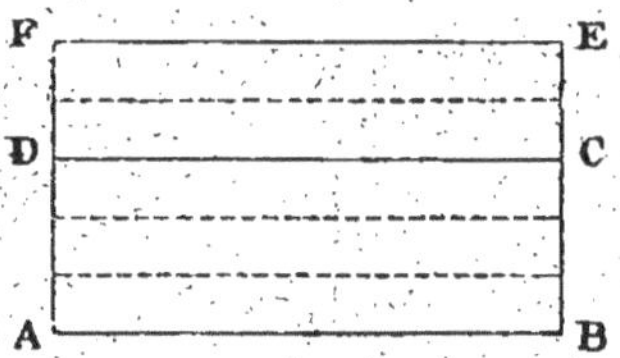

Fig. 218.

Supposons d'abord que les hauteurs AD et AF aient une commune mesure, et que cette commune mesure soit, par exemple, contenue 3 fois dans AD et 5 fois dans AF : le rapport de AD à AF est $\frac{3}{5}$. Si, par les points de division de AF nous menons des parallèles à AB, le rectangle ABCD se trouve partagé en 3 rectangles égaux, et le rectangle ABEF en 5 rectangles égaux entre eux et égaux aux précédents. Donc, le rapport des aires des deux rectangles est, comme le rapport de leurs hauteurs, égal à $\frac{3}{5}$.

Le théorème étant vrai, quelque petite que soit la commune mesure entre les hauteurs des rectangles, est encore vrai quand ces hauteurs sont incommensurables.

271. REMARQUE. Comme on peut échanger la base et la hauteur d'un rectangle, on peut dire que le *rapport des aires de deux rectangles qui ont même hauteur est égal au rapport de leurs bases.*

Théorème.

272. *Le rapport des aires de deux rectangles quelconques est égal au produit du rapport des bases par le rapport des hauteurs.*

Soient ABCD et A'B'C'D' (*fig.* 219), deux rectangles ; désignons par R et R' les aires de ces rectangles, par b et h la base et la hauteur du premier, par b' et h' la base et la hauteur du second. Comparons-les à un troisième rectangle $A_1B_1C_1D_1$ ayant même base b' que le second, et même hauteur h que le premier, et désignons par R_1 l'aire de ce troisième rectangle.

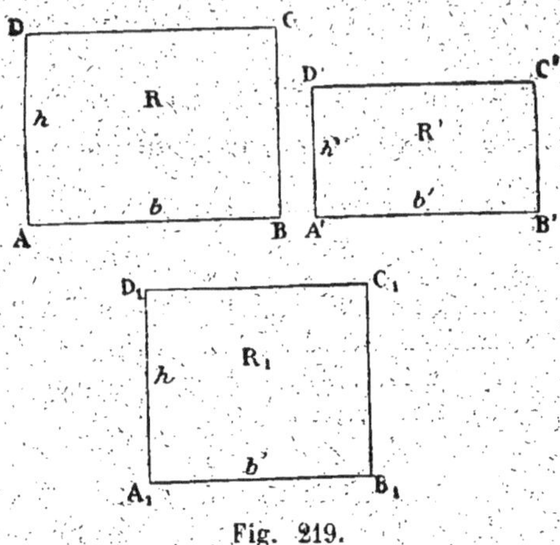

Fig. 219.

Les aires des rectangles, ABCD, $A_1B_1C_1D_1$, qui ont même hauteur h sont proportionnelles aux bases b et b', et on a

$$\frac{R}{R_1} = \frac{b}{b'}.$$

Les aires des rectangles R' et R_1 qui ont même base b' sont proportionnelles aux hauteurs h' et h, et on a

$$\frac{R'}{R_1} = \frac{h'}{h}.$$

On en conclut (19)

$$\frac{R}{R'} = \frac{b}{b'} : \frac{h'}{h} = \frac{b}{b'} \times \frac{h}{h'},$$

ce qu'il fallait démontrer.

Théorème.

273. *L'aire d'un rectangle a pour mesure le produit des nombres qui mesurent sa base et sa hauteur.*

Nous avons dit que l'on prend pour unité d'aire le carré construit sur l'unité de longueur. Supposons que le rectangle

A′B′C′D′ du théorème précédent soit ce carré (*fig.* 220) ; on a :

$$\frac{R}{R'} = \frac{b}{b'} \times \frac{h}{h'}.$$

Or, le rapport $\dfrac{R}{R'}$ est alors la *mesure* de l'aire du rectangle ABCD ; les dimensions b' et h' du carré A′B′C′D′ étant respectivement égales à l'unité de longueur, les rapports $\dfrac{b}{b'}$ et $\dfrac{h}{h'}$ sont

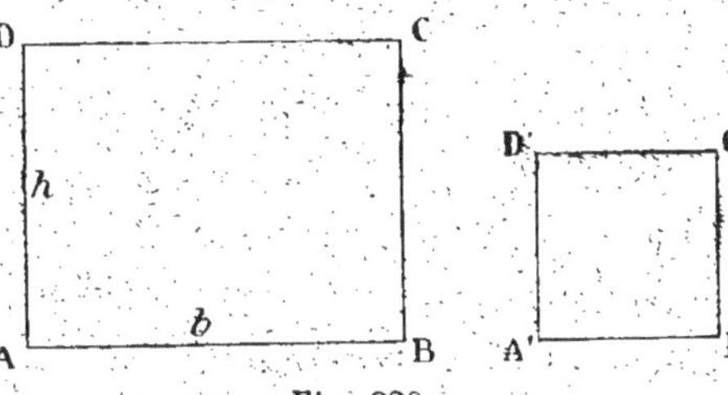

Fig. 220.

les nombres qui mesurent la base et la hauteur du rectangle ABCD. Donc le théorème est démontré.

274. Si l'on désigne par R le nombre qui représente l'aire du rectangle, par b et par h les nombres qui représentent les longueurs de sa base et de sa hauteur, on a :

$$R = b\,h.$$

Pour abréger le discours, on dit, d'une façon incorrecte, mais rapide : *l'aire d'un rectangle est égale au produit de la base par la hauteur.*

Il est sous-entendu que la base et la hauteur sont mesurées avec la même unité de longueur, et que l'on prend pour unité d'aire le carré construit sur cette unité de longueur.

275. Corollaire. Un *carré* étant un rectangle dont les côtés sont égaux, l'aire d'un carré a pour mesure le carré du nombre qui est la mesure de son côté.

Nous retrouvons ainsi que l'aire d'un carré qui a 10 mètres de côté est 100 mètres carrés.

Théorème.

276. *L'aire d'un parallélogramme est égale au produit de sa base par sa hauteur.*

Soit le parallélogramme ABCD (*fig.* 221); menons les perpendiculaires AF et BE au côté CD pris pour base du parallélogramme.

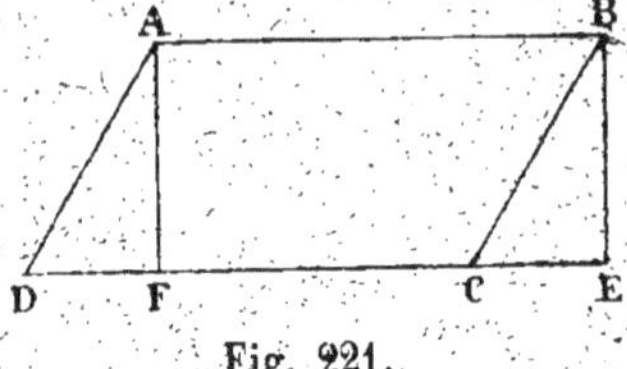

Fig. 221.

Les triangles AFD et BEC ainsi formés sont égaux; en effet ils sont rectangles, l'un en F, l'autre en E; les hypoténuses AD et BC sont égales comme côtés opposés d'un même parallélogramme; enfin les côtés des angles droits, AF, BE, sont égaux pour la même raison.

Or, si du quadrilatère ABED on retranche le triangle BCE, on obtient le parallélogramme ABCD; si de la même surface on retranche le triangle ADF, on obtient le rectangle ABEF; donc le parallélogramme ABCD et le rectangle ABEF sont équivalents. L'aire du rectangle étant égale à $AB \times AF$ ou à $CD \times AF$, l'aire du parallélogramme ABCD est aussi égale à $CD \times AF$, c'est-à-dire au produit de sa base par sa hauteur.

277. Corollaire I. *Deux parallélogrammes qui ont même base et même hauteur sont équivalents.*

278. Corollaire II. *Deux parallélogrammes qui ont même base sont entre eux comme leurs hauteurs.*

Théorème.

279. *L'aire d'un triangle est égale à la moitié du produit de sa base par sa hauteur.*

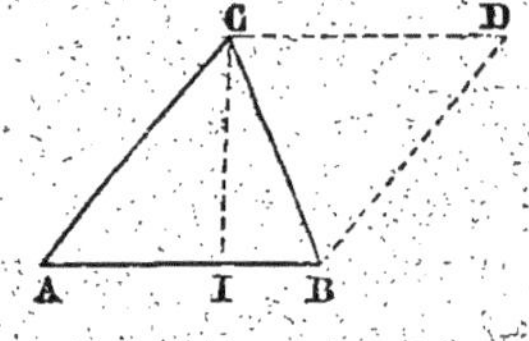

Fig. 222.

Soit le triangle ABC (*fig.* 222); menons par le point C la parallèle CD à AB, et par le point B la parallèle BD à AC. Nous formons ainsi un parallélogramme ABDC qui a même base AB et même hauteur CI que le triangle.

Or, les triangles ABC et BCD, qui ont les trois côtés égaux chacun à chacun, étant égaux, le triangle ABC est la moitié du parallélogramme ABDC. L'aire du parallélogramme est égale à $AB \times CI$; donc l'aire du triangle ABC est égale à $\frac{1}{2} AB \times CI$, c'est-à-dire à la moitié du produit de sa base par sa hauteur.

280. Corollaire I. *Deux triangles qui ont même base et même hauteur sont équivalents.*

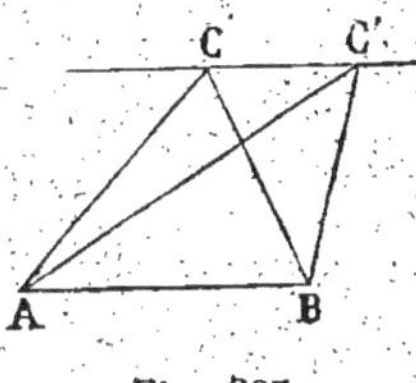

Fig. 223.

Il suit de là que : *Si, laissant fixes deux sommets* A *et* B *d'un triangle, on déplace le troisième sommet* C *sur une droite* CC' *parallèle à la base* AB (*fig.* 223), *on ne change pas l'aire du triangle.*

281. Corollaire II. *Deux triangles qui ont même base sont entre eux comme leurs hauteurs.* — *Deux triangles qui ont même hauteur sont entre eux comme leurs bases.*

Théorème.

282. *L'aire d'un trapèze est égale au produit de la demi-somme des bases par la hauteur.*

Soit le trapèze ABCD (*fig.* 224), dont les bases sont les côtés parallèles AB et CD ; la hauteur est la distance DI des deux bases.

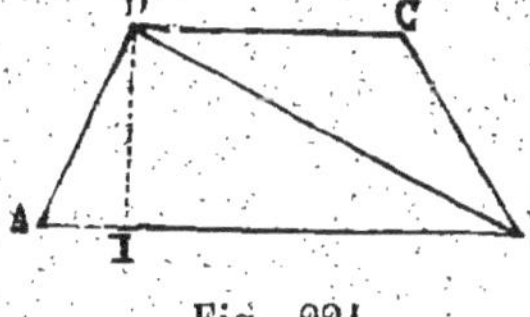

Fig. 224.

Décomposons le trapèze en deux triangles en menant la diagonale BD ; l'aire du trapèze est la somme des aires de ces deux triangles. L'aire du triangle ABD est $\frac{1}{2}$ AB $\times$ DI, et l'aire du triangle DBC est $\frac{1}{2}$ DC $\times$ DI ; donc l'aire du trapèze est

$$\frac{1}{2}\,AB \times DI + \frac{1}{2}\,DC \times DI$$

ou

$$\frac{1}{2}\,(AB + DC) \times DI,$$

c'est-à-dire le produit de la demi-somme des bases par la hauteur.

283. Remarque. *La demi-somme des bases d'un trapèze est égale à la portion de droite qui joint les milieux des côtés non parallèles.*

En effet (*fig.* 225), par le milieu E de AD menons la parallèle EF à AB; cette droite passe par le milieu G de BD (196), et, par suite, par le milieu F de BC ; EG est la moitié de AB, car les triangles DEG, DAB sont semblables, et le rapport de EG à AB est égal au rapport de DE à DA, lequel est par hypothèse égal à $\frac{1}{2}$; de même GF est la moitié de DC. Donc

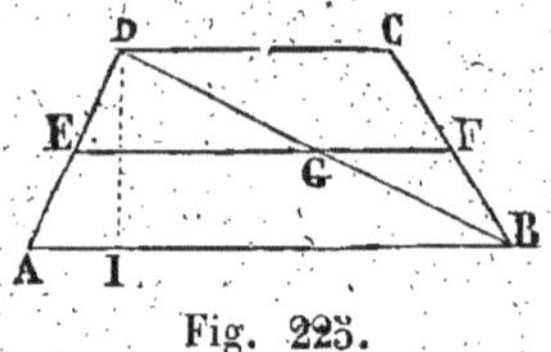

Fig. 225.

EF est la moitié de la somme AB + DC des bases du trapèze.

Problème.

284. *Mesurer la surface d'un polygone.*

Pour mesurer la surface d'un polygone ABCDE (*fig.* 226), on le décompose en triangles ; on évalue les aires de ces triangles, et on en fait la somme. Cette somme est l'aire du polygone.

Pour effectuer la décomposition d'un polygone en triangles, on peut mener des diagonales d'un sommet A du polygone à tous les autres, et on obtient ainsi autant de trian-

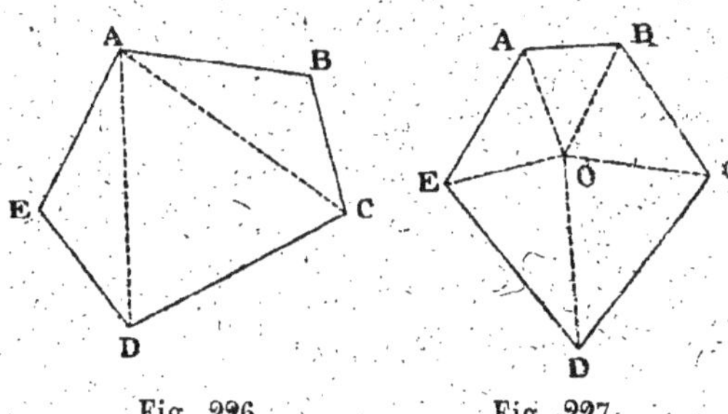

Fig. 226.

Fig. 227.

gles que le polygone a de côtés moins deux ; ou bien encore, on prend un point O dans l'intérieur du polygone, et on joint ce point à tous les sommets du polygone (*fig.* 227) ; on a ainsi autant de triangles que le polygone a de côtés.

Lorsqu'il s'agit d'évaluer la surface d'un polygone tracé sur le terrain, il est plus avantageux d'opérer autrement. On mène la plus grande diagonale AD du polygone (*fig.* 228), et de

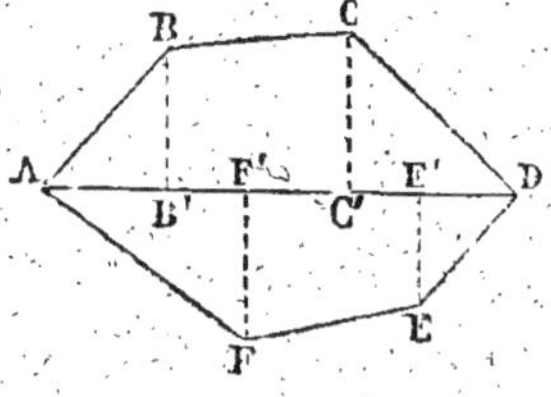

Fig. 228.

tous les sommets du polygone on abaisse des perpendiculaires sur la diagonale AD ; on décompose ainsi le polygone en triangles rectangles et en trapèzes. Les hauteurs de ces triangles et de ces trapèzes sont toutes dirigées suivant AD, et les bases sont les perpendiculaires abaissées des sommets du polygone sur AD ; de sorte que, pour le calcul des aires partielles, il suffit de mesurer les longueurs de ces perpendiculaires et des segments qu'elles déterminent sur AD. L'aire du polygone est ainsi la somme

$$\frac{1}{2}\,BB' \times AB' + \frac{1}{2}\,(BB' + CC') \times B'C' + \frac{1}{2}\,CC' \times C'D$$

$$+ \frac{1}{2}\,FF' \times AF' + \frac{1}{2}\,(FF' + EE') \times F'E' + \frac{1}{2}\,EE' \times E'D.$$

Problème.

285. *Former un triangle équivalent à un polygone donné.*

Proposons-nous d'abord de transformer un polygone en un autre polygone équivalent et ayant un côté de moins.

Soit le polygone ABCDEF (*fig.* 229) ; considérons le triangle ABC formé par deux côtés consécutifs AB, BC et la diagonale AC.

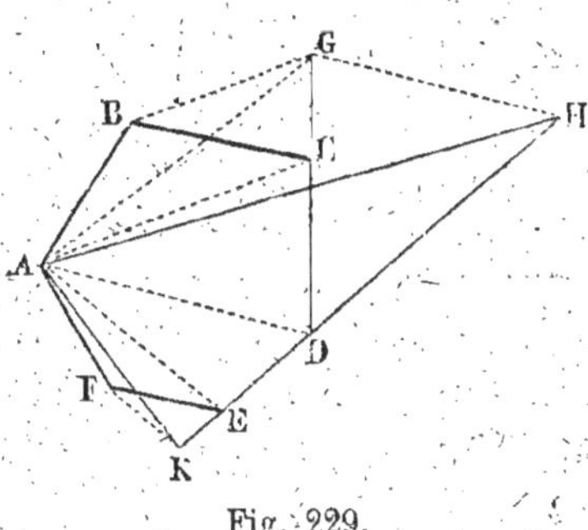
Fig. 229.

Si nous menons par le point B la parallèle BG à AC, cette ligne rencontre le côté CD du polygone en un point G, et le triangle AGC est équivalent au triangle ABC (280). Nous n'altérerons donc pas la surface du polygone proposé en remplaçant le triangle ABC par le triangle AGC ; d'ailleurs, comme le côté CG de ce triangle est sur le prolongement du côté CD du polygone proposé, nous aurons ainsi transformé le polygone proposé, ABCDEF, en un polygone AGDEF qui lui est équivalent, et qui a un côté de moins.

En opérant de même sur ce nouveau polygone, nous le transformerons en un autre polygone équivalent ayant encore un côté de moins ; et, en continuant ainsi de proche en proche, nous arriverons à un triangle AHK équivalent au polygone proposé.

286. Applications numériques. I. *Calculer, à moins d'un décimètre carré, l'aire d'un triangle équilatéral dont le côté est égal à* 3ᵐ,25.

Désignons par *a* le côté d'un triangle équi-latéral ABC, et par S l'aire de ce triangle (*fig.* 230). On a

$$S = \frac{1}{2} BC \times AD;$$

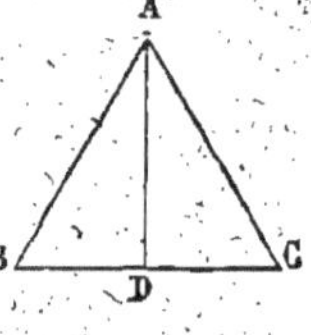

Fig. 230.

or,

$$AD = \sqrt{\overline{AB}^2 - \overline{BD}^2} = \sqrt{a^2 - \frac{a^2}{4}} = \frac{a\sqrt{3}}{2}.$$

Donc

$$S = \frac{a^2 \sqrt{3}}{4}.$$

En effectuant les calculs indiqués, on trouve pour la surface cherchée, à un décimètre carré près, 4ᵐᵠ,58.

II. *Calculer l'aire du trapèze* ABCD *dans lequel l'angle* A *est droit, dont la base* AB *est égale à* 12ᵐ *et dont les côtés non parallèles* AD *et* BC *sont égaux, le premier à* 4ᵐ, *le second à* 7ᵐ (*fig.* 231).

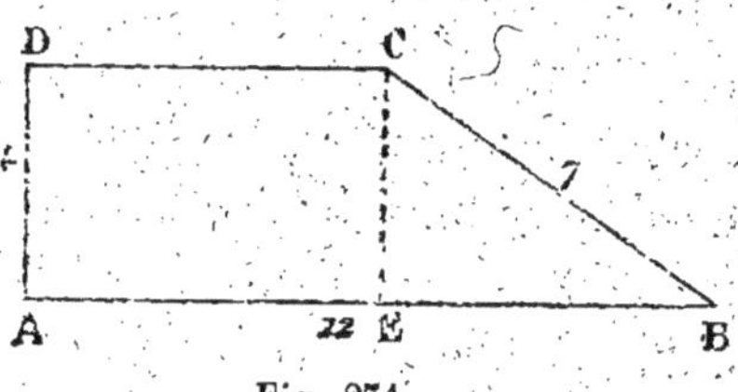

Fig. 231.

Le côté AD est la hauteur du trapèze; il reste à cal-culer la seconde base DC. A cet effet, abaissons du point C la perpendiculaire CE sur AB. On a :

$$DC = AE = AB - BE.$$

D'autre part, dans le triangle rectangle CEB, on a

$$\overline{BE}^2 = \overline{BC}^2 - \overline{CE}^2.$$

Or,

$$BC = 7^m, \quad CE = AD = 4^m;$$

donc

$$\overline{BE}^2 = 49 - 16 = 33$$

d'où

$$BE = \sqrt{33} = 5^m,7445$$

et

$$DC = 12^m - 5^m,7445 = 6,2555.$$

La surface S est donnée par la formule

$$S = \frac{AB + DC}{2} \times AD = \frac{12 + 6,2555}{2} \times 4 = 36^{mq},5110$$

à un centimètre carré près.

§ III. — RELATIONS ENTRE LE CARRÉ CONSTRUIT SUR LE CÔTÉ D'UN TRIANGLE OPPOSÉ A UN ANGLE DROIT, AIGU, OU OBTUS, ET LES CARRÉS CONSTRUITS SUR LES DEUX AUTRES CÔTÉS.

287. Si l'on prend pour unité d'aire le carré construit sur l'unité de longueur employée, le carré du nombre qui mesure la longueur d'une portion de droite est l'aire du carré construit sur cette portion de droite, et le produit des nombres qui mesurent les longueurs de deux portions de droites est l'aire du rectangle construit sur ces deux portions des droites. Ceci permet de donner une interprétation nouvelle aux relations établies, n°s 232 et suivants, entre les nombres qui mesurent les côtés d'un triangle et certains segments de ces côtés.

Ainsi, par exemple, de ce que *le carré d'un côté de l'angle droit d'un triangle rectangle est égal au produit de l'hypoténuse par la projection de ce côté sur l'hypoténuse*, il résulte que *le carré construit sur un côté de l'angle droit d'un triangle rectangle est équivalent au rectangle construit sur l'hypoténuse entière et la projection de ce côté sur l'hypoténuse.* De même, de ce que *le carré d'un côté d'un triangle opposé à un angle aigu est égal à la somme des carrés des deux autres côtés du triangle moins deux fois le produit de l'un de ces côtés par la projection de l'autre sur lui*, il résulte que *le carré construit sur un côté d'un triangle, opposé à un angle aigu, est équivalent à la somme des carrés construits sur les deux autres côtés, moins deux fois le rectangle construit sur l'un de ces côtés, et la projection de l'autre sur lui.*

Ces interprétations sont parfaitement légitimes, et les théorèmes nouveaux qu'on en déduit sont ainsi rigoureusement démontrés. Toutefois il est bon d'établir directement, ainsi que nous allons le faire, que les surfaces considérées sont équivalentes, sans avoir recours aux relations numériques établies précédemment.

Théorème.

288. *Dans un triangle rectangle :* 1° *le carré construit sur un côté de l'angle droit est équivalent au rectangle construit sur l'hypoténuse et la projection de ce côté sur l'hypoténuse;* 2° *le carré construit sur l'hypoténuse est équivalent à la somme des carrés construits sur les deux autres côtés;* 3° *le rapport des carrés construits sur les deux côtés de l'angle droit est égal au rapport des projections de ces côtés sur l'hypoténuse.*

Soit le triangle ABC rectangle en A (*fig.* 232); sur chaque côté du triangle, et en dehors du triangle, construisons un carré; du sommet de l'angle droit abaissons la perpendiculaire AD sur l'hypoténuse, et prolongeons cette ligne jusqu'au point M où elle rencontre le côté FE du carré construit sur l'hypoténuse.

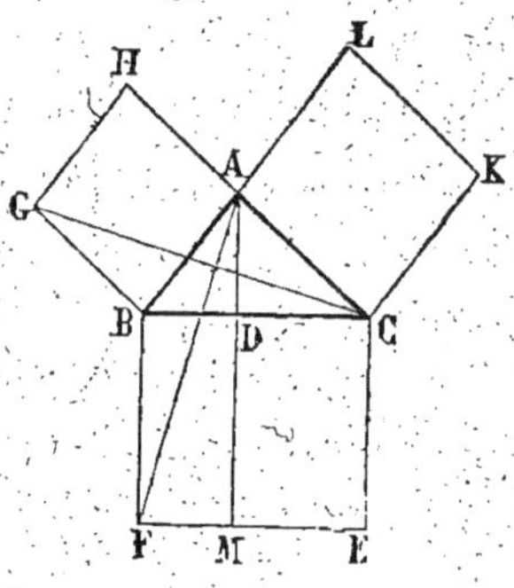

Fig. 232.

1° Le carré ABGH, construit sur le côté AB de l'angle droit, équivaut au rectangle BDMF, construit sur la ligne BF égale à l'hypoténuse BC et sur la projection BD du côté AB sur l'hypoténuse. En effet, menons les droites GC et AF; les triangles GBC et ABF sont égaux comme ayant un angle égal compris entre deux côtés égaux chacun à chacun, savoir : les angles GBC et ABF égaux comme étant tous deux la somme d'un angle droit et de l'angle ABC, les côtés BG et BA égaux comme côtés du même carré, les côtés BC et BF égaux pour la même raison. Or, le triangle GBC, qui a pour base BG et pour hauteur la distance des parallèles AC et BG, c'est-à-dire AB, équivaut à la moitié du carré ABGH ; de même le triangle ABF, qui a pour base BF et pour hauteur la distance des parallèles AD et BF, c'est-à-dire BD, équivaut à la moitié du rectangle BDMF. Donc le carré ABGH est équivalent au rectangle BDMF.

On verrait de même que le carré ACKL est équivalent au rectangle CDME.

2° Le carré BCEF, construit sur l'hypoténuse, est équivalent à la somme des carrés ABGH et ACKL construits sur les deux côtés de l'angle droit. En effet, le carré BCEF est la somme des rectangles BDMF et CDME, et ces rectangles sont respectivement équivalents aux carrés construits sur AB, et sur AC.

3° Le rapport des carrés construits sur AB et sur AC est égal au rapport des projections BD et DC de ces côtés sur l'hypoténuse. En effet, ces carrés sont respectivement équivalents aux rectangles BDMF, CDME, et ces rectangles, ayant même hauteur BF, sont entre eux comme leurs bases, BD et DC (271).

Théorème.

289. *Dans un triangle, le carré construit sur un côté opposé à un angle aigu est équivalent à la somme des carrés construits sur les deux autres côtés, moins deux fois le rectangle construit sur l'un de ces côtés et la projection de l'autre sur lui.*

Soit, dans le triangle ABC (*fig.* 233), le côté BC opposé à un angle aigu A. Sur les trois côtés du triangle, et en dehors du triangle, construisons les carrés, BCDE, ACFG, ABHK ; menons les trois hauteurs, AA′, BB′, CC′, du triangle, et prolongeons ces droites jusqu'aux points M, N, P, où elles rencontrent les côtés des carrés opposés aux côtés du triangle. L'angle A étant aigu, les deux angles B et C peuvent être aigus tous deux, ou l'un aigu et l'autre obtus.

Supposons d'abord les angles B et C aigus tous deux (*fig.* 233).

Alors, le point A′ tombe entre B et C, le point B′ entre A et C,
et le point C′ entre A et B. Considérons les rectangles BA′ME et
BC′PH construits, le premier sur le côté BC et la projection
BA′ de BA sur BC, le second
sur AB et la projection BC′ de
BC sur AB; ces deux rectangles
sont équivalents. En effet, le
premier, BA′ME, est double du
triangle ABE, qui a même
base et même hauteur; le
second, BC′PH, est double du
triangle HBC qui a même base
et même hauteur; et les triangles ABE et HBC sont égaux
comme ayant un angle égal

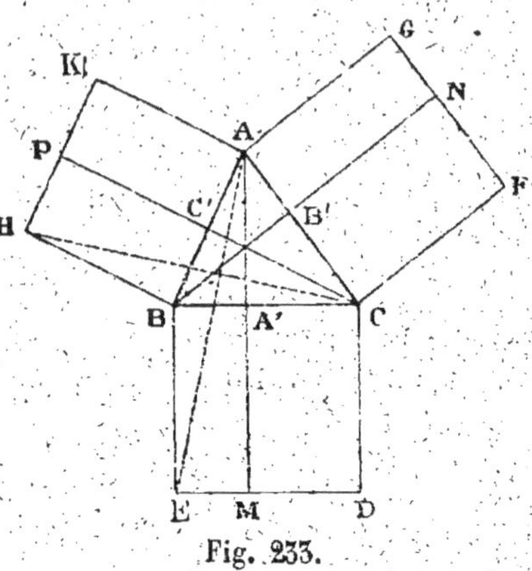

Fig. 233.

compris entre deux côtés égaux chacun à chacun. On verrait
de même que les deux rectangles CA′MD et CB′NF sont équivalents, ainsi que les rectangles AB′NG et AC′PK. Or le carré
construit sur BC est équivalent à la somme des rectangles
BA′ME et CA′MD, ou des rectangles BC′PH et CB′NF respectivement équivalents aux précédents. Le rectangle BC′PH équivaut au carré construit sur AB, moins le rectangle AC′PK; de
même, le rectangle CB′NF équivaut au carré construit sur AC,
moins le rectangle AB′NG; les
rectangles AC′PK et AB′NG sont
d'ailleurs équivalents. Donc le
carré construit sur le côté BC est
équivalent à la somme des carrés
construits sur les côtés AB et AC,
moins deux fois l'un ou l'autre des
deux rectangles AC′PK, AB′NG
construits sur l'un de ces côtés et
la projection de l'autre sur lui.

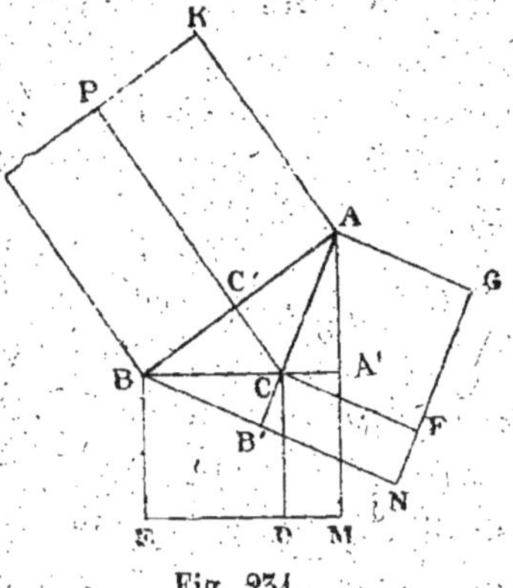

Fig. 234.

Supposons maintenant l'un des
angles B ou C obtus, C par
exemple (*fig.* 234). Alors le point A′ tombe sur le prolongement
de BC, le point B′ tombe sur le prolongement de AC, et le

point C′ entre A et B. On a toujours le rectangle BA′ME équivalent au rectangle BC′PH, le rectangle CA′MD équivalent au rectangle CB′NF, et le rectangle AB′NG équivalent au rectangle AC′PK.

De la somme des carrés construits sur AB et sur AC retranchons deux fois le rectangle AC′PK, construit sur le côté AB et sur la projection AC′ du côté AC sur AB, ou, ce qui revient au même, retranchons le rectangle AC′PK et le rectangle équivalent AB′NG; la surface restante équivaut au rectangle BC′PH moins le rectangle CB′NF, ou, ce qui revient au même, au rectangle BA′ME moins le rectangle CA′MD, ou enfin au carré BCDE construit sur BC. Donc, dans ce cas encore, le carré construit sur BC, côté opposé à un angle aigu, équivaut à la somme des carrés construits sur les deux autres côtés, moins deux fois le rectangle construit sur l'un de ces côtés et la projection de l'autre sur lui.

Théorème.

• **290.** *Dans un triangle, le carré construit sur un côté opposé à un angle obtus est équivalent à la somme des carrés construits sur les deux autres côtés, plus deux fois le rectangle construit sur l'un de ces côtés et la projection de l'autre sur lui.*

Soit (*fig.* 235) le côté BC opposé à un angle obtus A. Si nous effectuons les mêmes constructions que dans le numéro précé-

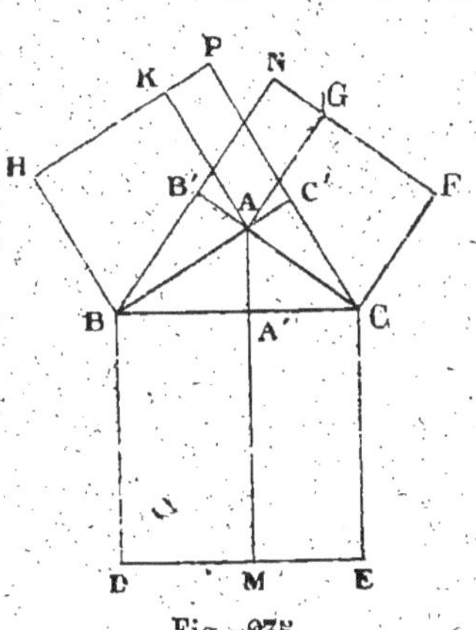

Fig. 235.

dent, le point A′ tombe entre B et C; mais les points B′ et C′ tombent, le premier sur le prolongement de CA, le second sur le prolongement de BA. D'ailleurs on a toujours le rectangle BA′MD équivalent au rectangle BC′PH, le rectangle CA′ME équivalent au rectangle CB′NF, et le rectangle AB′NG équivalent au rectangle AC′PK. Or le carré BCDE, construit sur BC, équivaut à la somme des rectangles BA′MD et CA′ME, ou des rectangles BC′PH et CB′NF, ou encore à la somme des carrés construits sur AB et sur AC augmentée de la somme des deux rectangles équivalents AC′PK et AB′NG. Donc le carré construit sur le côté BC, opposé à un angle obtus, est équivalent à la somme des carrés construits sur les deux autres côtés, plus deux fois l'un ou l'autre des deux rectangles équivalents, AC′PK et AB′NG, construits sur l'un des deux côtés AB ou AC et la projection de l'autre sur lui.

§ IV. — RAPPORT DES AIRES DE DEUX POLYGONES SEMBLABLES.

Théorème.

291. *Le rapport des aires de deux triangles semblables est égal au rapport des carrés des côtés homologues.*

Soient deux triangles semblables, ABC, A′B′C′ (*fig.* 236), et soient AD et A′D′ les hauteurs qui correspondent aux côtés homologues BC et B′C′. L'aire du triangle ABC est $\frac{1}{2}$ BC $\times$ AD ; l'aire du

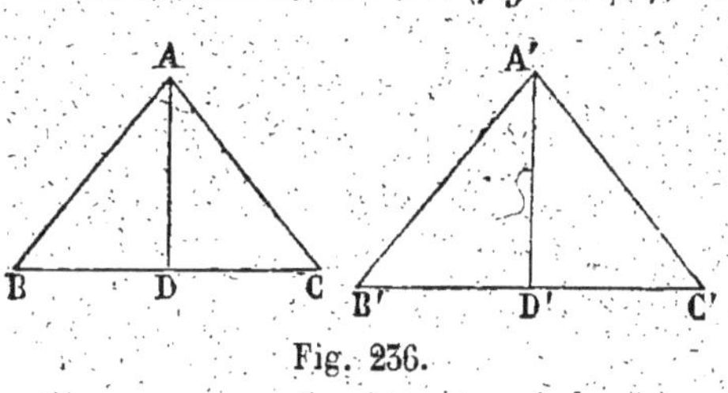

Fig. 236.

triangle A′B′C′ est $\frac{1}{2}$ B′C′ $\times$ A′D′ ; donc le rapport des aires des deux triangles est $\dfrac{BC \times AD}{B′C′ \times A′D′}$, ou le produit des rapports $\dfrac{BC}{B′C′}$ et $\dfrac{AD}{A′D′}$. Or, les triangles rectangles ADB et A′D′B′, qui ont un angle aigu égal B = B′, sont semblables, et le rapport $\dfrac{AD}{A′D′}$ est égal à $\dfrac{AB}{A′B′}$, ou à $\dfrac{BC}{B′C′}$. Donc le rapport des aires des deux triangles est $\dfrac{BC}{B′C′} \times \dfrac{BC}{B′C′}$, ou $\dfrac{\overline{BC}^2}{\overline{B′C′}^2}$.

Théorème.

292. *Le rapport des aires de deux polygones semblables est égal au rapport des carrés des côtés homologues.*

Soient les deux polygones semblables ABCDEF et A′B′C′D′E′F′ (*fig.* 237). Décomposons ces deux polygones en un même nombre de triangles semblables, ABC et A′B′C′, ACD et A′C′D′,…. etc. Le rapport des aires des triangles ABC et A′B′C′ est

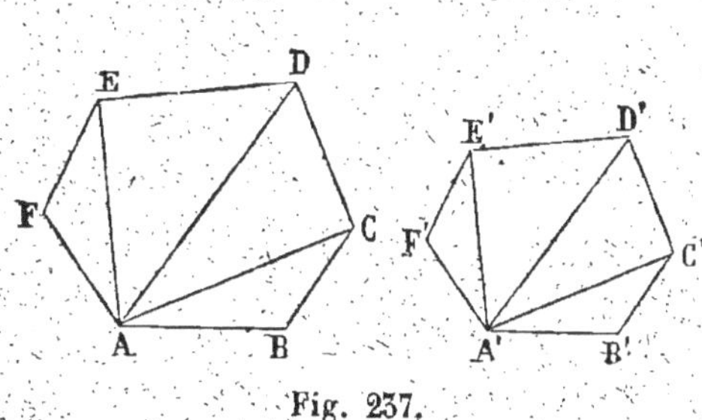

Fig. 237.

$\dfrac{\overline{AB}^2}{\overline{A'B'}^2}$; le rapport des aires des triangles ACD et A′C′D′ est $\dfrac{\overline{CD}^2}{\overline{C'D'}^2}$, ou $\dfrac{\overline{AB}^2}{\overline{A'B'}^2}$, et ainsi de suite ;

de sorte que le rapport des aires de deux triangles semblables, appartenant, l'un au premier polygone, l'autre au second, est $\dfrac{\overline{AB}^2}{\overline{A'B'}^2}$. Donc, le rapport $\dfrac{\overline{AB}^2}{\overline{A'B'}^2}$ est aussi égal au rapport de la somme des aires des triangles du premier polygone à la somme des aires des triangles du second polygone, c'est-à-dire au rapport des aires des deux polygones.

§ V. — AIRE DU CERCLE.

Théorème.

293. *L'aire d'un polygone régulier convexe est égale au produit du périmètre du polygone par la moitié du rayon du cercle inscrit.*

Soit par exemple l'octogone régulier ABCDEFGH (*fig.* 238). Joignons le centre O du polygone à tous les sommets; nous décomposons ainsi le polygone en huit triangles égaux au triangle AOB. L'aire du triangle AOB étant le produit du côté AB par la moitié du rayon OI du cercle inscrit, l'aire du polygone est

8 fois le produit $AB \times \dfrac{OI}{2}$, c'est-à-dire le périmètre, 8 AB, multiplié par la moitié du rayon du cercle inscrit.

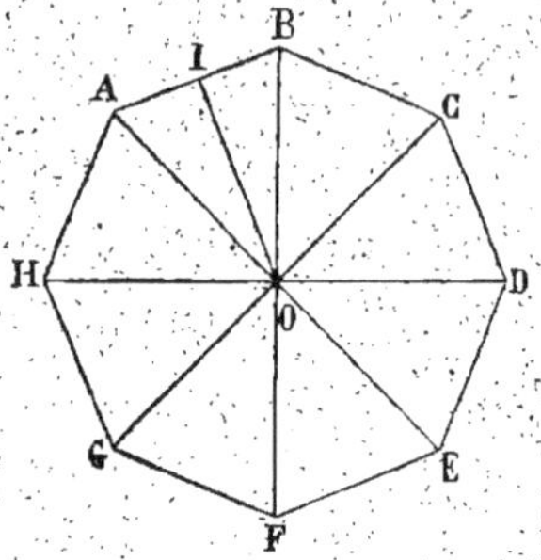

Théorème.

294. *L'aire d'un cercle est égale au produit de la circonférence par la moitié du rayon.*

On appelle *aire d'un cercle* la limite vers laquelle tend l'aire d'un polygone régulier convéxe inscrit dans ce cercle, quand on double indéfiniment le nombre des côtés de ce polygone.

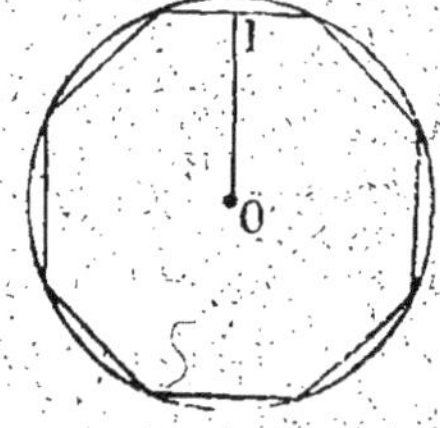

Fig. 238.

Soient P le périmètre d'un polygone régulier inscrit dans un cercle de rayon R, OI le rayon du cercle inscrit dans ce polygone (*fig.* 239); l'aire du polygone est

$$P \times \frac{1}{2} OI.$$

Fig. 239.

Si l'on double indéfiniment le nombre des côtés du polygone, le périmètre P du polygone tend vers une limite qui est ce que l'on appelle la longueur de la circonférence; d'autre part, le rayon OI du cercle inscrit dans le polygone tend vers le rayon R du cercle; de sorte que l'aire du polygone régulier inscrit, quand on double indéfiniment le nombre de ses côtés, tend vers une limite qui est

$$\text{Circonférence } R \times \frac{1}{2} R.$$

C'est cette limite que l'on nomme aire du cercle; on a donc :

$$\text{Cercle } R = \text{Circonférence } R \times \frac{1}{2} R.$$

Or,

$$\text{Circonférence } R = 2\pi R ;$$

donc

$$\text{Cercle } R = 2\pi R \times \frac{1}{2} R = \pi R^2.$$

On obtient donc l'*aire d'un cercle* en multipliant le carré du rayon par le nombre π.

295. Corollaire. *Les aires de deux cercles sont proportionnelles aux carrés de leurs rayons.*

Soient R et R′ les rayons de deux cercles, on a :

$$\text{Cercle R} = \pi R^2 \qquad \text{Cercle R}' = \pi R'^2 \,;$$

donc

$$\frac{\text{Cercle R}}{\text{Cercle R}'} = \frac{R^2}{R'^2}\cdot$$

Théorème.

296. *L'aire d'un secteur circulaire est égale au produit de l'arc du secteur par la moitié du rayon.*

On appelle *secteur circulaire* la portion d'un cercle comprise entre un arc et les deux rayons qui passent par ses extrémités. On appelle *aire d'un secteur circulaire* AOB (*fig.* 240) la limite vers laquelle tend l'aire du polygone limité par les rayons OA, OB, et par une ligne polygonale régulière convexe inscrite dans l'arc AB, quand on double indéfiniment le nombre des côtés de cette ligne. Or, on démontre, comme au n° 294, que l'aire de ce polygone est égale au produit de la longueur de la ligne polygonale régulière inscrite dans l'arc AB, par la moitié de son apothème. Si l'on double indéfiniment le nombre des côtés de cette ligne, sa longueur tend vers une limite qui est la longueur de l'arc AB, son apothème tend vers le rayon du cercle.

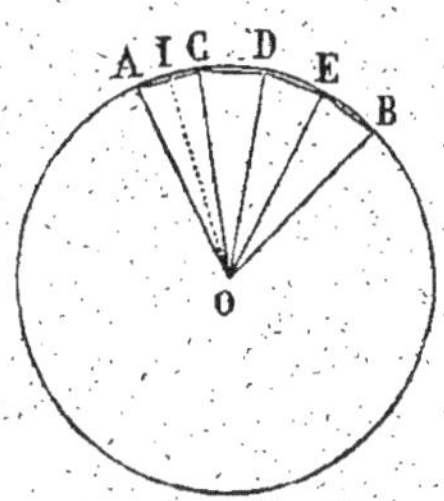

Fig. 240.

Donc, l'aire du secteur AOB est égale au produit de la longueur de l'arc AB par la moitié du rayon du cercle.

Si R est le rayon du cercle, si n est le nombre de degrés de l'angle au centre du secteur, on a (260),

$$\text{Sect. AOB} = \frac{\pi R^2 n}{360}\cdot$$

297. Remarque I. Le rapport des aires de deux secteurs AOB, A'OB' appartenant à un même cercle, est égal au rapport des arcs de ces secteurs. On a, en effet :

$$\text{Sect. AOB} = \tfrac{1}{2}\,\text{R} \times \text{arc AB}$$

$$\text{Sect. A'OB'} = \tfrac{1}{2}\,\text{R} \times \text{arc A'B'}$$

d'où

$$\frac{\text{Sect. AOB}}{\text{Sect. A'OB'}} = \frac{\text{arc AB}}{\text{arc A'B'}}.$$

Il suit encore de là que le rapport d'un secteur d'un cercle à ce cercle est égal au rapport de l'arc du secteur à la circonférence du cercle. Par conséquent, pour évaluer la surface d'un secteur, il suffit de multiplier la surface du cercle par le rapport de l'arc du secteur à la circonférence du cercle.

Exemple : Dans un cercle de rayon R, la surface d'un secteur dont l'arc est de 30° est égale à $\dfrac{30}{360} \times \pi R^2$, ou à $\dfrac{1}{12}\,\pi R^2$.

298. Remarque II. On appelle *segment de cercle* la portion de l'aire d'un cercle comprise entre un arc et sa corde.

On obtient l'aire d'un segment AMB moindre qu'un demi-cercle (*fig.* 246) en retranchant de l'aire du secteur OAMB, l'aire du triangle AOB. L'aire du segment ANB, plus grand qu'un demi-cercle, est la somme des aires du secteur OANB et du triangle AOB.

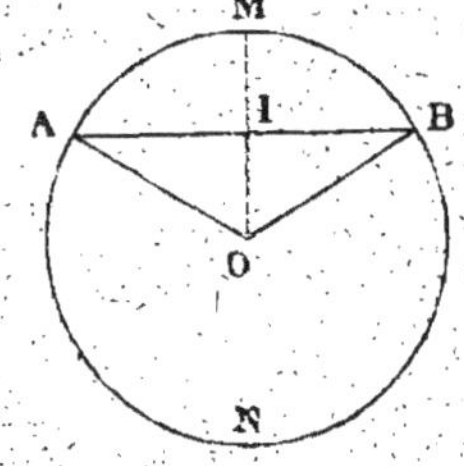

Fig. 241.

Applications numériques. I. *Calculer l'aire d'un cercle dont la circonférence est égale à 2 mètres.*

C désignant la longueur de la circonférence de rayon R, on a

$$C = 2\pi R,$$

d'où

$$R = \frac{C}{2\pi}.$$

D'autre part,

$$\text{Cercle R} = \pi R^2$$

ou, en remplaçant R par $\dfrac{C}{2\pi}$,

$$\text{Cercle R} = \pi \left(\frac{C}{2\pi}\right)^2 = \pi \frac{C^2}{4\pi^2} = \left(\frac{C}{2}\right)^2 \times \frac{1}{\pi}.$$

D'où, en faisant $C = 2$, on a, pour l'aire demandée

$$\text{Cercle R} = \frac{1}{\pi} = 0^{\text{mq}},3183$$

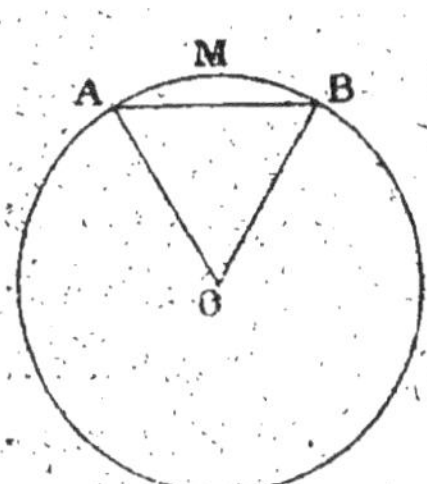

Fig. 242.

à moins de 1 centimètre carré.

II. *Calculer dans un cercle dont le rayon est 2 mètres l'aire d'un segment compris entre un arc de 60° et sa corde.*

Ce segment AMB est la différence entre le secteur AOB et le triangle AOB (*fig.* 242). Or, le secteur est le sixième du cercle et le triangle est un triangle équilatéral dont le côté est égal au rayon du cercle. En désignant par R le rayon du cercle, l'aire demandée est

$$\frac{1}{6}\pi R^2 - \frac{R^2 \sqrt{3}}{4} = \frac{R^2}{12}\left(2\pi - 3\sqrt{3}\right)$$

ou, en faisant $R = 2$,

$$\frac{1}{3}\left(2\pi - 3\sqrt{3}\right)$$

ou, en effectuant les calculs indiqués, $0^{\text{mq}},3624$, à 1 cent. carré près.

III. *Calculer, à moins de $0^m,01$, le rayon d'un cercle tel que le segment correspondant à un arc de 120° soit équivalent à 1 mètre carré.*

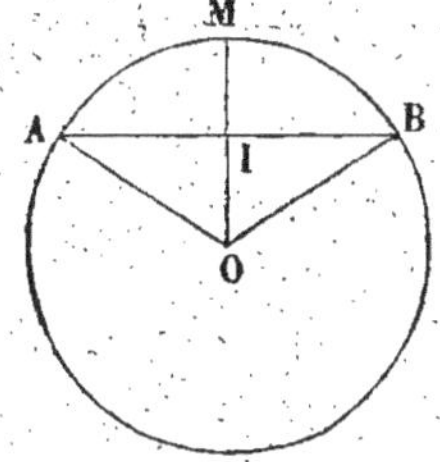

Fig. 243.

Désignons par R le rayon du cercle, et par S la surface du segment AMB correspondant à un arc de 120° (*fig.* 243).

On a :

$$S = \text{Secteur OAMB} - \text{Triangle OAB};$$

or

$$\text{Secteur OAMB} = \frac{1}{3}\pi R^2;$$

$$\text{Triangle OAB} = \frac{1}{2} AB \times OI = \frac{1}{2} R\sqrt{3} \times \frac{R}{2} = \frac{R^2\sqrt{3}}{4};$$

donc

$$S = \frac{1}{3}\pi R^2 - \frac{1}{4}R^2\sqrt{3},$$

d'où

$$R = \sqrt{\frac{12\,S}{4\pi - 3\sqrt{3}}}.$$

Si l'on fait $S = 1$, on a

$$R = \sqrt{\frac{12}{4\pi - 3\sqrt{3}}}.$$

En effectuant les calculs indiqués, on trouve $1^m,27$ pour la valeur du rayon, à moins de 1 centimètre.

§ VI. — PROBLÈMES DE CONSTRUCTION RELATIFS AUX AIRES.

Problème.

299. *Construire un carré équivalent à la somme ou à la différence de deux carrés donnés.*

Soient a et b les côtés des deux carrés donnés, x le côté du carré demandé. Dans le premier cas, on a

$$x^2 = a^2 + b^2;$$

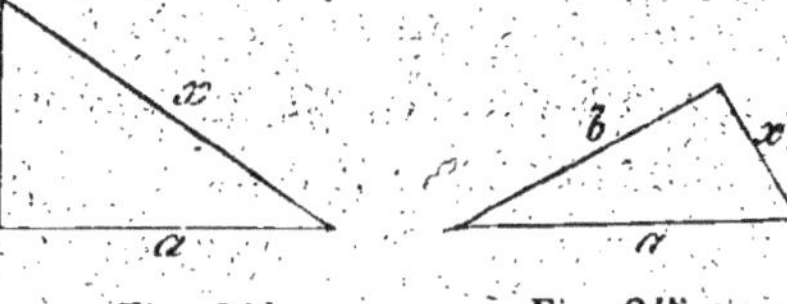

Fig. 244.　　　　　Fig. 245.

x est l'hypoténuse d'un triangle rectangle dont a et b sont les deux côtés de l'angle droit (*fig.* 244).

Dans le second cas, on a

$$x^2 = a^2 - b^2;$$

x est un côté de l'angle droit d'un triangle rectangle dont l'hypoténuse est a, et dont l'autre côté de l'angle droit est b (*fig.* 245).

Problème.

300. *Étant donnés deux polygones semblables, construire un troisième polygone semblable aux deux polygones donnés, et équivalent soit à leur somme, soit à leur différence.*

Ce problème se ramène facilement au problème précédent. Soient, en effet, A et B les aires des deux polygones donnés, a et b deux côtés homologues de ces polygones, X l'aire du polygone cherché, et x le côté de ce polygone qui est homologue aux côtés a et b des polygones donnés. Les trois polygones étant semblables, on a :

$$\frac{A}{a^2} = \frac{B}{b^2} = \frac{X}{x^2}$$

et par suite

$$\frac{X}{x^2} = \frac{A+B}{a^2+b^2} = \frac{A-B}{a^2-b^2}.$$

Dans le premier cas, X devant être égal à $A + B$, on a

$$x^2 = a^2 + b^2.$$

Dans le second cas, X devant être égal à $A - B$, on a

$$x^2 = a^2 - b^2.$$

D'ailleurs, connaissant le côté x du polygone cherché, homologue au côté a du polygone A, on construira le polygone demandé comme il a été expliqué au n° 223.

Problème.

301. *Construire un carré tel que le rapport de son aire à l'aire d'un carré donné soit égal au rapport de deux lignes données.*

Soient a le côté du carré donné, m et n les deux longueurs données, x le côté du carré cherché, on a, par hypothèse,

$$\frac{x^2}{a^2} = \frac{m}{n}.$$

Sur une droite indéfinie, prenons $AB = m$, $BC = n$ (*fig.* 246), et, sur AC comme diamètre, décrivons une demi-circonférence. Au point B élevons la perpendiculaire BD à AC, et soit D le point où cette perpendiculaire rencontre la circonférence. Menons les droites DA et DC. Le triangle ADC étant rectangle en D, on a (233) :

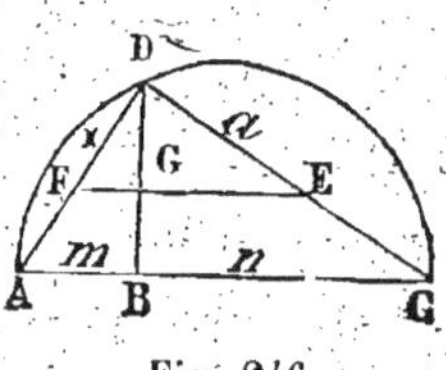

Fig. 246.

$$\frac{\overline{DA}^2}{\overline{DC}^2} = \frac{AB}{BC} = \frac{m}{n}.$$

Prenons sur DC, à partir du point D, une longueur DE égale à a, et par le point E menons la parallèle EF à AB ; DF est le côté x du carré demandé. On a en effet

$$\frac{DF}{DE} = \frac{DA}{DC}$$

ou, en appelant x la longueur DF,

$$\frac{x}{a} = \frac{DA}{DC}$$

d'où enfin,

$$\frac{x^2}{a^2} = \frac{\overline{DA}^2}{\overline{DC}^2} = \frac{m}{n}.$$

302. REMARQUE. Si le rapport des aires des deux carrés est donné en nombre, par exemple si ce rapport doit être égal à $\frac{2}{5}$, on prend, sur une droite indéfinie, une longueur AB contenant deux fois une unité arbitraire, et, à la suite, une longueur BC contenant cinq fois la même unité, puis on achève la construction comme précédemment.

Problème.

303. *Construire un rectangle équivalent à un carré donné et dont les deux côtés aient leur somme égale à une longueur donnée.*

Soient a le côté du carré donné, et b la somme des côtés du rectangle demandé.

Prenons, sur une droite indéfinie, une longueur AB égale à b;

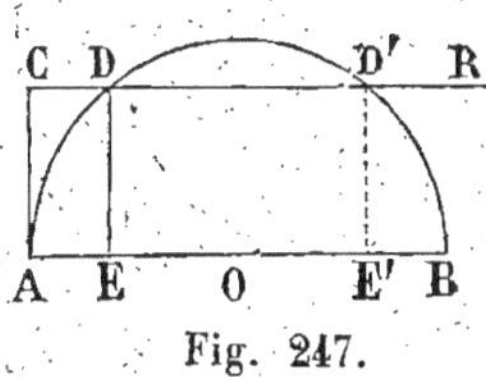
Fig. 247.

et sur AB comme diamètre décrivons une demi-circonférence (*fig.* 247). Au point A menons la perpendiculaire AC à AB, et prenons sur cette ligne AC $= a$. Par le point C menons la parallèle CR à AB et soit D l'un des points où cette droite rencontre la circonférence. Menons DE perpendiculaire à AB; AE et EB sont les côtés du rectangle demandé.

En effet, on a d'une part AE $+$ EB $=$ AB $= b$; d'autre part le triangle ADB étant rectangle en D, on a (232) :

$$ AE \times EB = \overline{DE}^2 = a^2 ; $$

et le rectangle construit sur AE et sur EB satisfait aux conditions demandées.

La droite CR rencontre la circonférence en un second point D′, et si l'on mène D′E′ perpendiculaire sur AB, les longueurs AE′ et E′B sont encore les côtés d'un rectangle satisfaisant à la question. Mais il est facile de voir que l'on a AE′ $=$ BE, et BE′ $=$ AE, et par suite que ce second rectangle est le même que le premier.

Pour que le problème soit possible, il faut et il suffit que la parallèle à la droite AB menée par le point C rencontre la circonférence décrite sur AB comme diamètre, c'est-à-dire que a soit inférieur ou égal à $\dfrac{b}{2}$. Si a est égal à $\dfrac{b}{2}$, le rectangle demandé est le carré donné. On en conclut que de tous les rectangles dont le périmètre est constant, et égal à $2b$, celui qui a la plus grande surface est un carré dont le côté est $\dfrac{b}{2}$.

Il est facile d'exprimer les longueurs des côtés AE et BE du rectangle demandé, au moyen des longueurs données a et b. On a en effet :

$$AE = OA - OE, \qquad BE = OA + OE.$$

Or,

$$OA = \frac{b}{2}, \quad OE = \sqrt{\overline{OD}^2 - \overline{DE}^2} = \sqrt{\frac{b^2}{4} - a^2};$$

donc

$$AE = \frac{b}{2} - \sqrt{\frac{b^2}{4} - a^2} \qquad BE = \frac{b}{2} + \sqrt{\frac{b^2}{4} - a^2}.$$

Problème.

304. *Construire un rectangle équivalent à un carré donné et dont les deux côtés aient leur différence égale à une longueur donnée.*

Soit a le côté du carré donné, et soit b la différence des côtés du rectangle demandé (*fig.* 248).

Soit $AB = b$; au point A menons la perpendiculaire AC à AB, et prenons $AC = a$. Sur AB comme diamètre décrivons une circonférence, et joignons le point C au centre O de cette circonférence. Soient D et E les points où la droite CO rencontre la circonférence; les longueurs CD et CE sont les deux côtés du rectangle demandé.

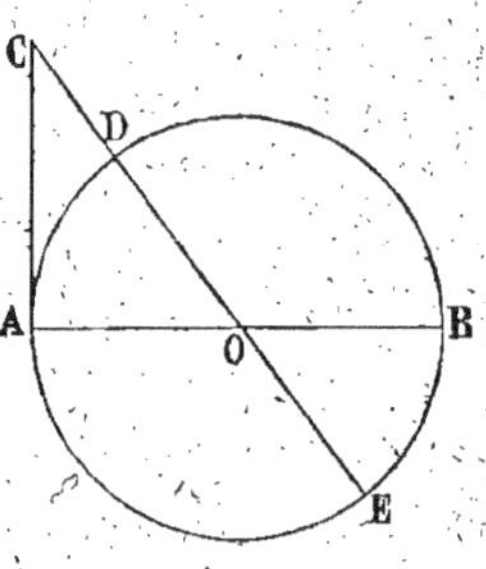

Fig. 248.

En effet, on a d'une part :

$$CE - CD = DE = AB = b;$$

et d'autre part, la droite AC étant tangente en A, on a :

$$CD \times CE = \overline{CA}^2 = a^2$$

et le rectangle construit sur CE et sur CD satisfait aux conditions demandées. — Le problème est toujours possible.

On peut encore ici exprimer les longueurs CD et CE des côtés du rectangle demandé, au moyen des longueurs données a et b. On a en effet :

$$CD = OC - OD, \quad \text{et} \quad CE = OC + OD.$$

Or,

$$OD = \frac{b}{2}, \quad OC = \sqrt{\overline{OA}^2 + \overline{AC}^2} = \sqrt{\frac{b^2}{4} + a^2};$$

donc

$$CD = \sqrt{\frac{b^2}{4} + a^2} - \frac{b}{2}, \quad CE = \sqrt{\frac{b^2}{4} + a^2} + \frac{b}{2}.$$

EXERCICES SUR LE LIVRE IV.

Théorèmes et problèmes.

1. Soit un triangle ABC dans lequel l'angle A est droit et l'angle B égal à 60° (*fig.* 249). On construit, en dehors du triangle : 1° sur l'hypoténuse BC un carré BCDE ; 2° sur le côté AB le triangle équilatéral ABF ; 3° sur le côté AC le triangle équilatéral ACG ; on mène les droites EF et FG. On demande d'évaluer l'aire du quadrilatère EDGF en supposant l'hypoténuse BC du triangle égale à a. Appliquer la formule en supposant a égale à 5^{m}.

2. Calculer l'aire d'un trapèze rectangle dans lequel un des angles est de 60°, connaissant : soit les bases parallèles, soit l'une des bases et la hauteur, soit l'une des bases et le côté oblique aux bases.

3. Parmi tous les triangles que l'on peut former avec deux côtés donnés, quel est le plus grand ?

4. Parmi tous les triangles qui ont même base AB, et leur sommet sur une circonférence passant par les points A et B, quel est le plus grand ?

5. Parmi tous les rectangles inscrits dans un cercle, quel est le plus grand ?

6. Soit R le rayon d'un cercle ; calculer l'aire du triangle équilatéral, de l'hexagone régulier, du dodécagone régulier, du carré, de l'octogone régulier, inscrits dans ce cercle.

7. Si les angles A et A' des triangles, ABC, A'B'C', sont égaux ou supplémentaires, le rapport des surfaces des triangles est égal au rapport du produit des côtés qui comprennent l'angle A au produit des côtés qui comprennent l'angle A'.

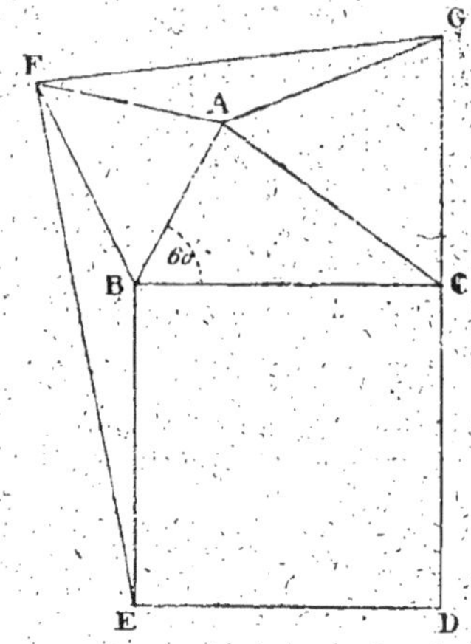

8. Partager un triangle en deux parties proportionnelles à deux nombres donnés par une droite menée de l'un des sommets.

9. Par un point situé sur un côté d'un triangle, mener une droite qui partage le triangle en deux parties proportionnelles à des nombres donnés.

Fig. 249.

10. Partager un triangle en trois parties proportionnelles à des nombres donnés par trois droites menées d'un même point aux trois sommets.

11. Partager un trapèze en deux parties proportionnelles à des nombres donnés par une droite parallèle aux bases du trapèze.

12. Deux quadrilatères qui ont leurs diagonales respectivement égales et faisant le même angle sont équivalents.

13. Des relations algébriques

$$(a + b)^2 = a^2 + b^2 + 2ab$$
$$(a - b)^2 = a^2 + b^2 - 2ab$$

et du théorème concernant l'aire d'un rectangle, on conclut que le carré construit sur la somme ou sur la différence de deux portions de droites équivaut au carré construit sur la première, plus le carré construit sur la seconde, plus ou moins deux fois le rectangle construit sur ces deux portions de droites. Vérifier ce fait géométriquement, sans avoir recours aux relations algébriques.

14. Calculer la surface d'un triangle équilatéral dont la hauteur est h.

15. Soient AB et CD deux diamètres rectangulaires d'un cercle O ;

du point C comme centre, avec CA pour rayon, on décrit un arc de

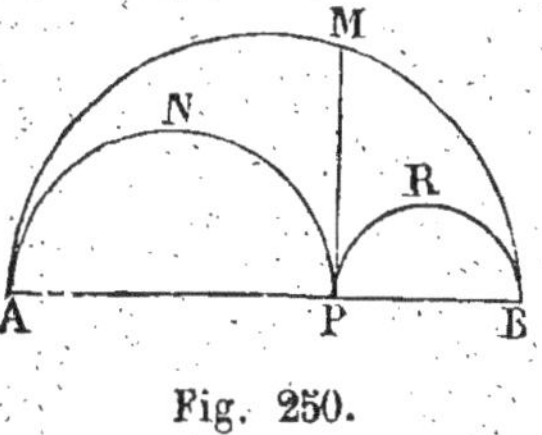

Fig. 250.

cercle AMB; calculer l'aire de la surface comprise entre les deux arcs de cercle ADB et AMB.

16. Soit un demi-cercle AMB (*fig.* 250); d'un point M quelconque de la circonférence on abaisse MP perpendiculaire sur le diamètre AB, et, sur AP et PB comme diamètres, on décrit les demi-cercles ANP et PRB; démontrer que la surface comprise entre la demi-circonférence AMB et les demi-circonférences ANP et PRB équivaut au cercle décrit sur MP comme diamètre.

17. Calculer la portion de surface d'un cercle comprise entre deux cordes parallèles AB et CD, l'une égale au rayon, l'autre égale au côté du triangle équilatéral inscrit.

18. Étant donnés deux cercles égaux qui se coupent aux deux points A et B, par le point A on mène une sécante quelconque qui coupe les deux circonférences en des points C et D, situés d'un même côté par rapport au point A. Démontrer que l'aire du triangle BCD, dont deux côtés sont curvilignes, est proportionnelle au carré du côté rectiligne CD. (Concours général, 1861.)

19. Soit un parallélogramme ABCD (*fig.* 251) dont les diagonales sont AC et BD; lieu des points M tels que la somme ou la différence des triangles MAC et MBD soit constante, et équivalente à la surface d'un carré donné.

20. Sur les deux rayons OA, OB d'un quadrant pris pour diamètres (*fig.* 252), on décrit deux demi-circonférences ODCA, OECB

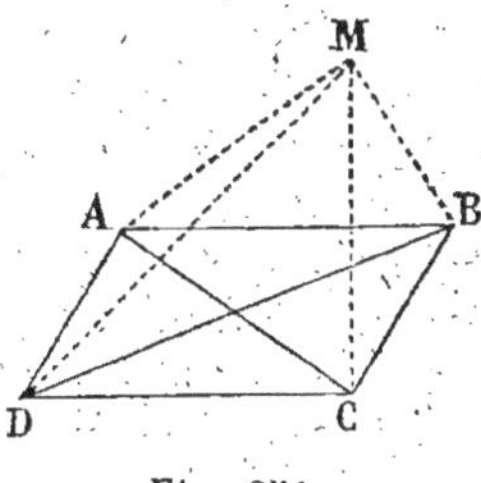

Fig. 251.

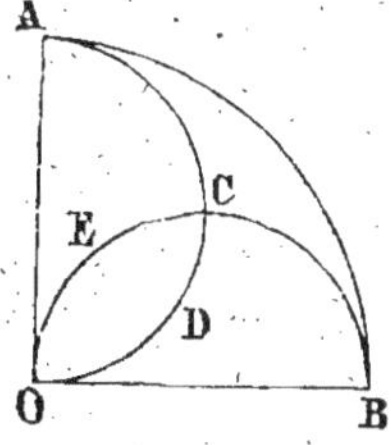

Fig. 252.

qui se coupent au point C; démontrer : 1° que les trois points, A, C, B, sont en ligne droite; 2° que l'aire de la figure ODCEO équivaut à l'aire de la figure ABC; 3° que l'aire OACEO est égale à $\dfrac{R^2}{4}$.

21. On donne un hexagone régulier dont le côté est a; on prolonge les côtés, dans le même sens, d'une longueur égale à ma; on joint les extrémités de ces côtés ainsi prolongés, et l'on demande de prouver que la figure ainsi formée est un hexagone régulier et que l'aire de ce nouvel hexagone est égale à l'aire du premier multipliée par

$$m^2 + m + 1.$$

22. Soit dans un cercle une corde AB de longueur constante $a + b$, et sur cette corde un point M dont les distances aux extrémités A et B de la corde sont respectivement égales à a et à b. Démontrer que le point M décrit une ligne telle que l'aire de la surface comprise entre cette ligne et le cercle donné est πab.

23. Par les deux extrémités d'une portion de droite AB et d'un même côté de cette droite, on lui élève deux perpendiculaires AC et BD telles que l'aire du trapèze ABCD ait une valeur constante donnée; du milieu E de la droite AB, on abaisse une perpendiculaire EM sur la droite CD; trouver le lieu décrit par le pied M de cette perpendiculaire, quand on fait varier les longueurs des perpendiculaires AC et BD. — Même problème quand les lignes AC et BD, au lieu d'être perpendiculaires à AB, sont parallèles à une droite fixe donnée. (Concours général, Troisième, 1880.)

24. La distance des centres de deux cercles égaux, de rayon R, est égale à $R\sqrt{3}$; calculer l'aire comprise entre les deux cercles; en supposant ensuite $R = 1^m$, calculer la valeur numérique de l'aire précédente à 1 centimètre carré près (Concours général, Troisième, 1881.)

25. On donne un cercle de rayon R et à l'intérieur deux points F et F' symétriquement placés par rapport au centre O : 1° Par un point P de la circonférence O on élève sur FP une perpendiculaire D qui rencontre cette courbe en un second point P'; démontrer que la droite F'P' est perpendiculaire sur D et que le produit $FP \times F'P'$ reste constant quand le point P décrit la circonférence O; 2° On trace par le point F, dans le plan du cercle O, deux cordes rectangulaires PFQ, P_1FQ_1; puis on élève par les extrémités P, Q de la corde PQ des perpendiculaires sur cette corde, et par les extrémités P_1, Q_1 de la corde P_1Q_1 des perpendiculaires sur cette corde; ces quatre perpendiculaires forment un rectangle MNM_1N_1; on demande le lieu décrit par les sommets de ce rectangle quand les deux cordes rectangulaires PFQ, P_1FQ_1 pivotent autour du point F; 3° Soient S l'aire du rectangle MNM_1N_1 et Σ celle du rectangle OGHF, formé par les cordes rectangulaires PFQ, P_1FQ_1 et les perpendiculaires abaissées du centre O sur chacune d'elles; démontrer que, lorsque les deux cordes rectangulaires pivotent autour du point F, les aires S et Σ sont liées par la relation $S^2 = 16\Sigma^2 + k^2$, k désignant une constante; trouver pour quelle position des deux cordes rectangulaires la surface S est maximum, pour quelle position des mêmes cordes elle est minimum. (Concours général, Rhétorique, 1892.)

26. Soit M un point du plan du triangle ABC tel que les aires des triangles MBC, MCA, MAB soient proportionnelles aux nombres donnés a', b', c' : 1° Prouver que la droite qui joint deux quelconques des points M passe par un des sommets du triangle ABC; 2° Un des points M étant connu, construire graphiquement tous les autres; 3° Calculer la somme algébrique des inverses des distances de tous les points M aux côtés de ABC en fonction des longueurs a, b, c de ces côtés et des nombres a', b', c'. (Concours général, Troisième moderne, 1893.)

27. Étant donné un triangle ABC rectangle en A, on construit sur AB et sur AC des demi-circonférences extérieurement au triangle et on mène par A une sécante variable DAE qui coupe en D et E ces demi-circonférences : 1° Trouver le lieu du point M de DE, tel que l'on ait $\dfrac{MD}{ME} = k$, k étant une quantité donnée; 2° Trouver l'aire de la surface comprise entre la ligne trouvée, les côtés de l'angle droit, et les demi-circonférences. (Professorat des Écoles normales, 1902.)

28. On considère un trapèze ABCD de bases AB et CD et dont les diagonales se coupent en M; connaissant les côtés a et b des carrés respectivement équivalents aux deux triangles AMB et CMD, calculer le côté du carré équivalent au trapèze tout entier. (Fontenay-aux-Roses, 1901.)

GÉOMÉTRIE DANS L'ESPACE

LIVRE V

DROITES ET PLANS *

§ I. — DÉTERMINATION D'UN PLAN.

305. Définition. Un plan est une surface telle qu'il suffit qu'une droite ait deux points sur cette surface pour y être contenue tout entière.

Une pareille surface est indéfinie ; comme on n'en peut figurer qu'une portion limitée, on représente ordinairement un plan par un parallélogramme tracé sur la surface ; mais il faut concevoir que la surface ainsi représentée n'est pas limitée au contour de ce parallélogramme, et qu'elle s'étend aussi indéfiniment à l'extérieur.

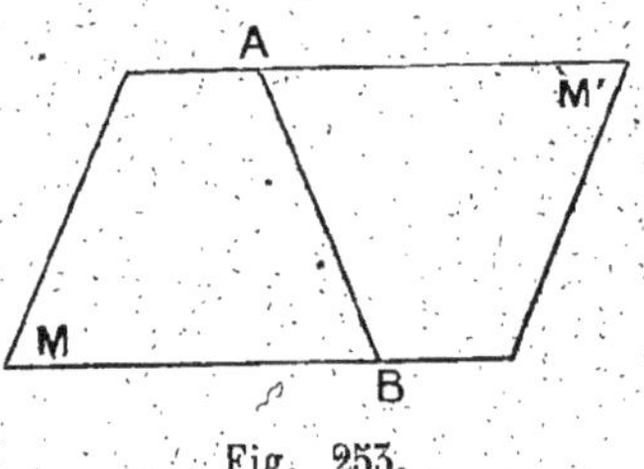

Fig. 253.

Une droite AB (*fig.* 253) située dans un plan MM' partage ce plan en deux régions sépa-

---

récs par cette droite; chacune de ces régions ABM, ABM′ forme ce qu'on appelle un *demi-plan*.

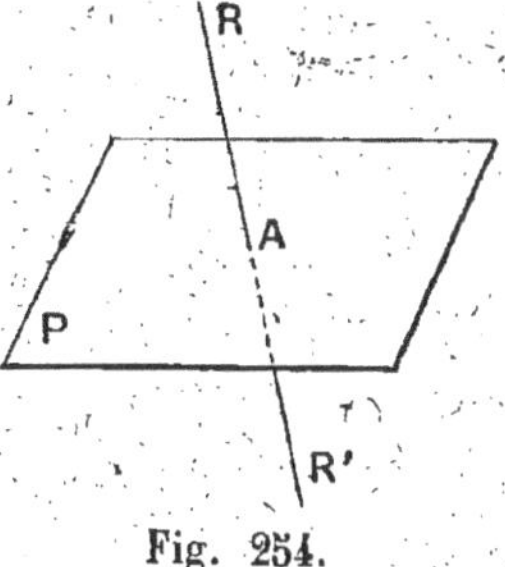
Fig. 254.

De la définition du plan il résulte que si une droite RR′, qui n'est pas dans un plan P, rencontre ce plan (*fig.* 254), elle ne le rencontre qu'en un seul point. Soit A ce point : une portion AR de la droite se trouve d'un côté du plan, et l'autre AR′ de l'autre côté.

Théorème.

306. *Par une droite et par un point extérieur on peut faire passer un plan et un seul.*

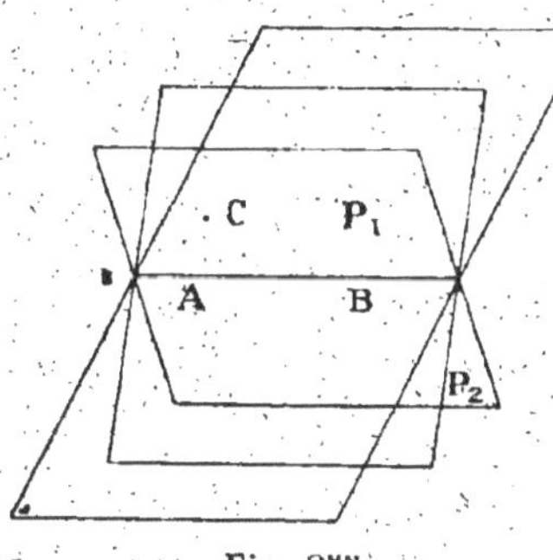
Fig. 255.

Soit une droite AB et un point C non situé sur cette droite (*fig.* 255). Imaginons un plan quelconque P passant par la droite AB; puis, faisons tourner ce plan autour de la droite AB; nous pourrons toujours l'amener dans une position P_1, telle qu'il contienne le point C. Si la rotation continue, le plan cesse d'abord de contenir le point C; s'il est ensuite ramené dans une position P_2 telle qu'il contienne à nouveau le point C, je dis que le plan P_2 coïncide avec le plan P_1.

Soient, en effet, P_1 et P_2 deux plans contenant la droite AB et le point C, et soit M un point dans le plan P_1, je dis que ce point M est aussi dans le plan P_2 (*fig.* 256). Joignons le point C à un point quelconque D de la droite AB; la droite CD, qui a les deux points C et D dans les

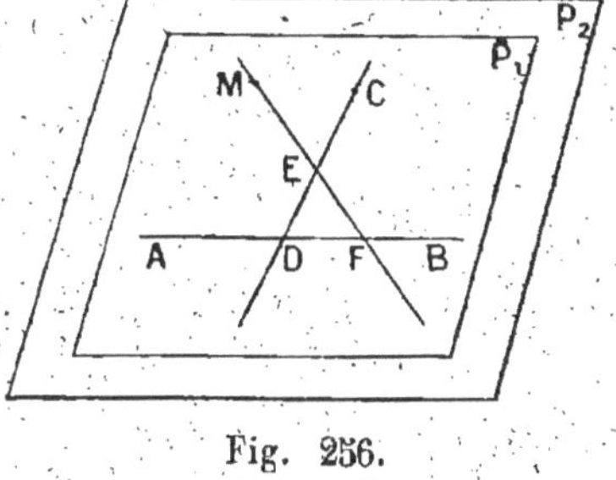
Fig. 256.

deux plans, est tout entière dans ces deux plans. Par le point M menons, dans le plan P_1, une droite qui ne soit parallèle ni à AB ni à CD; elle rencontrera l'une et l'autre de ces droites situées dans le plan P_1; soient E et F les points de rencontre. La droite MEF, qui a les deux points E et F situés dans le plan P_2, y est tout entière; donc le point M est dans le plan P_2. Tout point de l'un des plans étant aussi dans l'autre, les deux plans coïncident.

307. CorollaIRE. *Un plan peut encore être déterminé d'une des trois manières suivantes : 1° par trois points non en ligne droite; 2° par deux droites qui se coupent; 3° par deux droites parallèles.*

1° Soient trois points, A, B, C, non en ligne droite. La droite AB et le point C déterminent un plan P, et ce plan contient les trois points donnés. Réciproquement d'ailleurs tout plan passant par les trois points donnés contient la droite AB et le point C, et par conséquent coïncide avec le plan P.

2° Soient OA et OB deux droites qui se coupent (*fig.* 257). Prenons sur OB un point quelconque B; la droite OA et le point B déterminent un plan P; ce plan contenant les deux points O et B contient la droite OB tout entière; ce

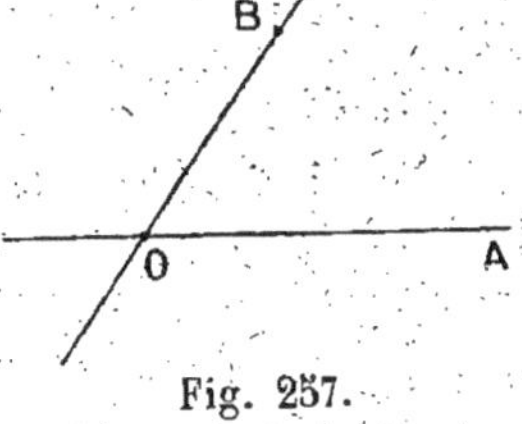
Fig. 257.

plan contient donc les deux droites OA et OB. Réciproquement d'ailleurs tout plan contenant les droites OA et OB contient la droite OA et le point B, et par conséquent coïncide avec le plan P.

3° Deux droites parallèles sont, *par définition*, deux

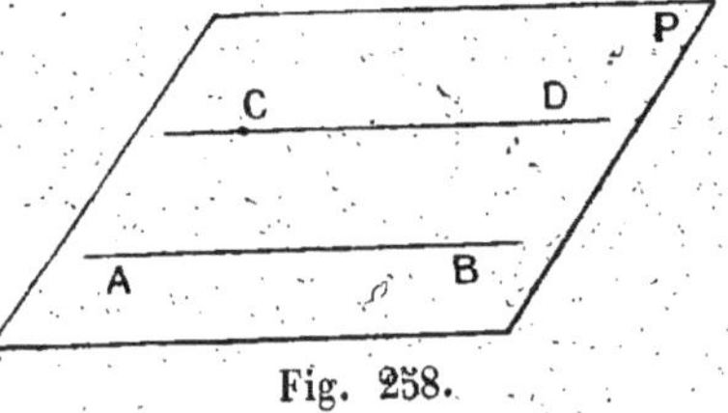
Fig. 258.

droites qui, situées dans un même plan, ne se rencontrent pas, à quelque distance qu'on les prolonge. Soient AB et CD deux droites parallèles (*fig.* 258). Par définition, ces deux droites sont dans un même plan. Ce plan est d'ailleurs unique, puisqu'il contient la droite AB et un point C pris arbitrairement sur CD.

308. GÉNÉRATION DU PLAN PAR UNE DROITE. Une ligne qui se déplace dans l'espace engendre une surface. On peut concevoir plusieurs modes de génération d'une surface plane par une droite.

1° Une droite OM, mobile autour d'un point fixe O, et assujettie à rencontrer constamment une droite fixe AB qui ne contient pas le point O, engendre un plan (*fig.* 259). En effet, cette droite mobile est toujours tout entière dans le plan dé-

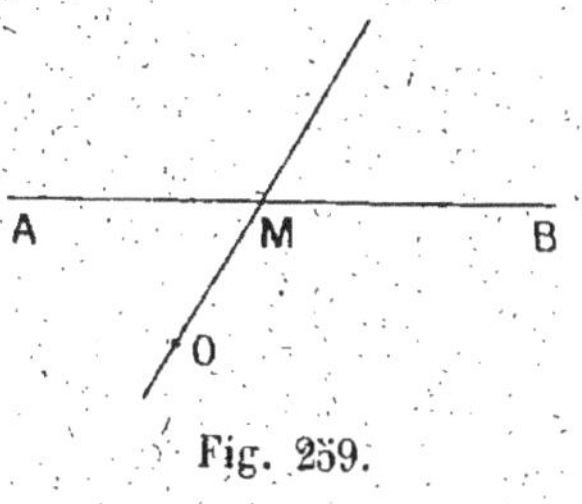

Fig. 259.

terminé par la droite AB et le point O, et, en tournant d'une manière continue autour du point O, elle vient passer successivement par tous les points de ce plan.

2° Une droite mobile AB, qui se déplace parallèlement à elle-même et qui rencontre constamment une droite fixe CD (*fig.* 260), engendre un plan. En effet, considérons la droite mobile dans deux positions AB et A'B'. Les

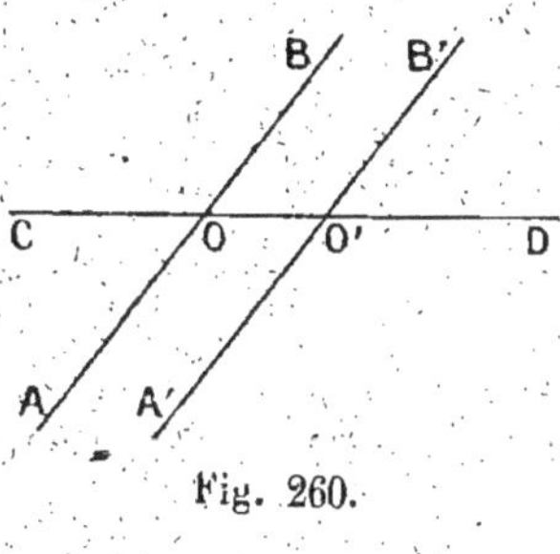

Fig. 260.

droites parallèles AB et A'B' déterminent un plan; ce plan contient la droite CD, puisqu'il contient les deux points O et O' où cette droite est rencontrée par AB et par A'B'; il contient la droite AB, et, par conséquent, il coïncide avec le plan des deux droites AB et CD. La droite mobile restant toujours dans le plan des droites AB et CD, et venant d'ailleurs passer successivement par tous les points du plan, engendre ce plan.

Théorème.

309. *Si deux plans distincts ont un point commun, le lieu des points communs à ces deux plans est une droite.*

Soient P et Q deux plans distincts ayant un point commun A; montrons d'abord que ces deux plans ont une droite commune passant par le point A. Menons à cet effet par le point A (*fig.* 261), dans le plan Q, deux droites indéfinies R'AR, S'AS ; supposons les portions AR, AS de ces droites d'un côté du plan P, et les portions AR', AS' de l'autre côté de ce plan. Prenons sur AR un point quelconque B, et, sur AS', un point quelconque C ; la droite BC, qui joint deux points situés de part et d'autre du plan P, rencontre nécessairement ce plan en un certain point D. D'autre part, la droite BC,

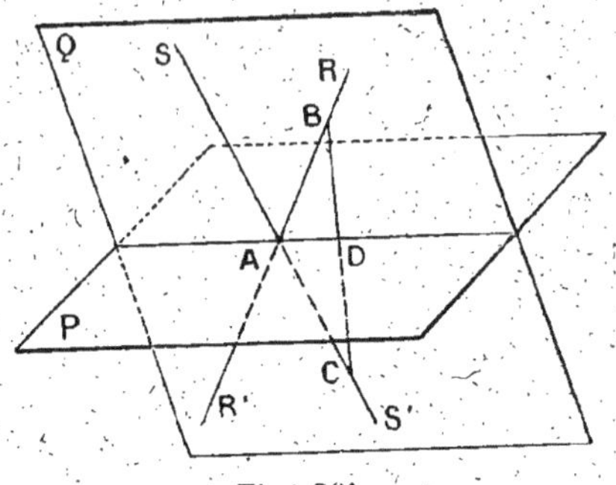

Fig. 261.

qui a deux de ses points dans le plan Q, y est tout entière ; donc le point D est aussi dans le plan Q.

Les points A et D se trouvant ainsi à la fois dans le plan P et dans le plan Q, la droite AD, menée par ces deux points, est à la fois située tout entière dans chacun de ces deux plans.

Les plans P et Q ont donc en commun tous les points de la droite AD ; ils n'ont d'ailleurs aucun point commun en dehors de cette droite, sans quoi ils coïncideraient ; donc le théorème est démontré.

§ II. — DROITE PERPENDICULAIRE A UN PLAN.

Théorème

310. *Si une droite est perpendiculaire à deux droites qui passent par son pied dans un plan, elle est perpendiculaire à toutes les droites qui passent par son pied dans ce plan.*

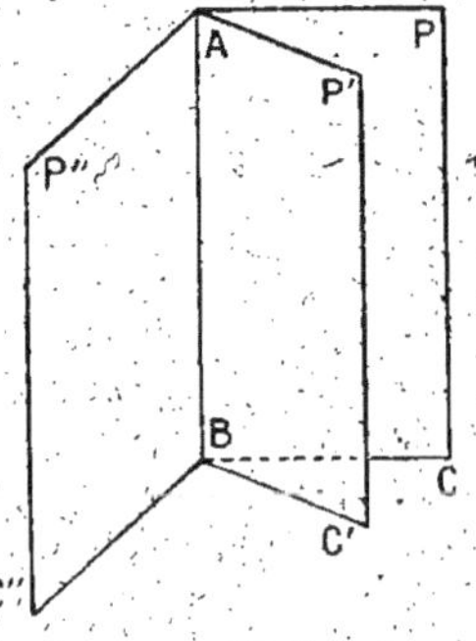

Fig. 262.

Remarquons d'abord que, dans l'espace, une droite AB peut être perpendiculaire à autant de droites qu'on voudra, passant toutes par un point B de cette droite. En effet, dans un plan quelconque P passant par AB (*fig.* 262), menons la perpendiculaire BC à AB; opérons de même dans d'autres plans P', P'', etc., passant par AB; la droite AB sera perpendiculaire à toutes les droites BC, BC', BC'', etc., ainsi obtenues.

Cela posé, considérons une droite AB perpendiculaire à deux droites BC et BD du plan P, qui passent par le pied B de la droite AB dans ce plan, c'est-à-dire par le point où la droite AB rencontre le plan P; je dis que la droite AB est perpendiculaire à toute autre droite, BE par exemple, menée par son pied dans le plan P (*fig.* 263). Pour le démontrer, je mène dans le plan P une droite quelconque rencontrant les droites concourantes BC, BD, BE aux points C, D, E, ce qui est toujours possible; je prolonge la droite AB, de l'autre côté du plan P, d'une longueur BA' égale à AB, et je mène les droites AC, AD, AE, et les droites A'C, A'D, A'E. Les droites CA et CA' sont égales comme obliques qui s'écartent également du pied B de la perpendiculaire menée du point C à la droite AA'; les droites DA et DA' sont égales pour la même raison. Il en résulte

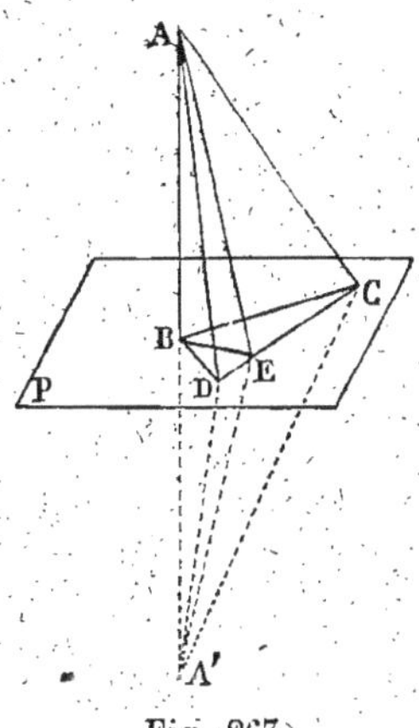

Fig. 263.

que les deux triangles CDA et CDA', qui ont en outre le côté CD commun, sont égaux comme ayant les trois côtés égaux chacun à chacun. De l'égalité de ces deux triangles, résulte l'égalité des angles ACD, A'CD. Les deux triangles ACE, A'CE qui ont un angle égal, ACE = A'CE, comme on vient de le démontrer, compris entre deux côtés égaux chacun à chacun, savoir, CE commun, et AC = A'C, sont égaux; on en conclut l'égalité des troisièmes côtés, AE = A'E. Le triangle AEA' est donc isocèle, et la droite EB, qui joint le sommet au milieu de la base, est perpendiculaire sur la base. Donc la droite AB est perpendiculaire sur la droite BE.

311. Définition. Lorsqu'une droite est perpendiculaire à toutes les droites qui passent par son pied dans un plan, on dit qu'elle est *perpendiculaire à ce plan*; on dit aussi dans ce cas que le plan est *perpendiculaire à la droite*. Une droite oblique à une droite passant par son pied dans un plan est dite *oblique au plan*.

312. Le théorème qui précède peut être énoncé comme il suit :

Si une droite est perpendiculaire à deux droites d'un plan qui passent par son pied dans ce plan, elle est perpendiculaire à ce plan.

Théorème.

313. *Le lieu géométrique des perpendiculaires menées à une droite par un point de cette droite est un plan perpendiculaire à cette droite en ce point.*

Par la droite AB (*fig.* 264) faisons passer deux plans quelconques P et P', et, dans ces plans, menons les perpendiculaires BC et BC' à la droite AB au point B. Ces perpendiculaires BC et BC' déterminent un plan Q ; et la droite AB, perpendiculaire à deux droites situées dans le plan Q et passant par son pied, est perpendiculaire à ce plan.

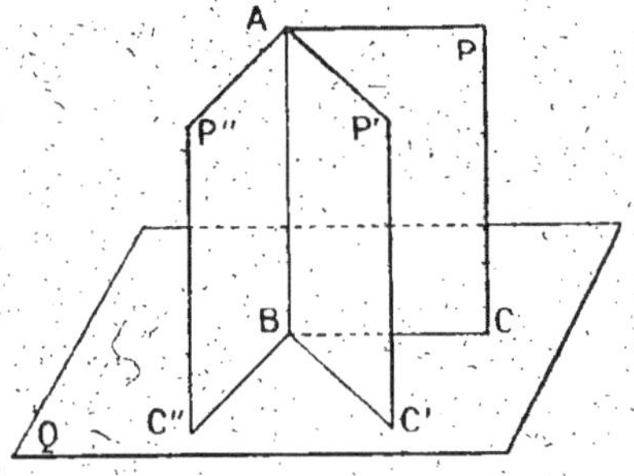
Fig. 264.

Soit maintenant un autre plan quelconque P'' mené par AB. Ce plan coupe le plan Q suivant une droite BC'' ; et la droite AB, perpendiculaire au plan Q, est perpendiculaire à la droite BC'' qui passe par son pied dans ce plan. Donc, si on élève au point B, dans le plan P'', une perpendiculaire à la droite AB, cette perpendiculaire se confond avec la droite BC'' et, par conséquent, elle est située dans le plan Q.

314. Corollaire. *Une droite qui tourne autour d'un point B d'une droite AB, en restant perpendiculaire à cette droite, engendre un plan perpendiculaire à cette droite.*

Théorème.

315. *Par un point donné O on peut toujours mener un plan perpendiculaire à une droite donnée AB, et on n'en peut mener qu'un.*

1° Supposons d'abord le point O sur la droite donnée AB (*fig.* 265). Menons par la droite AB deux plans quelconques P et

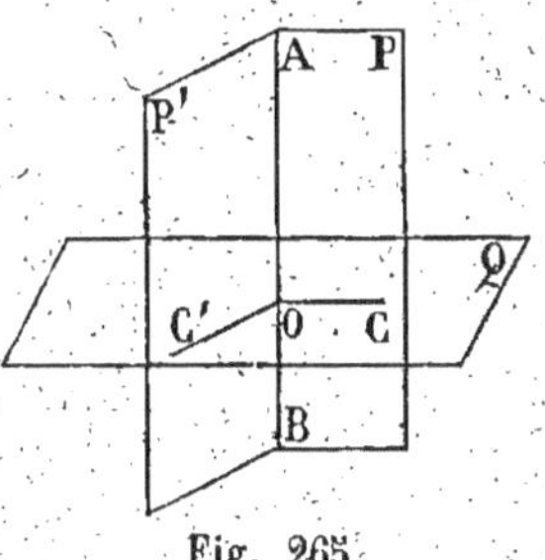

Fig. 265.

P′, et dans ces plans, au point O, menons les perpendiculaires OC et OC′ à la droite AB. Les deux droites OC et OC′ déterminent un plan perpendiculaire à la droite AB (313) et passant par le point O; soit Q ce plan.

Je dis qu'on n'en peut mener qu'un; soit en effet Q′ un plan perpendiculaire à AB et passant par le point O. Ce plan coupe le plan P suivant une droite qui, située dans le plan P, passe par le point O et est perpendiculaire à AB, c'est-à-dire suivant la droite OC. Il coupe de même le plan P′ suivant OC′; donc tout plan mené par le point O perpendiculairement à la droite AB passe par les droites OC et OC′, et, par conséquent, se confond avec le plan Q de ces deux droites.

2° Supposons le point O en dehors de la droite AB (*fig.* 266). Dans le plan P déterminé par la droite AB et par le point O, menons la perpendiculaire OC à AB; dans un autre plan quelconque P′ passant par AB, menons, au point C, la perpendiculaire CD à AB;

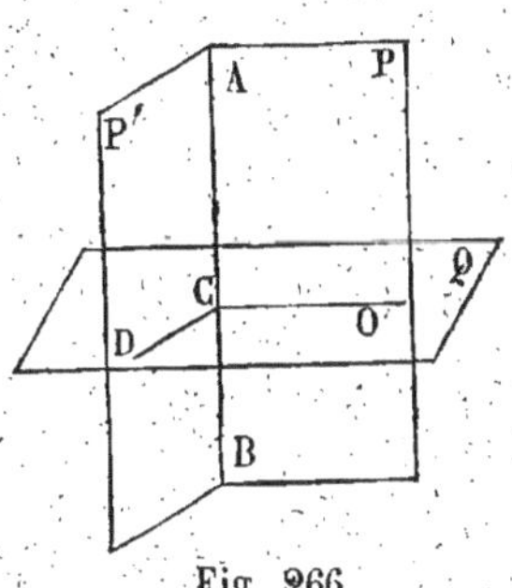

Fig. 266.

les deux droites OC et CD, perpendiculaires à AB au point C, déterminent un plan Q perpendiculaire à AB, et ce plan passe par le point O.

Je dis maintenant qu'on n'en peut mener qu'un; soit en effet Q′ un plan perpendiculaire à AB et passant par le point O. Ce plan coupe le plan P suivant une droite qui passe par le point O et est perpendiculaire à AB, c'est-à-dire suivant OC. Donc tout plan perpendiculaire à AB, mené par le point O, passe par le point C de la droite AB; il se confond, par conséquent, avec le plan mené perpendiculairement à la droite AB par le point C de cette droite.

Théorème.

316. *Par un point A on peut toujours mener une droite perpendiculaire à un plan P, et on n'en peut mener qu'une.*

1º Supposons le point A dans le plan P (*fig.* 267). Par le point A menons dans le plan P une droite AB quelconque, puis par le point A menons le plan Q perpendiculaire sur AB; nous avons vu qu'on peut en mener un et un seul; soit AC l'intersection de ce plan Q avec le plan P; enfin dans le plan Q menons AD perpendiculaire sur AC. Je dis que AD est la perpendicu-

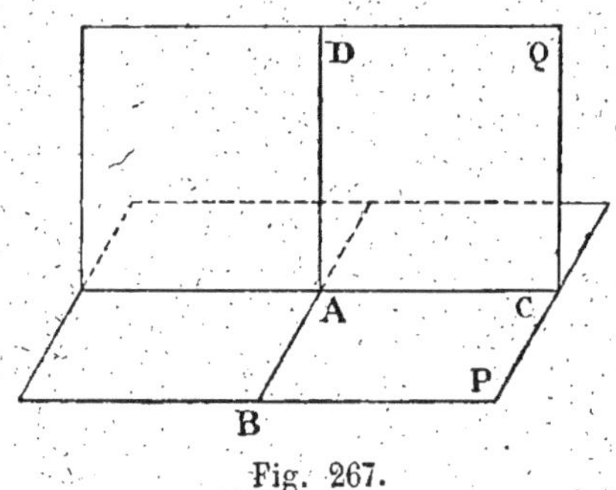

Fig. 267.

laire cherchée au plan P. En effet, la droite AD est perpendiculaire sur AC par construction, elle est d'ailleurs perpendiculaire sur AB, car AB étant perpendiculaire sur le plan Q est perpendiculaire sur n'importe quelle droite, telle que AD, menée par le point A dans le plan Q; la droite AD étant perpendiculaire sur AB et sur AC, droites du plan P, est perpendiculaire sur ce plan; ce qu'il fallait démontrer.

Je dis maintenant que par le point A on ne peut mener qu'une seule perpendiculaire sur le plan P; supposons en effet qu'on puisse en mener deux distinctes, AD, AE (*fig.* 268); ces deux droites déterminent un plan; ce plan coupe le plan P suivant une certaine droite AG; chacune des droites AD, AE, étant perpendiculaire au plan P, est perpendiculaire sur la droite

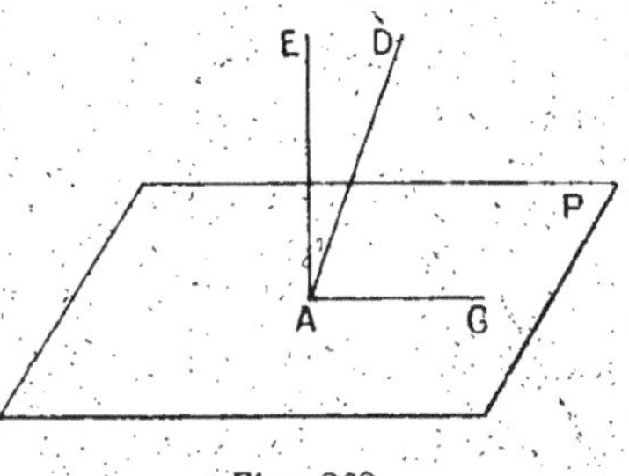

Fig. 268.

AG; on pourrait donc dans le plan ADE mener par le point A deux perpendiculaires sur une droite AG de ce plan, ce qui est impossible. Donc les deux perpendiculaires AD, AE au plan P en A sont confondues, ce qui démontre la proposition.

2° Supposons le point A en dehors du plan P. Traçons dans ce plan P une droite quelconque BC (*fig.* 269), et menons du point A dans le plan ABC la droite AD perpendiculaire à BC; dans le plan P, menons par le point D la droite DE perpendiculaire à BC; enfin du point A, dans le plan ADE, menons la droite AI perpendiculaire à DE. La droite AI ainsi construite est perpendiculaire au plan P.

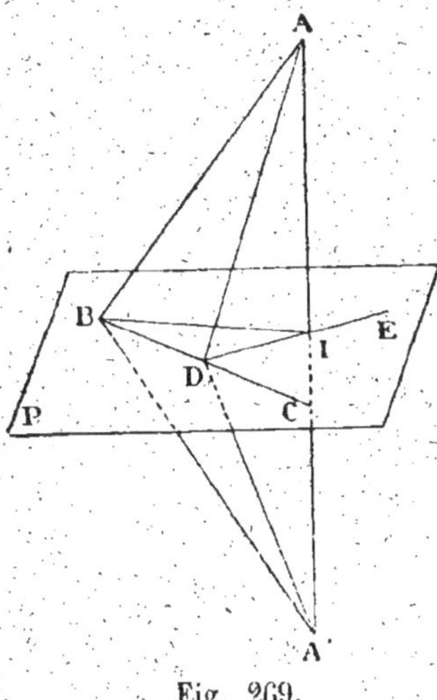

Fig. 269.

Pour le démontrer, nous allons faire voir qu'elle est perpendiculaire à une droite quelconque IB menée par le point I dans le plan P. A cet effet, prolongeons AI d'une longueur IA′ égale à AI, et menons les droites, AD, AB, A′D et A′B. La droite BC, étant, par construction, perpendiculaire aux deux droites DE et DA, est perpendiculaire au plan de ces deux droites, et par suite est perpendiculaire à la droite DA′ située dans ce plan. Les deux triangles ADB, A′DB sont égaux comme ayant un angle égal compris entre deux côtés égaux chacun à chacun, savoir : les angles ADB, A′DB égaux comme droits, le côté DB commun, et les côtés DA et DA′ égaux parce que le point D est situé sur la perpendiculaire au milieu I de AA′. Donc les côtés AB et BA′ sont égaux. Le triangle ABA′ étant isocèle, la base AIA′ est perpendiculaire sur la droite IB qui joint le sommet au milieu de la base.

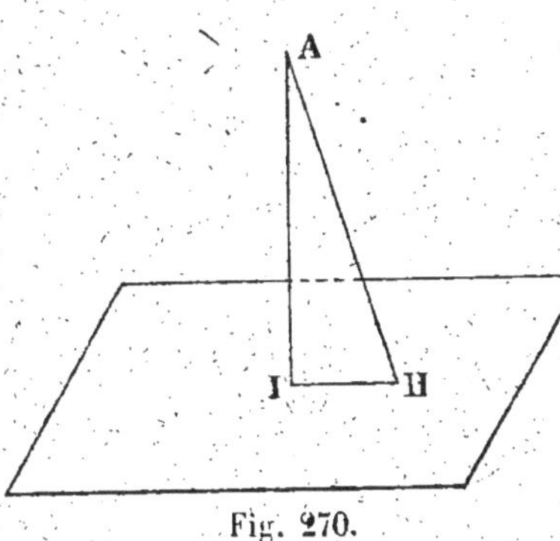

Fig. 270.

Je dis maintenant qu'on ne peut mener par le point A qu'une seule perpendiculaire au plan P (*fig.* 270). Supposons, en effet, qu'on puisse en mener deux distinctes, AI, AH; ces deux droites déterminent un plan; ce plan coupe le plan P suivant la droite IH; les droites AI, AH, toutes deux perpendiculaires au plan P par hypothèse, sont toutes deux perpendiculaires à la droite IH qui passe par leurs pieds dans le plan P; comme d'ailleurs on ne peut mener par le point A, dans le plan AIH, qu'une seule perpendiculaire à IH, les deux droites AI, AH sont confondues, ce qui démontre la proposition.

Théorème.

317. *Si d'un point A on mène à un plan P une perpendiculaire AB et diverses obliques, AC, AD, etc. :*

1° La perpendiculaire est plus courte que toute oblique;

2° Deux obliques dont les pieds sont également éloignés du pied de la perpendiculaire sont égales;

3° De deux obliques, celle dont le pied est le plus éloigné du pied de la perpendiculaire est la plus grande.

1° La perpendiculaire AB est plus petite qu'une oblique AC (*fig.* 271); car dans le plan ABC la droite AB est perpendi-

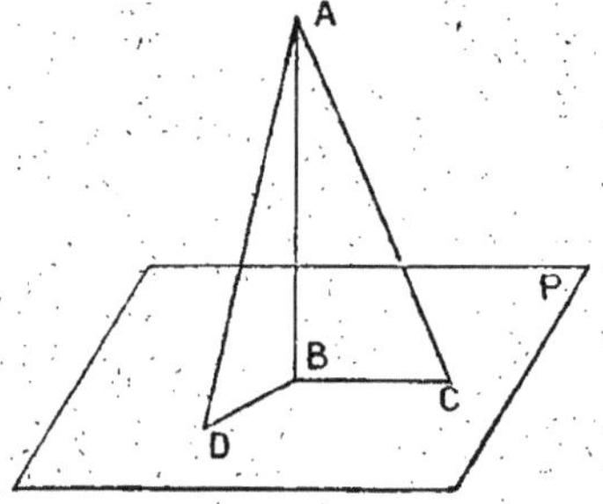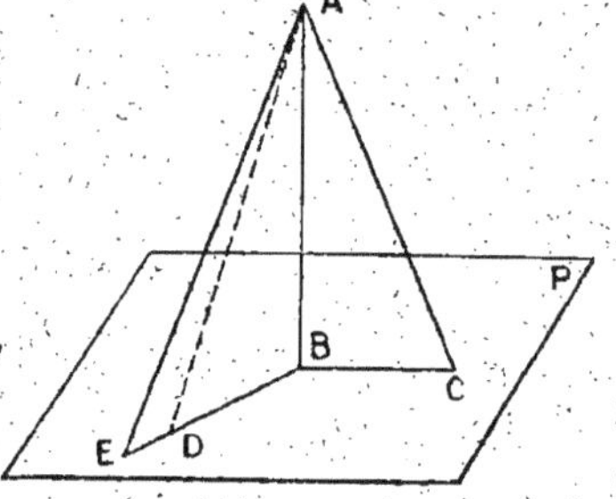

Fig. 271.

culaire à BC et la droite AC est oblique sur la même droite.

2° Deux obliques AC, AD, dont les pieds C et D sont à égale distance du pied B de la perpendiculaire, sont égales; car les triangles ABC et ABD, rectangles en B, ont un angle égal compris entre deux côtés égaux chacun à chacun, et par conséquent sont égaux.

3° Des deux obliques AE et AC, l'oblique AE, dont le pied est le plus éloigné du point B, est la plus grande. Prenons en effet, sur BE, la longueur BD égale à BC; les obliques AD et AC sont égales. Or, dans le plan ABE, les droites AE et AD sont des obliques à la droite BE, et l'oblique AE, dont le pied est le plus éloigné du pied de la perpendiculaire, est la plus grande. On a donc AE $>$ AD, ou AE $>$ AC.

Les réciproques des trois parties du théorème sont vraies.

318. Définition. On appelle *distance* d'un point à un plan la distance de ce point au point du plan qui en est le plus rapproché. *La distance d'un point à un plan est donc la distance du point au pied de la perpendiculaire menée de ce point au plan.*

319. Corollaire. *Les pieds de deux obliques égales menées d'un point à un plan sont à égale distance du pied de la perpendiculaire menée de ce point au plan.*

Il en résulte que le lieu des pieds des obliques égales, AC, AC′, AC″,... etc., menées d'un point A à un plan P, est une circonférence dont le centre est le pied B de la perpendiculaire abaissée du point A sur le plan (*fig.* 272).

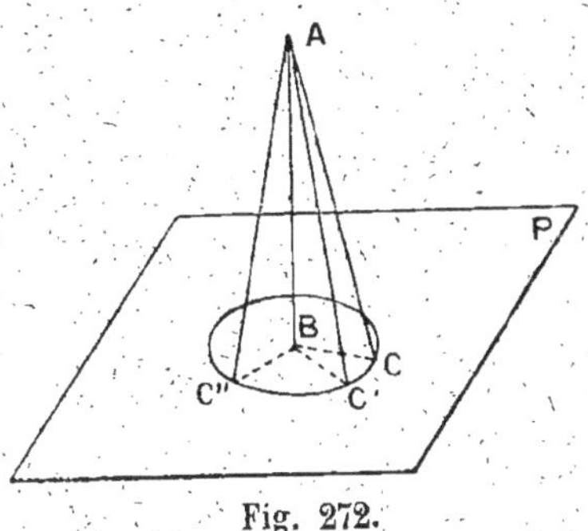
Fig. 272.

On peut déduire de là un nouveau moyen d'abaisser d'un point A une perpendiculaire sur un plan P. Il suffit de prendre dans le plan P trois points C, C′ et C″ à égale distance du point A, de déterminer le centre B du cercle qui passe par ces trois points, et de mener la droite AB.

Théorème.

320. *Si, par le pied B d'une droite AB perpendiculaire à un plan P, on mène une perpendiculaire BC à une droite quelconque DE tracée dans le plan P, et si l'on joint par une droite le pied C à un point quelconque A de la perpendiculaire au plan, la droite AC ainsi obtenue est perpendiculaire à la droite DE.*

En effet, prenons sur la droite DE, de part et d'autre du point C, deux longueurs égales, CD, CE, et menons les droites BE, BD, AE et AD (*fig.* 273).

Dans le plan P les obliques BD et BE, dont les pieds sont également éloignés du pied C de la perpendiculaire BC à la droite DE, sont égales; dans l'espace, les obliques AD et AE, dont les pieds sont également éloignés du pied B de la perpendiculaire AB au plan P, sont égales. Donc le triangle ADE est isocèle, et la droite AC, qui joint le som-

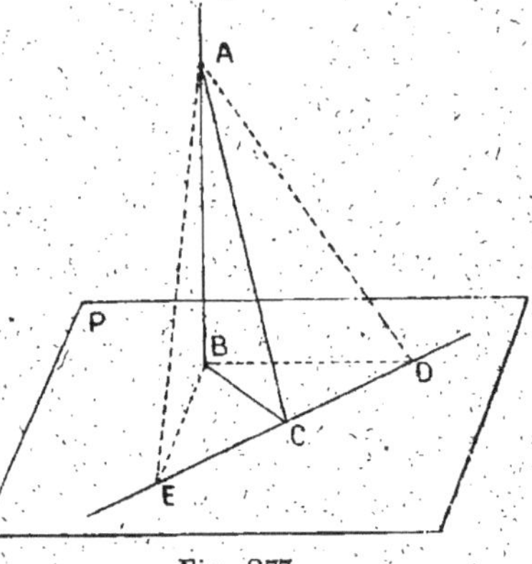

Fig. 273.

met au milieu de la base, est perpendiculaire sur cette base DE.

321. Ce théorème est souvent désigné sous le nom de *théorème des trois perpendiculaires*.

§ III. — DROITES PARALLÈLES.

322. **Définition.** On appelle droites parallèles deux droites qui, *situées dans un même plan*, ne se rencontrent pas, à quelque distance qu'on les prolonge.

Dans la géométrie de l'espace, pour démontrer que deux droites sont parallèles, il ne suffit pas, comme dans la géométrie plane, de prouver qu'elles n'ont pas de point commun, il faut encore prouver qu'elles sont dans un même plan.

323. REMARQUE. Dans l'espace comme dans un plan, on peut, par un point A pris hors d'une droite BC, mener une parallèle à cette droite, et on n'en peut mener qu'une. En effet

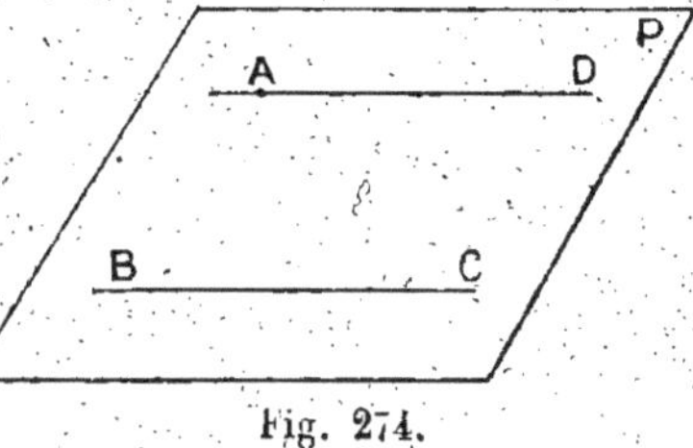

Fig. 274.

(*fig.* 274), le point A et la droite BC déterminent un plan P et un seul, et on sait que, dans ce plan P, on peut mener par A une parallèle AD à BC, et une seule. D'autre part, toute parallèle à BC, menée dans l'espace par le point A, détermine avec BC un plan qui n'est autre que le plan P; donc elle se confond avec la droite AD.

Théorème.

324. *Si deux droites sont parallèles, tout plan perpendiculaire à l'une est perpendiculaire à l'autre.*

Soient AB et CD deux droites parallèles et supposons que le plan P soit perpendiculaire à AB, je dis qu'il est aussi perpendiculaire à CD, ou que CD est perpendiculaire sur le plan P (*fig.* 275). Les deux droites parallèles AB et CD déterminent un plan; ce plan coupe le plan P suivant une droite AC; dans ce plan, la droite AB est perpendiculaire à AC, droite du plan P; donc sa parallèle CD est également perpendiculaire sur AC. Ceci posé, menons par le point C, dans le plan P, la perpendiculaire CE à AC, et joignons le point C à un point B quelconque de la droite AB.

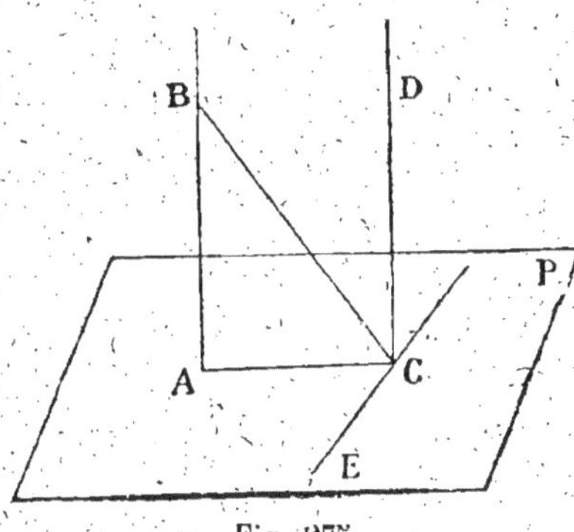

Fig. 275.

D'après le théorème des trois perpendiculaires, la droite BC est perpendiculaire sur CE; donc CE est perpendiculaire, à AC par construction, à BC d'après ce qui précède; CE est donc perpendiculaire sur le plan ABC, c'est-à-dire sur le plan des deux droites parallèles AB et CD; CE est donc perpendiculaire à CD, ou inversement CD est perpendiculaire à CE. La droite CD, étant perpendiculaire aux deux droites CA, CE qui passent par son pied dans le plan P, est perpendiculaire à ce plan, ce qu'il fallait démontrer.

Théorème.

325. *Deux droites perpendiculaires à un même plan sont parallèles.*

Soient AB et CD deux droites perpendiculaires au plan P par
hypothèse; je dis que ces deux
droites sont parallèles (*fig.* 276).
Menons en effet par un point M
quelconque de CD la parallèle
MC′ à AB; cette droite MC′,
d'après le théorème précédent,
est perpendiculaire au plan P;
CD est elle-même, par hypothèse, perpendiculaire au plan
P; comme par un point M on

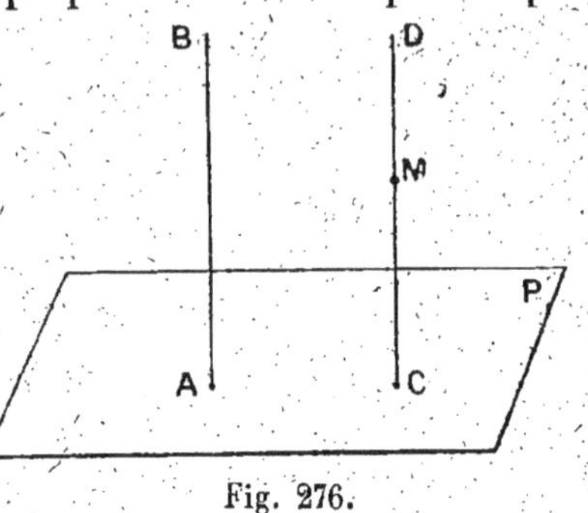

Fig. 276.

ne peut mener qu'une perpendiculaire au plan P, cette parallèle MC′ se confond avec CD; donc CD est parallèle à AB.

Théorème.

326. *Deux droites parallèles à une troisième sont paral-*
lèles entre elles.

Soient AB et CD deux droites
parallèles à la droite EF,
(*fig.* 277); ces droites sont
parallèles. En effet, menons
un plan P perpendiculaire à
EF. La droite AB, parallèle
à EF, est perpendiculaire au
plan P (324); il en est de
même pour la droite CD; et
les deux droites AB et CD,
perpendiculaires à un même
plan, sont parallèles (325).

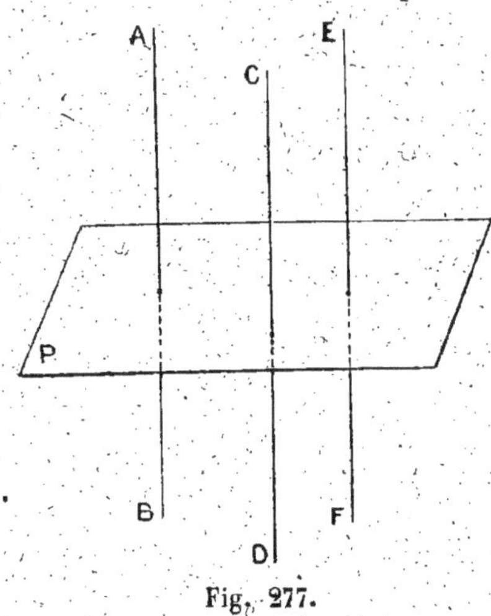

Fig. 277.

§ IV. — DROITES PARALLÈLES A UN PLAN.

327. **Définition**. On dit qu'une droite et un plan sont parallèles lorsque la droite et le plan ne se rencontrent pas, à quelque
distance qu'on les prolonge.

Le théorème suivant montre qu'une droite peut être parallèle à un plan.

Théorème.

328. *Une droite, non située dans un plan, et parallèle à une droite située dans le plan, est parallèle à ce plan.*

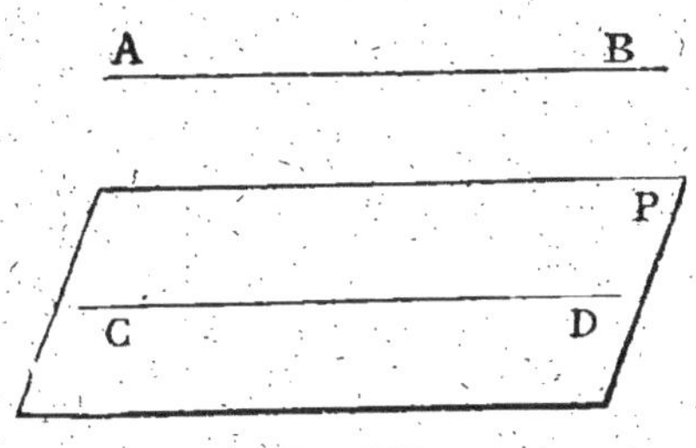

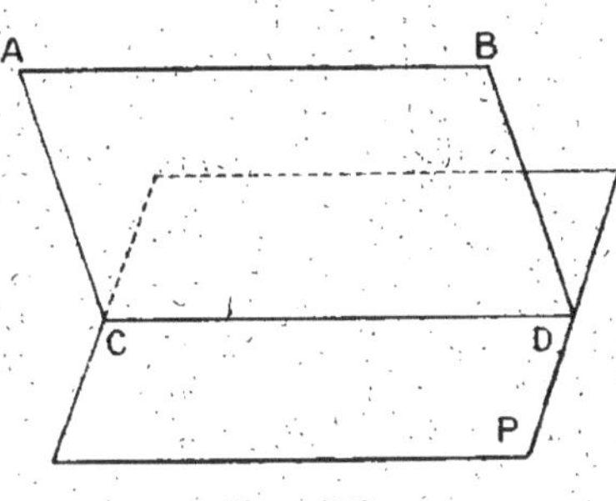
Fig. 278.

Soit la droite AB, non située dans le plan P, et parallèle à la droite CD située dans ce plan P *(fig.* 278). Les deux droites parallèles AB et CD déterminent un plan qui coupe le plan P suivant la droite CD; la droite AB, étant tout entière dans ce plan, ne pourrait rencontrer le plan P qu'en un point de la droite CD. Or la droite AB, parallèle à CD, ne rencontre pas CD; donc elle ne rencontre pas non plus le plan P, et, par conséquent, elle est parallèle à ce plan.

Théorème.

329. *Une droite AB étant parallèle à un plan P, si un plan mené par AB coupe le plan P suivant une droite CD, cette droite CD est parallèle à AB (fig.* 279).

Fig. 279.

En effet, la droite AB, parallèle au plan P, ne rencontre pas la droite CD qui est tout entière située dans le plan P; d'ailleurs les droites AB et CD sont dans un même plan; donc elles sont parallèles.

Théorème.

330. *Une droite AB étant parallèle à un plan P, si, par un point C du plan P, on mène la droite CD parallèle à AB, cette droite CD est située tout entière dans le plan P (fig.* 280).

En effet, si par la droite AB et par le point C on fait passer un plan, ce plan coupe le plan P suivant une droite parallèle à AB, qui doit se confondre avec la droite CD, puisqu'on ne peut mener par le point C qu'une parallèle à AB. Donc la droite CD est située dans le plan P.

331. Corollaire I. *Une droite parallèle à deux plans qui se coupent est parallèle à leur intersection.*

Soit la droite CD parallèle aux deux plans P et Q qui se coupent suivant la droite AB (*fig.* 281) : je dis que CD est parallèle à AB.

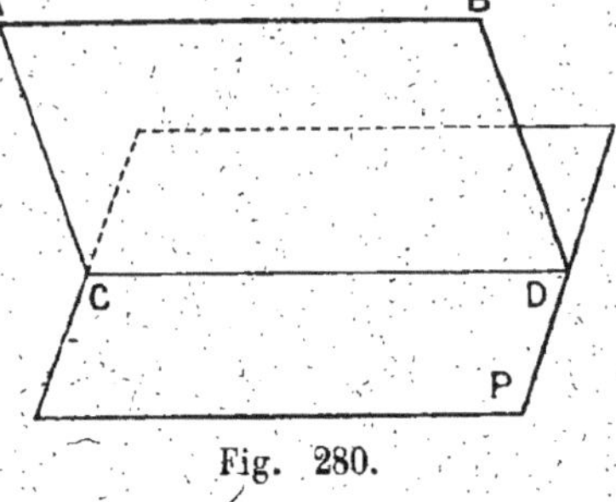

Fig. 280.

En effet, si par un point quelconque A de l'intersection des deux plans on mène une droite parallèle à CD, cette droite, d'après le théorème précédent, est à la fois située dans les deux plans P et Q, et, par conséquent, elle se confond avec leur droite d'intersection AB. Donc les droites AB et CD sont parallèles.

332. Corollaire II. *Par un point O on peut mener un plan parallèle à deux droites données AB et CD, et en général un seul.*

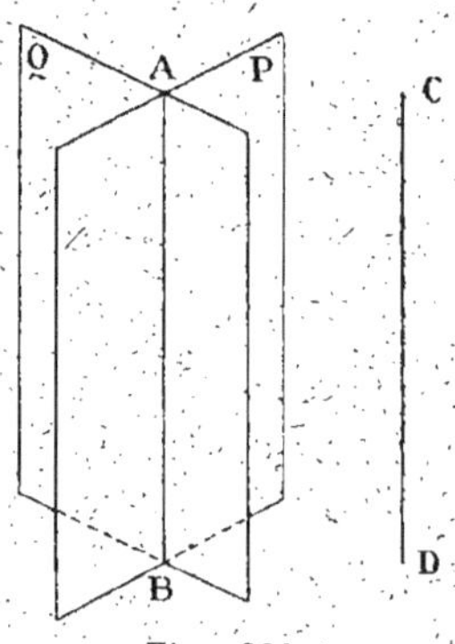

Fig. 281.

En effet (*fig.* 282), si par le point O on mène les droites A′OB′ et C′OD′ parallèles aux droites données, le plan des droites A′OB′ et C′OD′ est parallèle aux droites données, et il passe par le point O. D'ailleurs tout plan parallèle aux droites AB et CD, qui passe par le point O, doit contenir (330) les droites A′OB′ et C′OD′; donc le plan de ces deux droites satisfait seul aux conditions demandées.

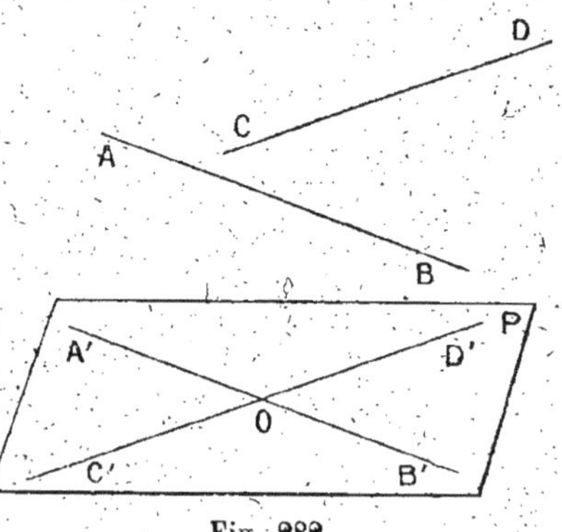

Fig. 282.

Toutefois, si les deux droites AB et CD étaient parallèles, les droites A′OB′ et C′OD′ seraient confondues en une seule, et tout plan passant par cette droite serait parallèle aux deux droites données.

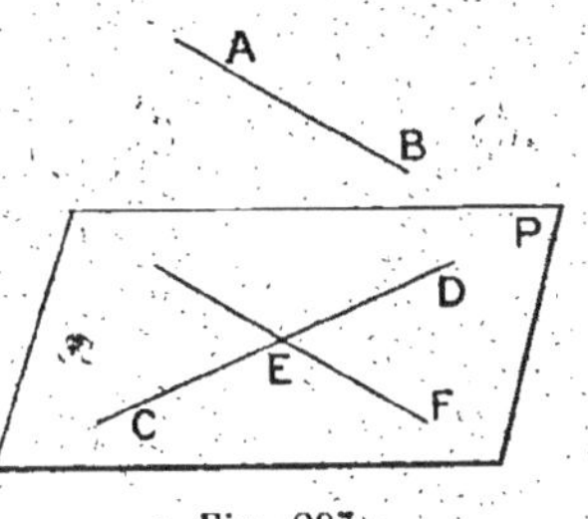

Fig. 283.

333. Corollaire III. *Par une droite donnée* CD *on peut mener un plan parallèle à une autre droite donnée* AB, *et en général un seul.*

En effet, si par un point quelconque E de la droite CD (*fig.* 283), on mène la droite EF parallèle à AB, cette droite EF et la droite CD déterminent un plan parallèle à AB (328). D'ailleurs tout plan qui passe par CD et est parallèle à AB doit contenir la parallèle EF à AB menée par le point E; donc le plan des deux droites CD et EF est le seul qui satisfasse aux conditions demandées.

Toutefois, si les droites données étaient parallèles, la droite EF se confondrait avec la droite CD, et tout plan passant par CD serait parallèle à la droite AB.

§ V. — PLANS PARALLÈLES.

334. Définition. On dit que deux plans sont parallèles quand ils ne se rencontrent pas, à quelque distance qu'on les prolonge.

Le théorème suivant montre que deux plans peuvent être parallèles.

Théorème.

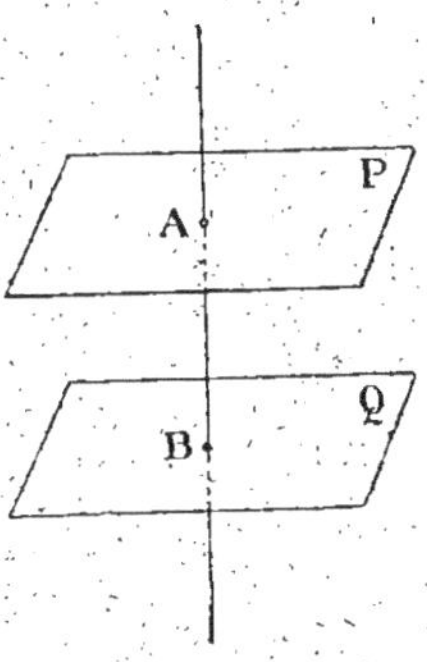

Fig. 284.

335. *Deux plans perpendiculaires à une même droite sont parallèles.*

Soient deux plans P et Q perpendiculaires à une même droite AB (*fig.* 284); ces plans ne peuvent se rencontrer, puisque d'un point on ne peut mener qu'un plan perpendiculaire à une droite; donc ils sont parallèles.

Théorème.

336. *Les intersections de deux plans parallèles par un troisième sont parallèles.*

Soient P et P′ deux plans parallèles (*fig.* 285), AB et A′B′
les intersections de ces deux plans par un
plan quelconque Q; les droites AB et A′B′,
situées l'une dans le plan P, l'autre dans le
plan P′, ne peuvent se rencontrer, puisque
ces plans sont parallèles; d'ailleurs ces
droites sont dans un même plan Q; donc
elles sont parallèles.

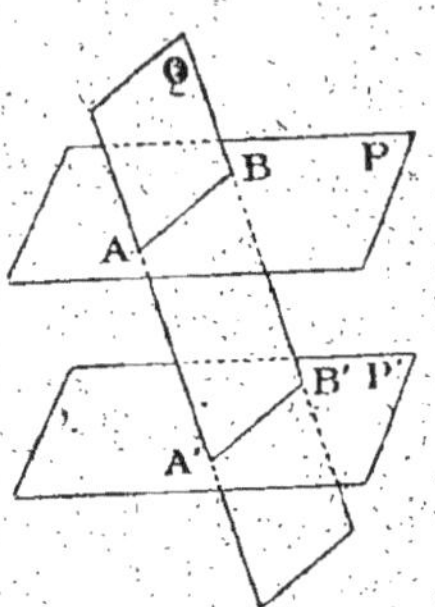

Fig. 285.

Théorème.

337. *Par un point* A, *pris hors d'un plan, on peut mener
un plan parallèle à un plan* P, *et on n'en peut mener qu'un.*

En effet, abaissons du point A (*fig.* 286) la droite AB perpendiculaire au plan P et menons par le point A le plan Q perpendiculaire à AB; le plan Q est parallèle au plan P (335). On peut
donc mener par le point A un plan parallèle au plan P.

Je dis qu'on n'en peut faire passer qu'un. En effet, imaginons
un second plan Q′ passant par A et parallèle au plan P. Menons
par AB un plan quelconque; ce plan coupe le plan P suivant une
droite BS, et il coupe les plans Q et Q′ parallèles au plan P
suivant les droites AR, AR′, qui sont parallèles à BS et qui, par
conséquent, se confondent puisqu'elles ont un point commun.
Puisque tout plan mené par AB coupe les plans Q′ et Q suivant
une même droite, le plan Q′ coïncide avec le plan Q.

Théorème.

338. *Le lieu des droites menées par
un point* A, *extérieur à un plan* P, *parallèlement à ce plan, est le plan parallèle au plan* P *passant par* A.

Soit AR (*fig.* 286) une droite passant par
le point A et parallèle au plan P. Menons la
droite AB perpendiculaire au plan P; le plan
des deux droites AR et AB coupe le plan P
suivant une droite BS parallèle à AR (329). Or la droite AB

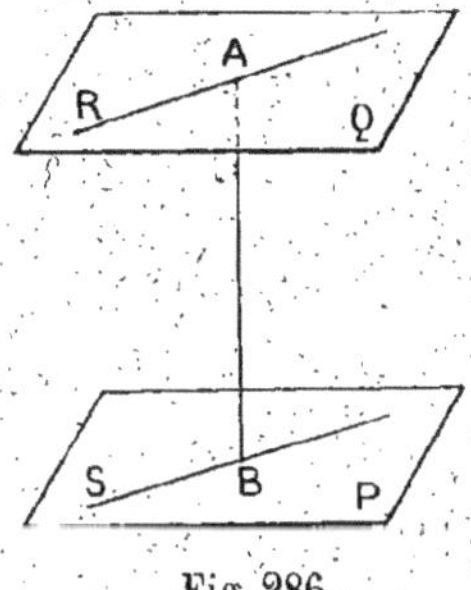

Fig. 286.

perpendiculaire au plan P est perpendiculaire à la droite BS ;
elle est par suite perpendiculaire à la droite AR parallèle à BS.
Donc la droite AR est dans le plan Q perpendiculaire à AB mené
par le point A, plan qui est parallèle au plan P (335). Réciproquement d'ailleurs, si dans le plan Q mené par A perpendiculairement à AB, plan qui est parallèle au plan P, on trace une
droite quelconque passant par le point A, cette droite ne peut
rencontrer le plan P, et, par suite, lui est parallèle. Donc enfin
le lieu des droites telles que AR, menées par le point A parallèlement au plan P, est le plan parallèle au plan P et passant par A.

Théorème.

339. *Si deux plans* P *et* Q *sont parallèles, toute droite* AB
perpendiculaire au plan P *est aussi
perpendiculaire au plan* Q.

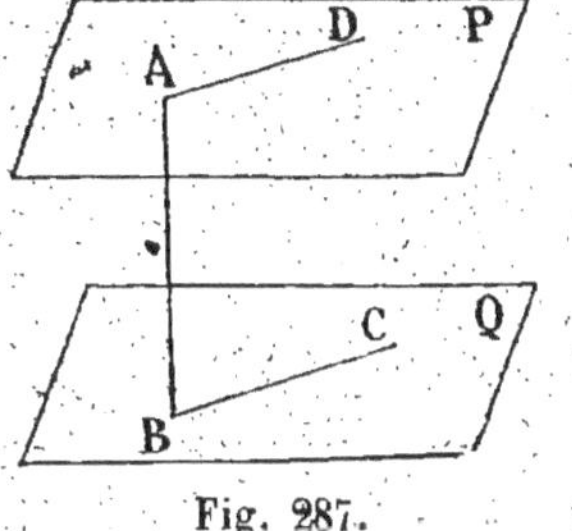

Fig. 287.

En effet, menons dans le plan Q une
droite quelconque BC par le pied B de
la droite AB (*fig.* 287). Le plan des
deux droites AB et BC coupe le plan P
suivant une droite AD parallèle à BC.
Or la droite AB, perpendiculaire au
plan P, est perpendiculaire à la droite AD qui passe par son pied
dans ce plan, et, par suite, à la droite BC parallèle à AD. La
droite AB étant perpendiculaire à toute
droite du plan Q, passant par son pied,
est perpendiculaire à ce plan.

340. Corollaire. *Deux plans parallèles à un troisième sont parallèles
entre eux.*

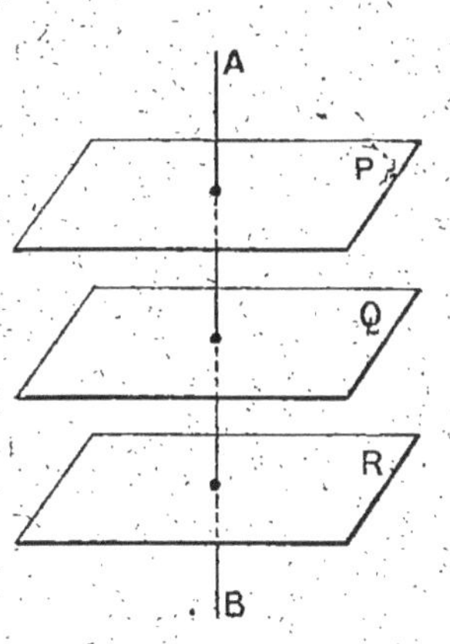

Fig. 288.

Soient P et Q deux plans parallèles à un
même plan R (*fig.* 288) ; ces plans sont
parallèles. En effet, soit AB une droite
perpendiculaire au plan R ; cette droite
est perpendiculaire aux plans P et Q parallèles au plan R (339) ; donc les plans P
et Q, perpendiculaires à une même droite AB, sont parallèles (335).

Théorème.

341. *Lorsque deux angles non situés dans un même plan ont les côtés respectivement parallèles : 1° ces angles sont égaux ou supplémentaires ; 2° les plans de ces angles sont parallèles.*

1° Soient (*fig.* 289) deux angles, AOB, A'O'B', non situés dans un même plan, et ayant les côtés respectivement parallèles, et de même sens. Prenons OA = O'A', et OB = O'B' ; menons les droites, OO', AA', BB', AB et A'B'. Le quadrilatère OAA'O', dans lequel les côtés opposés OA et O'A' sont égaux et parallèles, est un parallélogramme, et les côtés opposés, OO' et AA', sont égaux et parallèles. De même le quadrilatère OBB'O' est un parallélogramme, et les côtés OO' et BB' sont égaux et parallèles. Il suit de là que les côtés AA' et BB', égaux et parallèles à OO', sont égaux et parallèles. Par conséquent, le quadrilatère ABB'A' est un parallélogramme, et les côtés opposés AB et A'B' sont égaux. Donc les triangles, OAB, O'A'B', qui ont les trois côtés égaux chacun à chacun, sont égaux, et l'angle AOB est égal à l'angle A'O'B'.

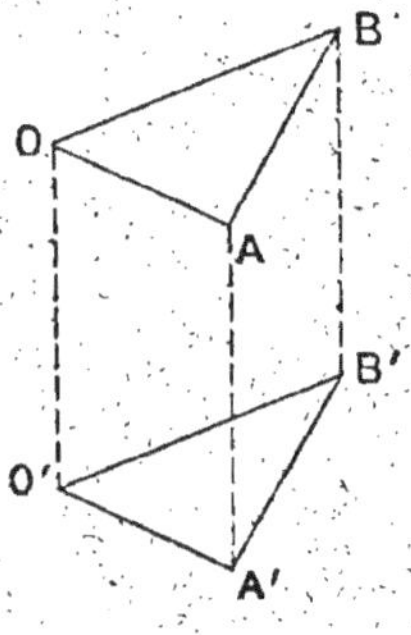

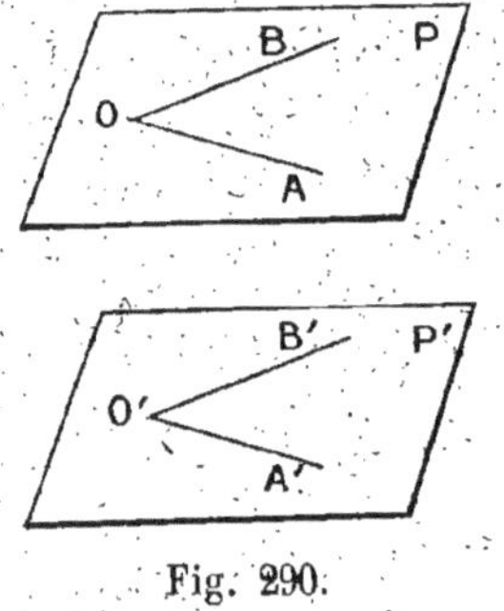

Fig. 289.

Les droites OA et OB, prolongées au delà du point O, forment quatre angles qui sont deux à deux égaux ou supplémentaires. L'un de ces quatre angles étant égal à l'angle A'O'B', l'un quelconque des angles formés par ces droites est égal à l'angle A'O'B', ou est son supplément.

2° Soient P et P' (*fig.* 290) les plans des angles, AOB, A'O'B' ; les droites, O'A', O'B', parallèles aux droites, OA, OB, sont parallèles au plan P de ces droites (328) ; par conséquent, elles déterminent un plan P' parallèle au plan P (338).

Fig. 290.

342. Corollaire. *Étant données deux droites, AB, CD, non situées dans un même plan, si par la première on mène un plan parallèle à la seconde, et par la seconde un plan parallèle à la première, les deux plans ainsi construits sont parallèles.*

En effet, par un point E de CD (*fig.* 291) menons la droite

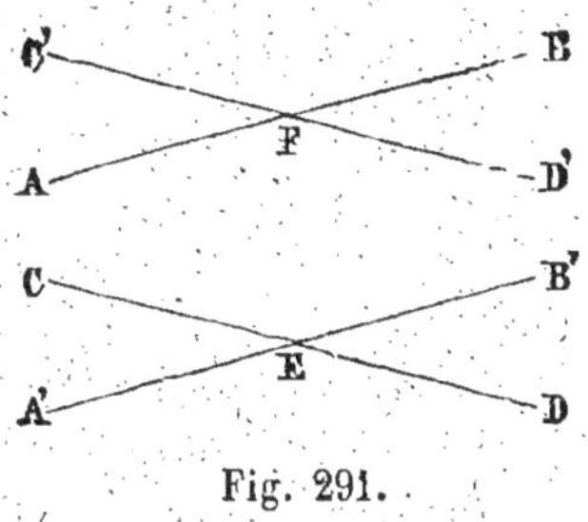

Fig. 291.

A'B' parallèle à AB, le plan des droites CD, A'B' est parallèle à AB (328) ; de même, par un point F de AB, menons la droite C'D' parallèle à CD, le plan des droites AB, C'D' est parallèle à CD. Les deux plans ainsi déterminés sont parallèles, puisque ce sont les plans de deux angles qui ont les côtés respectivement parallèles.

343. Définition. On appelle *angles de deux droites qui ne se rencontrent pas* les angles formés par des parallèles à ces droites menées par un point quelconque de l'espace. Ces angles, d'après le théorème précédent, sont les mêmes, quel que soit le point de l'espace par lequel on mène les parallèles aux droites données.

On dit que deux droites, qu'elles se rencontrent ou qu'elles ne se rencontrent pas, sont *perpendiculaires*, quand les angles de ces deux droites sont droits. D'après cela :

Une droite perpendiculaire à un plan est perpendiculaire non seulement aux droites du plan menées par son pied, mais aussi à toutes les droites du plan.

Pour qu'une droite soit perpendiculaire à un plan, il faut et il suffit qu'elle soit perpendiculaire à deux droites du plan, non parallèles entre elles.

Théorème.

344. *Deux plans parallèles interceptent sur deux droites parallèles qui les rencontrent des segments égaux.*

Soient AB et CD (*fig.* 292) les segments interceptés par

deux plans parallèles P et Q sur les deux droites parallèles AB et CD; ces segments sont égaux; car les droites AC, BD, intersections du plan des deux droites parallèles AB, CD, avec les deux plans parallèles P et Q, sont parallèles, et la figure ABDC est un parallélogramme.

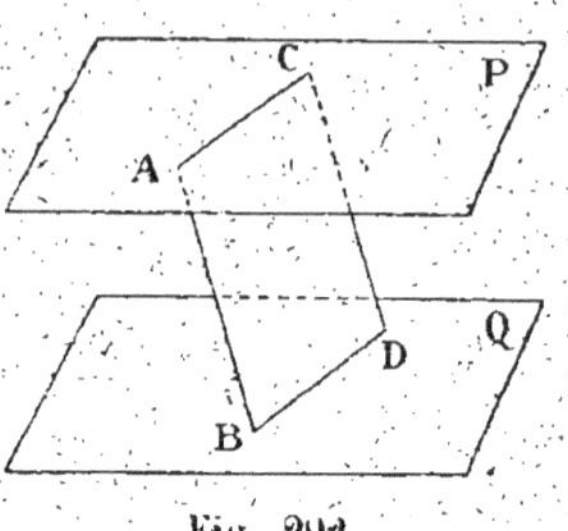

Fig. 292.

345. Corollaire. *Deux plans parallèles sont partout également distants.*

Théorème.

346. *Trois plans parallèles interceptent sur deux droites qui les rencontrent des segments proportionnels.*

Soient, AB et BC, DE et EF, les segments interceptés sur les deux droites AC et DF par trois plans parallèles, P, Q et R (*fig.* 293); je dis que l'on a :

$$\frac{AB}{BC} = \frac{DE}{EF}.$$

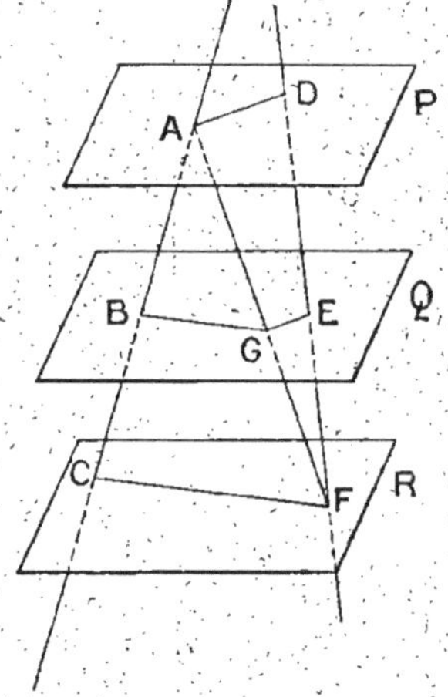

Fig. 293.

En effet, menons la droite AF, et soit G le point où elle rencontre le plan Q, menons les droites BG et CF, AD et GE. Les droites BG et CF, intersections de deux plans parallèles par un troisième, étant parallèles, on a :

$$\frac{AB}{BC} = \frac{AG}{GF};$$

d'autre part, les droites GE et AD étant aussi parallèles, on a :

$$\frac{AG}{GF} = \frac{DE}{EF}.$$

On a donc, ce qu'il fallait établir,

$$\frac{AB}{BC} = \frac{DE}{EF}.$$

§ VI. — ANGLES DIÈDRES.

347. Définitions. On appelle *angle dièdre* la figure formée par deux demi-plans P et Q, contenant une droite commune AB et limités tous deux par cette droite. La droite AB est l'*arête* du dièdre, les demi-plans P et Q en sont les *faces* (*fig.* 294).

On désigne un angle dièdre isolé par deux lettres placées sur l'arête; ainsi l'angle dièdre formé par les demi-plans P et Q est le dièdre dont l'arête est AB. Si plusieurs dièdres ont la même arête,

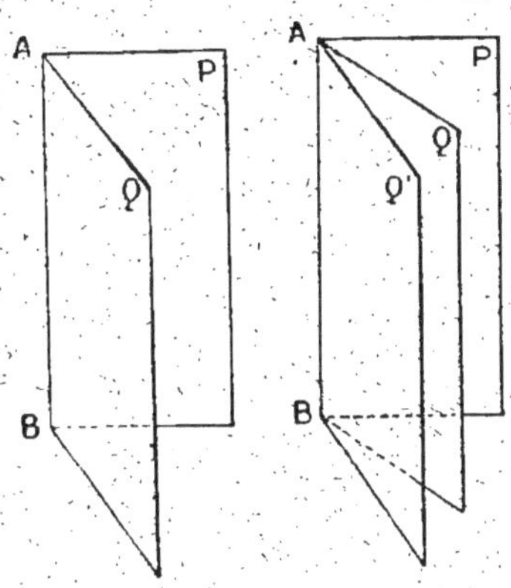

Fig. 294.   Fig. 295.

on désigne chacun de ces dièdres par quatre lettres prises, deux sur l'arête, et une sur chaque face; on met les deux lettres de l'arête entre les deux autres. Ainsi (*fig.* 295), l'angle dièdre des demi-plans P et Q est l'angle dièdre PABQ; l'angle dièdre des demi-plans P et Q′ est l'angle dièdre PABQ′.

On dit que deux angles dièdres sont égaux quand ils sont superposables.

348. Si les demi-plans, ABP, ABQ, ABR, ABS, limités par une même droite AB (*fig.* 296), sont disposés de telle façon qu'un demi-plan mobile, d'abord appliqué sur le demi-plan ABP, et tournant autour de la droite AB dans un sens déterminé, vienne successivement coïncider avec les demi-plans, ABQ, ABR, ABS, on dit que l'angle dièdre PABR est la *somme* des angles dièdres, PABQ, QABR, que l'angle dièdre PABS est la somme des angles dièdres, PABQ, QABR, RABS, et ainsi de suite. — Si l'angle dièdre PABR est la somme de m angles égaux à

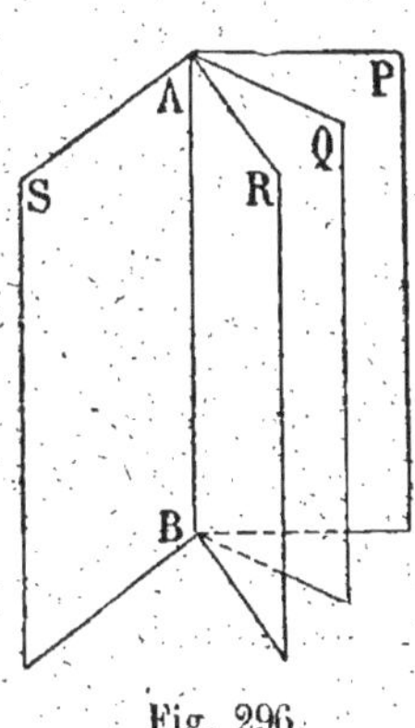

Fig. 296.

l'angle PABQ, l'angle PABR est égal à m fois l'angle PABQ.

349. On appelle angles dièdres *adjacents* deux angles dièdres qui ont même arête, une face commune, et sont situés de part et d'autre de cette face commune. Tels sont les angles dièdres PABQ, QABR, qui ont même arête AB, une face commune ABQ, et sont situés de part et d'autre de cette face (*fig.* 297).

350. On appelle *angles dièdres opposés par l'arête*, deux

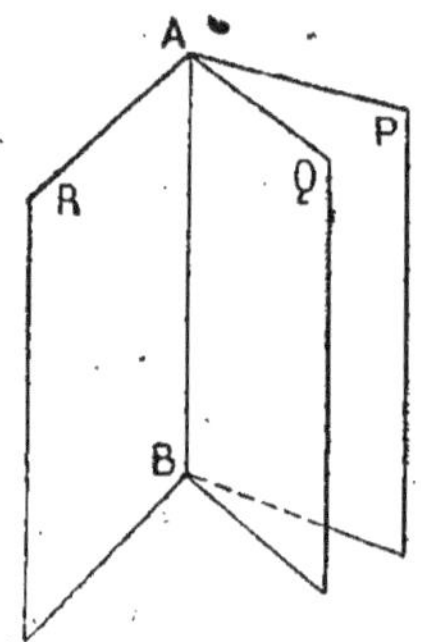
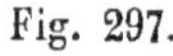

Fig. 297.

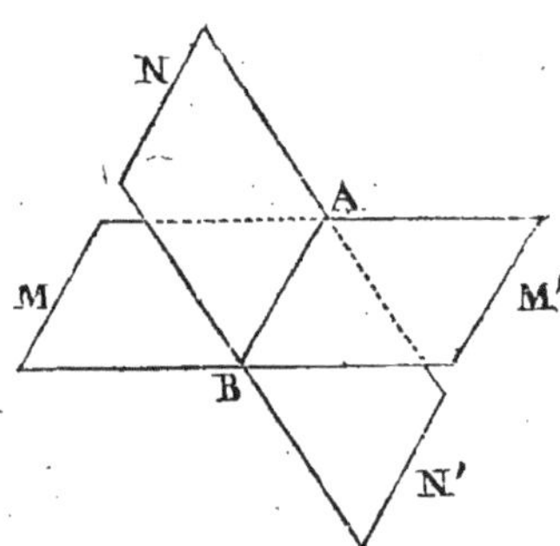

Fig. 298.

angles dièdres tels que chaque face de l'un soit le prolongement d'une face de l'autre, de l'autre côté de l'arête; tels sont les dièdres MABN, M'ABN' (*fig.* 298).

351. Un demi-plan P, qui coupe un plan M suivant une droite AB, forme avec le plan M, d'un même côté de ce plan, deux angles dièdres adjacents, PABM, PABN; si ces angles dièdres sont inégaux, et c'est le cas général, le demi-plan P est dit

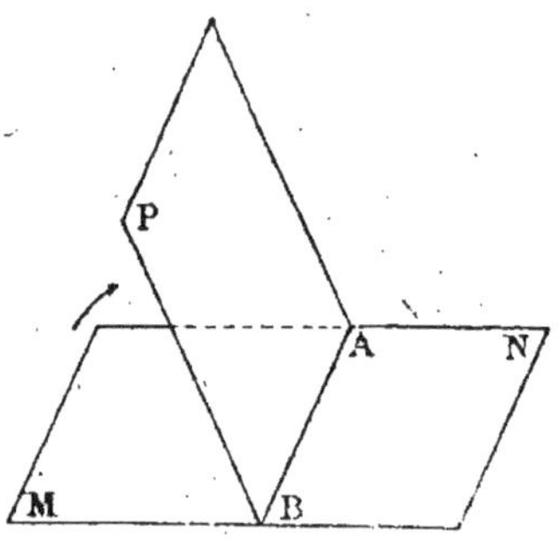

Fig. 299.

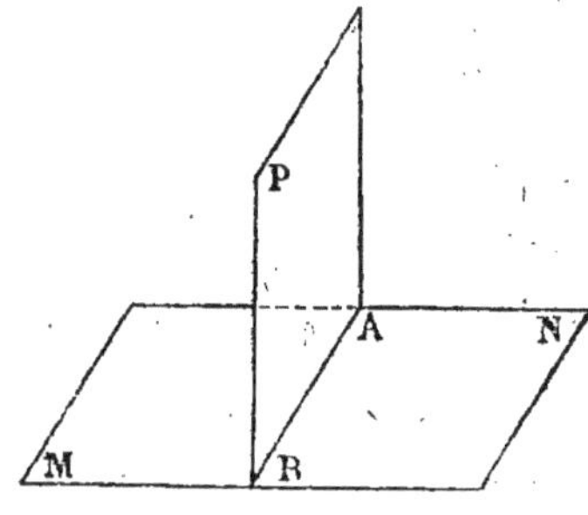

Fig. 300.

oblique au plan M (*fig.* 299); s'ils sont égaux, le demi-plan P est dit *perpendiculaire* au plan M (*fig.* 300).

352. On dit qu'un angle dièdre est *droit* quand une de ses faces est perpendiculaire à l'autre.

Théorème.

353. *Par une droite* AB *située dans un plan* MN *on peut mener d'un côté de ce plan un demi-plan perpendiculaire à ce plan, et l'on n'en peut mener qu'un (fig. 301).*

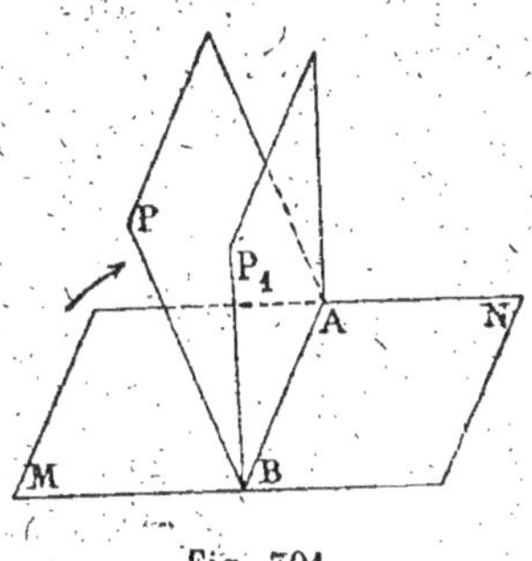

Fig. 301.

Supposons qu'un demi-plan P, passant par la droite AB, soit d'abord appliqué sur la région ABM du plan MN, puis tourne autour de AB, dans le sens indiqué par la flèche, jusqu'à ce qu'il vienne s'appliquer sur la région ABN du plan MN. L'angle dièdre PABM, d'abord nul, augmente sans cesse, tandis que l'angle adjacent PABN diminue sans cesse, jusqu'à devenir nul. L'angle dièdre PABM, d'abord inférieur à l'angle PABN, s'en rapproche de plus en plus, lui devient égal, puis supérieur, et s'en écarte ensuite de plus en plus. Il y a donc, parmi les positions intermédiaires du demi-plan P, une position particulière P_1, et une seule, pour laquelle les angles P_1ABM, P_1ABN sont égaux, c'est-à-dire pour laquelle le demi-plan P_1 est perpendiculaire au plan MN.

354. Corollaire. *Tous les angles dièdres droits sont égaux.*

Soient deux angles dièdres droits, PABQ, P'A'B'Q' *(fig. 302).* Portons le dièdre droit P'A'B'Q' sur le dièdre droit PABQ de façon que la face Q' se place sur la face Q, que l'arête A'B' coïncide avec l'arête AB, et que le demi-plan P' soit par rapport au plan Q du même côté que le demi-plan P. Le demi-plan P', perpendiculaire au plan Q, se place sur le seul

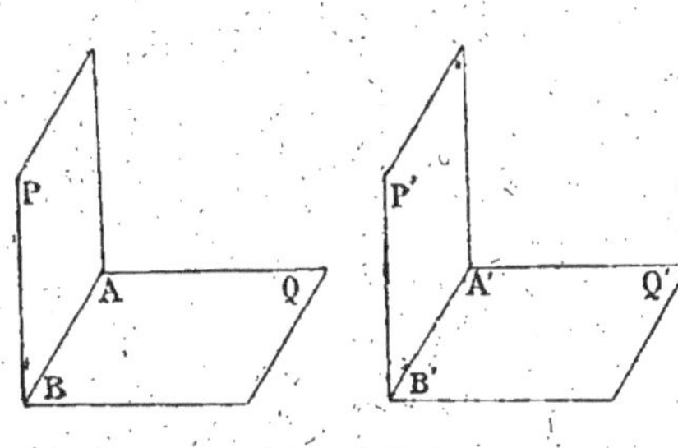

Fig. 502.

demi-plan perpendiculaire au plan Q que l'on peut mener à ce plan par la droite AB, du même côté que le demi-plan P par rapport au plan Q ; il se place donc sur le demi-plan P. Les faces du second dièdre coïncident ainsi avec les faces du premier ; donc les deux dièdres droits donnés sont égaux.

Tous les angles dièdres droits étant égaux, l'angle *dièdre droit* est un type invariable auquel on peut comparer les autres angles dièdres.

On dit qu'un dièdre est *aigu* ou *obtus* selon qu'il est plus petit ou plus grand qu'un dièdre droit.

On dit que deux dièdres sont *complémentaires* quand leur somme vaut un dièdre droit, *supplémentaires* quand leur somme vaut deux dièdres droits.

355. Remarque. La démonstration du théorème précédent et de son corollaire est tout à fait semblable à celle donnée en géométrie plane aux n⁰ˢ 28 et 29.

De même pour les deux théorèmes suivants, il suffit de reproduire les démonstrations des théorèmes correspondants de la géométrie plane. Nous nous bornerons à indiquer les numéros à consulter.

Théorème.

356. *Quand deux angles dièdres adjacents ont leurs faces extérieures sur un même plan, leur somme est égale à deux dièdres droits.* (Voir n° 32.)

357. Corollaire I. *La somme des angles dièdres MABP, PABQ, QABR,... VABN (fig. 303), formés autour d'une même*

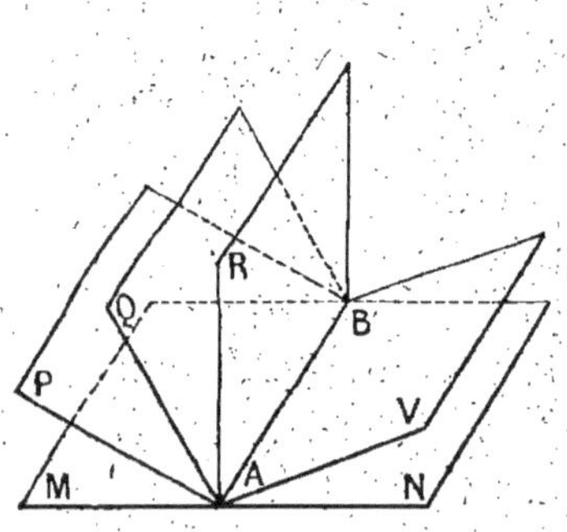

Fig. 303.

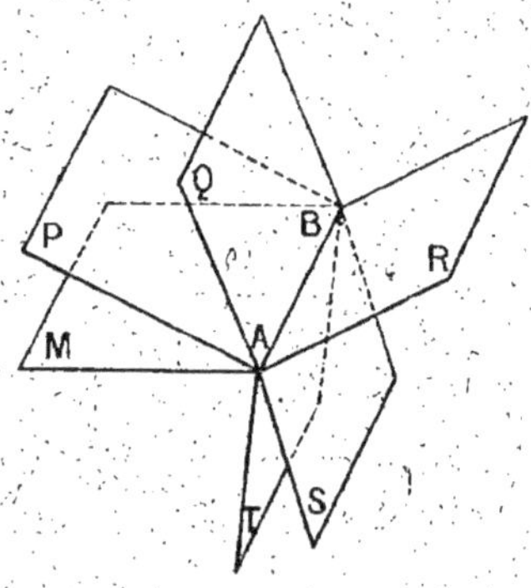

Fig. 304.

arête AB située dans le plan MN, et occupant tout l'espace situé d'un même côté de ce plan MN, sans que deux de ces angles dièdres occupent une même portion de l'espace, vaut deux dièdres droits. (Voir n° 33.)

358. Corollaire II. *La somme des angles dièdres MABP, PABQ, QABR,... TABM (fig. 304), formés autour d'une arête AB et occupant tout l'espace, sans que deux de ces angles dièdres occupent une même portion de l'espace, vaut quatre dièdres droits.* (Voir n° 34.)

Théorème.

359. *Si deux angles dièdres adjacents sont supplémentaires, leurs faces extérieures sont dans un même plan.* (Voir n° 35.)

Ce théorème est réciproque du théorème précédent.

360. Corollaire. *Les deux demi-plans ABN, ABN', perpendiculaires à un plan MM', que l'on peut mener à ce plan, de part et d'autre de ce plan, par une droite AB située dans ce plan, appartiennent à un même plan indéfini NABN' (fig. 305).*

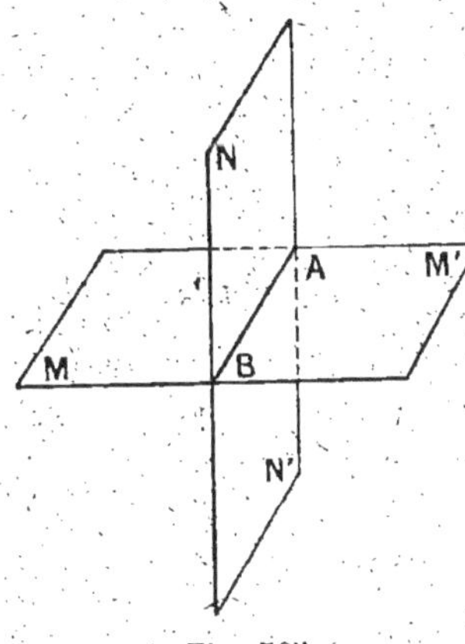
Fig. 305.

Le plan indéfini NABN', dont les deux régions séparées par AB sont des demi-plans perpendiculaires au plan MM', est dit un *plan perpendiculaire* au plan MM'.

Par une droite AB située dans le plan MM', on peut mener un plan indéfini NABN' perpendiculaire au plan MM' et l'on n'en peut mener qu'un.

Si le plan NABN' est perpendiculaire au plan MABM', réciproquement le plan MABM' est perpendiculaire au plan NABN', car chacune des portions ABM, ABM' est un demi-plan perpendiculaire au plan NABN'.

Pour exprimer le fait que chacun des plans est perpendiculaire à l'autre, on dit que *les deux plans sont perpendiculaires.*

Théorème.

361. *Deux angles dièdres opposés par l'arête sont égaux.*
(Voir n° 37.)

362. Remarque. Deux plans, MM′, NN′, qui se coupent,
forment quatre angles dièdres
(*fig.* 306) ; deux quelconques de
ces angles sont, ou égaux comme
opposés par l'arête, ou supplémentaires comme dièdrés adjacents
dont les faces extérieures sont sur
un même plan. Il en résulte que
si l'un des quatre angles dièdres
est droit, les quatre dièdres sont
droits (*fig.* 305).

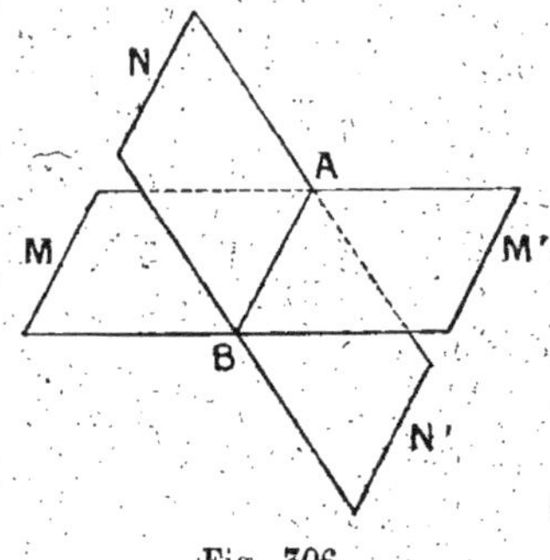

Fig. 306.

363. **Définition**. On appelle *angle plan* ou *rectiligne* d'un
angle dièdre PABQ (*fig.* 307), l'angle COD formé par les demi-
droites OC et OD perpendiculaires à l'arête
AB, menées par un point O de cette arête
dans les deux faces du dièdre.

364. La grandeur d'un angle dièdre est
déterminée par la grandeur de son angle
plan ; en effet :

1° *La grandeur de l'angle plan d'un
dièdre est la même quel que soit le point
de l'arête que l'on prend pour sommet de
l'angle plan.*

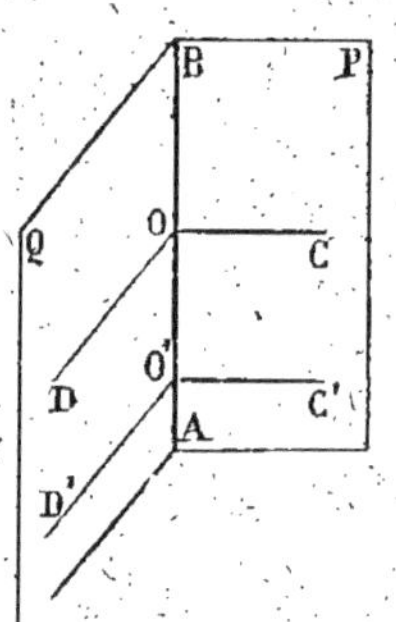

Fig. 307.

Car, si l'on considère deux angles plans
quelconques, COD, C′O′D′, du dièdre PABQ, ces angles sont
égaux comme ayant les côtés respectivement parallèles et de
même sens.

2° *Les angles plans de deux dièdres égaux sont égaux,
parce que ces dièdres sont superposables.*

3° *Deux angles dièdres qui ont des angles plans égaux
sont égaux.*

Soient, en effet, deux dièdres CABD et C'A'B'D' (*fig.* 308),

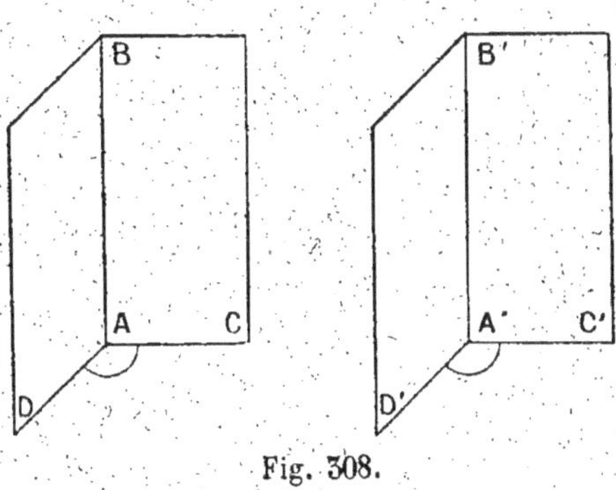

Fig. 308.

dont les angles plans CAD et C'A'D' sont égaux. Transportons le dièdre C'A'B'D', de façon que l'angle plan C'A'D' de ce dièdre vienne coïncider avec l'angle plan égal CAD du dièdre CABD ; la droite A'B', perpendiculaire aux droites A'C' et A'D', est perpendiculaire au plan de ces droites, et vient coïncider avec la perpendiculaire au plan des droites AC et AD, menée par le point A, c'est-à-dire avec la droite AB. Il en résulte que les deux dièdres coïncident et, par conséquent, sont égaux.

Théorème.

365. *L'angle plan d'un angle dièdre droit est un angle droit, et réciproquement.*

Soit un angle dièdre droit MABP (*fig.* 309) ; prolongeons la face M au delà de l'arête AB, nous aurons un second dièdre droit NABP adjacent au premier. Par un point O, pris sur l'arête AB, menons, dans le plan MN et dans le plan P, les droites COD et OE perpendiculaires à AB. Les angles COE, DOE sont les angles plans des deux dièdres égaux MABP, NABP ; donc ils sont égaux. Or, ces angles égaux, COE, DOE, sont supplémentaires, parce qu'ils sont adjacents et ont leurs côtés extérieurs en ligne droite ; donc ils sont droits.

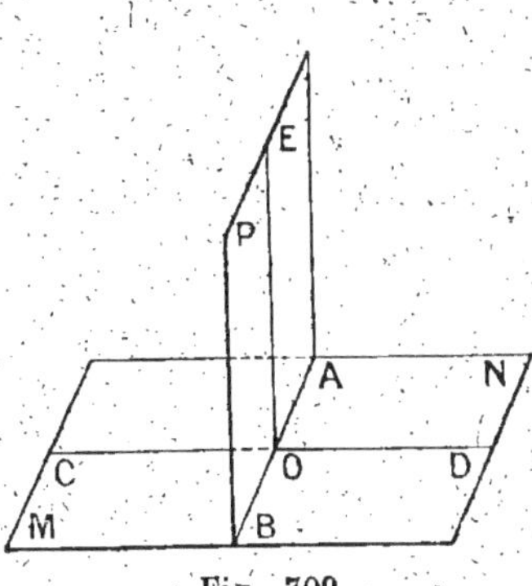

Fig. 309.

Réciproquement, soit un dièdre MABP dont l'angle plan COE

est droit. Si nous prolongeons la face M et la droite CO au delà de l'arête AB, nous formons un second dièdre NABP et son angle plan DOE. Or, COE étant droit, l'angle DOE est droit aussi. Les dièdres MABP, NABP ont des angles plans égaux, donc ils sont égaux ; ils sont d'ailleurs supplémentaires : donc le dièdre MABP est droit.

Théorème.

366. *Le rapport de deux angles dièdres est égal au rapport de leurs angles plans.*

Soient les deux angles dièdres CABD, GEFH (*fig.* 310), dont les angles plans sont les angles CAD, GEH. Supposons d'abord que ces angles plans aient une commune mesure, CAK, contenue, par exemple, 5 fois dans le premier et 3 fois dans le second ; le rapport des angles plans CAD, GEH est égal à $\frac{5}{3}$. Imaginons que l'on ait mené les demi-droites AK, AL, AM, AN et EP, EQ, qui partagent les angles plans, l'un en 5, l'autre en 3 angles égaux à l'angle CAK.

Si par l'arête AB et par les demi-droites AK, AL, AM et AN, nous menons les demi-plans BAK, BAL, BAM et BAN, nous partageons le dièdre CABD en 5 dièdres qui

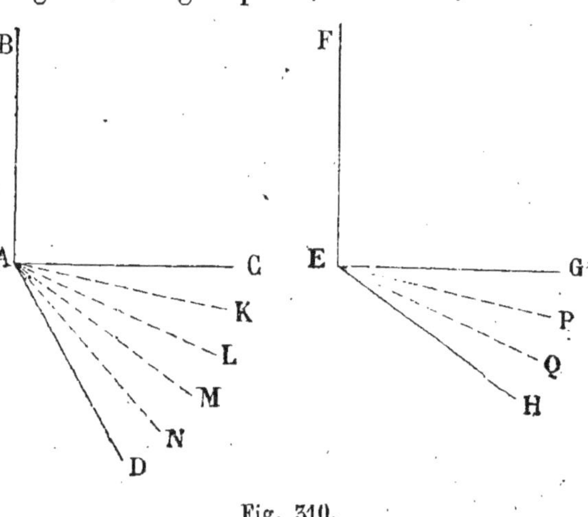

Fig. 310.

ont respectivement pour angles plans les angles égaux CAK, KAL, LAM, MAN, NAD, et qui, par conséquent, sont égaux. De même, si par l'arête EF et par les demi-droites EP, EQ, nous menons les demi-plans FEP, FEQ, nous partageons le dièdre GEFH en

3 dièdres qui ont respectivement pour angles plans les angles égaux GEP, PEQ, QEH, et qui, par conséquent, sont égaux. Donc les deux dièdres CABD, GEFH contiennent, le premier 5 dièdres, le second 3 dièdres, tous égaux entre eux et égaux au dièdre CABK; donc le rapport de ces deux dièdres est $\frac{5}{3}$, comme le rapport de leurs angles plans.

Le théorème étant vrai, quelque petite que soit la commune mesure entre les deux angles plans, est encore vrai quand ces deux angles plans sont incommensurables.

367. MESURE D'UN ANGLE DIÈDRE. Le rapport de deux angles dièdres étant égal au rapport de leurs angles plans, si l'on convient de prendre, pour unité d'angle dièdre, le dièdre qui correspond à l'angle plan choisi pour unité d'angle plan, la *mesure* d'un angle dièdre est égale à la *mesure* de son angle plan.

Si, par exemple, on prend pour unité d'angle plan l'angle d'un degré, et pour unité d'angle dièdre le dièdre dont l'angle plan est égal à 1°, un angle dièdre, dont l'angle plan est 17° 28′47″, est un angle dièdre de 17° 28′47″.

§ VII. — PLANS PERPENDICULAIRES.

Théorème.

368. *Si une droite* AB *est perpendiculaire à un plan* P, *tout plan* Q, *mené par la droite* AB, *est perpendiculaire au plan* P (*fig.* 311).

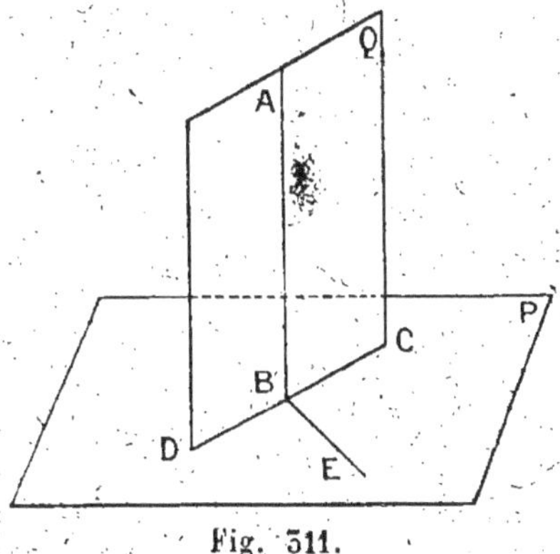

Fig. 311.

Soit CD l'intersection des plans P et Q; menons, dans le plan P, par le point B, la perpendiculaire BE à CD. La droite AB, perpendiculaire au plan P, est perpendiculaire aux droites BC et BE du plan P, qui passent par son pied.

L'angle ABE, dont les côtés sont des perpendiculaires à la

droite CD, menées par le point B dans les deux plans P et Q, est l'angle plan du dièdre de ces deux plans. Cet angle ABE étant droit, les plans P et Q forment un angle dièdre droit, et, par conséquent, sont perpendiculaires.

Théorème.

369. *Deux plans étant perpendiculaires, si dans l'un on mène une droite perpendiculaire à l'intersection des deux plans, cette droite est perpendiculaire à l'autre plan.*

Soient deux plans P et Q perpendiculaires (*fig.* 312), et soit, dans le plan Q, la droite AB perpendiculaire à l'intersection CD des deux plans : je dis que la droite AB est perpendiculaire au plan P.

En effet, si par le point B je mène, dans le plan P, la droite BE perpendiculaire à BC, l'angle ABE est l'angle plan du dièdre formé par les plans P et Q ; ces plans étant perpendiculaires, l'angle ABE est droit. Donc la droite AB, perpendiculaire aux droites BC et BE, est perpendiculaire au plan P qui contient ces droites.

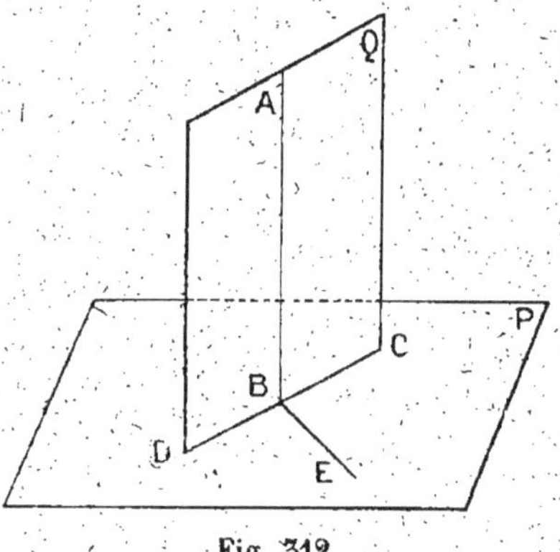

Fig. 312.

Théorème.

370. *Deux plans étant perpendiculaires, si par un point de l'un on mène une perpendiculaire à l'autre, cette droite est située tout entière dans le premier plan.*

Soient P et Q deux plans perpendiculaires, et un point A pris dans le plan Q (*fig.* 313). Si, du point A, on mène la droite AB perpendiculaire à l'intersection CD des deux plans, la droite AB est perpendiculaire au plan P (369); comme par un point on ne peut mener qu'une perpendiculaire à un plan, la perpendiculaire

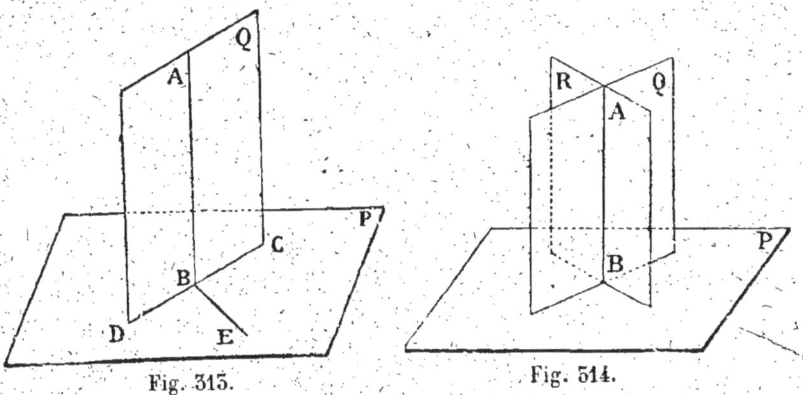

Fig. 313.   Fig. 314.

au plan P, menée par le point A, se confond avec la droite AB et est, par conséquent, située tout entière dans le plan Q.

371. Corollaire I. *Un plan perpendiculaire à deux plans qui se coupent est perpendiculaire à leur intersection.*

Soit (*fig. 314*) le plan P perpendiculaire aux plans Q et R qui se coupent suivant AB. Si, par un point quelconque A de l'intersection des deux plans, on mène une perpendiculaire au plan P, cette perpendiculaire qui, d'après le théorème précédent, est située dans chacun des deux plans Q et R, se confond avec la droite d'intersection AB de ces deux plans.

372. Corollaire II. *Par une droite quelconque AB (fig. 315) on peut mener un plan perpendiculaire à un plan P, et en général un seul.*

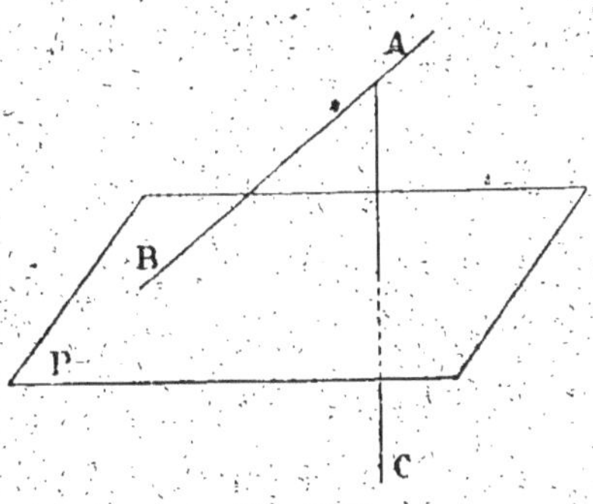

En effet, si, par un point quelconque A de la droite AB, on mène la perpendiculaire AC au plan P, le plan des droites AB et AC est perpendiculaire au plan P (368). D'ailleurs tout plan mené par AB perpendiculairement au plan P contient la perpendiculaire AC menée du point A au plan P, et, par conséquent, se confond avec le plan des droites AB et AC.

Fig. 315.

La démonstration s'applique quelle que soit la situation de la droite AB par rapport au plan P, pourvu toutefois qu'elle ne lui soit pas perpendiculaire.

Si la droite AB était perpendiculaire au plan P, la droite AC se confondrait avec la droite AB, et tout plan mené par la droite AB serait perpendiculaire au plan P.

§ VIII. — NOTIONS SUR LES ANGLES TRIÈDRES ET LES ANGLES POLYÈDRES.

373. Définitions. On appelle angle *trièdre* la figure formée par trois plans, ASB, BSC, CSA (*fig.* 316), qui se coupent en un point S, et dont on ne considère que les parties limitées par les demi-droites SA, SB, SC, suivant lesquelles ces plans se coupent deux à deux, ces demi-droites étant elles-mêmes limitées d'un côté au point S. Le point S est le *sommet*, les demi-droites SA, SB, SC sont les *arêtes* ; les angles ASB, BSC, CSA, sont les *faces* de l'angle trièdre ; les angles dièdres BASC, CBSA, ACSB, sont les angles dièdres du trièdre ; les faces et les dièdres d'un trièdre se nomment les *éléments* du trièdre.

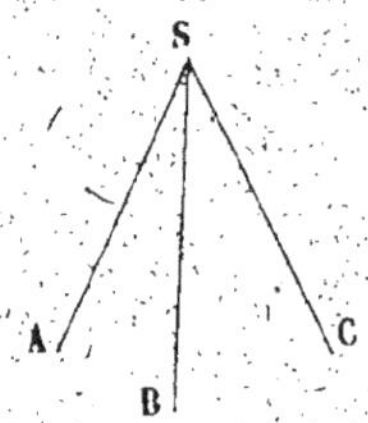

On appelle, en général, angle *solide*, ou angle *polyèdre*, la figure formée par plusieurs plans qui se coupent en un même point et sont limités à leurs droites d'intersection, ces droites d'intersection étant elles-mêmes limitées d'un côté à leur point commun. Un angle solide ne peut avoir moins de trois faces.

Fig. 316.

374. On dit qu'un angle polyèdre est *convexe* quand toutes ses arêtes sont situées d'un même côté par rapport au plan de l'une quelconque de ses faces.

Un angle trièdre est convexe.

Théorème.

375. *Dans un angle trièdre, une face quelconque est moindre que la somme des deux autres.*

Le théorème est évident pour toute face qui n'est pas la plus grande ; il n'y a lieu de le démontrer que pour la plus grande face.

Soit, dans le trièdre SABC (*fig.* 317), ASB la plus grande des trois faces. Dans l'angle ASB, qui est plus grand que ASC, menons une droite SD faisant avec SA un angle ASD égal à ASC ; dans le plan de cet angle menons encore une droite quelconque AB qui rencontre les demi-droites SA, SB et SD aux points A, B et D. Prenons sur SC une longueur SC égale à SD, et menons les droites AC et BC. Les triangles ASC et ASD sont égaux comme ayant un angle égal compris entre deux côtés égaux chacun à chacun,

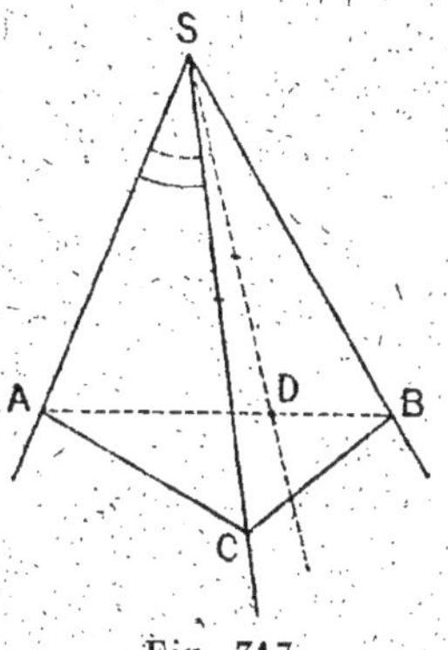

Fig. 317.

et par conséquent AC est égal à AD. Or, le côté AB du triangle ABC étant plus petit que la somme des deux autres AC et CB, il en résulte que DB est plus petit que BC. Les triangles BSD et BSC ont deux côtés égaux chacun à chacun, savoir : SB côté commun, et SD égal à SC ; le troisième côté BD du premier triangle étant moindre que le troisième côté BC du second triangle, l'angle BSD opposé à BD est moindre que l'angle BSC opposé à BC (66). En ajoutant d'une part l'angle ASD, de l'autre l'angle égal ASC, on en conclut que la face ASB est moindre que la somme des deux autres.

Théorème.

376. *La somme des faces d'un angle polyèdre convexe est moindre que quatre angles droits.*

Soit ABCDE (*fig.* 318) un polygone convexe obtenu en coupant l'angle polyèdre convexe SABCDE par un plan qui rencontre toutes ses arêtes d'un même côté du sommet, et soit O un point pris dans l'intérieur de ce polygone. Joignons ce point O aux sommets du polygone ; nous aurons deux séries de triangles, en nombre égal, ayant pour bases les côtés du polygone, et, pour sommets, les uns le point O, les autres le point S. La somme des angles des triangles de la première série est égale à la somme des angles des triangles de la seconde. Or, en appliquant le théorème précédent aux angles trièdres qui ont pour sommets respectifs les points A, B, C, D, E, on a les inégalités sui-vantes :

$$EAB < EAS + BAS$$
$$ABC < ABS + CBS$$
$$BCD < BCS + DCS$$
$$CDE < CDS + EDS$$
$$DEA < DES + AES$$

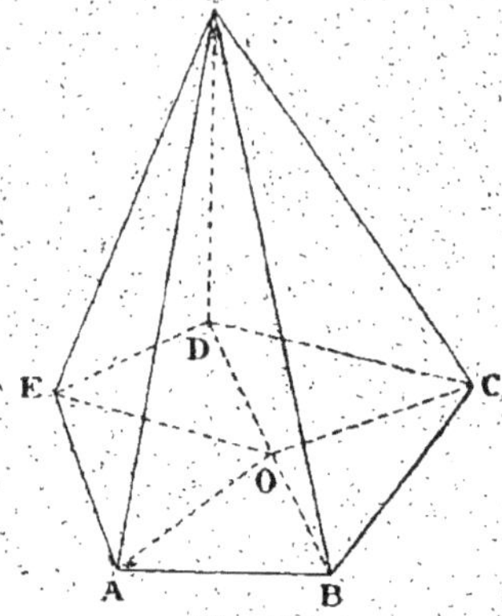

Fig. 318.

et, en ajoutant membre à membre ces inégalités, on voit que la somme des angles à la base des triangles qui ont O pour sommet est moindre que la somme des angles à la base des triangles qui ont S pour sommet. Par compensation, la somme des angles au sommet assemblés autour du point S est moindre que la somme des angles au sommet assemblés autour du point O. Or, cette dernière somme vaut quatre angles droits : donc le théorème est démontré.

377. REMARQUE I. Il résulte de ce théorème et du précédent qu'il est impossible de construire un angle trièdre ayant pour faces trois angles donnés, si ces angles ne satisfont pas aux deux conditions suivantes :

1° Le plus grand doit être plus petit que la somme des deux autres ;

2° La somme des trois angles doit être moindre que quatre angles droits.

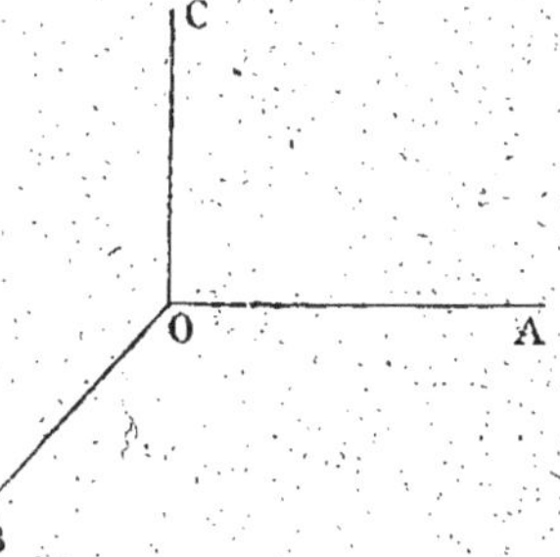

Fig. 319.

On peut démontrer que ces conditions nécessaires sont suffisantes, mais nous ne donnerons pas ici cette démonstration.

378. REMARQUE II. On peut construire un angle trièdre dont les trois faces soient des angles droits. Soit en effet AOB un angle droit (*fig.* 319) ; si, par le point O, on mène une droite

OC perpendiculaire au plan AOB, cette droite est perpendiculaire à la fois aux deux droites OA et OB, et, par conséquent, le trièdre OABC est tel que l'angle de chacune de ses faces est un angle droit. Un pareil angle trièdre est appelé *angle trièdre trirectangle*; dans un trièdre trirectangle, les trois dièdres sont des dièdres droits.

379. ANGLES POLYÈDRES SYMÉTRIQUES. Si l'on prolonge les arêtes d'un angle polyèdre au delà du sommet, on forme un nouvel angle polyèdre que l'on dit *symétrique* du premier. Ces deux angles polyèdres sont composés des mêmes éléments, car les faces du premier angle polyèdre sont respectivement égales aux faces du second, comme angles opposés par le sommet; les angles dièdres du premier angle polyèdre sont respectivement égaux aux angles dièdres du second, comme angles dièdres formés par deux mêmes plans et opposés par l'arête.

Mais, bien que composés des mêmes éléments, deux angles polyèdres symétriques ne sont pas superposables. Considérons, par

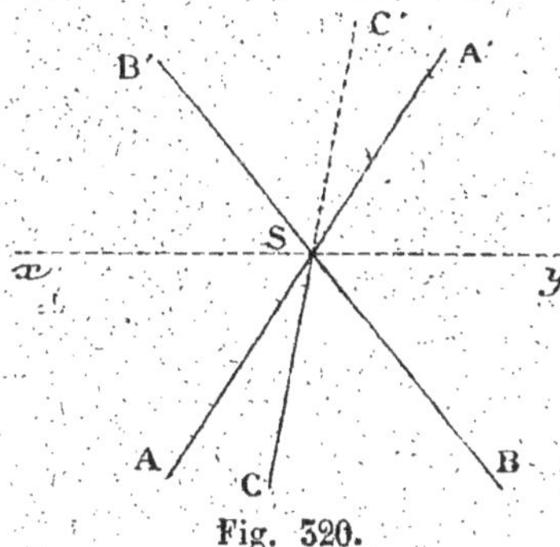

Fig. 320.

exemple, les deux trièdres symétriques SABC, SA'B'C' (*fig.* 320), et cherchons à placer le second sur le premier en faisant coïncider les faces égales ASB, A'SB'. Pour amener la face A'SB' à coïncider avec la face égale ASB, nous ne pouvons opérer que de deux façons : soit en amenant SA' sur SA et SB' sur SB, soit en amenant SA' sur SB et SB' sur SA.

1° Faisons tourner la figure de 180° autour d'une perpendiculaire au plan ASB menée par le point S. Alors SA' vient sur SA, SB' sur SB; mais, tandis que l'arête SC est en avant du plan ASB, l'arête SC' reste en arrière de ce plan; de sorte que les deux trièdres SABC, SA'B'C', situés de part et d'autre du plan ASB, ne coïncident pas.

2° Faisons tourner la figure de 180° autour de la bissectrice xSy de l'angle ASB'; alors SB' vient sur SA, SA' sur SB, et l'arête SC' vient se placer du même côté que l'arête SC par rapport au plan ASB. Mais, comme le dièdre qui a pour arête SB′ n'est généralement pas égal au dièdre qui a pour arête SA, la face B′SA′ du second trièdre coïncidant avec la face ASB du premier, le plan de la face B′SC′ du second ne coïncide pas avec le plan de la face ASC du premier, et par conséquent l'arête SC′ du second trièdre ne coïncide pas avec l'arête SC du premier.

Donc, en général, deux trièdres symétriques ne sont pas superposables. Remarquons toutefois que, si les angles dièdres SA et SB du trièdre SABC sont égaux, le dièdre SB′, égal au dièdre SB, coïncide avec le dièdre SA, quand, par le second mode de rotation, la face B′SA′ est amenée sur la face ASB; le dièdre SA′ coïncide de même avec le dièdre SB, et l'arête SC′, située à la fois dans les plans des deux faces BSC, ASC, coïncide avec l'arête SC, intersection des plans de ces deux faces. Il en résulte que, *dans le cas particulier où un angle trièdre a deux dièdres égaux, et dans ce cas seulement, il est superposable au trièdre symétrique.*

Dans le cas particulier où un trièdre a deux dièdres égaux, les faces opposées aux dièdres égaux sont égales; le trièdre est dit *isocèle.*

380. Si deux angles trièdres symétriques, bien que composés des mêmes éléments, ne sont pas, en général, superposables, cela tient à ce que, dans ces deux angles trièdres, les éléments égaux ont une disposition inverse. Pour nous en rendre compte, imaginons un observateur placé sur l'arête SA, la tête en S, les pieds en A, et regardant dans l'intérieur de l'angle trièdre SABC, et un second observateur placé de même sur l'arête SA′ opposée à SA, la tête en S, les pieds en A′ et regardant dans l'intérieur de l'angle trièdre SA′B′C′ symétrique du premier. L'observateur placé sur l'arête SA a à sa *gauche* la face ASB, tandis que l'observateur placé sur SA′ a à sa *droite* la face A′SB′ égale à la face ASB. Il en est de même quelles que soient les arêtes opposées des deux angles trièdres symétriques suivant lesquelles nous placerons les deux observateurs.

La même observation est applicable à deux angles polyèdres symétriques, quel que soit le nombre de faces.

EXERCICES SUR LE LIVRE V.

Théorèmes à démontrer.

1. Si une droite qui rencontre un plan fait avec trois droites de ce plan passant par son pied des angles égaux, elle est perpendiculaire au plan.

2. Étant donnés un point O et deux droites RR′, SS′, non situées dans un même plan, on peut mener par le point O une droite qui rencontre les droites RR′ et SS′, et on n'en peut mener qu'une.

3. Étant donnés un point O, une droite RR′ et un plan P non parallèle à la droite, on peut mener par le point O une droite parallèle au plan P et rencontrant la droite RR′, et on n'en peut mener qu'une.

4. Étant données trois droites RR′, SS′, TT′, telles que deux quelconques ne sont pas situées dans un même plan, on peut mener une droite qui rencontre les deux premières et qui soit parallèle à la troisième; on n'en peut mener qu'une.

5. Étant données deux droites RR′ et SS′, non situées dans un même plan, on peut mener une droite qui rencontre ces deux droites, et qui soit perpendiculaire à chacune d'elles; on n'en peut mener qu'une.

6. Si deux droites R et R′, non situées dans un même plan, sont rencontrées par trois droites S, S′, S″, en des points A et B, A′ et B′, A″ et B″, tels que A″ et B″ soient placés tous les deux respectivement entre A et A′ et entre B et B′, ou respectivement sur les prolongements de AA′ et de BB′, et tels, en outre, que l'on ait

$$\frac{AA'}{BB'} = \frac{AA''}{BB''},$$

les trois droites S, S′, S″ sont parallèles à un même plan.

7. Si trois droites R, R′, R″, parallèles à un même plan, sont rencontrées par trois droites S, S′, S″, ces trois dernières droites sont parallèles à un même plan.

8. Si par chaque arête d'un angle trièdre on mène un plan perpendiculaire à la face opposée, les trois plans que l'on obtient ainsi se coupent suivant une même droite.

9. Si par chaque arête d'un angle trièdre et par la bissectrice de la face opposée on fait passer un plan, les trois plans que l'on obtient ainsi se coupent suivant une même droite.

10. Si par la bissectrice de chaque face d'un angle trièdre on mène un plan perpendiculaire à cette face, les trois plans que l'on obtient ainsi se coupent suivant une même droite.

11. Les trois plans bissecteurs des trois angles dièdres d'un angle trièdre se coupent suivant une même droite.

12. Si par le sommet d'un angle trièdre on mène dans chacune des faces une droite perpendiculaire à l'arête opposée à cette face, les trois droites que l'on obtient ainsi sont situées dans un même plan.

13. Si l'on coupe un angle trièdre trirectangle OABC par un plan qui rencontre les arêtes aux points A, B, C, le carré de la surface du triangle ABC est égal à la somme des carrés des surfaces des trois triangles OAB, OAC, OBC.

Problèmes à résoudre.

14. Trouver le lieu des points de l'espace équidistants de trois points donnés.

15. Trouver le lieu des points équidistants de deux plans donnés.

16. Trouver le lieu des points équidistants de deux droites qui se coupent.

17. Trouver le lieu des projections d'un point donné sur les plans menés par une droite donnée.

18. Trouver le lieu des projections d'un point donné sur les droites menées par un point donné, dans un plan donné.

19. Trouver le lieu du point de concours des médianes des triangles obtenus en coupant un angle trièdre donné par des plans parallèles à un plan donné.

20. On donne deux droites RR′, SS′, non situées dans un même plan, et un plan P; une droite mobile AB glisse sur les droites RR′, SS′, et reste parallèle au plan P; sur cette droite mobile, entre les points A et B où elle rencontre les droites fixes RR′, SS′, on prend un point M tel que le rapport $\dfrac{AM}{MB}$ soit égal à un rapport donné ; trouver le lieu du point M.

21. Lieu du milieu d'une droite de longueur constante dont les extrémités glissent sur deux droites rectangulaires non situées dans un même plan.

22. Lieu des points d'un plan P, d'où l'on voit sous un angle droit une portion de droite AB donnée, non située dans ce plan.

23. Lieu des points tels que la somme ou la différence de leurs distances à deux plans donnés soit égale à une longueur donnée.

24. Étant donnés un angle solide à quatre faces SABCD et un point O, amener par ce point un plan qui coupe les faces de l'angle solide suivant un parallélogramme.

25. Mener un plan qui coupe un angle trièdre trirectangle suivant un triangle égal à un triangle donné.

26. On donne deux droites A, B, quelconques dans l'espace et un plan P perpendiculaire à la droite A. Par cette droite A on mène un plan quelconque Q, et par la droite B un plan R perpendiculaire au plan Q; ces deux plans Q et R coupent le plan P suivant deux droites qui se coupent elles-mêmes en un point M. Trouver le lieu que décrit le point M lorsque le plan Q tourne autour de la droite A. (Concours général, 1883, Seconde.)

27. Étant donnés un triangle ABC et une droite L non située dans le plan du triangle, on joint aux points B et C un point quelconque D de la droite L, de façon à former un quadrilatère DBAC, dont les côtés ne sont pas nécessairement dans un même plan : 1° Démontrer que le quadrilatère qui a pour sommets les points milieux des côtés du quadrilatère DBAC est un parallélogramme; 2° Étudier les variations de la surface de ce parallélogramme quand le point D se déplace sur la droite; 3° Trouver la position que le point D doit occuper sur la droite L pour que le parallélogramme soit un losange, ou un rectangle; 4° Examiner si le parallélogramme peut devenir un carré. (Concours général, 1884, Philosophie.)

28. On donne trois droites A, B, C de l'espace non parallèles à un même plan; on demande de construire une quatrième droite D qui coupe les trois premières de telle sorte que les segments interceptés sur cette droite par les droites A, B, C soient égaux entre eux; discussion. (Concours général, Seconde, 1884.)

29. On coupe un angle trièdre OABC par un plan P qui rencontre les arêtes aux points A, B, C; trouver le lieu du point de rencontre des médianes du triangle ABC : 1° lorsque le plan P se déplace de manière que le point A reste fixe; 2° lorsque le plan P se déplace de manière que la droite AB reste fixe; 3° lorsque le plan P se déplace de manière que les différences OB — OA et OC — OA restent constantes. (Concours général, Seconde, 1893.)

30. Étant donné un dièdre droit, déterminer les plans passant par un point fixe A de l'arête de ce dièdre et coupant les deux faces du dièdre suivant deux droites rectangulaires; trouver le lieu des pieds des perpendiculaires abaissées d'un autre point fixe B de l'arête sur ces plans. (École normale de Sèvres, 1897.)

31. Trouver dans l'espace le lieu des points tels que les carrés de leurs distances à trois points donnés A, B, C, aient des différences données. (École normale de Sèvres, 1900.)

LIVRE VI

POLYÈDRES

§ I. — DÉFINITIONS : POLYÈDRES, PRISME, PARALLÉLÉPIPÈDE

381. Polyèdres. Un *polyèdre* est un solide limité de toutes parts par des plans. Les polygones formés par les intersections des plans qui limitent un polyèdre sont les *faces* du polyèdre, les côtés de ces polygones sont les *arêtes*, les angles solides formés par les faces sont les *angles solides*, et les sommets de ces angles sont les *sommets* du polyèdre. On appelle *diagonale* une droite qui unit deux sommets non situés dans la même face.

On dit qu'un polyèdre est *convexe* lorsqu'il est situé tout entier d'un même côté par rapport au plan de l'une quelconque de ses faces.

Quand le nombre des faces d'un polyèdre est 4, 5, 6, etc., on dit que le polyèdre est un *tétraèdre*, un *pentaèdre*, un *hexaèdre*, etc. Le nombre des faces d'un polyèdre est au moins quatre, car il faut au moins quatre plans pour limiter un solide.

382. Prisme. On appelle *prisme* un polyèdre dont les faces se composent de deux polygones égaux ayant les côtés respectivement parallèles et de même sens, et de parallélogrammes.

On peut former un prisme de la manière suivante : soit un polygone quelconque ABCDE (*fig.* 321); par le sommet A, on mène une droite quelconque AA′ non située dans le plan du polygone, et par les autres sommets on mène les droites BB′,

CC', DD', EE' égales et parallèles à AA'; enfin on mène les droites A'B', B'C', C'D', D'E' et E'A'. Le quadrilatère ABA'B', dont les côtés AA' et BB' sont égaux et parallèles, est un parallélogramme; il en est de même des quadrilatères BCB'C', CDC'D', etc. Il reste à montrer que la figure A'B'C'D'E' est un polygone égal au polygone ABCDE, et que ses côtés sont parallèles aux côtés de ce polygone et de même sens. D'abord la figure A'B'C'D'E' est plane, car si par le point A' on mène un plan parallèle au plan du polygone donné, ce plan passe par les points B', C', D' et E', puisque deux plans parallèles interceptent des longueurs égales sur des droites parallèles. De plus les deux polygones ABCDE, A'B'C'D'E' ont les côtés respectivement égaux et parallèles, comme côtés opposés dans un parallélogramme, et les angles respectivement égaux, comme ayant les côtés parallèles et de même sens. Le solide ABCDE A'B'C'D'E', compris entre deux polygones égaux qui ont les côtés parallèles, et des parallélogrammes, est un prisme.

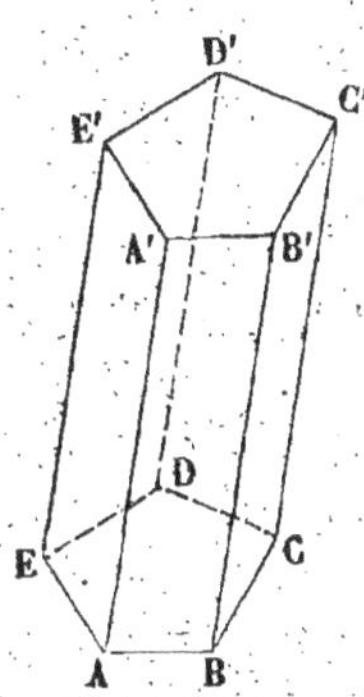
Fig. 321.

Les polygones égaux ABCDE, A'B'C'D'E' sont les *bases* du prisme; les parallélogrammes ABB'A', BCC'B', etc., sont les *faces latérales*; les côtés AA', BB', CC', etc., des faces latérales non situées dans les plans des bases sont les *arêtes latérales*.

La *hauteur* du prisme est la distance des bases parallèles.

Un prisme est dit *triangulaire*, *quadrangulaire*, etc., quand ses bases sont des triangles, des quadrilatères, etc.

On dit qu'un prisme est *droit*, ou *oblique*, selon que ses arêtes latérales sont perpendiculaires, ou obliques, aux plans des deux bases.

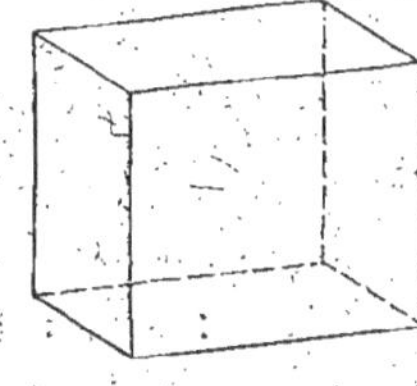
Fig. 322.

383. Parallélépipède. On appelle *parallélépipède* un prisme dont les bases sont des parallélogrammes (*fig.* 322).

384. On dit qu'un parallélépipède est *droit* quand les arêtes latérales sont perpendiculaires aux plans des bases; il est oblique dans le cas contraire.

385. On dit qu'un parallélépipède *droit* est *rectangle*, quand les deux bases sont des rectangles.

Les six faces d'un parallélépipède sont des parallélogrammes ; si le parallélépipède est droit, les quatre faces latérales sont des rectangles ; si le parallélépipède est rectangle, les six faces sont des rectangles.

386. On appelle *cube* un parallélépipède rectangle dont les six faces sont des carrés.

387. Pour déterminer un parallélépipède, il suffit de donner l'angle trièdre formé par les arêtes du parallélépipède issues d'un de ses sommets, et les longueurs de ces arêtes. Soit donné, par exemple (*fig.* 323), le trièdre OABC, et les longueurs des arêtes, OA, OB, OC, d'un parallélépipède ; si, sur OA et sur OB, on construit le parallélogramme OADB, puis si par les points A, B, D, on mène les droites AE, BF,

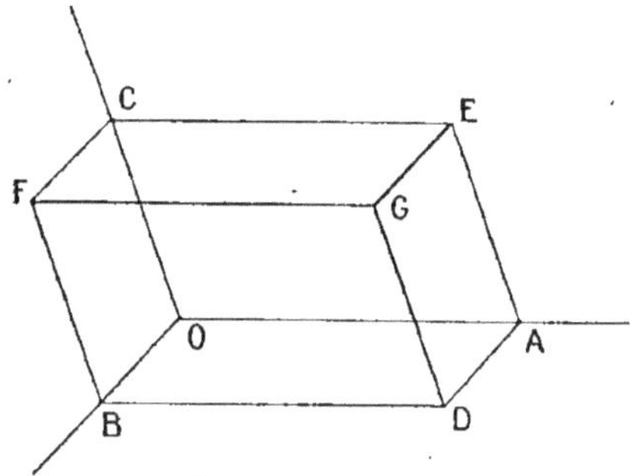

Fig. 323.

DG parallèles à OC et égales à la longueur OC, on forme le prisme OADB CEGF (382) ; et, comme les bases parallèles OADB, CEGF sont des parallélogrammes, ce prisme est un parallélépipède.

388. Si le parallélépipède est *rectangle*, chaque angle trièdre formé par les trois arêtes issues de l'un de ces sommets est *trirectangle* (385) ; dès lors, pour déterminer un parallélépipède rectangle, il suffit de donner les longueurs OA, OB, OC des arêtes issues de l'un de ses sommets (*fig.* 324). Ces trois longueurs sont appelées les trois *dimensions* du parallélépipède rectangle.

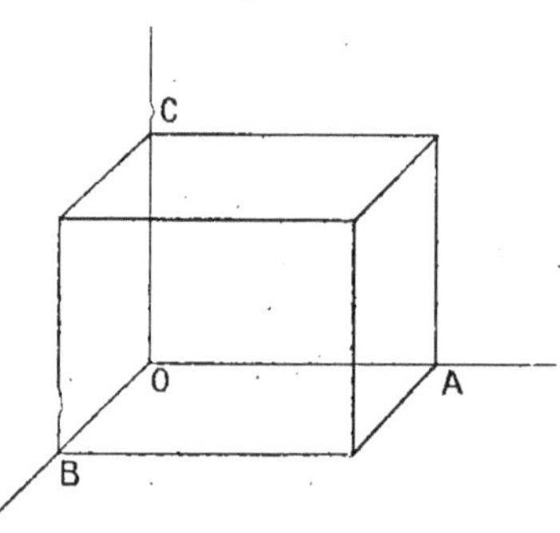

Fig. 324.

389. Pour déterminer un *cube*, il suffit de donner la longueur d'une de ses arêtes.

§ II. — PROPRIÉTÉS DU PARALLÉLÉPIPÈDE.

Théorème.

390. *Dans un parallélépipède deux faces opposées quelconques sont égales et parallèles.*

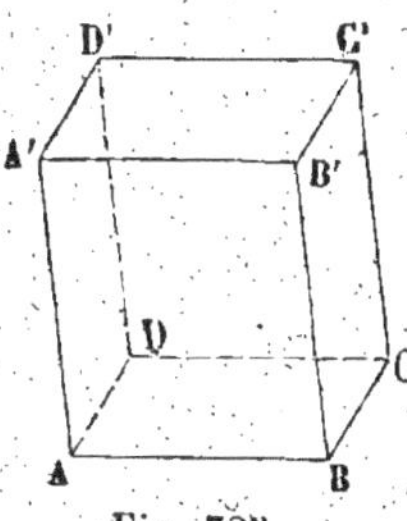

Fig. 325.

Soit (*fig.* 325) le parallélépipède ABCD A'B'C'D'. Les bases ABCD, A'B'C'D' sont égales et parallèles par définition. Prenons deux faces opposées quelconques, ABB'A', DCC'D'; les côtés BB et DC sont égaux et parallèles, comme côtés opposés d'un parallélogramme; les côtés BB' et CC' sont égaux et parallèles pour la même raison. Il en résulte que les angles ABB' et DCC' sont égaux et ont leurs plans parallèles, et, par suite, que les faces opposées ABB'A', DCC'D' sont égales et ont leurs côtés parallèles.

391. REMARQUE I. Il suit de là qu'un *parallélépipède est un prisme auquel on peut donner pour bases deux faces opposées quelconques du solide.*

Si le parallélépipède est *droit*, sans être *rectangle*, il pourra être considéré comme un prisme *droit*, ou comme un prisme *oblique*, selon les faces choisies pour servir de bases; mais un parallélépipède *rectangle* sera toujours considéré comme un prisme *droit*, quelles que soient les faces prises pour bases.

Soient a, b, c les trois dimensions d'un parallélépipède rectangle. On peut prendre pour l'une des bases une quelconque des faces, c'est-à-dire un rectangle dont les dimensions sont, ou a et b, ou a et c, ou b et c; la hauteur correspondante est celle des trois dimensions qui n'appartient pas au rectangle choisi pour base.

392. Remarque II. *Toute section plane* MNPQ *faite dans un parallélépipède par un plan qui rencontre deux faces opposées, est un parallélogramme* (*fig.* 326). En effet, les côtés MN et PQ sont parallèles comme intersections de deux plans parallèles par un troisième, et il en est de même des côtés MQ et NP.

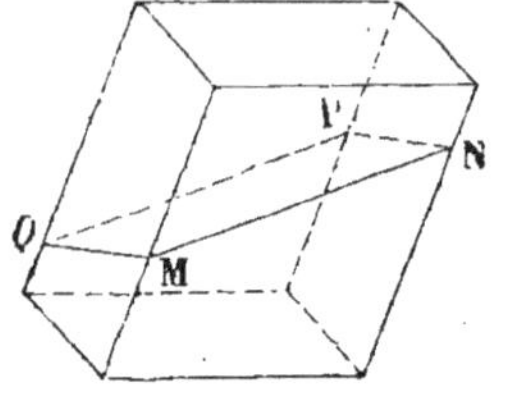

Fig. 326.

Théorème.

393. *Les quatre diagonales d'un parallélépipède se coupent mutuellement en deux parties égales.*

Soient en effet AC′ et DB′ deux quelconques des quatre diagonales du parallélépipède ABCD A′B′C′D′ (*fig.* 327). Ces lignes sont les diagonales du quadrilatère ADC′B′, lequel est un parallélogramme parce que les côtés opposés AD et B′C′ sont égaux et parallèles; donc, les diagonales AC′ et DB′ se coupent mutuellement en deux parties égales. Les deux autres diagonales BD′ et CA′ partagent de même la diagonale AC′ en deux parties égales; donc, les quatre diagonales se coupent en un même point qui est le milieu de chacune d'elles.

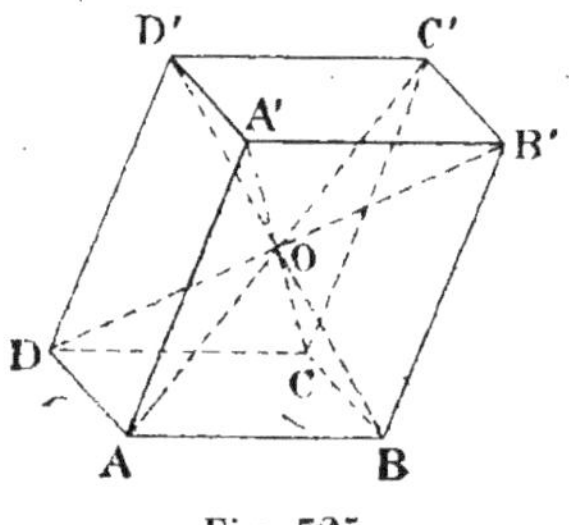

Fig. 327.

§ III. — VOLUME D'UN PRISME DROIT.

394. **Unité de volume**. Mesurer un volume, c'est le comparer à un volume pris pour unité, et chercher combien de fois le volume donné contient le volume pris pour unité, ou une partie aliquote de ce volume.

On prend pour unité de volume le cube construit sur l'unité de longueur. L'unité principale de longueur étant le *mètre*, l'unité principale de volume est le *mètre cube*. Aux unités secondaires de longueur, le *décimètre*, le *centimètre*, etc., correspondent les unités secondaires de volume, le *décimètre cube*, le *centimètre cube*, etc.

Un mètre cube contient 1000 décimètres cubes.

En effet, partageons la hauteur AA′ du mètre cube ABCDA′B′C′D′ en dix décimètres (*fig.* 328), et par les points de division menons

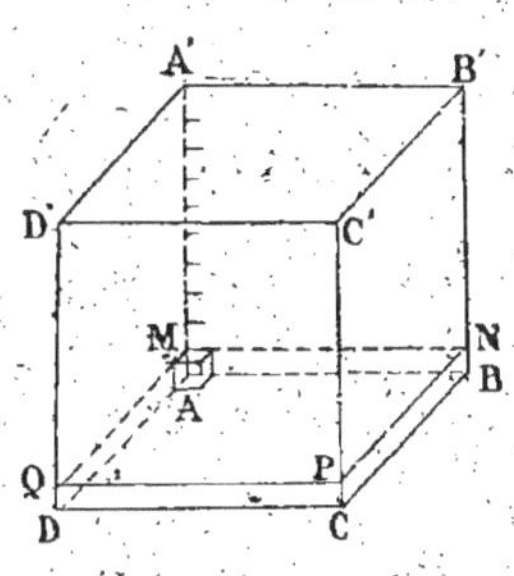

Fig. 328.

des plans parallèles au plan de la base ABCD. Nous partageons ainsi le solide en dix parallélépipèdes rectangles égaux. Considérons le parallélépipède ABCD MNPQ; la base ABCD est un mètre carré et contient 100 décimètres carrés, la hauteur AM est un décimètre; sur chaque décimètre carré de la base repose un décimètre cube, et par conséquent le parallélépipède ABCD MNPQ contient 100 décimètres cubes. Donc le mètre cube ABCD A′B′C′D′ contient 100×10, ou 1000 décimètres cubes.

Le décimètre cube contient de même 1000 centimètres cubes, et le centimètre cube contient 1000 millimètres cubes.

395. On dit que les volumes des deux solides sont *équivalents* quand ils contiennent le même nombre de mètres cubes, de décimètres cubes, etc.

Théorème.

396. *Le rapport des volumes de deux parallélépipèdes rectangles qui ont même base est égal au rapport de leurs hauteurs.*

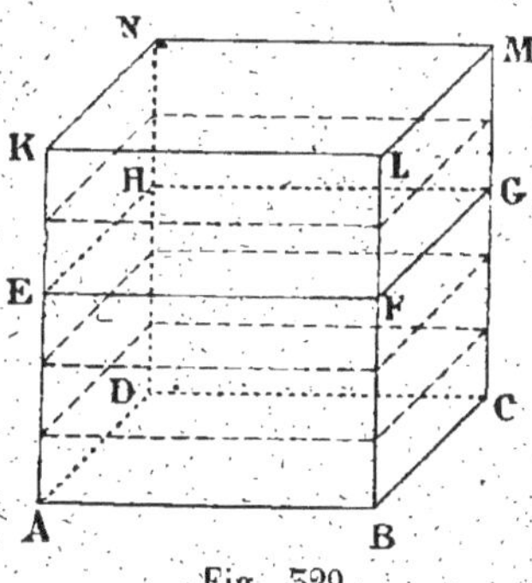

Fig. 529.

Remarquons que deux parallélépipèdes rectangles qui ont même base et même hauteur sont égaux, car ils sont superposables. Cela posé, soient ABCD EFGH, ABCD KLMN, deux parallélépipèdes rectangles ayant même base ABCD, et pour hauteurs l'un AE, l'autre AK (*fig.* 329).

Supposons d'abord que les hauteurs AE et AK aient une

commune mesure, et que cette commune mesure soit, par exemple, contenue 3 fois dans AE et 5 fois dans AK ; le rapport des hauteurs AE et AK est $\dfrac{3}{5}$. Si par les points de division de AK on mène des plans parallèles au plan ABCD, on partage les parallélépipèdes rectangles donnés en parallélépipèdes rectangles qui sont égaux, puisqu'ils ont des bases égales et des hauteurs égales. Or, le parallélépipède ABCD EFGH contient 3 de ces parallélépipèdes égaux, le parallélépipède ABCD KLMN en contient 5 ; donc le rapport des volumes des deux parallélépipèdes est, comme le rapport de leurs hauteurs, égal à $\dfrac{3}{5}$.

Le théorème étant vrai, quelque petite que soit la commune mesure entre les hauteurs des deux parallélépipèdes, est encore vrai quand ces hauteurs sont incommensurables.

397. **Remarque.** On peut prendre pour base d'un parallélépipède rectangle une quelconque des faces ; les côtés du rectangle choisi pour base sont deux des trois dimensions du parallélépipède, et la hauteur correspondante est la troisième dimension (391). D'après cela, le théorème précédent peut encore être énoncé ainsi :

Le rapport des volumes de deux parallélépipèdes rectangles qui ont deux dimensions communes est égal au rapport des troisièmes dimensions.

Théorème.

398. *Le rapport des volumes de deux parallélépipèdes rectangles qui ont même hauteur est égal au rapport de leurs bases.*

Désignons par P et P′ les volumes de deux parallélépipèdes rectangles, par B et B′ les aires de leurs bases, par a, b et a', b' les dimensions de ces bases, et par c la hauteur commune des deux parallélépipèdes (*fig.* 330). Concevons un troisième parallélépipède de volume P_1, ayant pour dimensions a', b et c.

Si nous comparons les deux parallélépipèdes P et P_1, nous voyons qu'ils ont deux dimensions communes b et c; leurs volumes sont proportionnels aux troisièmes dimensions, a et a', et l'on a :

$$\frac{P}{P_1} = \frac{a}{a'}.$$

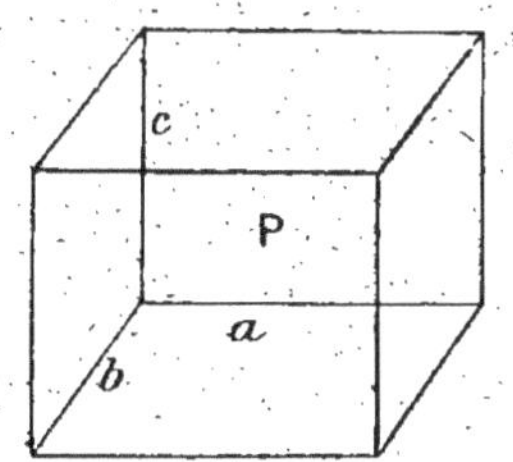

De même les parallélépipèdes rectangles P' et P_1 ont deux dimensions communes, a' et c; leurs volumes sont proportionnels aux troisièmes dimensions, b' et b, et l'on a :

$$\frac{P'}{P_1} = \frac{b'}{b}.$$

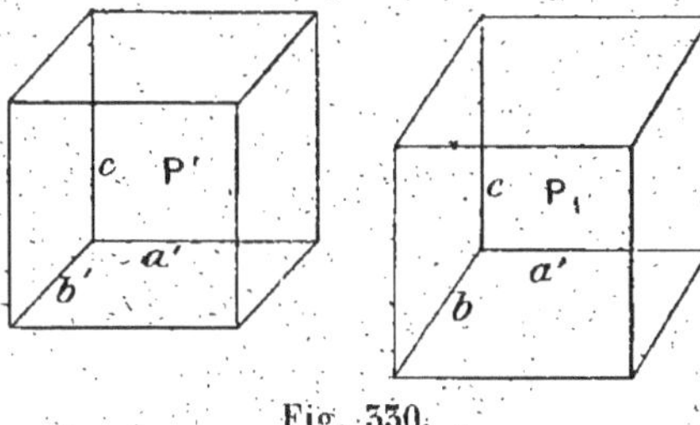

Fig. 330.

De ces deux égalités on déduit (19) :

$$\frac{P}{P'} = \frac{a}{a'} : \frac{b'}{b} = \frac{a}{a'} \times \frac{b}{b'}.$$

Or, on sait (272) que le produit $\dfrac{a}{a'} \times \dfrac{b}{b'}$ est égal au rapport des aires B et B′ des rectangles dont les dimensions sont a, b et a', b'. Donc on a :

$$\frac{P}{P'} = \frac{B}{B'}.$$

Théorème.

399. *Le rapport des volumes de deux parallélépipèdes rectangles est égal au produit du rapport des bases par le rapport des hauteurs.*

Désignons par P et P′ les volumes de deux parallélépipèdes, par a, b, c les trois dimensions du premier et par a', b', c' les trois dimensions du second. Prenons pour base du premier le rectangle dont les dimensions sont a et b, pour base du second

le rectangle dont les dimensions sont a' et b', et désignons par B et B' les aires de ces bases ; les hauteurs des parallélépipèdes sont alors c et c'. Il faut démontrer que l'on a :

$$\frac{P}{P'} = \frac{B}{B'} \times \frac{c}{c'}.$$

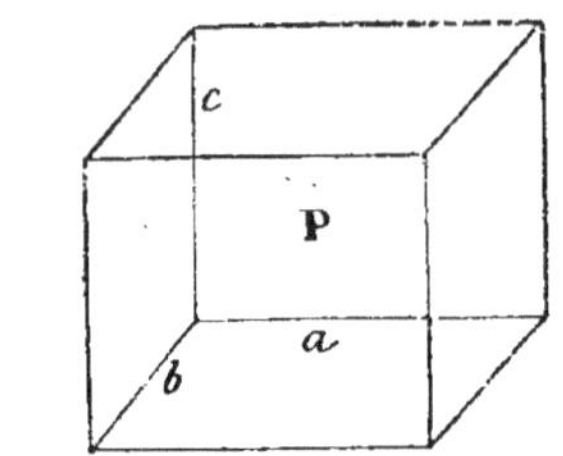

Concevons à cet effet un troisième parallélépipède rectangle, de volume P_1, ayant même hauteur c que le pre-
mier parallélépipède, et ayant pour base un rectangle de dimensions a', b', égal à la base du second (*fig. 331*).

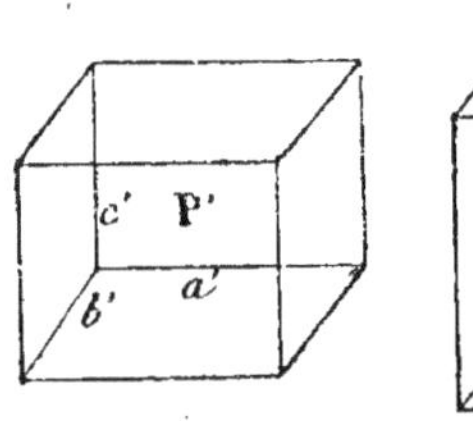
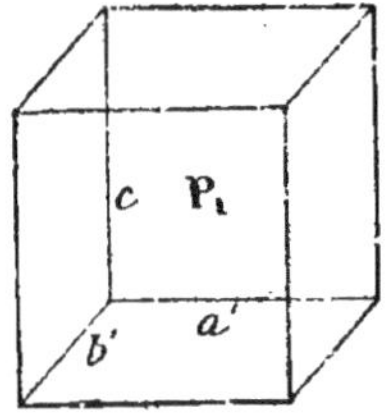

Fig. 331.

Les deux parallélépipèdes rectangles P et P_1, qui ont même hauteur c, sont entre eux comme leurs bases B, B', et l'on a :

$$\frac{P}{P_1} = \frac{B}{B'};$$

les deux parallélépipèdes rectangles P' et P_1, qui ont même base, sont entre eux comme les hauteurs c', c, et l'on a :

$$\frac{P'}{P_1} = \frac{c'}{c}.$$

De ces deux égalités on déduit (19) :

$$\frac{P}{P'} = \frac{B}{B'} : \frac{c'}{c} = \frac{B}{B'} \times \frac{c}{c'},$$

et le théorème est démontré.

Théorème.

400. *Le volume d'un parallélépipède rectangle a pour me-*
sure le produit du nombre qui mesure l'aire de sa base par
le nombre qui mesure sa hauteur, pourvu que l'on prenne

pour unités d'aire et de volume le carré et le cube construits sur l'unité de longueur.

Prenons pour unité de surface le carré construit sur l'unité de longueur, et pour unité de volume le cube construit sur l'unité de longueur.

Supposons que le parallélépipède P' du théorème précédent soit le cube construit sur l'unité de longueur.

Le rapport $\dfrac{P}{P'}$ est alors la mesure du volume du parallélépipède rectangle P; le rapport $\dfrac{B}{B'}$ est la mesure de l'aire de sa base; le rapport $\dfrac{c}{c'}$ est la mesure de sa hauteur. Or, comme on a :

$$\frac{P}{P'} = \frac{B}{B'} \times \frac{c}{c'},$$

le nombre qui mesure le volume de ce parallélépipède rectangle est bien le produit du nombre qui mesure l'aire de sa base par le nombre qui mesure sa hauteur.

401. Si l'on désigne par a, b, c les nombres qui mesurent les trois dimensions, par B le nombre qui mesure l'aire de la base, et par P le nombre qui mesure le volume, on a :

$$P = B \times c \quad \text{et} \quad B = a \times b,$$

d'où

$$P = a \times b \times c.$$

On peut donc dire aussi que le *volume d'un parallélépipède rectangle a pour mesure le produit des nombres qui mesurent ses trois dimensions.*

402. Corollaire. *Le volume d'un cube a pour mesure le cube du nombre qui est la mesure de son côté.*

On retrouve ainsi ce fait, qui a été démontré directement, qu'un mètre cube, c'est-à-dire un cube dont le côté contient 10 décimètres, contient lui-même 10^3 ou 1000 décimètres cubes.

Théorème.

403. *Tout parallélépipède droit est équivalent à un parallélépipède rectangle de base équivalente et de même hauteur.*

Soit le parallélépipède droit ABCD A'B'C'D' (*fig.* 332); abaissons des points A et B, dans le plan de la base ABCD, les perpendiculaires AF, BE sur CD, et construisons le parallélépipède rectangle ABEF A'B'E'F', qui a même hauteur AA', et dont le rectangle de base ABEF équivaut à la base ABCD du parallélépipède droit. Ces deux solides sont équivalents. En effet les prismes droits triangulaires ADF A'D'F' et BCE B'C'E', qui ont des bases égales ADF et BCE et même hauteur AA', sont égaux, car on peut les faire coïncider. Or, si du solide ABCF A'B'C'F' on retranche le prisme ADF A'D'F', ou le prisme égal BCE B'C'E', on obtient comme restes le parallélépipède

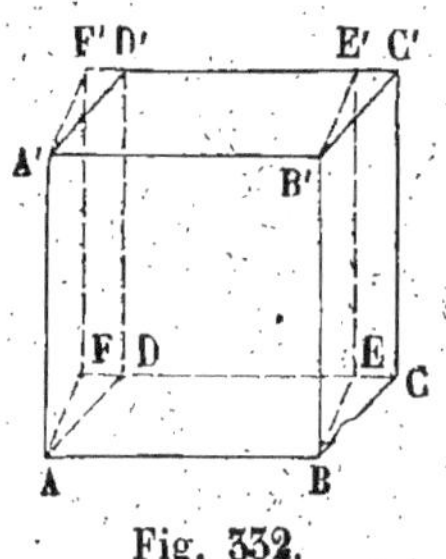

Fig. 332.

droit ou le parallélépipède rectangle. Donc ces deux parallélépipèdes sont équivalents.

404. Corollaire. *Le volume d'un parallélépipède droit a pour mesure le produit de l'aire de sa base par sa hauteur.*

En effet, le parallélépipède rectangle ABEF A'B'E'F' ayant pour mesure le produit de l'aire de sa base ABEF par sa hauteur AA', le parallélépipède droit équivalent a aussi pour mesure ABEF $\times$ AA', ou ABCD $\times$ AA', puisque la base ABEF est équivalente à la base ABCD.

Théorème.

405. *Le volume d'un prisme droit a pour mesure le produit de l'aire de sa base par sa hauteur.*

Considérons d'abord un prisme droit triangulaire ABC A'B'C' (*fig.* 333). Formons le parallélépipède droit ABCD A'B'C'D', qui a pour base le parallélogramme construit sur AB et BC, et pour hauteur la hauteur AA' du prisme. Ce parallélépipède est double du prisme triangulaire, car il est égal à la somme des deux prismes ABC A'B'C' et ACD A'C'D', lesquels sont deux prismes droits égaux comme ayant des bases égales et la même hauteur. Or le volume du parallélépipède droit ABCD A'B'C'D' a pour mesure le produit de sa base ABCD par sa hauteur AA'; par conséquent le prisme triangulaire, qui en est la moitié, a pour

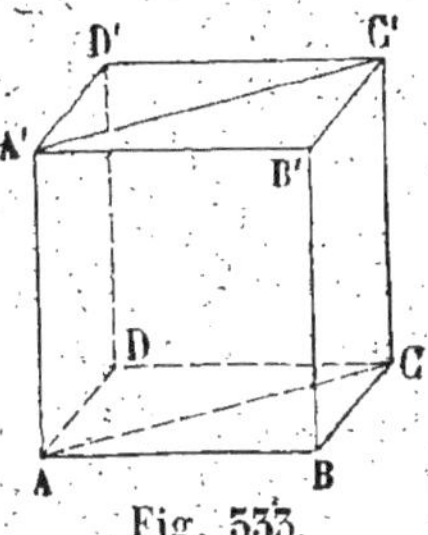

Fig. 533.

mesure $\frac{1}{2}$ ABCD $\times$ AA', ou ABC $\times$ AA',

c'est-à-dire le produit de sa base par sa hauteur.

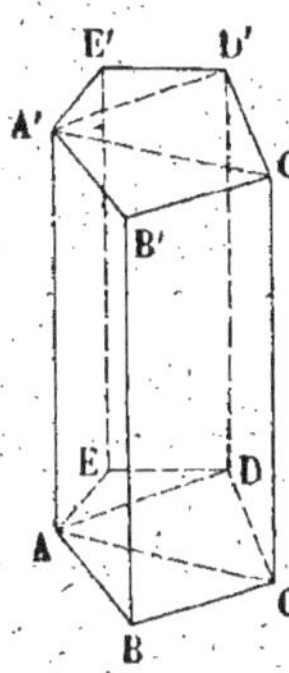

Fig. 334.

Soit maintenant un prisme droit à base quelconque ABCDE A'B'C'D'E' (*fig.* 334). Décomposons la base en triangles par les diagonales issues du sommet A, et le prisme en prismes triangulaires par des plans menés par l'arête AA' et par chacune des diagonales AC et AD. Le prisme droit ABCDE A'B'C'D'E' est la somme des prismes triangulaires ABC A'B'C', ACD A'C'D', etc., et, par conséquent, son volume a pour mesure

$$(ABC + ACD + ADE) \times AA'$$

ou

$$ABCDE \times AA'$$

c'est-à-dire le produit de l'aire de la base par la hauteur.

APPLICATIONS NUMÉRIQUES. I. *Calculer le volume et la surface d'un parallélépipède rectangle dont les trois dimensions sont 5 décimètres, 23 centimètres, et 145 millimètres.*

Évaluons d'abord les trois dimensions avec une même unité de longueur, le décimètre par exemple; nous prendrons dès lors pour unité de surface le décimètre carré, et pour unité de volume le décimètre cube. Les trois dimensions sont :

$$5^{dm}, \quad 2^{dm},3 \quad et \quad 1^{dm},45.$$

La mesure du volume, en décimètres cubes, est le produit

$$5 \times 2,3 \times 1,45 = 16,675;$$

le volume est donc 16 décimètres cubes 675 centimètres cubes.

La surface se compose de 6 rectangles deux à deux égaux; sa mesure, en décimètres carrés, est :

$$2(5 \times 2,5 + 5 \times 1,45 + 2,5 \times 1,45) = 44,17.$$

La surface du parallélépipède est donc 44 décimètres carrés, 17 centimètres carrés.

II. *On verse dans une cuve qui a la forme d'un parallélé-pipède rectangle 25 kilogrammes de mercure. Le fond de la cuve est un rectangle de 22 centimètres de long sur 147 milli-mètres de large; le poids d'un centimètre cube de mercure est de 13gr,6. Quelle est la hauteur du mercure dans la cuve?*

Mesurons toutes les longueurs avec la même unité, le déci-mètre par exemple; nous prendrons dès lors pour unité de surface le décimètre carré, pour unité de volume le décimètre cube, et pour unité de poids le kilogramme.

Le poids d'un centimètre cube de mercure étant 13gr,6, le poids d'un décimètre cube est 13kg,6; le poids du mercure versé étant 25kg, le volume de ce mercure est, en décimètres cubes,

$$\frac{25}{13,6} = 1,8382.$$

Or, la surface du fond de la cuve est, en décimètres carrés,

$$2,2 \times 1,47 = 3,234.$$

La mesure du volume est le produit des nombres qui me-surent cette surface et la hauteur; donc la mesure de la hau-teur est le quotient du nombre qui mesure le volume par le nombre qui mesure la surface de la base, c'est-à-dire

$$\frac{1,8382}{3,234} = 0,56\ldots$$

La hauteur du mercure dans la cuve est 0dm,56 à moins de 1 millimètre.

§ IV. — VOLUME D'UN PRISME OBLIQUE.

Théorème.

406. *Les sections faites dans un prisme par deux plans parallèles sont des polygones égaux.*

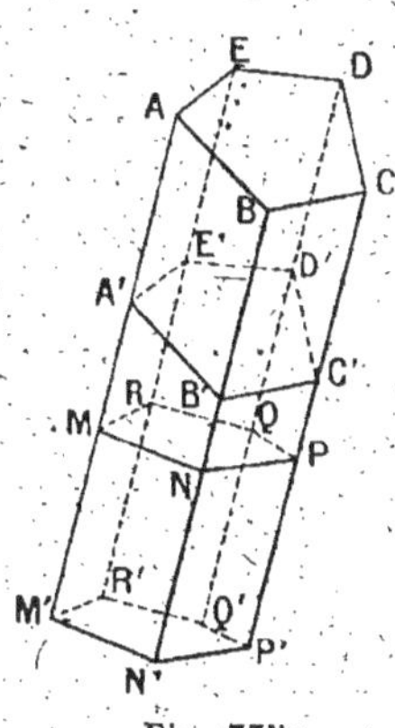

Fig. 335.

Soient (*fig.* 335), dans le prisme ABCDE A'B'C'D'E', les sections MNPQR, M'N'P'Q'R' faites par des plans parallèles; les côtés MN et M'N' sont parallèles comme intersections de deux plans parallèles par un troisième, ils sont égaux comme côtés parallèles compris entre parallèles. Il en est de même des côtés NP, N'P', des côtés PQ, P'Q', etc. Donc les deux polygones MNPQR, M'N'P'Q'R' ont les côtés respectivement égaux et parallèles; il en résulte que ces polygones ont aussi les angles égaux. Donc ces polygones sont égaux.

Le solide MNPQR M'N'P'Q'R', compris entre les faces latérales d'un prisme, et les sections faites dans le prisme par deux plans parallèles, est un prisme.

407. **Définition.** On appelle *section droite* d'un prisme une section faite par un plan perpendiculaire aux arêtes latérales du prisme.

Il résulte du théorème précédent que toutes les sections droites d'un prisme sont égales.

Théorème.

408. *Tout prisme oblique est équivalent à un prisme droit qui a pour base la section droite du prisme oblique et pour hauteur une des arêtes latérales de ce prisme oblique.*

Soit le prisme oblique ABCDE A'B'C'D'E' (*fig.* 336). Par un point M pris sur le prolongement de l'arête AA' menons la section droite MNPQR, et supposons, ce qui est toujours possible, que le point M a été choisi de façon que la section droite MNPQR ne rencontre aucune des bases du prisme oblique. Prenons à partir du point A', sur le prolongement de l'arête AA', une longueur A'M' égale à AM, et par le point M' menons une seconde section droite M'N'P'Q'R'. Le solide ainsi formé MNPQR M'N'P'Q'R' est un prisme droit ; sa base est une section droite du prisme oblique, et sa hauteur MM' est égale à l'arête AA' du prisme oblique, car les longueurs AA' et MM' sont les restes obtenus en retranchant la longueur MA' des longueurs AM et A'M' égales par construction. Il s'agit de démontrer que ce prisme droit est équivalent au prisme oblique ABCDE A'B'C'D'E'.

Considérons les deux solides

MNPQR ABCDE,

M'N'P'Q'R' A'B'C'D'E' ;

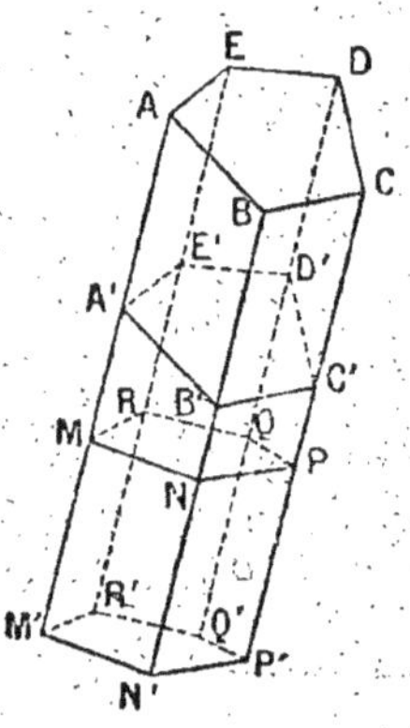

Fig. 356.

portons le premier sur le second, et faisons coïncider la face MNPQR avec la face égale M'N'P'Q'R'. Les arêtes MA, NB, etc., perpendiculaires au plan MNPQR, se placent sur les arêtes M'A', N'B', etc., perpendiculaires au plan M'N'P'Q'R'. L'arête MA étant égale à M'A', le point A coïncide avec le point A' ; l'arête NB est aussi égale à N'B', car les arêtes BB' et NN', respectivement égales aux arêtes égales AA' et MM', sont égales, et les longueurs NB et N'B' sont les sommes obtenues en ajoutant aux longueurs égales, BB', NN', la partie commune NB' ; il en résulte que le point B vient aussi se placer sur le point B' ; on verrait de même que les autres sommets C,D,E viennent coïncider avec les sommets C',D',E' ; donc les deux solides MNPQR ABCDE et M'N'P'Q'R' A'B'C'D'E' sont égaux.

Or, si du solide total ABCDE M'N'P'Q'R' on retranche le premier ou le second de ces deux solides égaux, on obtient comme restes le prisme droit ou le prisme oblique. Donc ces deux prismes sont équivalents.

Théorème.

409. *Le volume d'un parallélépipède quelconque a pour mesure le produit de l'aire de la base par la hauteur.*

Soit un parallélépipède quelconque ABCDA'B'C'D' (*fig.* 337); si l'on prend comme base le parallélogramme ADD'A', ce paral-

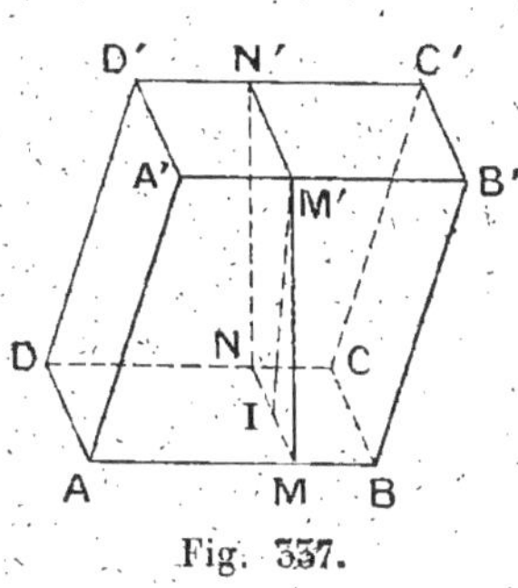

Fig. 337.

lélépipède est un prisme oblique qui équivaut à un prisme droit ayant pour base la section droite MNN'M' faite par un plan perpendiculaire à l'arête latérale AB, et pour hauteur AB. La section droite MNN'M' est un parallélogramme ; donc le parallélépipède ABCDA'B'C'D' équivaut à un parallélépipède droit qui a pour base le parallélogramme MNN'M' et pour hauteur AB. Le volume de ce parallélépipède droit a pour mesure le produit de la surface de la base MNN'M' par la hauteur AB. Soit M'I perpendiculaire à MN ; le volume du parallélépipède proposé a pour mesure

$$\text{MN} \times \text{M'I} \times \text{AB}, \quad \text{ou} \quad \text{AB} \times \text{MN} \times \text{M'I}.$$

Or AB $\times$ MN est l'aire de la base ABCD, car l'arête AB perpendiculaire au plan MNN'M' est perpendiculaire à la droite MN qui passe par son pied dans le plan ; M'I est la hauteur du parallélépipède, car le plan ABCD, qui contient la droite AB perpendiculaire au plan MNN'M', est perpendiculaire à ce plan (368), et la droite M'I, menée dans le plan MNN'M' perpendiculairement à la droite d'intersection MN des deux plans, est perpendiculaire au plan ABCD (369). Donc le volume du parallélépipède a pour mesure le produit de l'aire de la base par la hauteur correspondante.

410. Corollaire. *Deux parallélépipèdes qui ont des bases équivalentes et même hauteur sont équivalents.*

Théorème.

411. Le volume d'un prisme quelconque a pour mesure le produit de l'aire de la base par la hauteur.

Considérons d'abord un prisme triangulaire ABCA′B′C′ (*fig.* 338). Formons le parallélépipède qui a pour base le paral-lélogramme ABDC construit sur AB et AC, et pour arêtes latérales des droites égales et parallèles à AA′. Ce parallélépipède est double du prisme. En effet, soit MNQP une section droite faite dans ce parallélépipède par un plan per-pendiculaire à AA′; les deux pris-mes triangulaires ABCA′B′C′ et CDBC′D′B′, dont se compose le parallélépipède, sont respecti-

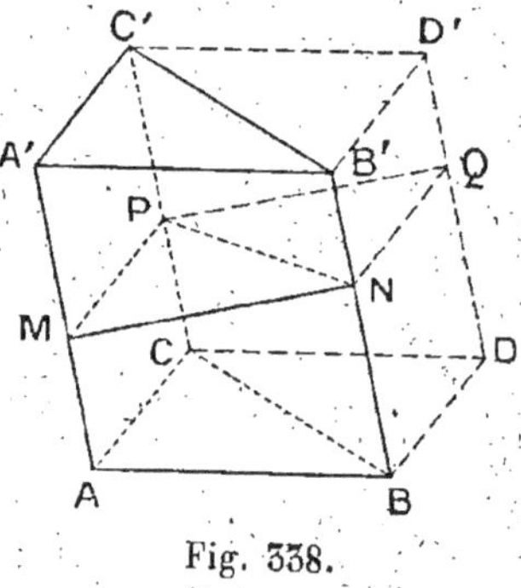

Fig. 338.

vement équivalents à deux prismes triangulaires droits qui auraient pour bases l'un le triangle MNP, l'autre le triangle PQN, et pour hauteur commune AA′. Or, les triangles MNP et PQN étant égaux, ces prismes droits sont égaux; par suite, les deux prismes obliques, ABCA′B′C′ et CDBC′D′B′, sont équivalents, et le parallélépipède ABDC A′B′D′C′ est le double du prisme ABCA′B′C′. Le volume du parallélépipède a pour mesure le produit de la surface ABDC par la hauteur; donc le volume du prisme a pour mesure le pro-duit de la moitié de la surface ABDC par la hauteur, ou le produit de la surface de la base ABC par la hauteur.

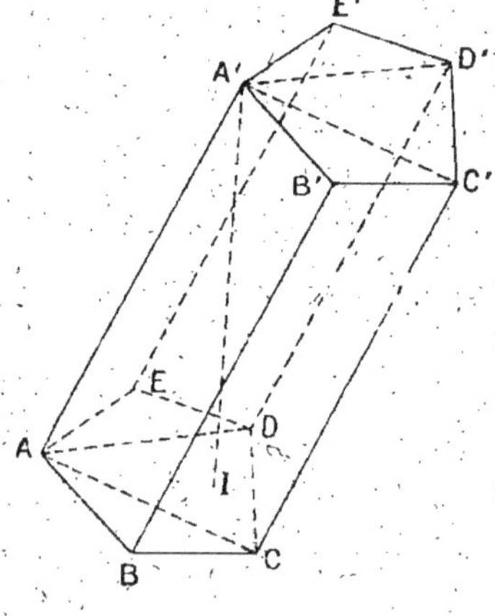

Fig. 339.

Soit maintenant un prisme quelconque ABCDE A′B′C′D′E′ (*fig.* 339). Décomposons la base

en triangles par des diagonales issues du sommet A, et le prisme
en prismes triangulaires par des plans menés par l'arête AA′ et
par chacune des diagonales AC, AD. Le prisme donné est la
somme des prismes triangulaires ABCA′B′C′, ACDA′C′D′, etc.,
qui ont tous même hauteur A′I, et par conséquent le volume
du prisme donné a pour mesure

$$(ABC + ACD + ADE) \times A'I$$

ou

$$ABCDE \times A'I.$$

412. Corollaire. *Deux prismes qui ont des bases équivalentes et même hauteur sont équivalents.*

Application numérique. *Une barre de fer ayant la forme
d'un prisme oblique pèse 5 kilogrammes; la section droite
est un hexagone régulier dont le côté a 3 centimètres. On
demande la longueur de l'arête du prisme, sachant que le
poids de 1 centimètre cube de fer est 7^{gr},7.*

Le poids de la barre étant 5^{kgr}, ou 5000 grammes, et le poids
de 1 centimètre cube de fer étant 7^{gr},7, le volume de la barre
de fer est, en centimètres cubes,

$$\frac{5000}{7,7} = 649,35.$$

Ce volume est le produit de la section droite par la longueur de
l'arête; donc la longueur de l'arête est, en centimètres, le quotient du nombre de centimètres cubes contenus dans le volume
par le nombre de centimètres carrés contenus dans l'aire de la
section droite. Or, cette aire est :

$$6 \cdot \frac{3^2 \sqrt{3}}{4} = \frac{27\sqrt{3}}{2}.$$

Donc la longueur de l'arête, en centimètres, est :

$$649,35 : \frac{27\sqrt{3}}{2} = \frac{649,35 \times 2}{27\sqrt{3}} = 27,7\ldots$$

La longueur de l'arête est 27^{cm},7, à un millimètre près.

§ V. — PYRAMIDES : VOLUME D'UNE PYRAMIDE, VOLUME D'UN TRONC DE PYRAMIDE.

413. Définitions. On appelle *pyramide* un solide compris entre les faces d'un angle polyèdre et un plan qui rencontre toutes ses arêtes d'un même côté du sommet. Le sommet de l'angle polyèdre est le *sommet* de la pyramide, la face opposée est la *base*; la distance du sommet à la base est la *hauteur* de la pyramide (*fig.* 340).

On dit qu'une pyramide est *triangulaire, quadrangulaire, pentagonale,* etc., selon que la base est un triangle, un quadrilatère, un pentagone, etc.

On dit qu'une pyramide est *régulière*, si la base est un polygone régulier et si la droite qui joint le sommet de la pyramide au centre du polygone de base est perpendiculaire au plan de la base.

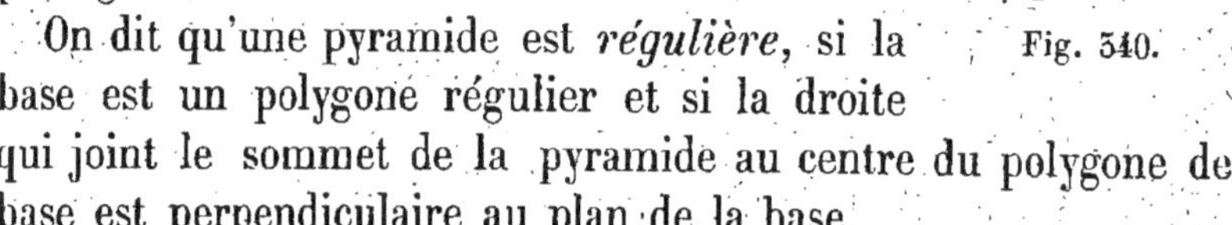

Fig. 340.

On appelle *tronc de pyramide* la portion du volume d'une pyramide comprise entre le plan de la base et un plan parallèle à la base du même côté du sommet. La distance des deux plans parallèles est la *hauteur* du tronc.

Théorème.

414. *Toute section faite dans une pyramide par un plan parallèle au plan de la base est un polygone semblable au polygone de base.*

Soit A′B′C′D′E′ une section faite dans la pyramide SABCDE (*fig.* 341) par un plan parallèle au plan de la base. On voit d'abord que les deux polygones ABCDE et A′B′C′D′E′ ont les côtés respectivement parallèles comme intersections de deux plans parallèles par un troisième, et on en conclut que les deux polygones ont les angles égaux chacun à chacun. De plus, du parallélisme des droites

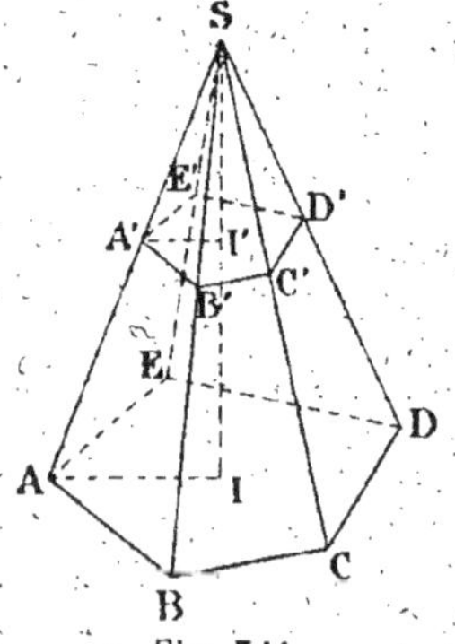

Fig. 341.

AB et A′B′ il résulte que le rapport $\dfrac{AB}{A'B'}$ est égal au rapport $\dfrac{SB}{SB'}$, qui, lui-même, à cause du parallélisme des côtés BC et B′C′, est égal au rapport $\dfrac{BC}{B'C'}$; on a donc :

$$\frac{AB}{A'B'} = \frac{SB}{SB'} = \frac{BC}{B'C'} = \text{etc.}$$

415. REMARQUE. Soient SI et SI′ les distances du sommet S aux plans des deux polygones ABCDE, A′B′C′D′E′. Le plan SAI rencontrant les plans de ces polygones suivant les droites parallèles, AI et A′I′, le rapport $\dfrac{SI}{SI'}$ est égal au rapport $\dfrac{SA}{SA'}$; le rapport de similitude $\dfrac{AB}{A'B'}$ des deux polygones ABCDE, A′B′C′D′E′ est égal à $\dfrac{SA}{SA'}$ ou à $\dfrac{SI}{SI'}$. Donc *le rapport des surfaces des deux polygones est égal au rapport des carrés des distances du sommet de la pyramide aux plans de ces polygones* (292).

Théorème.

416. *Si, dans deux pyramides, SABCD, S′A′B′C′D′, qui ont même hauteur, on fait des sections, MNPQ, M′N′P′Q′, par des plans parallèles aux bases et situés à la même distance des sommets, les surfaces des sections, MNPQ, M′N′P′Q′, sont proportionnelles aux bases des deux pyramides.*

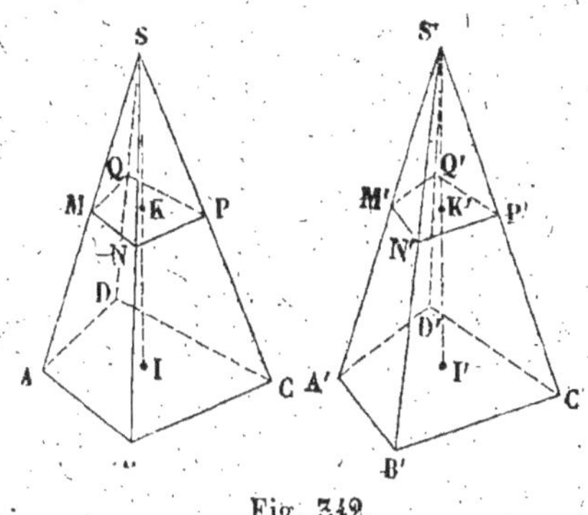

Fig. 342.

En effet, soient (*fig.* 342) SI, SK les distances du sommet S aux plans des polygones ABCD, MNPQ, et S′I′, S′K′ les distances du sommet S′

aux plans des polygones A′B′C′D′, M′N′P′Q′. On a, d'après la remarque précédente :

$$\frac{MNPQ}{ABCD} = \frac{\overline{SK}^2}{\overline{SI}^2} \qquad \frac{M'N'P'Q'}{A'B'C'D'} = \frac{\overline{S'K'}^2}{\overline{S'I'}^2},$$

et comme, par hypothèse,

$$SK = S'K' \qquad et \qquad SI = S'I',$$

on a :

$$\frac{MNPQ}{ABCD} = \frac{M'N'P'Q'}{A'B'C'D'}.$$

417. COROLLAIRE. *Si deux pyramides, SABCD, S′A′B′C′D′, ont même hauteur et des bases équivalentes, les sections, MNPQ, M′N′P′Q′, faites dans les deux pyramides par des plans parallèles aux bases, à la même distance des sommets, sont équivalentes.*

Théorème.

418. *Deux pyramides triangulaires qui ont des bases équivalentes et même hauteur sont équivalentes.*

Soient (*fig.* 343) deux pyramides triangulaires, SABC, S′A′B′C′, qui ont même hauteur et des bases équivalentes ; je dis que ces deux pyramides sont équivalentes. Supposons les bases ABC, A′B′C′ dans un même plan ; les sommets S et S′ seront à la même distance de ce plan. Partageons l'arête SA en un certain nombre de parties égales, en 4 parties par exemple, et par les points de division menons des plans parallèles au plan commun des bases des pyramides. Ces plans (417) déterminent dans les deux pyramides des sections équivalentes, DEF et D′E′F′, GHK et G′H′K′, LMN et L′M′N′. Inscrivons dans la première pyramide les prismes triangulaires DEFAPQ, GHKDRO, LMNGTU, qui ont pour bases les sections DEF, GHK, LMN, et dont les arêtes latérales sont égales et parallèles à DA ; de même, dans la seconde pyramide inscrivons les prismes triangulaires D′E′F′A′P′Q′, G′H′K′D′R′O′, L′M′N′G′T′U′, qui ont pour bases les sections D′E′F′, G′H′K′, L′M′N′, et dont les arêtes latérales sont égales et parallèles à D′A′. Les prismes inscrits dans la première pyramide sont respectivement équivalents aux prismes in-

scrits dans la seconde, comme ayant des bases équivalentes
et même hauteur. Par conséquent, quel que soit le nombre des prismes inscrits dans les deux pyramides, la somme des prismes inscrits dans la première équivaut à la somme des prismes

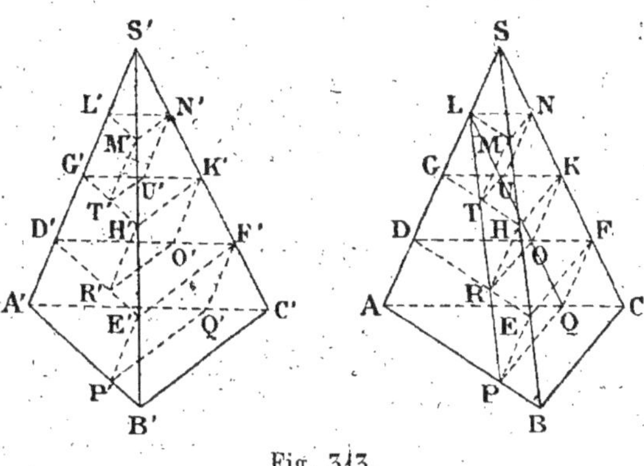
Fig. 343.

inscrits dans la seconde. Or on peut regarder chaque
pyramide comme la limite vers laquelle tend la somme des
prismes inscrits dans cette pyramide, lorsqu'on augmente indéfiniment le nombre de ces prismes; donc les deux pyramides
sont équivalentes.

419. Nous avons admis dans le cours de la démonstration
précédente que le volume de la pyramide SABC est la limite
vers laquelle tend la somme des prismes inscrits quand leur
nombre croît indéfiniment. On peut le démontrer comme il
suit.

Les droites parallèles SL, MT, HR, EP ayant même longueur,
les points L, T, R, P sont en ligne droite; pareillement, les
points L, U, O, Q sont aussi en ligne droite. Dès lors, l'excès du
volume de la pyramide sur la somme des prismes est moindre
que le tronc de pyramide LPQ SBC, et, à plus forte raison,
moindre que le volume d'un prisme qui aurait pour base le
triangle SBC, et pour arêtes latérales des droites égales et parallèles à SL. La hauteur de ce dernier prisme est inférieure ou
égale à SL; elle tend évidemment vers zéro quand le nombre
des prismes inscrits croît indéfiniment, et par suite le volume
de ce prisme tend lui-même vers zéro. On en conclut que l'excès
du volume de la pyramide sur la somme des prismes inscrits a
pour limite zéro, ou, en d'autres termes, que le volume de la
pyramide est la limite de la somme des volumes des prismes
inscrits, quand leur nombre augmente indéfiniment.

Théorème.

420. *Le volume d'une pyramide a pour mesure le tiers du produit de la base par la hauteur.*

1° Soit d'abord une pyramide triangulaire SABC (*fig.* 344) ; construisons un prisme triangulaire ABCDSE de même base et de même hauteur, en prenant pour base du prisme la base ABC de la pyramide, et pour arêtes latérales des droites égales et parallèles à l'une quelconque SB des arêtes de la pyramide. Le volume de ce prisme est le triple de celui de la pyramide. En effet, le prisme ABCDSE se compose de la pyramide proposée SABC et de la pyramide quadrangulaire SACED ; cette pyramide quadrangulaire est la somme des deux pyramides

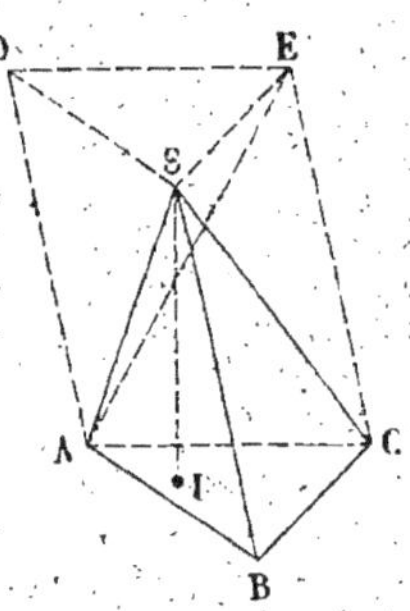

Fig. 344.

triangulaires, SADE, SACE, qui, ayant même base et même hauteur, sont équivalentes. Or la pyramide SADE peut être regardée comme ayant pour base DSE et pour sommet le point A, et par conséquent elle équivaut à la pyramide proposée SABC, ces deux pyramides ayant des bases égales et même hauteur. Le prisme est donc la somme de trois pyramides équivalentes à la pyramide SABC.

Le volume du prisme triangulaire ABCDSE a pour mesure le produit de la base par la hauteur :

$$ABC \times SI \, ;$$

donc le volume de la pyramide, qui est le tiers du volume du prisme, a pour mesure

$$\frac{1}{3} ABC \times SI.$$

2° Soit maintenant une pyramide à base polygonale SABCDE (*fig.* 345). Décomposons le polygone de base en triangles par des diagonales menées du sommet A, décomposons la pyramide

SABCDE en pyramides triangulaires, SABC, SACD, SADE, par des plans menés par l'arête SA et par cha-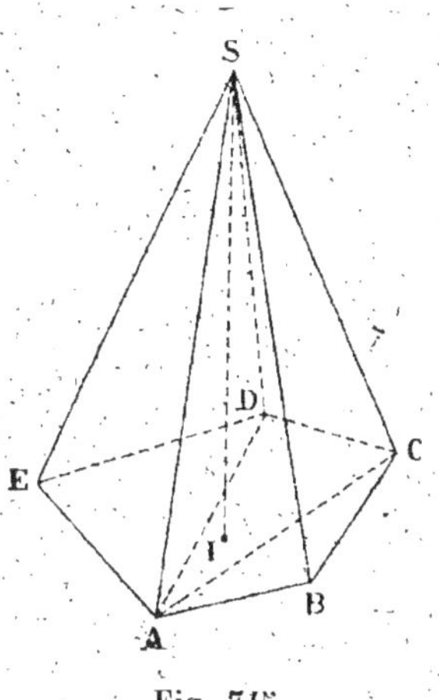cune des diagonales, AC et AD. Ces pyramides triangulaires ont toutes pour hauteur la hauteur SI de la pyramide proposée; le volume de chacune d'elles a pour mesure le tiers du produit de sa base par la hauteur SI; donc le volume de la pyramide SABCDE a pour mesure

$$\frac{1}{3}\,(ABC + ACD + ADE) \times SI$$

ou

$$\frac{1}{3}\,ABCDE \times SI,$$

Fig. 345.

c'est-à-dire le tiers du produit de la base par la hauteur.

421. COROLLAIRE I. *Deux pyramides qui ont des bases équivalentes et même hauteur sont équivalentes.*

On déduit de là un moyen simple pour transformer une pyramide à base quelconque en une pyramide triangulaire équivalente. Il suffit de former un triangle équivalent au polygone de base de la pyramide proposée, et de prendre ce triangle pour base d'une pyramide de même hauteur que la pyramide proposée.

422. COROLLAIRE II. *Deux pyramides qui ont des bases équivalentes sont proportionnelles à leurs hauteurs.*

Deux pyramides qui ont même hauteur sont proportionnelles à leurs bases.

Théorème.

423. *Le volume d'un tronc de pyramide est équivalent à la somme des volumes de trois pyramides qui ont pour hauteur commune la hauteur du tronc, et pour bases, l'une la base inférieure du tronc, l'autre la base supérieure, la troisième une moyenne proportionnelle entre ces deux bases.*

1° Soit d'abord un tronc de pyramide triangulaire ABC A'B'C' (*fig.* 346). Par le plan B'AC partageons le tronc de pyramide en deux pyramides : la pyramide triangulaire B'ABC, et la pyramide quadrangulaire B'AA'C'C ; la pyramide triangulaire B'ABC a pour hauteur la hauteur du tronc et pour base la base inférieure ABC du tronc. Par le plan B'AC' partageons la pyramide quadrangulaire B'AA'C'C en deux pyramides triangulaires B'AA'C' et B'ACC' ; la première B'AA'C' peut être considérée comme ayant pour sommet le point A et pour base A'B'C', c'est-à-dire comme ayant pour hauteur la hauteur du tronc, et pour base la base supérieure du tronc. Reste la troisième pyramide B'ACC'. Par le point B' menons la parallèle B'D à la droite CC', et soit D le point où cette ligne, située dans le plan

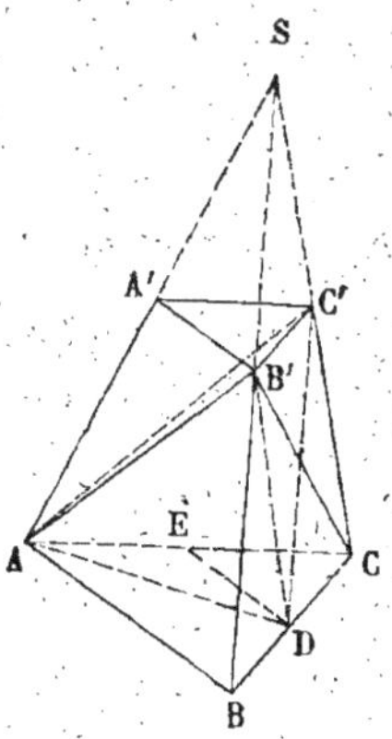

Fig. 346.

BCB'C', rencontre BC ; la droite B'D, parallèle à la droite CC', est parallèle au plan de la base ACC', et par conséquent la pyramide B'ACC' équivaut à la pyramide DACC' qui a même base et même hauteur. Cette dernière pyramide DACC' peut être regardée comme ayant pour sommet le point C' et pour base ADC ; la hauteur de cette pyramide est encore la hauteur du tronc ; il reste à démontrer que la base ADC est moyenne proportionnelle entre les deux bases du tronc. Menons DE parallèle à AB ; le triangle CDE est égal au triangle C'B'A', car ces triangles ont un côté égal adjacent à deux angles égaux chacun à chacun, savoir : DC = B'C', DCE = B'C'A' et CDE = C'B'A'. Or les triangles ABC et ADC, qui ont même sommet A et leurs bases sur la droite BC, ont même hauteur, et sont entre eux comme leurs bases ; on a donc

$$\frac{ABC}{ADC} = \frac{BC}{DC}.$$

De même les triangles ADC et CDE, qui ont même sommet D et leurs bases sur la droite AC, ont même hauteur, et sont entre eux comme leurs bases ; on a donc aussi

$$\frac{ADC}{CDE} = \frac{AC}{EC}.$$

Mais, à cause du parallélisme des droites AB et DE, on a :

$$\frac{BC}{DC} = \frac{AC}{EC}.$$

On a, par suite,

$$\frac{ABC}{ADC} = \frac{ADC}{CDE}.$$

Le triangle ADC est donc moyen proportionnel entre les triangles ABC et CDE, ou entre ABC et A'B'C', et la troisième pyramide remplit les conditions de l'énoncé.

Soient h la hauteur du tronc de pyramide, b et b' les surfaces des deux bases ; le volume du tronc a pour mesure :

$$\frac{h}{3}\left(b + b' + \sqrt{bb'}\right).$$

2° Soit (*fig.* 347) un tronc de pyramide à base polygonale ABCDEA'B'C'D'E' appartenant à la pyramide SABCDE.

Dans le plan de la base prenons un triangle FGH équivalent

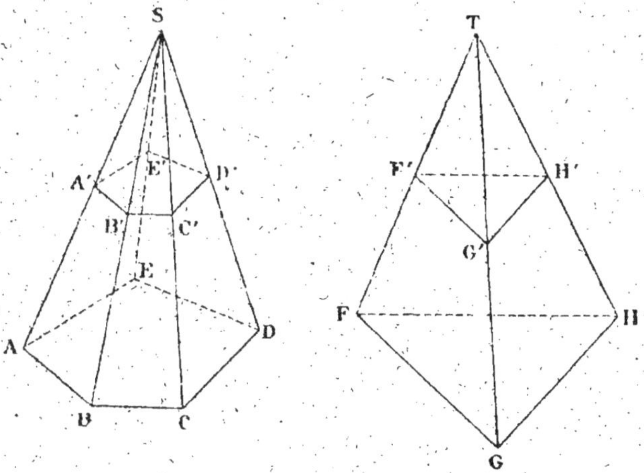

Fig. 347.

au polygone ABCDE, et prenons un point T à une distance de ce plan égale à la hauteur de la pyramide SABCDE. La pyramide TFGH équivaut à la pyramide SABCDE ; le plan A'B'C'D'E' détermine dans la pyramide TFGH une section F'G'H' équivalente à la section A'B'C'D'E', et les pyramides TF'G'H' et

SA'B'C'D'E' sont équivalentes. Donc le tronc de pyramide triangulaire FGHF'G'H' équivaut au tronc de pyramide proposé, et, comme les deux troncs ont même hauteur et des bases équivalentes, le théorème démontré pour le tronc de pyramide triangulaire s'applique au tronc de pyramide à base polygonale.

APPLICATIONS NUMÉRIQUES. I. *Une pyramide régulière a pour base un hexagone régulier dont le côté est 14 centimètres; la distance du sommet de la pyramide à l'un des sommets de la base est 23 centimètres : calculer le volume et la surface totale de la pyramide (fig. 348).*

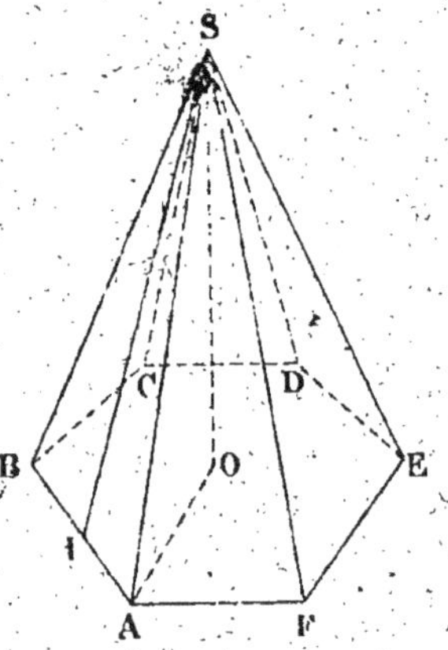

Fig. 348.

L'aire de la base de la pyramide est

$$6 \times 14^2 \times \frac{\sqrt{3}}{4} = 294\sqrt{3} = 509,223\dots$$

La hauteur SO de la pyramide est le côté d'un triangle rectangle dont l'hypoténuse SA est 23 centimètres, et dont l'autre côté OA est égal à 14 centimètres, elle est donc égale à

$$\sqrt{23^2 - 14^2} = \sqrt{333}.$$

Le volume, en centimètres cubes, est :

$$\frac{1}{3} \times 294\sqrt{3} \times \sqrt{333} = 98\sqrt{999} = 3097,483$$

à moins de 1 millimètre cube.

La surface latérale se compose de 6 triangles isocèles, égaux au triangle SAB. La base AB est de 14 centimètres; la hauteur SI est un côté de l'angle droit du triangle rectangle SIA, dans lequel l'hypoténuse SA est égale à 23 centimètres, et le côté AI égal à $\frac{14}{2}$, ou à 7 centimètres, cette hauteur est donc égale à :

$$\sqrt{23^2 - 7^2} = \sqrt{480} = 21,9089.$$

L'aire du triangle SAB est égale à :

$$7 \times 21,9089 = \overset{\text{cent. q.}}{153,3623}.$$

La surface totale de la pyramide est :

$$6 \times 153,3623 + 509,223 = \overset{\text{cent. q.}}{1429,39}$$

à moins de 1 millimètre carré.

II. *Une pyramide dont la hauteur est 25 centimètres a pour base un carré dont le côté est 13 centimètres ; on coupe la pyramide par un plan parallèle au plan de la base et distant du sommet de 10 centimètres. Calculer le volume du tronc de pyramide ainsi formé.*

La hauteur du tronc est 25 — 10 centimètres, ou 15 centimètres. L'aire de l'une des bases est 13^2 ou 169 centimètres carrés. Le rapport de l'aire de l'autre base à l'aire de celle-ci est égal au carré du rapport des distances du sommet de la pyramide aux plans de ces bases, c'est-à-dire égal à $\left(\dfrac{10}{25}\right)^2$ ou à $\dfrac{4}{25}$.

Donc l'aire de la seconde base est :

$$169 \times \frac{4}{25} = 27,04.$$

Donc le volume du tronc, en centimètres cubes, est :

$$5\left(169 + 27,04 + \sqrt{169 \times 27,04}\right) = 1318,200$$

à moins de 1 millimètre cube.

EXERCICES SUR LE LIVRE VI.

Théorèmes à démontrer.

1. Les diagonales d'un parallélépipède rectangle sont égales, et le carré de chacune d'elles est la somme des carrés des trois dimensions du parallélépipède.

2. Si, dans un parallélépipède, les diagonales sont égales, le parallélépipède est rectangle.

3. Les droites qui joignent les milieux des arêtes opposées d'un tétraèdre se rencontrent en un même point et se coupent mutuellement en deux parties égales.

4. Si l'on mène à chaque arête d'un tétraèdre, par son milieu, un plan perpendiculaire, on obtient six plans qui passent par un même point.

5. Les six plans bissecteurs des angles dièdres d'un tétraèdre passent par un même point.

6. On dit que deux droites qui ne se rencontrent pas sont rectangulaires quand les parallèles à ces droites menées par un même point sont perpendiculaires. Cela posé, démontrer que si, dans un tétraèdre, dans deux des trois couples d'arêtes opposées, deux arêtes opposées sont rectangulaires, dans le troisième couple les deux arêtes opposées sont aussi rectangulaires.

7. Démontrer que si, dans un tétraèdre, les arêtes opposées sont rectangulaires, les quatre hauteurs du tétraèdre, et les perpendiculaires communes aux arêtes opposées sont six droites qui se coupent en un même point.

8. Par un point quelconque pris à l'intérieur de la base d'une pyramide régulière, on élève une perpendiculaire sur cette base; cette perpendiculaire rencontre toutes les faces latérales de la pyramide, prolongées au besoin; démontrer que la somme des distances des points de rencontre au plan de la base est une quantité constante. (Concours général.)

9. Étant donné un tétraèdre dont toutes les arêtes sont égales, on abaisse de l'un des sommets une perpendiculaire sur la face opposée et on joint le milieu de cette perpendiculaire aux trois autres sommets. Démontrer que les trois lignes de jonction ainsi menées sont les arêtes d'un trièdre trirectangle. (Concours général, 1870, Seconde.)

10. Le volume d'un prisme triangulaire a pour mesure la moitié du produit de l'aire d'une face latérale par la distance à cette face de l'arête opposée.

11. On donne trois droites parallèles, AA′, BB′, CC′; sur la première, on porte une longueur donnée MN; sur la seconde, on prend un point quelconque P; sur la troisième un point quelconque Q; démontrer que le volume du tétraèdre qui a pour sommets les points M, N, P et Q, reste constant quand on déplace arbitrairement la longueur MN et les points P et Q sur les parallèles données.

12. On donne deux droites AB et CD non situées dans un même plan : sur la première, on porte une longueur donnée MN; sur la seconde, on porte une autre longueur donnée PQ; démontrer que le volume du tétraèdre MNPQ reste constant quand on déplace arbitrairement les longueurs MN et PQ sur les droites données.

13. Étant donné un tétraèdre SABC, on construit sur les faces, ASB,

ASC, BSC, prises pour bases, trois prismes triangulaires, de hauteur arbitraire, dont les bases supérieures se rencontrent en un point O, et, sur la quatrième face, ABC, on construit un nouveau prisme triangulaire, dont les arêtes latérales sont égales et parallèles à la droite qui joint le point O au point S. On demande de démontrer que le quatrième prisme est équivalent à la somme des trois premiers. (Concours général.)

14. Soit un tétraèdre OABC tel que les trois angles, AOB, BOC, AOC, sont droits; démontrer : 1° Que l'aire du triangle AOB est moyenne proportionnelle entre l'aire du triangle ABC et l'aire de la projection du triangle AOB sur le plan ABC; 2° Que le carré de l'aire du triangle ABC est égal à la somme des carrés des aires des autres faces; 3° Que la somme des carrés des inverses des longueurs, OA, OB, OC, est égale au carré de l'inverse de la distance du point O au plan ABC.

15. Le plan mené par une arête d'un tétraèdre et par le milieu de l'arête opposée partage ce tétraèdre en deux tétraèdres équivalents.

16. Tout plan passant par les milieux de deux arêtes opposées d'un tétraèdre partage ce tétraèdre en deux volumes équivalents.

17. Si l'on désigne par B et B′ les aires des bases d'un tronc de pyramide, par B″ l'aire de la section équidistante des bases et par h la hauteur du tronc, le volume du tronc de pyramide a pour mesure

$$\frac{h}{6}\,(B + B' + 4B'').$$

Problèmes à résoudre.

18. On donne trois droites A, B, C, situées d'une façon *quelconque* dans l'espace; construire un parallélépipède tel qu'il ait une arête sur chacune de ces droites.

19. On donne trois droites A, B, C, situées d'une façon *quelconque* dans l'espace et deux longueurs a et b; construire un parallélépipède tel qu'il ait une arête de longueur a située sur la droite A, une arête de longueur b située sur la droite B et des arêtes parallèles à la droite C.

20. Soit un angle trièdre trirectangle SABC : on prend sur les arêtes de ce trièdre les distances $SA = a$, $SB = b$, $SC = c$, et, par les trois points A, B, C, on fait passer un plan. On demande de calculer le volume de la pyramide SABC ainsi formée.

21. Par chaque sommet d'un tétraèdre on mène un plan parallèle à la face opposée, on forme ainsi un nouveau tétraèdre; on demande le rapport des surfaces, et le rapport des volumes des deux tétraèdres.

22. Une pyramide dont la hauteur est $1^m,25$ a pour base un hexagone régulier dont le côté est $0^m,45$; on mène un plan parallèle à la

base tel que la section faite par ce plan dans la pyramide ait une aire égale à 525 centimètres carrés : déterminer la distance de ce plan au sommet de la pyramide.

23. Une pyramide dont la hauteur est $1^m,74$ a pour base un hexagone régulier dont le côté est $0^m,65$; déterminer la distance au sommet d'un plan parallèle à la base tel que le volume du tronc de pyramide ainsi formé soit équivalent à 184 décimètres cubes.

24. Un tronc de pyramide dont le volume est V et dont la hauteur est h a pour bases deux hexagones réguliers; le côté de l'un des hexagones est a, calculer le côté de l'autre. — Appliquer, en supposant $V = 2645$ centimètres cubes, $h = 43$ centimètres, et $a = 34$ centimètres.

25. Étant donné un tronc de pyramide à base triangulaire, mener par l'une des arêtes de l'une des bases un plan qui partage le tronc de pyramide en deux parties équivalentes. (Concours général, 1873, Seconde.)

26. On appelle *polyèdre régulier* un polyèdre dont tous les angles solides sont égaux, et dont toutes les faces sont des polygones réguliers égaux entre eux. Cela posé, démontrer qu'il ne peut y avoir plus de cinq polyèdres réguliers, savoir :

Le *Tétraèdre*, ou polyèdre à 4 faces, limité par 4 triangles équilatéraux assemblés 3 à 3 autour du même sommet;

L'*Hexaèdre*, ou polyèdre à 6 faces, limité par 6 carrés assemblés 3 à 3 autour du même sommet;

L'*Octaèdre*, ou polyèdre à 8 faces, limité par 8 triangles équilatéraux assemblés 4 à 4 autour du même sommet;

Le *Dodécaèdre*, ou polyèdre à 12 faces, limité par 12 pentagones réguliers assemblés 3 à 3 autour de chaque sommet;

L'*Icosaèdre*, ou polyèdre à 20 faces, limité par 20 triangles équilatéraux assemblés 5 à 5 autour de chaque sommet.

27. Calculer le volume d'un tétraèdre régulier dont l'arête est a.

28. Calculer le volume d'un octaèdre régulier dont l'arête est a; vérifier que le volume d'un octaèdre régulier est quadruple du volume d'un tétraèdre régulier de même arête.

29. Deux triangles équilatéraux égaux, ABC, A'B'C', sont disposés dans deux plans parallèles de façon que les sommets de l'un et les pieds des perpendiculaires abaissées des sommets du second sur le plan du premier soient les sommets d'un hexagone régulier. Les centres des deux triangles étant O et O', on demande de déterminer la figure du solide commun aux deux tétraèdres O'ABC, OA'B'C', et d'exprimer le volume de ce solide à l'aide du côté a des triangles équilatéraux et de la distance d de leurs plans. (Concours général, 1875, Philosophie.)

30. Soit un carré ABCD; par deux sommets opposés, A et C, de ce carré, on mène, d'un même côté par rapport au plan de ce carré, les droites AK, CL, perpendiculaires à ce plan; on prend sur AK un point A′ dont la distance au centre du carré est égale au côté de ce carré, et, sur CL, un point C′ dont la distance au point A′ est double du côté du carré : 1° Démontrer que la droite A′C′ est perpendiculaire au plan BDA′; 2° Former, en appelant a le côté du carré, l'expression du volume de chacun des tétraèdres A′ABD, C′CBD, C′A′BD. (Concours général, 1881, Seconde.)

31. Étant donné un tétraèdre, on suppose que l'on mène par chaque arête un plan parallèle à l'arête opposée, et l'on demande : 1° Quel sera le solide ainsi obtenu; 2° Quel sera le rapport de son volume à celui du tétraèdre. (Concours général, 1874, Seconde.)

32. Dans un cube dont l'arête est a, on mène une diagonale AA′; puis on coupe le solide par un plan mené perpendiculairement à cette diagonale et à une distance d du sommet A : 1° On demande la figure de la section qui correspond aux différentes valeurs de d; 2° On demande l'aire de la section et les limites entre lesquelles elle varie lorsque le plan sécant se déplace. (Concours général, 1876, Philosophie.)

33. On coupe une pyramide triangulaire donnée SABC par un plan parallèle à la base; ce plan rencontre les arêtes latérales, SA, SB, SC, respectivement aux points, A′, B′, C′; on mène ensuite les plans, AB′C′, BC′A′, CA′B′; soit P leur point commun; déterminer le lieu décrit par le point P lorsque le plan A′B′C′ se déplace en demeurant parallèle au plan ABC. (Concours général, 1878, Philosophie.)

34. On a deux pyramides égales, à bases carrées, et dont les faces latérales sont des triangles équilatéraux; on les assemble, en faisant coïncider leurs bases de façon que les deux pyramides soient de part et d'autre de leur base commune; puis on coupe le polyèdre qui résulte de cet assemblage par un plan mené par le milieu d'une arête parallèlement à l'une des faces qui aboutissent à l'une ou à l'autre des extrémités de cette arête. On demande la forme de la section plane ainsi obtenue. (Concours général, 1866, Seconde.)

35. Étant donné un prisme triangulaire, on y fait une section abc parallèle aux bases; on joint les sommets, a, b, c, de cette section à un point quelconque O, pris dans le plan de la base supérieure, et l'on prolonge les lignes de jonction jusqu'à leur rencontre en A, B, C avec le plan de la base inférieure; on demande à quelle distance de la base supérieure doit être faite la section abc pour que le tétraèdre ayant pour sommets, O, A, B, C, soit équivalent au prisme. (Concours général, 1873, Philosophie.)

36. Étant donné un tétraèdre quelconque ABCD, on joint deux à

deux les milieux des quatre arêtes, AB, BC, CD, DA; démontrer que les milieux de ces quatre arêtes sont dans un même plan et que ce plan partage le tétraèdre en deux parties équivalentes. (Concours général, 1860, Seconde.)

37. Trouver, à l'intérieur d'un tétraèdre ABCD, un point M tel que, en le joignant aux quatre sommets du tétraèdre, on obtienne quatre pyramides équivalentes. (Concours général, 1882, Seconde.)

38. On donne une pyramide régulière à base carrée SABCD, dont on suppose les faces latérales prolongées indéfiniment au delà du sommet S et au delà de la base ABCD; on coupe la pyramide par un plan parallèle à sa base et l'on construit un parallélépipède droit ayant pour base la section $abcd$ et pour hauteur la distance des deux plans parallèles $abcd$ et ABCD. A quelle distance du plan ABCD faut-il mener le plan sécant pour que ce parallélépipède soit un cube? Discuter, nombre de solutions. (Concours général, 1883, Seconde.)

39. Un losange ABCD, dont les diagonales AC et BD ont pour longueurs respectives $2a$ et a, est la base d'un prisme droit illimité; sur les arêtes latérales de ce prisme on porte, dans le même sens, les longueurs $AA' = 3a$, $BB' = 4a$, $CC' = a$: 1° Calculer le volume du solide compris entre le plan des points A'B'C' et la base du prisme; 2° Évaluer la surface totale du même solide. (Concours général, 1890, Seconde.)

LIVRE VII

LES TROIS CORPS RONDS

§ I. Cylindre droit à base circulaire : surface latérale, développement, volume. — § II. Cône droit à base circulaire : surface latérale, développement, volume. — § III. Tronc de cône : surface latérale, développement, volume. — § IV. Sphère : sections planes, grands et petits cercles, pôles d'un cercle. — § V. Plan tangent à la sphère. — § VI. Positions relatives de deux sphères. — § VII. Aire de la sphère, — § VIII. Volume de la sphère.

§ I. — CYLINDRE DROIT A BASE CIRCULAIRE : SURFACE LATÉRALE, DÉVELOPPEMENT, VOLUME.

424. Définitions. On appelle *cylindre droit à base circulaire* le solide engendré par un rectangle AOO'A' en tournant autour d'un de ses côtés OO' (*fig.* 349).

Dans ce mouvement les droites OA, O'A' engendrent des cercles égaux que l'on appelle les *bases* du cylindre ; la droite AA' engendre la *surface latérale* du cylindre. Tout point M de la droite AA' engendre une circonférence égale aux circonférences des cercles de base ; le plan de cette circonférence est perpendiculaire à OO', et son centre est sur OO'.

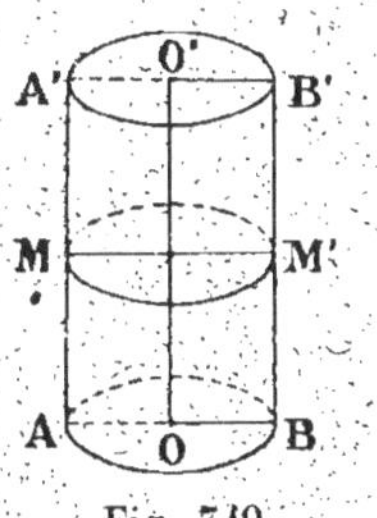

Le côté fixe OO' du rectangle AOO'A' est appelé l'*axe* du cylindre.

Fig. 349.

La distance OO' des plans des bases est appelée *hauteur* du cylindre.

425. On dit qu'un prisme est *inscrit* dans un cylindre quand les bases du prisme sont des polygones inscrits dans les bases du cylindre. Les arêtes d'un prisme inscrit dans un cylindre sont évidemment situées sur la surface latérale du cylindre.

426. Aire de la surface latérale d'un cylindre. La surface latérale d'un cylindre étant courbe ne peut être comparée à l'unité d'aire qui est une portion de surface plane; il est donc nécessaire de définir ce que l'on entend par aire de la surface latérale d'un cylindre.

On appelle *aire* de la surface latérale d'un cylindre droit à base circulaire la limite vers laquelle tend l'aire de la surface latérale d'un prisme droit à base régulière inscrit dans ce cylindre, lorsqu'on double indéfiniment le nombre des côtés de la base.

Le théorème suivant montre que cette limite existe, et en donne l'expression.

Théorème.

427. *L'aire de la surface latérale d'un cylindre droit à base circulaire a pour mesure le produit de la circonférence de base par la hauteur.*

Inscrivons dans le cylindre droit à base circulaire ADA′D′ (*fig.* 350) le prisme droit à base régulière ABCDEF A′B′C′D′E′F′. La surface latérale de ce prisme se compose des rectangles égaux ABA′B′, BCB′C′, etc.; son aire a pour expression :

$$(AB + BC + CD + DE + EF + FA) \times AA',$$

c'est-à-dire le produit du périmètre du polygone de base par la hauteur du cylindre.

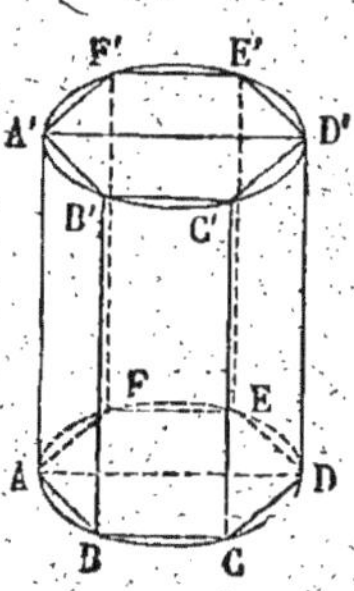

Fig. 350.

Or, imaginons que l'on double indéfiniment le nombre des côtés du polygone de base; le périmètre de ce polygone tend vers une limite qui est la longueur de la circonférence de base, la hauteur reste toujours égale à la hauteur du cylindre; donc l'aire de la surface latérale du prisme inscrit, quand on double indéfiniment le nombre des côtés de la base, tend vers une limite qui a pour mesure le produit de la circonférence de base par la hauteur.

C'est cette limite que nous avons appelée aire de la surface latérale du cylindre : donc le théorème est démontré.

428. Si l'on appelle r le rayon de la base, h la hauteur, et s la surface latérale du cylindre, on a :

$$s = 2\pi r h.$$

429. La surface totale S du cylindre se compose de la surface latérale $2\pi rh$, plus la somme des surfaces des deux bases, $2\pi r^2$; on a donc :

$$S = 2\pi rh + 2\pi r^2$$

ou bien

$$S = 2\pi r\,(r + h).$$

430. DÉVELOPPEMENT. La surface latérale d'un prisme droit peut être développée sur un plan et recouvrir alors un rectangle dont la base est le périmètre du polygone de base, et dont la hau-

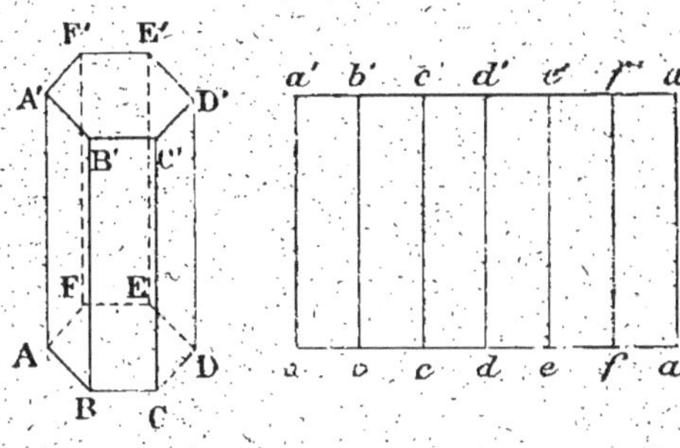

Fig. 351.

teur est la hauteur du prisme. Imaginons, en effet, le prisme ABCDEF A′B′C′D′E′F′ (*fig.* 351) ouvert suivant l'arête AA′, et faisons tourner la face ABA′B′ autour de l'arête BB′, de manière à l'amener sur le plan de la face suivante BCB′C′ ; les côtés BA et B′A′, perpendiculaires à BB′, restent perpendiculaires à cette ligne et viennent se placer sur les prolongements des côtés CB et C′B′ perpendiculaires à BB′. Faisons alors tourner le plan de la face BCB′C′ autour de l'arête CC′, de manière à l'appliquer sur le plan de la face suivante CDC′D′ ; en continuant ainsi, nous amènerons toute la surface latérale du prisme dans le plan de la dernière face FAF′A′, et cette surface formera alors un rectangle ayant pour base

$$AB + BC + CD + DE + EF + FA,$$

c'est-à-dire le périmètre de la base du prisme, et pour hauteur la hauteur AA′ du prisme.

De même la surface latérale d'un cylindre droit ADA′D′

(*fig.* 352), limite de la surface latérale d'un prisme inscrit à base
régulière, quand on
double indéfiniment le
nombre des côtés de la
base, peut être dévelop-
pée sur un plan. Elle
recouvre alors un rec-
tangle $ada_1a'_1d'a'$ dont
la base a_1 est égale à
la longueur de la cir-

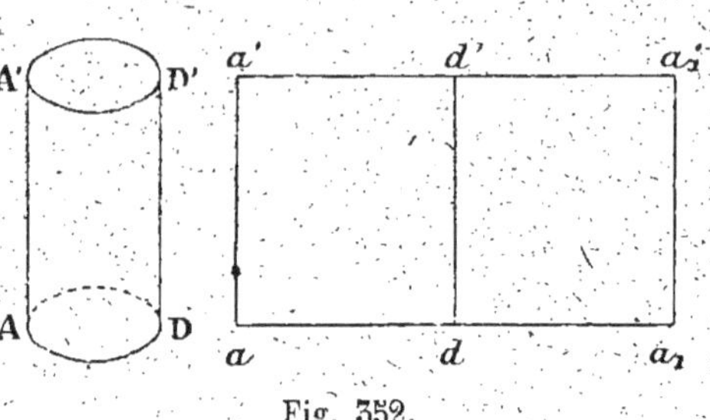

Fig. 352.

conférence de base, et dont la hauteur aa' est la hauteur
du cylindre.

431. VOLUME D'UN CYLINDRE. On appelle *volume* d'un cylindre
la limite vers laquelle tend le volume d'un prisme droit à base
régulière, inscrit dans le cylindre, quand on double indéfiniment
le nombre des côtés du polygone de base.

Le théorème suivant montre que cette limite existe et en
donne l'expression.

Théorème.

432. *Le volume d'un cylindre droit à base circulaire a pour
mesure le produit de l'aire du cercle de base par la hauteur
du cylindre.*

Inscrivons dans le cylindre un prisme régulier; le volume
de ce prisme a pour mesure le produit de l'aire de sa base par
sa hauteur; or, lorsque l'on double indéfiniment le nombre des
côtés du polygone de base, l'aire de cette base a pour limite l'aire
du cercle de base du cylindre; la hauteur du prisme est toujours la hauteur du cylindre : donc le théorème est démontré.

433. Si l'on appelle r le rayon du cercle de base, h la hauteur et V le volume du cylindre, on a :

$$V = \pi r^2 h.$$

Théorème.

434. *Si deux cylindres droits à base circulaire sont semblables, les surfaces latérales et les surfaces totales sont proportionnelles aux carrés des rayons, les volumes sont proportionnels aux cubes des rayons.*

On dit que deux cylindres droits, à base circulaire, sont semblables quand les hauteurs sont proportionnelles aux rayons des bases, c'est-à-dire quand les cylindres sont engendrés par des rectangles semblables tournant autour de côtés homologues.

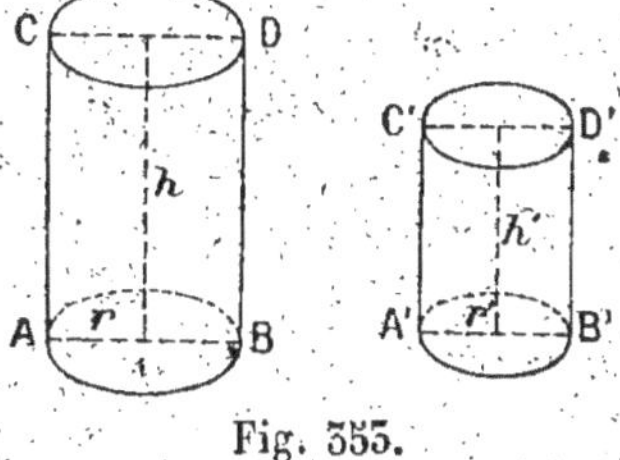

Fig. 353.

Soient deux cylindres semblables, ABCD, A′B′C′D′ (*fig.* 353); appelons r et r' les rayons des bases de ces deux cylindres, h et h' les deux hauteurs, s et s' les surfaces latérales, S et S′ les surfaces totales, V et V′ les volumes. Les cylindres étant semblables, on a

$$\frac{r}{r'} = \frac{h}{h'} = \frac{r+h}{r'+h'};$$

or on a

$$s = 2\pi rh, \qquad s' = 2\pi r'h';$$

donc

$$\frac{s}{s'} = \frac{rh}{r'h'} = \frac{r^2}{r'^2}.$$

De même

$$S = 2\pi r(r+h), \qquad S' = 2\pi r'(r'+h');$$

donc

$$\frac{S}{S'} = \frac{r(r+h)}{r'(r'+h')} = \frac{r^2}{r'^2}.$$

Enfin

$$V = \pi r^2 h, \qquad V' = \pi r'^2 h',$$

donc

$$\frac{V}{V'} = \frac{r^2 h}{r'^2 h'} = \frac{r^3}{r'^3}.$$

APPLICATIONS NUMÉRIQUES. I. *Calculer les dimensions et la surface d'une plaque de tôle pouvant servir à la confection d'un tuyau cylindrique de 25 centimètres de diamètre et de 83 centimètres de hauteur.*

La circonférence de base du cylindre est, en centimètres, $\pi \times 25$, ou 78,53; la plaque de tôle est donc un rectangle dont les côtés ont 78ᶜ,53 et 83ᶜ. La surface de cette plaque, qui est aussi la surface latérale du cylindre, est en centimètres carrés,

$\pi \times 25 \times 83$ ou $6518^{cq},58$ à moins de 1 millimètre carré.

II. *Quelle est la hauteur d'un cylindre dont le diamètre est 16 centimètres, et dont la surface totale est 1546 cent. carrés?*

Dans la formule

$$S = 2\pi r (r + h),$$

on remplace S par 1546, r par 8, et on a :

$$\pi \times 16 \times (8 + h) = 1546$$

d'où

$$8 + h = \frac{1546}{\pi \times 16} = 30,7 ;$$

donc la hauteur demandée est égale à $30,7 - 8$, ou à $22^{cent},7$ à un millimètre près.

III. *Calculer les dimensions du litre employé pour mesurer les liquides, sachant que ce litre est un cylindre droit à base circulaire dont le volume est 1 décimètre cube, et dans lequel le diamètre de la base est la moitié de la hauteur* (*fig.* 354).

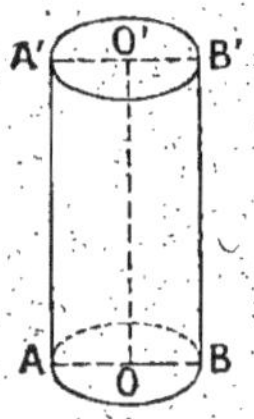

Le décimètre étant pris pour unité, on a :

$$\pi \, \overline{OA}^2 \times OO' = 1.$$

Fig. 354.

Soit r le rayon de la base ; on a

$$OA = r, \qquad OO' = 4r ;$$

donc

$$4\pi r^3 = 1,$$

et

$$r = \frac{1}{\sqrt[3]{4\pi}}.$$

En effectuant les calculs indiqués, soit directement, soit en employant les logarithmes, on trouve

$$r = 0,\overset{\text{décim.}}{4301576}.$$

A moins d'un millième de millimètre, le rayon de la base est $43,016^{\text{millim.}}$, et la hauteur est $172,063^{\text{millim.}}$.

IV. *Quel est le poids d'un tuyau de fer dont la forme est un cylindre creux dont le diamètre intérieur est 17 cent., le diamètre extérieur 18 cent., et la longueur 74 cent.; le poids d'un centimètre cube de fer étant 7ᵍʳ,7?*

Le volume du fer est la différence des volumes de deux cylindres qui ont même hauteur, 74 cent., et dont les rayons de bases sont 8ᶜᵉⁿᵗ,5 et 9ᶜᵉⁿᵗ; il est donc, en centimètres cubes,

$$\pi(9^2 - 8{,}5^2) \times 74 = 2034{,}186.$$

Le poids d'un centimètre cube de fer étant 7ᵍʳ,7, le poids du tuyau est, en grammes, $2034{,}186 \times 7{,}7$ ou $15663{,}232$, ou encore 15ᵏ,663 à un gramme près.

§ II. — CÔNE DROIT A BASE CIRCULAIRE : SURFACE LATÉRALE, DÉVELOPPEMENT, VOLUME.

435. Définitions. On appelle *cône droit à base circulaire*

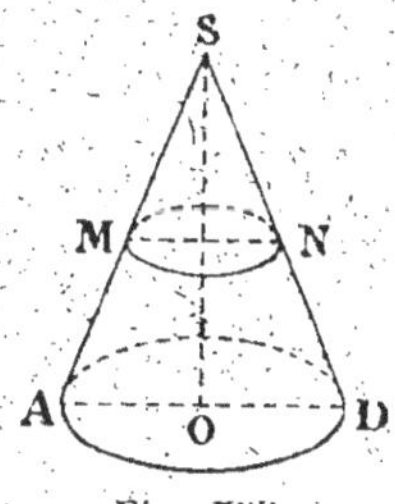
Fig. 355.

le solide engendré par un triangle rectangle SOA en tournant autour d'un des côtés SO de l'angle droit (*fig.* 355). Dans ce mouvement, le côté OA engendre un cercle que l'on appelle *base* du cône; le côté SA engendre la *surface latérale* du cône; tout point M du côté SA engendre une circonférence dont le plan est perpendiculaire au côté fixe SO du triangle SOA, et dont le centre est sur SO.

Le côté fixe SO du triangle SOA est appelé l'*axe* du cône; le côté

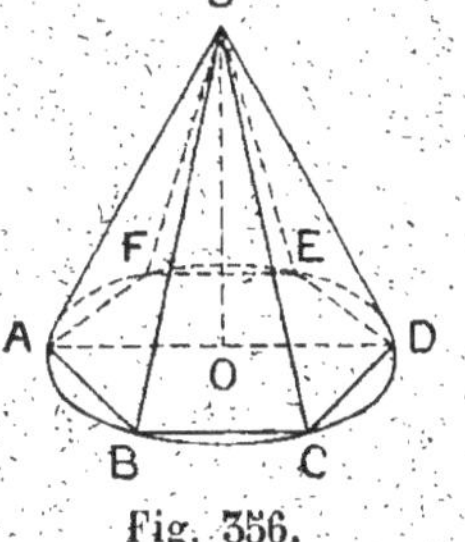
Fig. 356.

mobile SA est appelé l'*arête*. Le point S est le *sommet* du cône. La distance SO du sommet au plan de la base est la *hauteur* du cône.

436. On dit qu'une pyramide est *inscrite* dans un cône, quand, le sommet de la pyramide coïncidant avec le sommet du cône, la base de la pyramide est un polygone inscrit dans la base du cône (*fig.* 356). Les arêtes latérales d'une pyramide inscrite dans un cône sont situées sur la surface latérale du cône.

437. Si l'on inscrit dans un *cône droit à base circulaire* une pyramide à base régulière, le centre O du polygone de base coïncide avec le pied de la perpendiculaire abaissée du sommet de la pyramide sur le plan de la base, et par conséquent la pyramide est régulière (413).

438. Aire de la surface latérale d'un cône. La surface latérale d'un cône étant courbe ne peut être comparée à l'unité d'aire qui est une portion de surface plane; il est nécessaire de définir ce qu'on entend par aire latérale de la surface d'un cône.

On appelle *aire* de la surface latérale d'un cône droit, à base circulaire, la limite vers laquelle tend l'aire de la surface latérale d'une pyramide régulière inscrite dans le cône, quand on double indéfiniment le nombre des côtés du polygone de base.

Le théorème suivant montre que cette limite existe, et en donne l'expression.

Théorème.

439. *L'aire de la surface latérale d'un cône droit, à base circulaire, a pour mesure le produit de la circonférence de base par la moitié de l'arête du cône.*

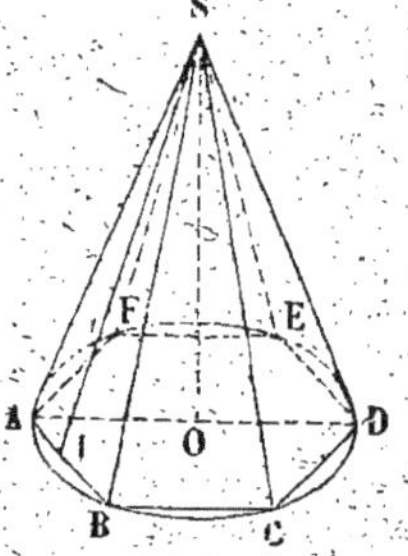

Fig. 357.

Inscrivons dans le cône droit à base circulaire SAD (*fig.* 357) la pyramide régulière SABCDEF. La surface latérale de cette pyramide se compose des triangles isocèles égaux, SAB, SBC, SCD, etc. Soit SI l'apothème de la pyramide, c'est-à-dire la perpendiculaire menée du point S sur le côté AB. L'aire de la surface latérale de la pyramide a pour expression

$$(AB + BC + CD + DE + EF + FA) \times \tfrac{1}{2} SI,$$

ou le produit du périmètre du polygone de base par la moitié de l'apothème SI de la pyramide.

Or, imaginons que l'on double indéfiniment le nombre des côtés du polygone de base de la pyramide inscrite; le périmètre de ce polygone tend vers une limite qui est la longueur de la circonférence de base du cône; l'apothème SI de la pyramide tend vers une limite qui est l'arête SA du cône; donc, l'aire de la surface latérale de la pyramide tend vers une limite qui a pour mesure le produit de la circonférence de base par la moitié de l'arête du cône. C'est cette limite que nous avons appelée aire de la surface latérale du cône : donc le théorème est démontré.

440. Soient r le rayon de la base, a l'arête du cône, s la surface latérale, on a

$$s = \pi r a.$$

La surface totale S du cône se compose de la surface latérale $\pi r a$, plus la surface de la base πr^2; on a donc

$$S = \pi r a + \pi r^2,$$

ou

$$S = \pi r (r + a).$$

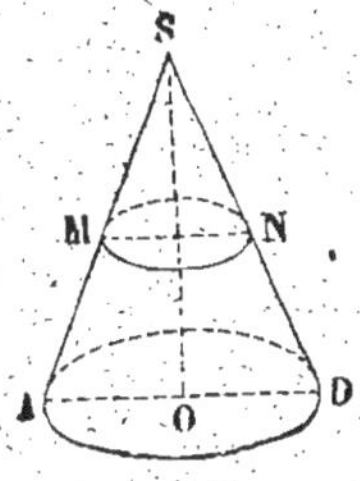

441. REMARQUE. La circonférence de la section MN faite dans le cône, par un plan parallèle à la base, et à une distance du sommet égale à la moitié de la hauteur (*fig.* 358), est égale à la moitié de la circonférence de base; donc on peut encore dire que *la surface latérale du cône a pour mesure le produit de l'arête du cône par la circonférence d'une section parallèle à la base et équidistante de la base et du sommet.*

Fig. 358.

442. DÉVELOPPEMENT. La surface latérale de la pyramide régulière SABCDEF (*fig.* 359) peut être appliquée sur un plan, et recouvre alors un secteur polygo-

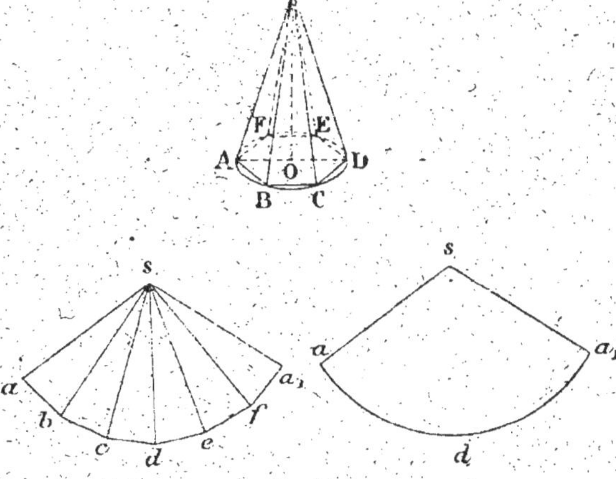

Fig. 359.

nal régulier *sabcdefa₁*, dont le rayon *sa* est égal à l'arête SA de la pyramide, et dont le périmètre

$$ab + bc + cd + de + ef + fa_1$$

de la ligne brisée régulière qui lui sert de base est égal au périmètre AB + BC + CD + DE + EF + FA de la base de la pyramide.

De même la surface latérale du cône droit à base circulaire, limite vers laquelle tend la surface latérale d'une pyramide régulière inscrite, quand on double indéfiniment le nombre des côtés de sa base, peut être appliquée sur un plan, et recouvre alors un secteur circulaire *sada₁*, dont le rayon *sa* est égal à l'arête SA du cône, et dont l'arc *ada₁* est égal à la longueur de la circonférence de base du cône.

443. VOLUME D'UN CÔNE. On appelle *volume* d'un cône droit, à base circulaire, la limite vers laquelle tend le volume d'une pyramide inscrite, à base régulière, quand on double indéfiniment le nombre des côtés de la base.

Le théorème suivant montre que cette limite existe et en donne l'expression.

Théorème.

444. *Le volume d'un cône droit à base circulaire a pour mesure le produit de l'aire du cercle de base par le tiers de la hauteur.*

Inscrivons dans le cône une pyramide à base régulière; le volume de cette pyramide inscrite a pour mesure le produit de l'aire de sa base par le tiers de sa hauteur. Si l'on double indéfiniment le nombre des côtés de la base, l'aire de cette base a pour limite l'aire du cercle de base du cône; la hauteur de la pyramide est toujours égale à la hauteur du cône; donc le théorème est démontré.

445. Soient *r* le rayon de la base, *h* la hauteur, V le volume du cône, on a :

$$V = \frac{1}{3} \pi r^2 h.$$

APPLICATIONS NUMÉRIQUES. I. *Calculer la surface latérale d'un cône droit à base circulaire, dont le rayon de base est 15 cent., et la hauteur 32 cent.*

L'arête du cône est l'hypoténuse d'un triangle rectangle dont les côtés de l'angle droit sont, en centimètres, 32 et 15; elle est donc, en centimètres,

$$\sqrt{32^2 + 15^2} = \sqrt{1249} = 35,34.$$

La surface latérale, en centimètres carrés, est

$$\pi \times 15 \times 35,34$$

ou 1665 centimètres carrés à 1 centimètre carré près.

II. *L'intérieur d'un verre à pied (fig. 360) a la forme d'un cône droit à base circulaire, l'angle au sommet du cône est 60°; on verse dans ce verre 345 grammes de mercure; calculer la hauteur à laquelle s'élève le mercure au-dessus du fond du vase, la densité du mercure étant 13,596.*

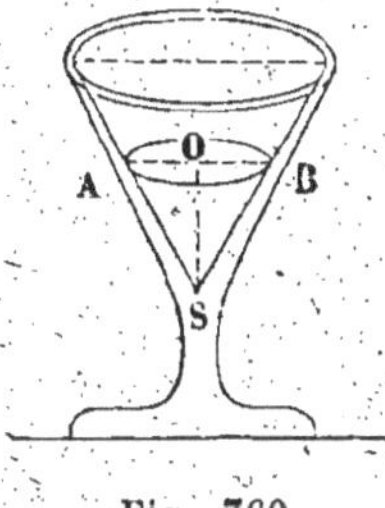

Fig. 360.

Soient D la densité du mercure, P le poids du mercure versé et V son volume.

On a

$$V = \frac{P}{D}.$$

D'autre part,

$$V = \frac{1}{3}\,\pi\overline{OA}^2 \times OS.$$

Soit $x = OS$; comme le triangle ABS est équilatéral, on a :

$$x^2 = \overline{OS}^2 = 3\overline{OA}^2;$$

donc

$$V = \frac{1}{9}\,\pi x^3,$$

d'où

$$x^3 = \frac{9V}{\pi} = \frac{9P}{\pi \times D},$$

et

$$x = \sqrt[5]{\frac{9P}{\pi \times D}}.$$

Appliquons au cas où $P = 345^{gr}$, et $D = 13,596$:

$$x = \sqrt[5]{\frac{9P}{\pi \times D}} = \sqrt[5]{\frac{3105}{3,14159 \times 13,596}}.$$

En effectuant les calculs indiqués, on trouve

$$x = 4,1735.$$

Le mercure s'élève à une hauteur de $4^{cent},17$ au-dessus du fond du verre.

§ III. — TRONC DE CÔNE : SURFACE LATÉRALE, DÉVELOPPEMENT, VOLUME.

Théorème.

446. *L'aire de la surface latérale d'un tronc de cône à bases parallèles a pour mesure le produit de la demi-somme des circonférences des bases par l'arête latérale.*

On appelle *tronc de cône à bases parallèles* le solide obtenu en retranchant d'un cône SAD un cône SA'D', dont la base A'D' est parallèle à la base AD (*fig.* 361) et est située entre le sommet S et la base AD.

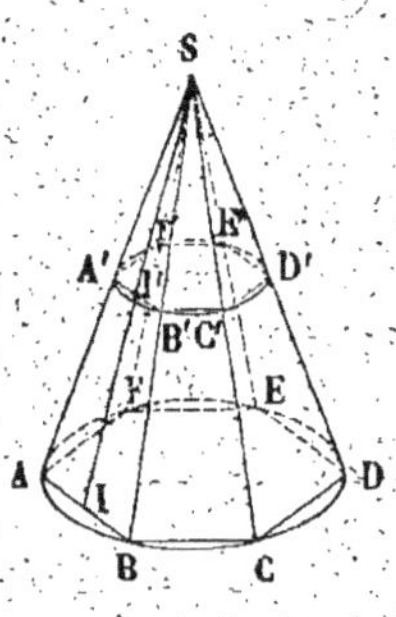

Inscrivons encore dans le cône SAD une pyramide régulière SABCDEF, et considérons le tronc de pyramide régulière

$$\text{ABCDEF A'B'C'D'E'F'}$$

inscrit dans le tronc de cône. Les surfaces latérales des cônes, SAD, SA'D', étant les limites vers lesquelles tendent les surfaces latérales des pyramides régulières, SABCDEF, SA'B'C'D'E'F', inscrites dans ces cônes, quand

Fig. 361.

on double indéfiniment le nombre des faces de ces pyramides, la surface latérale du tronc de cône ADA'D', différence des surfaces latérales des deux cônes, est la limite de la surface latérale du tronc de pyramide, différence des surfaces latérales des deux pyramides. Or, la surface latérale du tronc de pyramide se compose des trapèzes égaux, ABA'B', BCB'C', etc. Soit SI'I la perpendiculaire menée du point S aux côtés parallèles, A'B', AB; l'aire de la surface latérale du tronc de pyramide a pour expression

$$\frac{1}{2}\left(AB + A'B' + BC + B'C' + ...\right) \times II',$$

c'est-à-dire la demi-somme des périmètres des polygones des bases multipliée par II'. Quand on double indéfiniment le nombre des faces du tronc de pyramide, les périmètres des polygones inscrits dans les bases du tronc de cône se confondent, à la limite, avec les circonférences de ces bases ; la hauteur II' des trapèzes égaux se confond avec l'arête AA' du tronc de cône ; donc l'aire de la surface latérale du tronc de cône a pour expression le produit de la demi-somme des circonférences des bases par l'arête du tronc.

447. Soient r et r' les rayons des circonférences des bases, a l'arête du tronc de cône, et s la surface latérale, on a

$$s = \pi\left(r + r'\right) a.$$

La surface totale S du tronc de cône se compose de la surface latérale $\pi\left(r + r'\right) a$, plus la somme des surfaces des deux bases $\pi r^2 + \pi r'^2$; on a donc

$$S = \pi\left[r^2 + r'^2 + \left(r + r'\right) a\right].$$

448. Remarque. Si l'on coupe le tronc de cône par un plan MN équidistant des deux bases (*fig.* 362), la section est une circonférence égale à la demi-somme des circonférences des deux bases. On peut donc dire encore que *la surface latérale d'un tronc de cône a pour mesure le produit de la circonférence d'une section équidistante des bases par l'arête du tronc.*

449. Développement. Si l'on développe la surface du cône

SAD sur un plan (*fig.* 363), la surface latérale du cône SAD recouvre le secteur circulaire $sada_1$: la surface latérale du cône

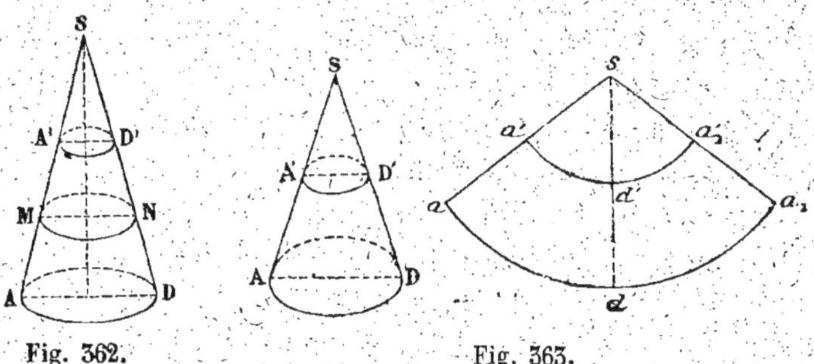

Fig. 362.   Fig. 363.

SA'D' recouvre le secteur circulaire $sa'd'a'_1$; et, par conséquent, la surface du tronc de cône recouvre le *trapèze circulaire* $aa_1a'_1a'$.

Théorème.

450. VOLUME D'UN TRONC DE CÔNE. *Le volume d'un tronc de cône à bases parallèles est équivalent à la somme des volumes de trois cônes, qui auraient pour hauteur commune la hauteur du tronc, et pour bases, l'un la base inférieure, l'autre la base supérieure, le troisième une moyenne proportionnelle entre les deux bases du tronc.*

En effet, soit le tronc de cône à bases parallèles ADA'D' (*fig.* 364); inscrivons dans le cône SAD la pyramide régulière SABCDEF, et considérons le tronc de pyramide régulière ABCDEF A'B'C'D'E'F' inscrit dans le tronc de cône. Les volumes des cônes SAD et SA'D' étant les limites vers lesquelles tendent les volumes des pyramides régulières inscrites SABCDEF, et SA'B'C'D'E'F', quand on double indéfiniment le nombre des faces de ces pyramides, le volume du tronc de cône ADA'D', différence des deux cônes, est la limite du volume du tronc de pyramide

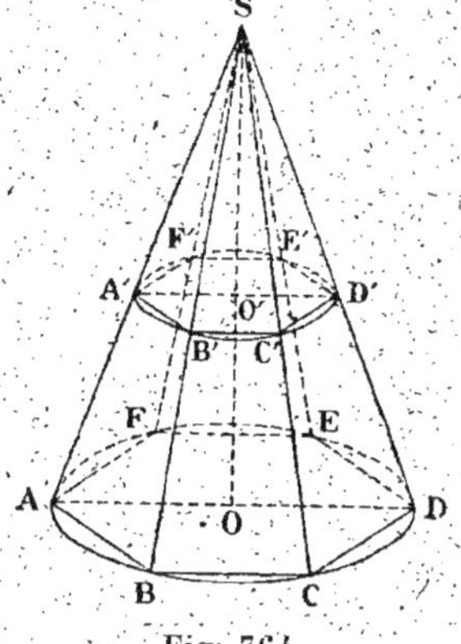

Fig. 364.

ABCDEF A'B'C'D'E'F', différence des deux pyramides. Or tout tronc de pyramide est équivalent à la somme des volumes de trois pyramides qui auraient pour hauteur commune la hauteur du tronc, et pour bases, l'une la base inférieure, l'autre la base supérieure, la troisième une moyenne proportionnelle entre les deux bases du tronc de pyramide. Quand on double indéfiniment le nombre des faces du tronc de pyramide, les bases du tronc de pyramide se confondent, à la limite, avec les cercles des bases du tronc de cône; la hauteur du tronc de pyramide est égale à la hauteur du tronc de cône; donc, le volume du tronc de cône est équivalent à la somme des volumes de trois cônes qui auraient pour hauteur commune la hauteur du tronc, et pour bases : l'un la base inférieure, l'autre la base supérieure, le troisième une moyenne proportionnelle entre les deux bases du tronc.

451. Soient r et r' les rayons des deux bases, h la hauteur, et V le volume d'un tronc de cône à bases parallèles; on a

$$V = \tfrac{1}{3}\,\pi\,(r^2 + r'^2 + rr')\,h.$$

APPLICATION NUMÉRIQUE. *Calculer la surface latérale et le volume d'un tronc de cône dont les rayons des bases sont 27 cent. et 18 cent., et dont la longueur de l'arête est 21 cent.*

La surface latérale de ce tronc de cône est, en centimètres carrés :

$$\pi\,(27 + 18) \times 21 = 2968{,}812,$$

ou 2968 cent. carrés, à moins de 1 cent. carré.

La hauteur du tronc de cône est un côté d'un triangle rectangle dont l'hypoténuse est 21 cent., et l'autre côté 27 — 18, ou 9 cent.; elle est donc égale à $\sqrt{21^2 - 9^2}$, ou à 18,973.

Le volume du tronc de cône est

$$\frac{1}{3}\,\pi \times 18{,}973\,(27^2 + 18^2 + 27 \times 18),$$

ou 30577 cent. cubes, à moins de 1 cent. cube.

§ IV. — SPHÈRE : SECTIONS PLANES, GRANDS ET PETITS CERCLES, POLES D'UN CERCLE.

452. Définition. On appelle *sphère* un solide limité par une surface dont tous les points sont à égale distance d'un point intérieur appelé *centre*.

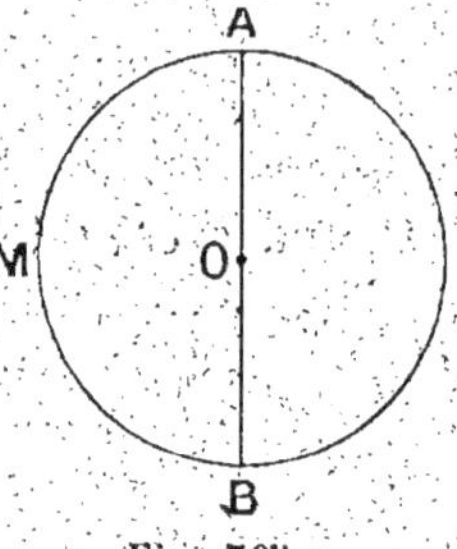
Fig. 365.

Une sphère peut être engendrée par la révolution d'un demi-cercle AMB tournant autour d'un diamètre AB (*fig.* 365). Dans ce mouvement, la demi-circonférence engendre la surface de la sphère.

Toute droite allant du centre à la surface de la sphère est appelée *rayon*. On appelle *diamètre* toute droite passant par le centre de la sphère et terminée de part et d'autre à la surface de la sphère.

Théorème.

453. *Toute section plane d'une sphère est un cercle dont le centre est situé sur le diamètre de la sphère perpendiculaire au plan de la section.*

Soit AMBN une section plane de la sphère O, soit PP′ le diamètre perpendiculaire au plan sécant, et soit
I le point de rencontre de ce diamètre et
du plan sécant (*fig.* 366). Prenons, sur la
section, un point quelconque M. Dans le
triangle rectangle OIM, le côté OI est la
distance du centre de la sphère au plan
sécant ; l'hypoténuse OM est un rayon de
la sphère, et ne varie pas quand on déplace le point M sur la section ; donc le

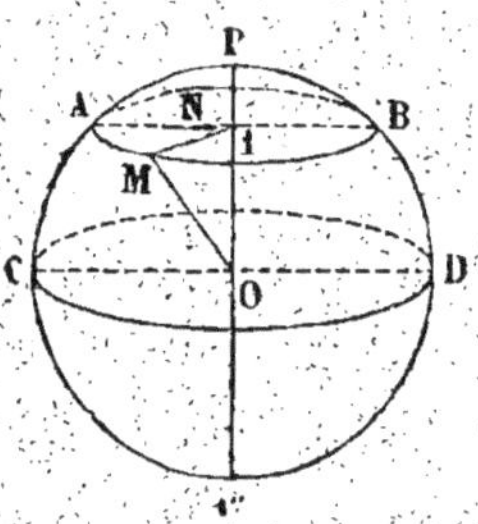
Fig. 366.

triangle OIM conserve une grandeur invariable ; par suite, IM est constant, et la section est un cercle ayant I pour centre et IM pour rayon.

454. REMARQUE. Soit R le rayon de la sphère, soit d la distance OI du centre de la sphère au plan sécant, et soit r le rayon de la section.

On a

$$r^2 = R^2 - d^2.$$

Quand $d = 0$, c'est-à-dire quand le plan sécant passe par le centre de la sphère, $r = R$; le rayon de la section est égal au rayon de la sphère. On dit alors que la section est un *grand cercle*.

Quand d est différent de 0, c'est-à-dire quand le plan sécant ne passe pas par le centre, r est moindre que R ; on dit que la section est un *petit cercle*.

Imaginons que le plan sécant s'éloigne du centre de la sphère, en restant perpendiculaire au diamètre PP′ ; le centre de la section reste toujours sur le diamètre PP′ ; d croît de 0 à R, et le rayon de la section diminue de R à 0.

Théorème.

455. *Une droite ne peut rencontrer une sphère en plus de deux points.*

En effet, les points communs à la droite et à la sphère sont les points communs à la droite et au cercle d'intersection de la sphère avec un plan quelconque mené par la droite ; or, on sait qu'une droite ne peut rencontrer un cercle en plus de deux points.

Théorème.

456. *Par trois points, A, B, C, pris sur une sphère (fig. 367), on peut faire passer un cercle situé sur la sphère et un seul.*

En effet, ces trois points, non en ligne droite, déterminent un plan, et ce plan coupe la sphère suivant un cercle passant par ces trois points.

Théorème.

457. *Par deux points, A et B, pris sur la surface de la* *sphère, on peut faire passer un grand cercle (fig. 367), et, en général, on n'en peut faire passer qu'un.*

En effet, en général, les deux points A et B et le centre O de la sphère déterminent un plan, et ce plan coupe la sphère suivant un grand cercle passant par les points A et B. Toutefois, si les deux points donnés sont les extrémités d'un diamètre de la sphère (*fig.* 368), tout plan passant par ces points

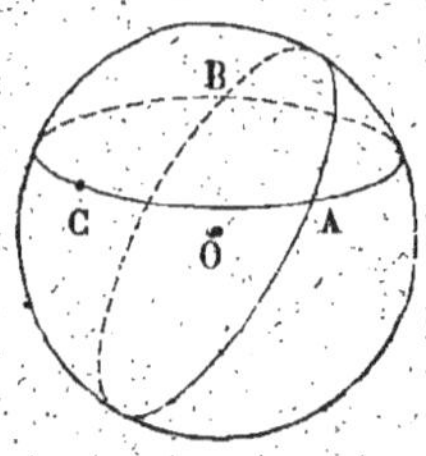

Fig. 367.

passe par le centre de la sphère, et, par conséquent, coupe la sphère suivant un grand cercle passant par les points donnés.

458. Corollaire. *Deux grands cercles se coupent en deux points diamétralement opposés,* car les plans de ces cercles passant par le centre de la sphère se coupent suivant un diamètre (*fig.* 368).

459. **Définition.** On appelle *pôle* d'un cercle tracé sur une sphère l'une ou l'autre des extrémités du diamètre de la sphère perpendiculaire au plan de ce cercle.

Tout cercle tracé sur une sphère a deux pôles.

Tous les cercles d'une sphère, dont les plans sont parallèles à un même plan, ont pour pôles les extrémités du diamètre perpendiculaire à ce plan.

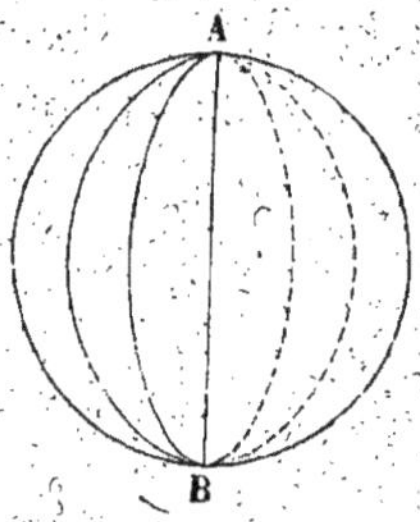

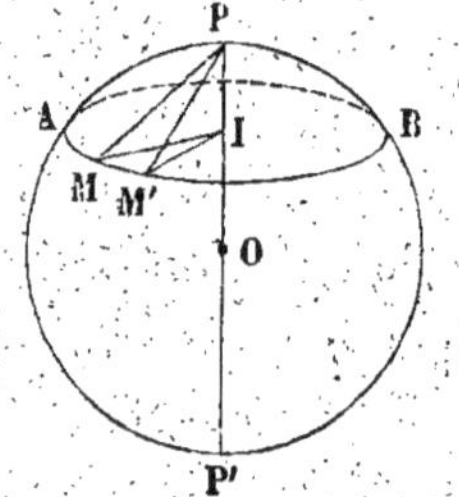

Fig. 368.

Théorème.

460. *Tout pôle* P *d'un cercle* AMB *tracé sur la sphère est équidistant de tous les points du cercle* (*fig.* 369).

En effet, les obliques, PM, PM′, etc., menées du point P aux points, M, M′, etc., du cercle, sont égales comme s'écartant également du pied I de la perpendiculaire PI.

Il en résulte qu'avec un compas on peut tracer des cercles sur la sphère comme sur un plan. Pour tracer le cercle AMB, par exemple, il suffit de prendre une ouverture de compas égale à

Fig. 369.

PM, de maintenir une pointe du compas au point P, et de faire glisser l'autre pointe sur la surface de la sphère. Pour tracer un grand cercle, il faut prendre une ouverture de compas égale à la corde qui sous-tend un arc de 90° sur un grand cercle.

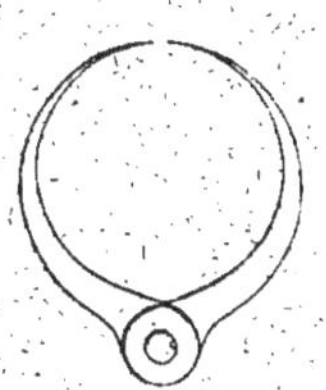

Fig. 370.

On emploie, pour tracer des cercles sur la sphère, un compas à branches recourbées, dit *compas d'épaisseur* (*fig.* 370).

Problème.

461. *Trouver le rayon d'une sphère solide.*

1re SOLUTION. D'un point P de la sphère pris pour pôle (*fig.* 371), avec une ouverture de compas arbitraire, on trace un cercle sur la sphère; sur ce cercle on marque trois points quelconques A, B et C. On mesure avec un compas d'épaisseur les distances AB, BC et AC. Avec ces trois longueurs on construit sur le papier un triangle égal au triangle ABC, et à ce triangle on circonscrit un cercle; ce cercle est évidemment égal au petit cercle tracé sur la sphère et son rayon est égal au rayon AI du petit cercle passant par A, B, C.

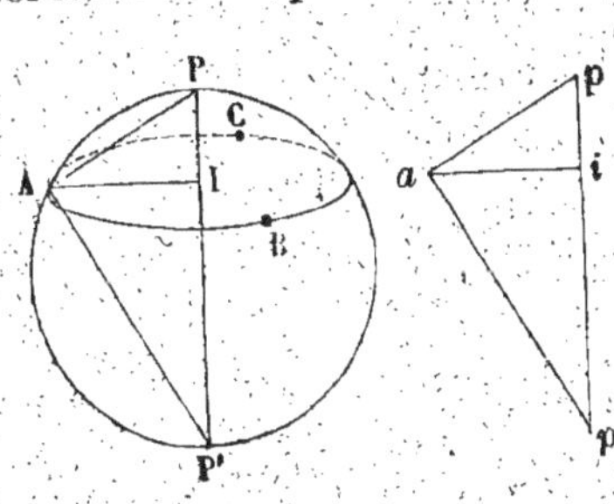

Fig. 371.

Cela fait, considérons le grand cercle de la sphère dont le plan passe par le diamètre PP′ et par le point A, et menons les droites PA et P′A. Dans le triangle rectangle PAP′, on connaît le côté PA de l'angle droit, et la perpendiculaire AI menée du sommet A sur l'hypoténuse; on construit sur le papier un triangle *pia* égal au triangle PIA, on mène au point *a* la perpendiculaire *ap′* au côté *pa*, cette droite rencontre *pi* au point *p′*, et *pp′* est égal à PP′, c'est-à-dire au diamètre de la sphère.

2e SOLUTION. On prend sur la sphère deux points quelconques A et B (*fig.* 372); du point A et du point B comme pôles, avec la même ouverture de compas, on trace sur la sphère deux arcs de cercle qui se coupent en un point M équidistant des points A et B. On détermine de même deux autres points M′ et M″, équidistants de A et de B. Les trois points M, M′, M″, équidistants de A et de B, déterminent un plan qui est le lieu des points équidistants de A et de B, et qui, par conséquent, passe par le centre de la sphère. Donc les trois points, M, M′, M″, appartiennent à une

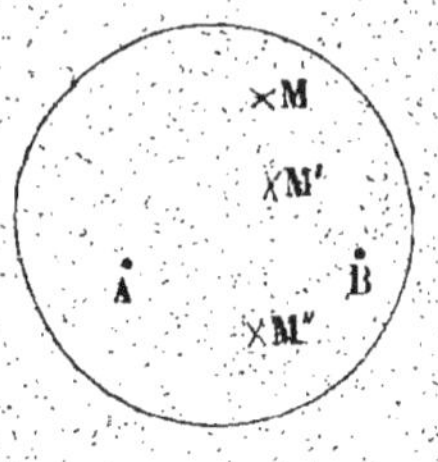

Fig. 372.

circonférence de grand cercle. Avec un compas d'épaisseur, on mesure les distances, MM′, MM″, M′M″, et, avec ces trois longueurs, on construit sur le papier un triangle; le rayon du cercle circonscrit à ce triangle est le rayon de la sphère.

§ V. — PLAN TANGENT A LA SPHÈRE.

462. Définition. On dit qu'un plan est *tangent* à une sphère lorsqu'il n'a qu'un point commun avec la sphère. Le théorème suivant montre qu'un plan peut être tangent à une sphère.

Théorème.

463. *Soit A un point de la surface d'une sphère :*

1° *Le plan P perpendiculaire au rayon OA et mené par le point A ne rencontre la sphère qu'au point A, et, par suite, est tangent à la sphère en ce point.*

2° *Tout plan Q oblique au rayon OA et mené par le point A coupe la sphère suivant une circonférence de cercle.*

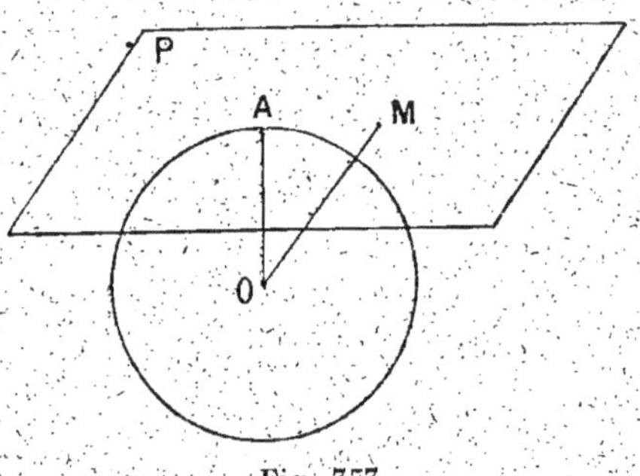

Fig. 373.

1° Tout point M du plan P autre que A est en dehors de la sphère, car OM étant une oblique et OA une perpendiculaire menées du point O au plan P, l'oblique OM est plus grande que la perpendiculaire OA (*fig.* 373).

2° Soit Q un plan oblique au rayon OA mené par le point A (*fig.* 374), soit I le pied de la perpendiculaire menée du centre O à ce plan Q. Si du point I comme centre, avec IA pour rayon, on décrit une circonférence dans le plan Q, on sait (319) que toutes les obliques menées du point O aux différents points de cette circonférence sont égales à OA; donc tous les points de cette circonférence sont à la fois sur

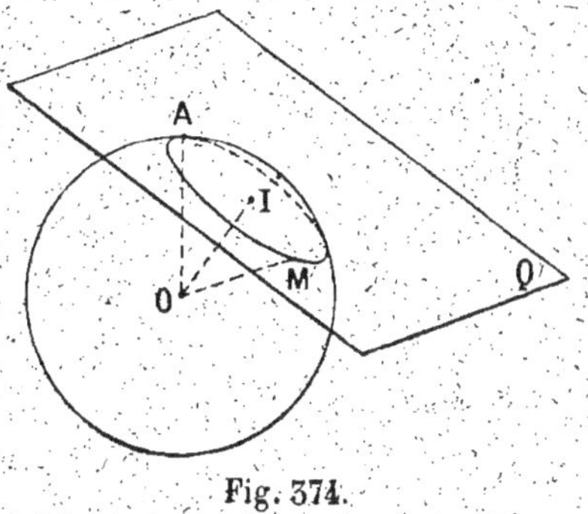

Fig. 374.

le plan Q et sur la sphère. Donc le plan Q coupe la sphère suivant une circonférence de cercle.

De ces deux propositions il résulte que :

464. RÉCIPROQUEMENT : *Un plan tangent à la sphère est perpendiculaire au rayon qui passe par le point de contact.*

465. **Définition.** On dit qu'une droite est *tangente* à une sphère lorsqu'elle n'a qu'un point commun avec cette sphère.

Le théorème suivant montre qu'une droite peut être tangente à une sphère.

Théorème.

466. *Soit A un point pris sur la surface d'une sphère :*

1° Toute droite menée par le point A, perpendiculaire au rayon OA, ne rencontre la sphère qu'au seul point A, et, par suite, est tangente à la sphère en ce point.

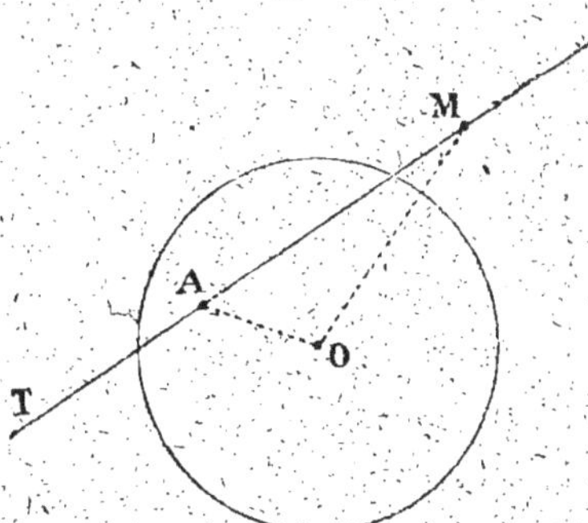

Fig. 375.

2° Toute droite menée par le point A, non perpendiculaire au rayon OA, rencontre la sphère en un point B différent du point A, et, par suite, est une sécante de la sphère.

1° Soit AT une perpendiculaire au rayon OA menée par le

point A (*fig. 375*); tout point M de cette droite, autre que A, est en dehors de la sphère, car l'oblique OM à la droite AT surpasse la perpendiculaire OA. Donc AT est tangente à la sphère, et A est le point de contact.

2° Soit AS une oblique au rayon OA menée par le point A (*fig. 376*), et soit I le pied de la perpendiculaire abaissée du centre O sur la droite AS. Si l'on prend à

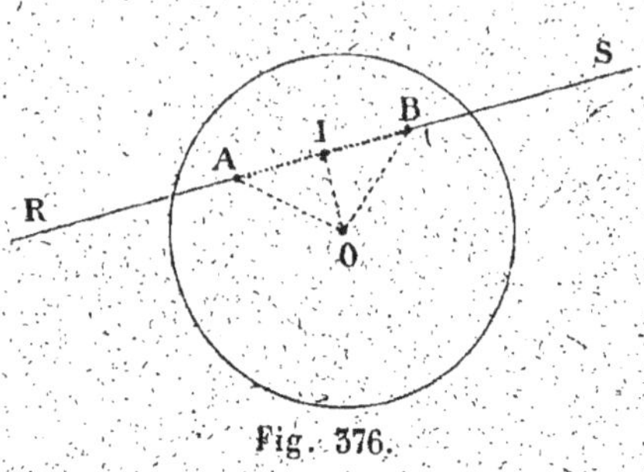

Fig. 376.

partir du point I, dans le sens AI, une longueur IB égale à AI, l'oblique OB sera égale à l'oblique OA, et par conséquent la droite AS rencontre la sphère aux deux points distincts A et B. On sait d'ailleurs qu'elle ne peut pas la rencontrer en plus de deux points.

De ces deux propositions on conclut que :

467. Réciproquement : *Toute tangente AT à une sphère en un point A de cette sphère est perpendiculaire au rayon OA.*

468. Corollaire I. *Le lieu des tangentes à une sphère, en un point A de cette surface, est le plan tangent à la sphère en ce point (fig. 377).*

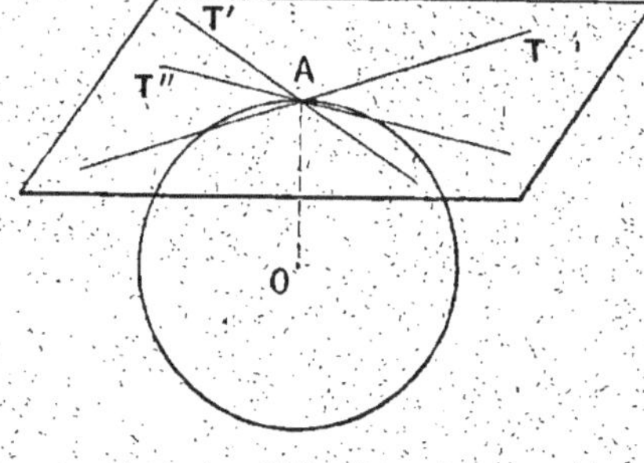

Fig. 377.

Car le lieu de ces tangentes est le plan perpendiculaire au rayon OA mené par le point A.

469. Corollaire II. *Le lieu des tangentes menées à une sphère par un point extérieur A est la surface latérale d'un cône droit à base circulaire.*

Par le point A et par le centre O de la sphère, faisons passer un plan P quelconque (*fig.* 378). Ce plan coupe la sphère suivant un grand cercle BDC. Les tangentes menées par le point A à la sphère, dans le plan P, sont évidemment les tangentes menées par le point A au cercle BDC. Soit AM l'une de ces tangentes ; si nous faisons tourner le plan P autour de AO, la demi-circonférence BDC engendre la surface de la sphère, et la droite AM engendre le lieu des tangentes à la sphère menées par le point A. Or cette droite engendre la surface latérale d'un cône droit à base circulaire dont le sommet est le point A, et dont la base est le cercle décrit par le point M.

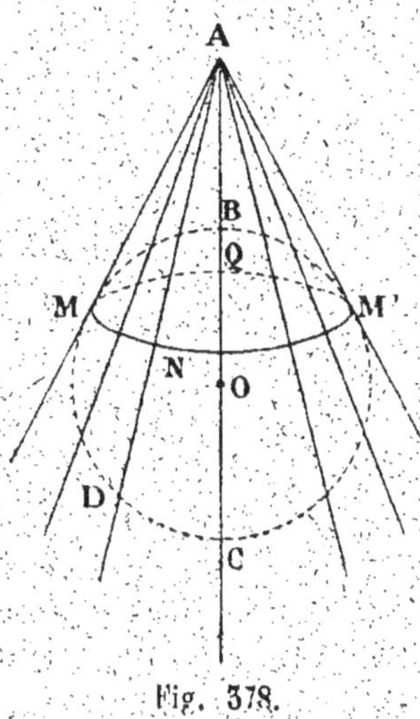

Fig. 378.

Le cône est dit *circonscrit* à la sphère ; le cercle décrit par le point M est appelé *cercle de contact* ; le cercle est un petit cercle de la sphère.

470. Corollaire III. *Le lieu des tangentes à une sphère parallèles à un diamètre de la sphère est la surface latérale d'un cylindre droit à base circulaire.*

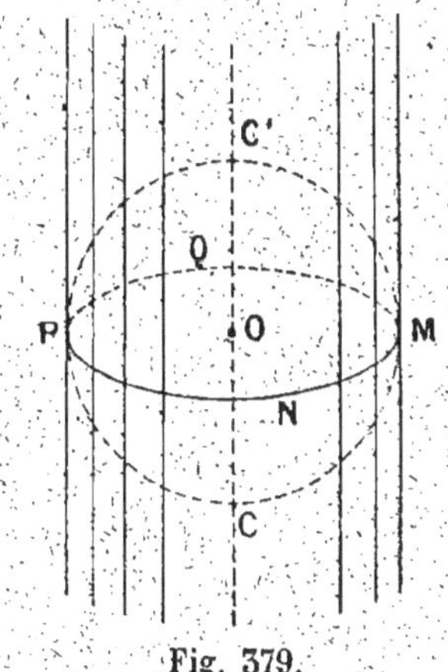

Fig. 379.

Même démonstration que pour le corollaire précédent. Le cylindre est dit *circonscrit* à la sphère. Le cercle de contact est un grand cercle de la sphère (*fig.* 379).

Théorème.

471. *Quand deux sphères se coupent, la ligne d'intersection est une circonférence dont le plan est perpendiculaire à la*

ligne des centres des deux sphères, et dont le centre est sur cette même ligne.

En effet, soient O et O′ deux sphères qui se coupent (*fig.* 380); menons, par la ligne des centres et un point M commun aux deux sphères, un plan qui rencontre les deux sphères suivant les grands cercles, AMB, A′MB′. Soient M et M′ les points communs à ces deux cercles. Si l'on fait tourner le plan des deux cercles autour de OO′, le demi-

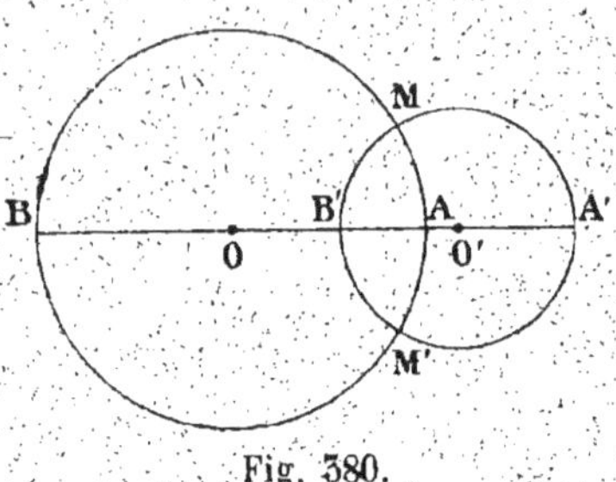

Fig. 380.

cercle AMB engendre la sphère O, le demi-cercle A′MB′ engendre la sphère O′, et les points M et M′, communs aux deux cercles, engendrent une même circonférence dont le plan est perpendiculaire à OO′, et dont le centre est sur OO′. Cette circonférence, engendrée par les points M et M′, est évidemment la ligne d'intersection des deux sphères.

472. Quand la ligne d'intersection de deux sphères se réduit à un point, on dit que les sphères sont *tangentes* en ce point; le point de contact est situé sur la ligne des centres, et, en ce point, les deux sphères ont le même plan tangent.

473. Deux sphères dans l'espace, comme deux circonférences dans un plan, peuvent occuper, l'une par rapport à l'autre, cinq positions.

Soient R et R′ les rayons des deux sphères, D la distance des centres, et supposons $R \geq R'$.

Si les sphères sont extérieures, on a :$\qquad D > R + R'$;

— tangentes extérieurement, on a : $D = R + R'$;

— sécantes, on a simultanément : $\begin{cases} D < R + R'; \\ D > R - R'; \end{cases}$

— tangentes intérieurement, on a : $D = R - R'$;

Si la sphère R′ est intérieure à la sphère R, on a $D < R - R'$.

Les réciproques sont vraies.

§ VII. — **AIRE DE LA SPHÈRE.**

474. Définition. On appelle *ligne polygonale régulière con-*
vexe une ligne plane convexe dont tous les côtés sont égaux et
tous les angles égaux. On peut toujours mener deux cercles con-
centriques, l'un inscrit, l'autre circonscrit, à une pareille ligne.
Le centre commun de ces deux cercles est appelé centre de la
ligne polygonale régulière.

La démonstration est complètement analogue à celle qui a
été faite au n° 246.

Théorème.

475. *L'aire de la surface engendrée par une ligne poly-*
gonale régulière convexe qui tourne autour d'un axe situé
dans son plan, passant par son centre, et ne traversant pas
la ligne polygonale, a pour mesure le produit de la circon-
férence inscrite dans la ligne polygonale par la projection
de la ligne polygonale sur l'axe.

Soit (*fig.* 381) une ligne polygonale régulière ABCDE que l'on

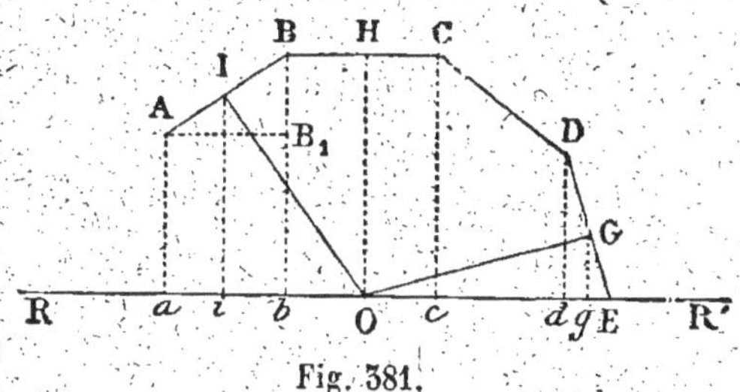

Fig. 381.

fait tourner autour d'un axe RR′ mené par son centre O, dans
son plan sans la traverser. La surface engendrée par cette ligne
est la somme des surfaces engendrées par les côtés, AB, BC,
CD, DE.

Soit AB un côté non parallèle à l'axe RR′ et ayant ses extrémités en dehors de l'axe; la surface engendrée par ce côté AB
est la surface latérale d'un tronc de cône à bases parallèles; elle

a pour mesure (448) le produit de la circonférence de rayon Ii, équidistante des deux bases, par l'arête AB :

$$\text{Surf. AB} = 2\pi I i \times \text{AB.}$$

Or, menons AB$_1$ parallèle à l'axe RR', et comparons les deux triangles rectangles ABB$_1$, OIi ; ces deux triangles ont les côtés respectivement perpendiculaires, donc ils sont semblables, et l'on a

$$\frac{\text{AB}}{\text{OI}} = \frac{\text{AB}_1}{\text{I}i},$$

et comme

$$\text{AB}_1 = ab,$$

on a :

$$\frac{\text{AB}}{\text{OI}} = \frac{ab}{\text{I}i},$$

d'où

$$\text{AB} \times \text{I}i = \text{OI} \times ab ;$$

donc

$$\text{Surf. AB} = 2\pi \text{OI} \times ab.$$

L'aire de la surface engendrée par le côté AB est égale au produit de la circonférence inscrite, $2\pi\text{OI}$, par la projection ab de ce côté sur l'axe.

Il en est de même, quelle que soit la position du côté considéré.

Soit en effet, en second lieu, un côté BC parallèle à l'axe RR' ; la surface engendrée par le côté BC est la surface latérale d'un cylindre ; elle a pour mesure la circonférence de rayon OH, ou OI, multipliée par la hauteur ; donc

$$\text{Surf. BC} = 2\pi \text{OI} \times bc.$$

Soit, enfin, un côté DE dont l'extrémité E est située sur l'axe RR'. La surface engendrée par ce côté est la surface latérale d'un cône droit à base circulaire ; elle a pour mesure (441) la circonférence de rayon Gg, équidistante du sommet et de la base, multipliée par l'arête DE :

$$\text{Surf. DE} = 2\pi G g \times \text{DE.}$$

Or les triangles rectangles DEd, OGg, dont les côtés sont respectivement perpendiculaires, sont semblables, et l'on a

$$\frac{DE}{OG} = \frac{dE}{Gg},$$

d'où

$$DE \times Gg = OG \times dE ;$$

donc,

$$\text{Surf. } DE = 2\pi OG \times dE = 2\pi OI \times dE.$$

La surface engendrée par chaque élément de la ligne polygonale ayant pour mesure le produit de la circonférence inscrite, $2\pi OI$, par la projection de cet élément sur l'axe, la surface engendrée par la ligne polygonale convexe ABCDE a pour mesure le produit de la circonférence inscrite, $2\pi OI$, par la projection aE de cette ligne sur l'axe.

476. Définition. On appelle *zone* la portion de la surface d'une sphère comprise entre deux plans parallèles. Ces plans coupent la surface de la sphère suivant des cercles que l'on nomme *bases* de la zone. La distance de ces deux plans est la *hauteur* de la zone. Si l'un des plans est tangent à la sphère, la zone n'a qu'une base ; la hauteur est alors la distance du point de contact du plan tangent au plan du cercle, base de la zone.

Si l'on fait tourner une demi-circonférence ABCD autour d'un diamètre AD, cette demi-circonférence engendre la surface de la sphère ; un arc BC de la circonférence engendre la zone limitée par les cercles décrits par les points B et C (*fig.* 382). La hauteur de la zone est la projection bc de la corde BC, et aussi de l'arc BC, sur l'axe de rotation AD. Si l'une des extrémités de l'arc est sur l'axe, l'un des cercles de base se réduit à un point ; ainsi l'arc AB, en tournant autour de AD, engendre une zone à une base dont la hauteur est Ab.

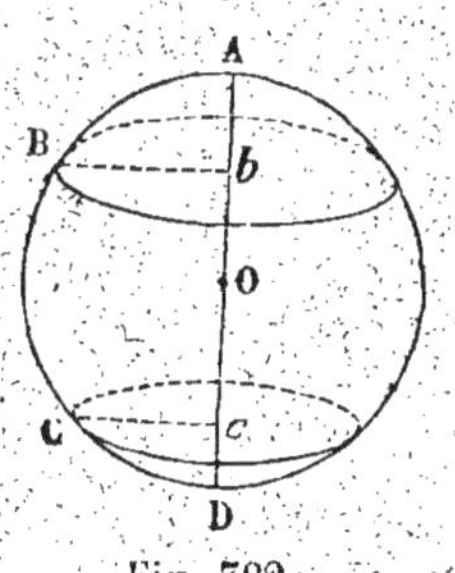

Fig. 382.

477. Aire d'une zone. La surface d'une zone, étant courbe, ne peut être comparée à l'unité d'aire qui est une portion de surface plane ; il est nécessaire de définir ce qu'on entend par aire d'une zone

On appelle *aire* de la zone engendrée par l'arc BC, en tournant autour du diamètre AD, la limite vers laquelle tend l'aire de la surface engendrée par une portion de ligne polygonale régulière convexe inscrite dans l'arc BC, quand on double indéfiniment le nombre des côtés de cette ligne polygonale.

Le théorème suivant montre que cette limite existe, et en donne l'expression.

Théorème.

478. *L'aire d'une zone a pour mesure le produit de la circonférence d'un grand cercle par la hauteur de la zone.*

Considérons la zone engendrée par l'arc de cercle BC, en tournant autour du diamètre AD (*fig.* 383). Dans l'arc BC inscrivons une ligne polygonale régulière convexe BEFC. La surface engendrée par la ligne BEFC a pour mesure (475) le produit de la circonférence inscrite dans cette ligne, $2\pi OI$, par la projection bc de cette ligne sur l'axe :

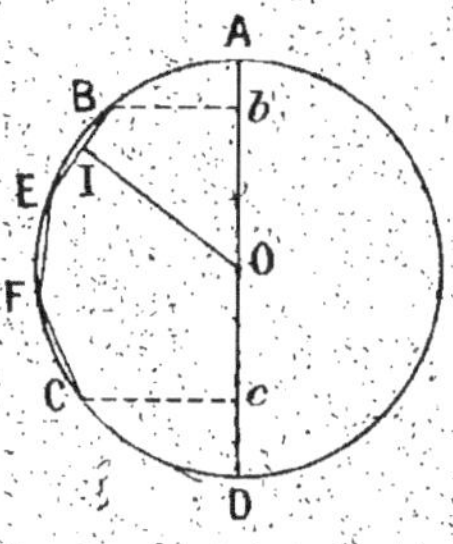

$$\text{Surf. BEFC} = 2\pi OI \times bc.$$

Fig. 383.

Or, imaginons que l'on double indéfiniment le nombre des côtés de la ligne polygonale régulière convexe inscrite dans l'arc BC; la circonférence inscrite dans cette ligne polygonale régulière se confond, à la limite, avec la circonférence du cercle ABCD; la projection de la ligne polygonale sur AD est toujours bc; donc l'aire de la surface engendrée par la ligne polygonale régulière convexe inscrite, quand on double indéfiniment le nombre des côtés de cette ligne, tend vers une limite qui a pour mesure le produit de la circonférence d'un grand cercle de la sphère par la hauteur de la zone. Cette limite est ce que nous appelons l'aire de la zone; donc le théorème est démontré.

Si on appelle R le rayon de la sphère, h la hauteur de la zone BC, on a :

$$\text{Surf. zone BC} = 2\pi R h.$$

479. Corollaire. *Les aires de deux zones d'une même sphère sont proportionnelles aux hauteurs de ces zones.*

Soient R le rayon de la sphère, h et h' les hauteurs des deux zones, S et S' les aires de ces zones, on a :

$$S = 2\pi R h, \quad S' = 2\pi R h';$$

donc,

$$\frac{S}{S'} = \frac{h}{h'}.$$

Théorème.

480. *L'aire d'une sphère a pour mesure le produit de la circonférence d'un grand cercle par le diamètre de cette sphère.*

En effet, prenons un arc ABCD égal à une demi-circonférence (*fig.* 384) ; la zone engendrée par cet arc en tournant autour du diamètre AD est la surface de la sphère, la hauteur de cette zone est le diamètre AD; donc l'aire de la sphère est égale à la circonférence d'un grand cercle multipliée par le diamètre.

481. Soit R le rayon d'une sphère; on a :

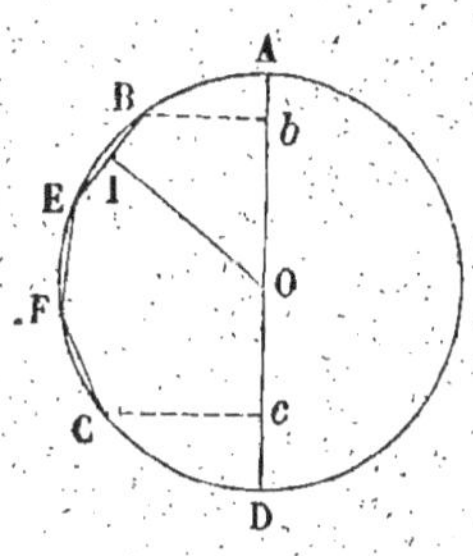

Fig. 384.

$$\text{Surf. sphère R} = 2\pi R \times 2R = 4\pi R^2.$$

482. Corollaire I. *La surface d'une sphère équivaut à quatre fois la surface d'un grand cercle.*

483. Corollaire II. *Les surfaces de deux sphères sont proportionnelles aux carrés des rayons des sphères.*

Soient R et R' les deux rayons, on a :

$$\text{Surf. sphère R} = 4\pi R^2$$
$$\text{Surf. sphère R'} = 4\pi R'^2;$$

donc

$$\frac{\text{Surf. sphère R}}{\text{Surf. sphère R'}} = \frac{R^2}{R'^2}.$$

VIII. — VOLUME DE LA SPHÈRE.

Théorème.

484. *Le volume engendré par un triangle ABC en tournant* autour d'un axe AR situé dans son plan, passant par un des sommets A du triangle, sans traverser la surface, a pour mesure le produit de la surface engendrée par le côté BC, opposé au sommet fixe, par le tiers de la perpendiculaire AI

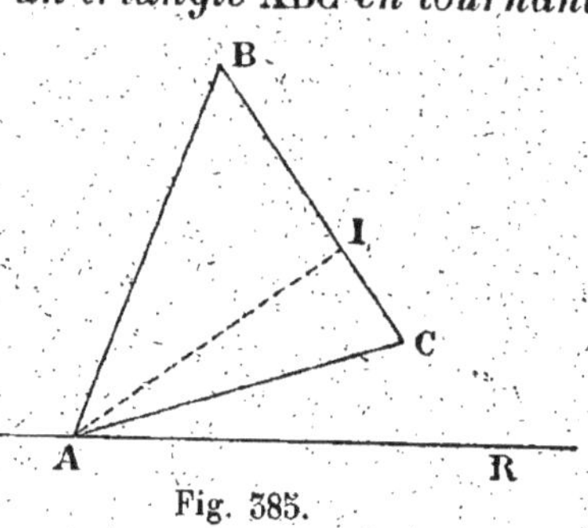

Fig. 385.

abaissée du sommet fixe sur ce côté (*fig*. 585).

1° Considérons d'abord le cas où l'axe de rotation AR coincide avec l'un des côtés AC du triangle. Abaissons du sommet B la

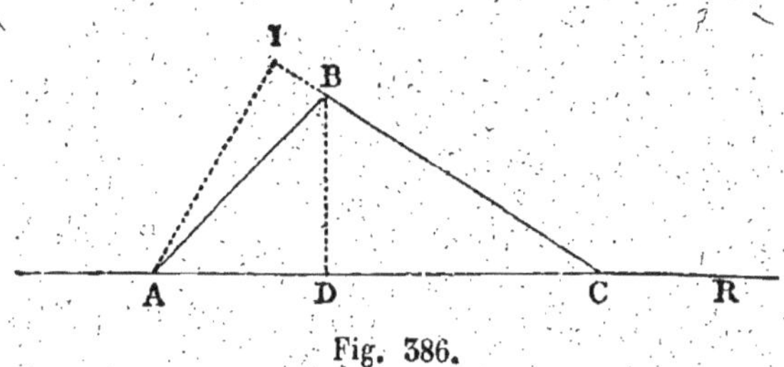

Fig. 386.

perpendiculaire BD sur l'axe AC. Supposons que le pied D de la perpendiculaire se trouve entre A et C (*fig*. 586); le volume engendré par le triangle ABC, en tournant autour de l'axe AC, est la somme des volumes des cônes engendrés par les deux triangles rectangles ABD et BDC :

$$\text{Vol. ABC} = \text{Vol. ABD} + \text{Vol. BCD};$$

or,

$$\text{Volume ABD} = \frac{1}{3}\pi\,\overline{BD}^2 \times AD, \qquad \text{Volume BCD} = \frac{1}{3}\pi\,\overline{BD}^2 \times DC;$$

donc

$$\text{Volume ABC} = \frac{1}{3} \pi \overline{BD}^2 \times (AD + DC) = \frac{1}{3} \overline{BD}^2 \times AC.$$

Mais le produit $BD \times AC$, qui représente le double de la surface du triangle ABC, est égal au produit $AI \times BC$ qui représente aussi le double de la même surface; donc on peut encore écrire :

$$\text{Volume ABC} = \frac{1}{3} \pi BD \times BC \times AI.$$

D'autre part, la surface engendrée par le côté BC, en tournant autour de AC, est la surface latérale d'un cône; elle a pour mesure la circonférence de base, $2\pi BD$, multipliée par la moitié de l'arête BC; on a donc :

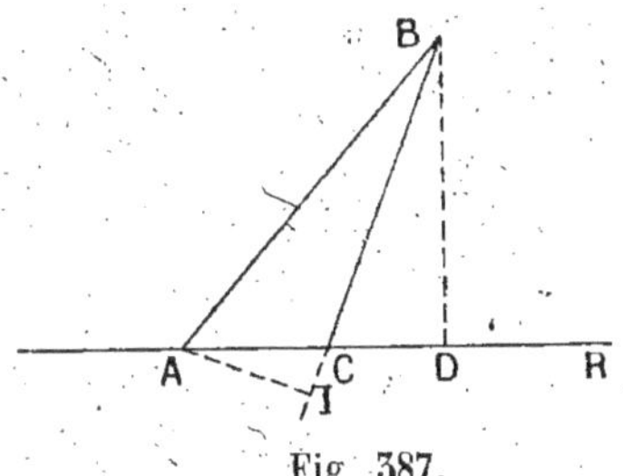

Fig. 387.

$$\text{Surf. BC} = \pi BD \times BC;$$

et enfin,

$$\text{Vol. ABC} = \text{Surf. BC} \times \frac{1}{3} AI.$$

Si le pied D de la perpendiculaire BD est situé sur le prolongement de AC (*fig.* 387), on a :

$$\text{Volume ABC} = \text{Volume ABD} - \text{Volume BCD}.$$

Or,

$$\text{Volume ABD} = \frac{1}{3} \pi \overline{BD}^2 \times AD,$$

$$\text{Volume BCD} = \frac{1}{3} \pi \overline{BD}^2 \times CD;$$

donc,

$$\text{Volume ABC} = \frac{1}{3} \pi \overline{BD}^2 \times (AD - CD) = \frac{1}{3} \pi \overline{BD}^2 \times AC,$$

et on continue le raisonnement comme ci-dessus.

2° Supposons maintenant que l'axe AR ne coïncide pas avec le côté AC.

Si le côté BC n'est pas parallèle à l'axe *(fig.* 388), on peut considérer le volume engendré par le triangle ABC comme

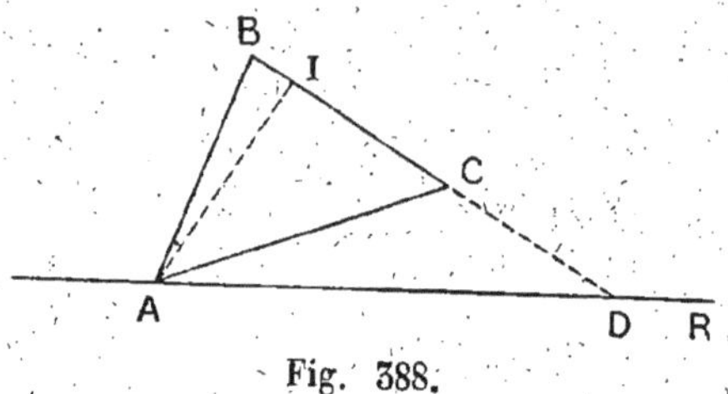

Fig. 388.

la différence des volumes engendrés par les triangles ABD et ACD en tournant autour de l'axe AR :

$$\text{Volume ABC} = \text{Volume ABD} - \text{Volume ACD.}$$

Or

$$\text{Volume ABD} = \frac{1}{3}\, \text{AI} \times \text{surf. BD,}$$

$$\text{Volume ACD} = \frac{1}{3}\, \text{AI} \times \text{surf. CD;}$$

donc,

$$\text{Volume ABC} = \frac{1}{3}\, \text{AI} \times (\text{surf. BD} - \text{surf. CD}) = \frac{1}{3}\, \text{AI} \times \text{surf. BC.}$$

3° Si le côté BC est parallèle à l'axe *(fig.* 389), le raisonnement précédent ne peut être appliqué. Menons alors du sommet A la perpendiculaire AI sur le côté BC ; le point I peut se trouver, ou entre B et C, ou sur le prolongement de BC. Supposons que le pied I de la

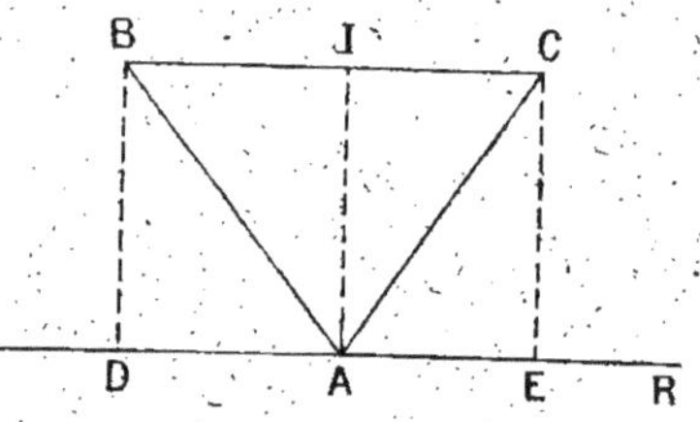

Fig. 389.

perpendiculaire soit entre B et C. Le volume engendré par le triangle ABC, en tournant autour de AR, est égal au cylindre engendré par le rectangle DBCE, moins la somme des cônes engendrés par les deux triangles rectangles, ABD, ACE, ce qui donne :

$$\text{Vol. ABC} = \text{Vol. DBCE} - \text{Vol. ABD} - \text{Vol. ACE.}$$

Or,

$$\text{Vol. DBCE} = \pi \,\overline{\text{AI}}^2 \times \text{BC},$$

$$\text{Vol. ABD} = \frac{1}{3}\,\pi \overline{\text{AI}}^2 \times \text{AD},$$

$$\text{Vol. ACE} = \frac{1}{3}\,\pi \overline{\text{AI}}^2 \times \text{AE};$$

donc,

$$\text{Vol. ABC} = \frac{1}{3}\,\pi \overline{\text{AI}}^2 \,(3\text{BC} - \text{AD} - \text{AE}).$$

Or,

$$\text{BC} = \text{AD} + \text{AE};$$

donc,

$$\text{Vol. ABC} = \frac{1}{3}\,\pi \overline{\text{AI}}^2 \times 2\text{BC}.$$

D'autre part, la surface engendrée par BC est la surface latérale d'un cylindre; elle a pour mesure la circonférence de base, $2\pi\text{AI}$, multipliée par la hauteur BC :

$$\text{Surf. BC} = 2\pi\text{AI} \times \text{BC};$$

donc

$$\text{Vol. ABC} = \text{Surf. BC} \times \frac{1}{3}\,\text{AI}.$$

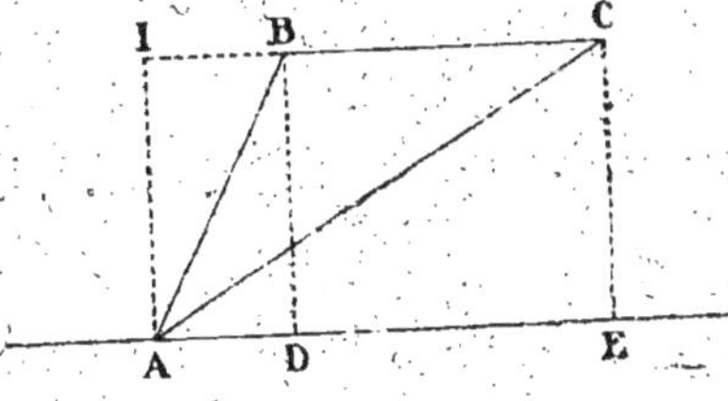

Fig. 390.

Enfin, si le pied de la perpendiculaire AI est sur le prolongement de BC (*fig.* 390), on a :

$$\text{Vol. ABC} = \text{Vol. DBCE} + \text{Vol. ABD} - \text{Vol. ACE}.$$

Or,

$$\text{Vol. DBCE} = \pi \,\overline{\text{AI}}^2 \times \text{BC},$$

$$\text{Vol. ABD} = \frac{1}{3}\,\pi \overline{\text{AI}}^2 \times \text{AD}.$$

$$\text{Vol. ACE} = \frac{1}{3}\,\pi \overline{\text{AI}}^2 \times \text{AE};$$

donc,

$$\text{Vol. ABC} = \frac{1}{3}\pi\overline{\text{AI}}^2\,(3\text{BC} + \text{AD} - \text{AE}).$$

Or,

$$\text{BC} + \text{AD} = \text{AE};$$

donc,

$$\text{Vol. ABC} = \frac{1}{3}\pi\overline{\text{AI}}^2 \times 2\text{BC} = \frac{1}{3}\text{AI} \times 2\pi\text{AI} \times \text{BC}$$

$$= \frac{1}{3}\text{AI} \times \text{Surf. BC}.$$

485. Corollaire. *Le volume engendré par un secteur poly-gonal régulier convexe OABCD, en tournant autour d'un axe situé dans son plan, passant par son centre, sans le traverser, a pour mesure le produit de la surface engen-drée par la ligne polygonale régu-lière ABCD qui limite le secteur, par le tiers du rayon OI du cercle inscrit dans cette ligne polygonale (fig. 391).*

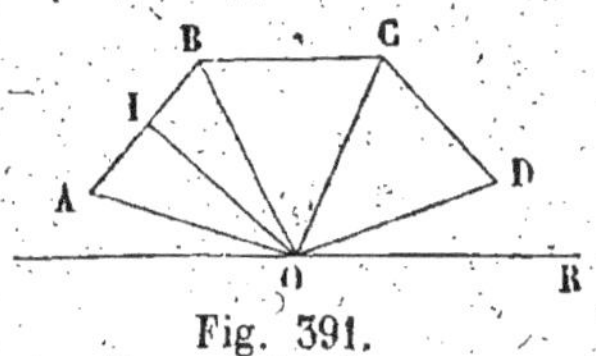

Fig. 391.

En effet :

$$\text{Vol. OABCD} = \text{Vol. OAB} + \text{Vol. OBC} + \text{Vol. OCD.}$$

Or, on a :

$$\text{Vol. OAB} = \frac{1}{3}\text{OI} \times \text{surf. AB,}$$

$$\text{Vol. OBC} = \frac{1}{3}\text{OI} \times \text{surf. BC,}$$

$$\text{Vol. OCD} = \frac{1}{3}\text{OI} \times \text{surf. CD;}$$

donc,

$$\text{Vol. OABCD} = \frac{1}{3}\text{OI} \times (\text{Surf. AB} + \text{Surf. BC} + \text{Surf. CD})$$

ou

$$\text{Vol. OABCD} = \frac{1}{3}\text{OI} \times \text{Surf. ABCD.}$$

Théorème.

486. *Le volume engendré par un secteur circulaire OBC (fig. 392), en tournant autour d'un diamètre AD, ne le traversant pas, a pour mesure le produit de la surface de la zone qui limite ce volume par le tiers du rayon OA.*

On considère le volume engendré par un secteur circulaire OBC, en tournant autour d'un diamètre AD, comme la limite vers laquelle tend le volume engendré par un secteur polygonal régulier convexe OBEFC, inscrit dans le secteur circulaire, en

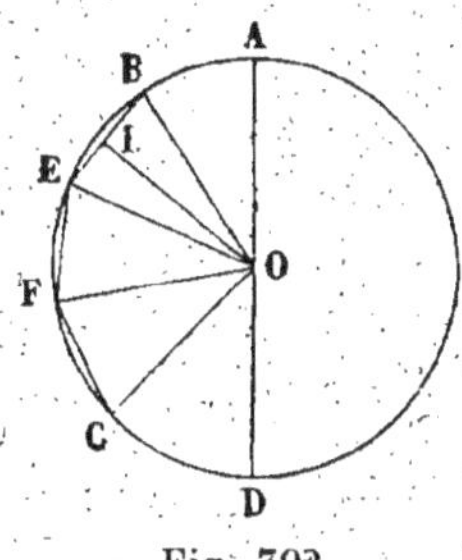

Fig. 392.

tournant autour de AD, quand on double indéfiniment le nombre des triangles du secteur.

Le volume engendré par le secteur polygonal a pour mesure le produit de la surface engendrée par la ligne polygonale BEFC par le tiers du rayon OI du cercle inscrit dans cette ligne. Or, quand on double indéfiniment le nombre des triangles du secteur, la surface engendrée par la ligne polygonale BEFC a pour limite la surface de la zone engendrée par l'arc BC; le rayon OI du cercle inscrit dans la ligne polygonale a pour limite le rayon de la sphère. Donc, la mesure du volume engendré par le secteur polygonal a une limite, qui est le produit de l'aire de la zone par le tiers du rayon de la sphère; mais cette limite est par définition la mesure du volume engendré par le secteur circulaire; donc le théorème est démontré.

487. Soient R le rayon de la sphère, h la hauteur de la zone engendrée par BC; or, on a :

$$\text{Vol. OBC} = \frac{1}{3}\,R \times \text{surf. BC} = \frac{1}{3}\,R \times 2\pi R h\,;$$

on a donc, pour l'expression de ce volume, que l'on nomme un *secteur sphérique*,

$$\text{Vol. OBC} = \frac{2}{3}\,\pi R^2 h.$$

Théorème.

488. *Le volume d'une sphère a pour mesure le produit de la surface de la sphère par le tiers du rayon.*

En effet, si nous prenons un secteur circulaire ABCD, (*fig.* 393), égal à un demi-cercle, le volume engendré par ce secteur circulaire, en tournant autour du diamètre AD, a pour mesure la surface de la zone engendrée par l'arc ABCD,

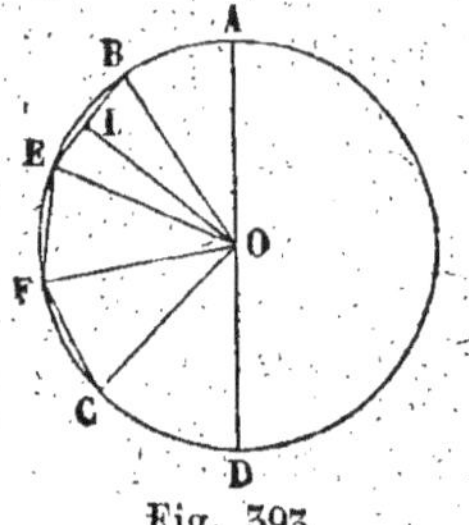

Fig. 393.

c'est-à-dire la surface de la sphère, multipliée par le tiers du rayon.

489. Soit R le rayon de la sphère, soit V son volume. On a

$$V = \frac{1}{3} R \times \text{Surf. sphère} = \frac{1}{3} R \times 4\pi R^2,$$

d'où enfin

$$V = \frac{4}{3} \pi R^3.$$

490. Corollaire. *Les volumes de deux sphères sont proportionnels aux cubes des rayons de ces sphères.*

Soient R et R′ les rayons des deux sphères, V et V′ leurs volumes, on a :

$$V = \frac{4}{3} \pi R^3, \qquad V' = \frac{4}{3} \pi R'^3;$$

donc,

$$\frac{V}{V'} = \frac{R^3}{R'^3}.$$

Applications numériques. I. *Calculer le volume d'une sphère dont la surface est 1 mètre carré.*

Désignons par R le rayon de la sphère, par S sa surface, par V son volume. On a :

$$S = 4\pi R^2 \qquad \text{d'où} \qquad R = \frac{1}{2} \sqrt{\frac{S}{\pi}}$$

et

$$V = S \times \frac{1}{3} R = \frac{1}{6} S \sqrt{\frac{S}{\pi}}.$$

En faisant $S = 1$, on a :

$$V = \frac{1}{6 \sqrt{\pi}} = 0^{m},0962.$$

II. *Calculer la surface d'une sphère dont le volume est 1 mètre cube.*

En conservant les mêmes notations, on a :

$$V = \frac{4}{3} \pi R^3 \qquad \text{d'où} \qquad R = \sqrt[3]{\frac{3V}{4\pi}}$$

et

$$S = 4\pi R^2 = 4\pi \left(\sqrt[3]{\frac{3V}{4\pi}} \right)^2 = 4\pi \sqrt[3]{\frac{9V^2}{16\pi^2}} = \sqrt[3]{36\pi V^2}.$$

En faisant $V = 1$, on a :

$$S = \sqrt[3]{36\pi} = 4^{m},8367.$$

III. *Dans une sphère dont le rayon est $2^{m},425$, mener un plan sécant AB, tel que le rapport de la surface de la zone PAB à la surface latérale du cône OAB, qui a pour sommet le centre de la sphère et pour base le cercle AB, soit égal à $\frac{1}{4}$ (fig. 394).*

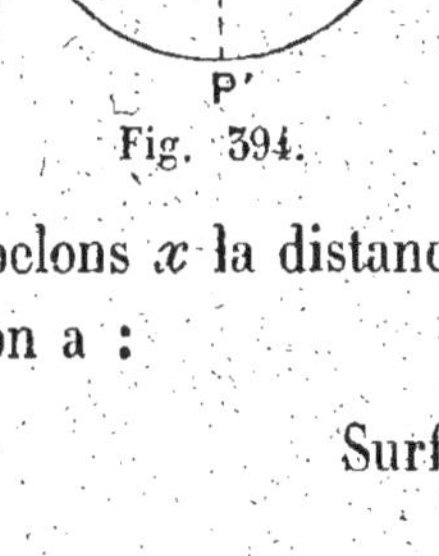

Fig. 394.

Désignons d'abord par R le rayon de la sphère, et par m le rapport donné; appelons x la distance OI du centre de la sphère au plan sécant; on a :

$$\text{Surf. zone PAB} = 2\pi R \times (R - x),$$

$$\text{Surf. OAB} = \pi R \sqrt{R^2 - x^2};$$

donc,

$$m = \frac{2(R-x)}{\sqrt{R^2-x^2}} = 2\sqrt{\frac{R-x}{R+x}};$$

d'où

$$\frac{R-x}{R+x} = \frac{m^2}{4},$$

et, d'après un théorème d'arithmétique, on tire de là :

$$\frac{2x}{2R} = \frac{4-m^2}{4+m^2},$$

ou

$$x = R\frac{4-m^2}{4+m^2}.$$

Tant que m est moindre que 2, la valeur de x est positive et moindre que R, et le problème admet évidemment une solution.

Si $m = 2$, la valeur de x est nulle, ce qui indique que la zone devient une demi-sphère, et que le cône se réduit à un grand cercle; la surface de la demi-sphère est bien en effet le double de la surface d'un grand cercle.

Si m est plus grand que 2, la valeur de x est négative; cette valeur négative de x indique qu'aucune zone moindre qu'une demi-sphère ne satisfait à la question proposée. Mais si l'on porte la valeur absolue trouvée pour x sur OP' en sens contraire de OP, on obtient une zone plus grande qu'une demi-sphère qui satisfait à la condition demandée. On voit, en effet, que si l'on met le problème en équation dans cette nouvelle hypothèse, on obtient une seconde équation qui ne diffère de la première qu'en ce que x y est changée en $-x$.

Appliquons la formule trouvée, en supposant :

$$R = 2^m,425, \quad \text{et} \quad m = \frac{1}{4},$$

$$x = 2,425 \times \frac{4\times 16-1}{4\times 16+1} = 2,425 \times \frac{63}{65} = 2,350.$$

La distance OI est alors $2^m,350$.

IV. *Calculer le volume d'une sphère circonscrite au mètre cube.*

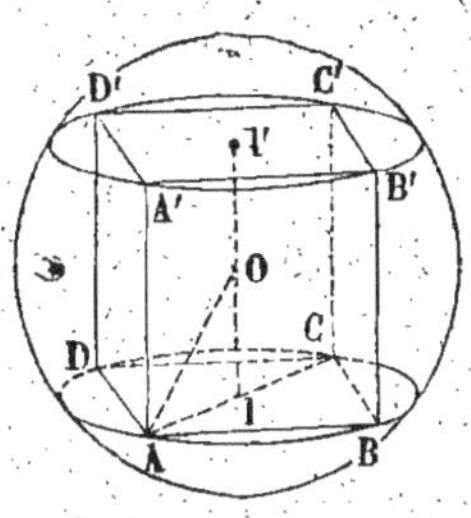

Fig. 395.

Désignons par a le côté du cube ABCDA′B′C′D′, et par r le rayon de la sphère circonscrite (*fig.* 395).

Soient I le centre de la face ABCD du cube et I′ le centre de la face opposée; le point O milieu de II′ est équidistant des huit sommets du cube, et par conséquent la sphère qui a le point O pour centre et OA pour rayon est circonscrite au cube.

Or, on a dans le triangle rectangle OAI :

$$\overline{AO}^2 = \overline{AI}^2 + \overline{OI}^2,$$

$$OA = r, \qquad OI = \frac{a}{2},$$

et dans le triangle ACB,

$$\overline{AC}^2 = 4\overline{AI}^2 = 2a^2 :$$

d'où

$$\overline{AI}^2 = \frac{a^2}{2};$$

donc,

$$r^2 = \frac{a^2}{2} + \frac{a^2}{4} = \frac{3a^2}{4}$$

et

$$r = \frac{a\sqrt{3}}{2}.$$

Si le cube proposé est le mètre cube, $a = 1$, et

$$r = \frac{\sqrt{3}}{2} = 0^m,866 ;$$

le volume de la sphère est $\frac{4}{3}\pi r^3$; ou, r étant $\frac{\sqrt{3}}{2}$,

$$\frac{4}{3}\pi \frac{3\sqrt{3}}{8} = \pi \frac{\sqrt{3}}{2} = 2^{mc},720695.$$

V. *Une boule de fer creuse, dont le rayon extérieur est* $1^{déc},54$, *flotte sur l'eau quand elle y est plongée jusqu'à son centre; calculer l'épaisseur de cette boule en supposant la densité du fer égale à* 7,7.

Appelons r le rayon extérieur de la boule, x le rayon intérieur évalué en décimètres, d la densité du métal. Le volume du métal qui forme la boule est, en décimètres cubes,

$$\frac{4}{3}\,\pi\,(r^3 - x^3)$$

et son poids est, en kilogrammes,

$$\frac{4}{3}\,\pi\,(r^3 - x^3)\,d.$$

D'autre part, le volume d'eau déplacée, moitié du volume de la boule, est

$$\frac{2}{3}\,\pi\,r^3\,;$$

et, par suite, le poids de l'eau déplacée, évalué en kilogrammes, est aussi représenté par le nombre

$$\frac{2}{3}\,\pi\,r^3.$$

En vertu du principe d'Archimède, le poids de la boule est égal au poids de l'eau déplacée quand la boule flotte; donc :

$$\frac{4}{3}\,\pi\,(r^3 - x^3)\,d = \frac{2}{3}\,\pi\,r^3\,;$$

d'où

$$x^3 = r^3\left(1 - \frac{1}{2d}\right);$$

et

$$x = r\sqrt[3]{1 - \frac{1}{2d}}.$$

Appliquons cette formule en supposant $r = 1^{déc},54$, et $d = 7,7$ on a :

$$x = 1^{déc},54\sqrt[3]{\frac{7,2}{7,7}} = 1^{déc},5058.$$

Donc l'épaisseur de la boule est égale à $1^{déc},54 — 1^{déc},5058$, c'est-à-dire $0^{déc},0342$.

VI. *Calculer le volume qu'engendre un hexagone régulier ABCDEF en tournant autour d'un de ses côtés AB, le côté de l'hexagone étant égal à 0,423 (fig. 596).*

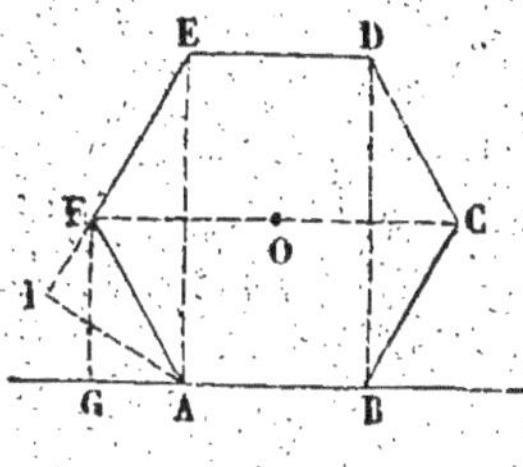

Fig. 596.

Désignons d'abord par a le côté de l'hexagone régulier. Le volume V se compose du volume du cylindre engendré par le rectangle ABDE, plus les volumes engendrés par les triangles AEF et BDC. Or,

$$\text{Vol. ABDE} = \pi \overline{\text{AE}}^2 \times \text{AB} ;$$

AE, côté du triangle équilatéral inscrit dans un cercle de rayon a, est égal à $a\sqrt{3}$; $\overline{\text{AE}}^2$ est égal $3a^2$; donc,

$$\text{Vol. ABDE} = 3\pi a^3.$$

Les volumes engendrés par les triangles AEF et BDC sont évidemment égaux. Or,

$$\text{Vol. AEF} = \frac{1}{3}\,\text{AI} \times \text{surf. EF},$$

$$\text{AI} = a\,\frac{\sqrt{3}}{2},$$

et on a :

$$\text{Surf. EF} = \pi\,(\text{AE} + \text{FG}) \times \text{EF} = \pi \left(a\sqrt{3} + \frac{a\sqrt{3}}{2} \right) \times a$$

$$= \frac{3}{2}\,\pi a^2 \sqrt{3} ;$$

donc,

$$\text{Vol. AEF} = \frac{3\pi a^3}{4}.$$

Donc enfin,

$$(1) \qquad \text{V} = \text{Vol. ABDE} + 2\,\text{Vol AEF} = \frac{9}{2}\,\pi a^3.$$

On peut encore écrire :

$$V = 3\,\frac{a^2\sqrt{3}}{2} \times 2\pi\,\frac{a\sqrt{3}}{2},$$

c'est-à-dire que le volume engendré par un hexagone régulier, en tournant autour d'un de ses côtés, a pour mesure le produit de la surface de l'hexagone par la circonférence que décrit le centre de cet hexagone.

Appliquons la formule (1), en supposant $a = 0^m,423$; nous aurons

$$V = 4,5.\pi \times 0,423^5 = 1,070002.$$

EXERCICES SUR LE LIVRE VII.

Théorèmes à démontrer.

1. Le volume d'un tronc de cône est équivalent à la somme des volumes d'un cylindre et d'un cône ayant tous deux pour hauteur la hauteur du tronc de cône, et ayant pour bases, le cylindre un cercle de rayon égal à la demi-somme des rayons des bases, le cône un cercle de rayon égal à la demi-différence des rayons des bases.

2. Si l'arête latérale d'un tronc de cône est égale à la somme des rayons des bases : 1° la hauteur du tronc de cône est égale au double de la moyenne géométrique des rayons; 2° le volume du tronc de cône a pour mesure la surface totale multipliée par le sixième de la hauteur.

3. Soient une sphère et un cylindre circonscrit à la sphère; on mène deux plans parallèles au plan du cercle de contact : démontrer que l'aire de la zone comprise entre les deux plans est équivalente à l'aire de la surface du cylindre comprise entre les deux mêmes plans.

4. L'aire d'une zone à une base est égale à l'aire d'un cercle de rayon égal à la corde qui sous-tend l'arc de cercle qui engendre cette zone.

5. Si dans une demi-circonférence on inscrit une ligne polygonale régulière, et si l'on circonscrit à cette demi-circonférence une ligne polygonale régulière ayant ses côtés parallèles à ceux de la ligne polygonale inscrite, la surface engendrée par la demi-circonférence, en tournant autour du diamètre, est moyenne proportionnelle entre les

surfaces engendrées par les lignes polygonales inscrite et circonscrite en tournant autour du même diamètre.

6. Le volume engendré par un triangle qui tourne autour d'une droite située dans son plan sans le traverser a pour mesure le produit de la surface du triangle par la circonférence que décrit le point de concours des médianes du triangle.

7. Les volumes engendrés par un parallélogramme en tournant successivement autour de deux côtés adjacents sont inversement proportionnels aux longueurs de ces côtés.

8. Si l'on désigne par A, B, C les volumes engendrés par un triangle rectangle en tournant successivement autour de l'hypoténuse a, autour du côté b, et autour du côté c, démontrer que l'on a la relation :

$$\frac{1}{A^2} = \frac{1}{B^2} + \frac{1}{C^2}.$$

9. Le rapport du volume d'un cylindre circonscrit à une sphère au volume de la sphère est égal au rapport de la surface totale du cylindre à la surface de la sphère.

10. Le rapport du volume d'un cône circonscrit à une sphère au volume de cette sphère est le même que le rapport de la surface totale de ce cône à la surface de la sphère.

11. Le volume engendré par un segment de cercle en tournant autour d'un diamètre équivaut au sixième du volume d'un cylindre qui aurait pour rayon de base la corde du segment, et pour hauteur la projection de cette corde sur le diamètre autour duquel tourne le segment de cercle (*anneau sphérique*).

12. Le volume compris entre la surface d'une sphère et deux plans parallèles (*segment sphérique*) équivaut au volume d'une sphère qui aurait pour diamètre la distance des plans parallèles, augmenté de la demi-somme des volumes de deux cylindres ayant tous deux pour hauteur la distance des deux plans, et pour bases respectives les cercles d'intersection de la sphère avec ces deux plans.

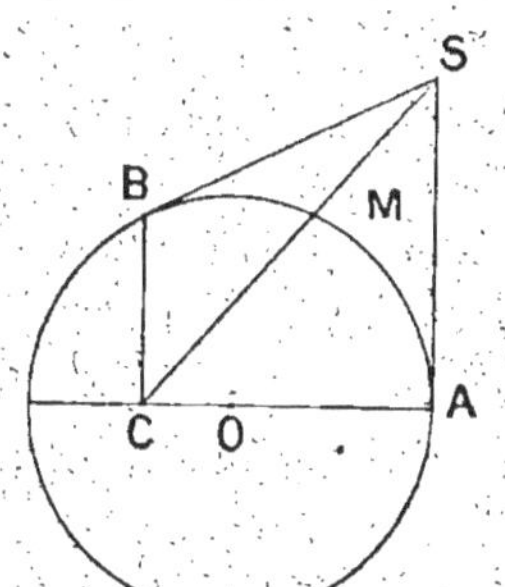

Fig. 397.

13. Soient, SA, SB, deux tangentes menées du point S à un cercle O, A et B les points de contact, et C le pied de la perpendiculaire abaissée du point B sur le diamètre qui passe par le point A (*fig.* 397). On fait tourner la figure autour de AC : démontrer que le volume engendré par le triangle mixtiligne SAMB, dont les côtés sont les tangentes, SA, SB, et l'arc AMB, équivaut au volume engendré par le triangle SAC.

14. Soient O et O' (*fig.* 398) deux cercles tangents extérieurement,
I le point de contact de ces cercles,
AA' une tangente commune à ces
cercles, et AMA' un arc de cercle
qui passe par les points A, A', où la
tangente touche les cercles, et qui
a son centre sur OO'. On fait tourner la figure autour de OO' : démontrer que le volume engendré par
le triangle mixtiligne AIA', dont les
côtés sont les arcs, IA, IA', et la
tangente commune AA', équivaut à

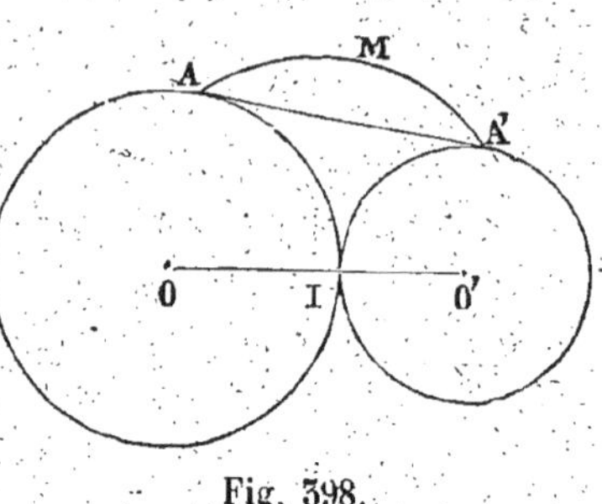
Fig. 398.

la moitié du volume engendré par le segment de cercle AMA'.

Problèmes à résoudre.

15. On circonscrit à un cercle un hexagone régulier ABCDEF ; on
mène le diamètre FC et les diagonales AC et BF, qui se coupent en
un point I, sur le rayon OH perpendiculaire à FC (O est le centre du
polygone). Si on fait tourner la figure autour de OH comme axe, les
triangles FIC, AIB engendrent des cônes. On demande l'expression de
leurs surfaces, et celles de leurs volumes en fonction du rayon du
cercle. (Concours général.)

16. D'un point O, pris sur le prolongement du rayon CA d'un cercle
donné de centre C, on mène une tangente OT ; si la figure fait une révolution autour de CO, la tangente OT décrit la surface convexe d'un cône
et l'arc AT celle d'une zone. On demande à quelle distance CO du
centre C il faut prendre le point O, pour que la première surface soit à
la seconde dans un rapport donné, comme, par exemple, dans le rapport
de 3 à 2. (Concours général.)

17. Calculer le rapport des volumes d'un tétraèdre régulier et de la
sphère inscrite dans ce tétraèdre.

18. Calculer le volume engendré par un triangle équilatéral qui
tourne autour d'un axe mené par l'un des sommets, parallèlement au
côté opposé.

19. Soit ABC un triangle équilatéral dont le côté est égal à a ; on
prolonge la base BC d'une longueur CD $= a$, on mène la droite DE perpendiculaire à la base BC ; puis on suppose que le triangle fait une
révolution autour de l'axe DE ; calculer le volume ainsi engendré.

20. Soit ABC un triangle équilatéral dont le côté est a ; sur le côté
BC on construit extérieurement au triangle le carré BCDE, et l'on fait

tourner le pentagone ABEDC autour de AB; calculer le volume ainsi engendré.

21. Soit un carré ABCD dont le côté est a; on mène par le sommet A une perpendiculaire AR à la diagonale AC et l'on fait tourner le carré autour de l'axe AR. On demande de calculer : 1° la surface engendrée par le périmètre du carré; 2° le volume engendré par la surface du carré.

22. Soit un hexagone régulier ABCDEF, dont le côté est a; on mène par le sommet A une perpendiculaire AR au rayon OA, et on fait tourner l'hexagone autour de l'axe AR. On demande de calculer : 1° la surface engendrée par le périmètre de l'hexagone; 2° le volume engendré par la surface de l'hexagone.

23. Soit un hexagone régulier ABCDEF, dont le côté est a; on prolonge le côté AB d'une longueur BG égale à AB, on élève au point G une perpendiculaire GR à la droite AB, et l'on fait tourner l'hexagone autour de l'axe GR. Calculer : 1° la surface engendrée par le périmètre de l'hexagone; 2° le volume engendré par la surface de cet hexagone.

24. Soit TT′ la tangente en un point A à un cercle donné OA. On mène dans le cercle un diamètre BC, et l'on abaisse des points B et C les perpendiculaires BB′, CC′ sur la tangente TT′. Déterminer la position du diamètre BC de façon que la surface totale du tronc de cône engendré par le trapèze BB′C′C, en tournant autour de la tangente TT′, soit dans un rapport donné avec la surface du cercle OA. Examiner dans quelles conditions le problème est possible.

25. On donne dans un plan un quadrilatère ABCD, et l'on demande le lieu des points S tels que la pyramide quadrangulaire SABCD puisse être coupée par un plan suivant un rectangle.

26. Étant donnés une sphère et un plan, on considère chaque point du plan comme le sommet d'un cône circonscrit à la sphère et qui, en conséquence, a pour base un petit cercle de la sphère. On demande de trouver le lieu des centres des cercles ainsi déterminés. (Concours général, 1868, Rhétorique.)

27. La terre étant supposée sphérique, on considère les points M de la surface dont la latitude est égale à la longitude : 1° déterminer le lieu des projections des points M sur le plan de l'équateur; 2° déterminer le lieu des droites AM, A étant le point de l'équateur à partir duquel on compte les longitudes. (Concours général, 1880, Philosophie.)

28. Étant donnée une sphère de rayon R, trouver : 1° le lieu du sommet d'un angle trièdre dont les trois arêtes sont tangentes à cette

sphère et dont les faces sont égales chacune à 60 degrés; 2° Le lieu du sommet d'un angle trièdre dont les plans des trois faces sont tangents à la même sphère, et dont les trois angles dièdres sont égaux chacun à 120 degrés. (Concours général, 1877, Philosophie.)

29. Dans un cube donné on inscrit une sphère, et dans cette sphère on inscrit un cube; on demande le rapport des volumes de ces deux cubes. (Concours général, 1865, Philosophie.)

30. Une sphère est posée sur un plan horizontal; sur le même plan repose par sa base un cône droit dont la hauteur est égale au diamètre de la sphère; on demande de couper ces deux solides par un plan horizontal tel que les aires des sections soient entre elles comme deux nombres donnés. (Concours général, 1875, Philosophie.)

31. On fait tourner un triangle équilatéral autour d'un de ses côtés, et on observe que la surface engendrée équivaut à la surface totale d'un cylindre de $0^m,6$ de rayon et de $0^m,8$ de hauteur. On demande la longueur du côté de ce triangle. (Concours général, 1868, Philosophie.)

32. Par un point A, pris en dehors d'une circonférence donnée O, on mène à cette circonférence une tangente AB terminée au point de contact B, et l'on demande quelle doit être la distance OA pour que, en faisant tourner la figure autour de la droite OA, l'aire de la surface engendrée par AB soit la moitié de la surface engendrée par la circonférence O. (Concours général, 1877, Rhétorique.)

33. Un tronc de cône est tel que sa hauteur est moyenne proportionnelle entre les diamètres de ses deux bases. On propose : 1° De démontrer qu'on peut inscrire une sphère dans ce tronc de cône; 2° La hauteur H étant donnée, de déterminer les rayons des deux bases de manière que la surface totale du tronc de cône soit équivalente à celle d'un cercle de rayon R; discussion. (Concours général, 1881, Rhétorique.)

34. Circonscrire à une sphère donnée un tronc de cône dont le volume soit à celui de la sphère dans un rapport donné. Trouver le rapport de la surface totale du tronc de cône à celui de la sphère. (Concours général, 1869, Rhétorique.)

35. Déterminer sur un diamètre AB d'une sphère de rayon R un point tel que, si l'on mène par ce point un plan perpendiculaire à ce diamètre, la surface de la zone limitée par ce plan et contenant le point A soit équivalente à la surface latérale du cône qui a pour base le cercle d'intersection de la sphère et du plan et pour sommet le point B. Cela étant, calculer le rapport du volume de ce cône au volume de la sphère. (Concours général, 1878, Rhétorique.)

36. Un triangle équilatéral ABC, dont le côté est égal à a, tourne autour d'une droite MN située dans son plan et parallèle à l'un de ses côtés BC. Quelle doit être la distance des deux parallèles BC et MN pour que le volume engendré par le triangle ABC en tournant autour de MN soit égal à quatre fois le volume engendré par le même triangle en tournant autour de BC. (Concours général, 1870, Philosophie.)

37. Étant donné un demi-cercle AB, on demande de trouver sur sa circonférence un point M tel que, si on mène la tangente MT jusqu'à la rencontre du diamètre AB prolongé, si on joint le point M au centre O, et si on fait ensuite tourner la figure autour de AB, les volumes engendrés par le secteur AOM et par le triangle OMT soient entre eux dans un rapport donné. (Concours général, 1870, Rhétorique.)

38. Étant donnée une sphère OA, déterminer une seconde sphère O′A tangente intérieurement à la première en A, et telle que si on lui mène un plan tangent BC parallèle au plan tangent en A, et que, suivant le cercle d'intersection de ce plan et de la sphère donnée, on circonscrive un cône à cette sphère, le volume compris entre la surface latérale du cône et celle de la zone BAC soit égal à m fois le volume de la sphère O′A. (Concours général, 1868, Rhétorique.)

39. Aux deux extrémités, A, B, du diamètre AB d'un demi-cercle, on lui mène deux tangentes; on construit ensuite une troisième tangente qui coupe les deux premières aux points C et D. On demande de déterminer cette tangente de façon que le volume engendré par le trapèze ABCD, en tournant autour du diamètre AB et le volume de la sphère engendrée par la révolution du demi-cercle autour de son diamètre, soient entre eux dans le rapport de m à 1. Discussion. (Concours général, 1880, Rhétorique.)

40. Étant donnée une sphère, on construit, sur un grand cercle de cette sphère comme base, un cône de révolution équivalent à la moitié du volume de la sphère; et l'on demande : 1° De trouver le rayon du petit cercle suivant lequel la surface de ce cône coupe la surface de la sphère; 2° D'évaluer le volume de la portion du cône comprise entre sa base et le plan de ce petit cercle. (Concours général, 1876, Rhétorique.)

41. Étant données deux sphères, on inscrit dans la première un cône droit à base circulaire dont l'arête est égale au diamètre de la base, et l'on circonscrit à la seconde un cylindre. On trouve alors que le volume du cône est la dix-huitième partie du volume du cylindre; on demande le rapport des rayons des deux sphères. (Concours général, 1875, Rhétorique.)

42. On donne deux sphères tangentes extérieurement et dont l'une

a un rayon double du rayon de l'autre; à l'ensemble de ces deux sphères on circonscrit un tronc de cône dont on demande le volume et la surface totale, connaissant le rayon de la petite sphère. (Concours général, 1874, Rhétorique.)

43. Étant donnés le carré ABCD et la droite AX menée par le sommet A dans le plan du carré, extérieurement à ce carré, on demande de construire sur le côté BC, comme base, le triangle isocèle BCM, de telle sorte que ce triangle et le carré donné engendrent des volumes équivalents en tournant autour de AX. (Concours général, 1867, Rhétorique.)

44. Étant donnés un cercle de rayon R et deux rayons rectangulaires, OA, OB, déterminer les côtés OC, OE d'un rectangle OCDE inscrit dans le quart de cercle AOB et tel que si on fait tourner la figure autour du rayon OA, la surface totale du cylindre engendré par le rectangle OCDE soit équivalente à la surface d'un cercle de rayon donné a. (Concours général, 1874, Philosophie.)

45. Deux cercles, dont les rayons sont a et b, sont tangents extérieurement; ces cercles se touchent au point C; une tangente commune à ces deux cercles touche le premier au point A, et le second au point B. Calculer le volume engendré par la rotation du triangle ABC autour de la ligne des centres.

46. On donne deux droites OR, OS qui se coupent au point O, et sur OR deux points A et B; on considère toutes les sphères qui coupent la droite OR aux points A et B et qui sont tangentes à la droite OS; on demande : 1° Le lieu du centre de chacune de ces sphères; 2° Le lieu de la droite d'intersection des deux plans tangents en A et B à chacune de ces sphères; 3° Le lieu des points de contact des plans tangents menés à toutes les sphères considérées par une droite donnée dans le plan des deux droites OR, OS; 4° Le lieu des points de contact des plans tangents menés à toutes les sphères considérées par un point donné dans le plan des droites OR, OS. (Concours général, 1886, Philosophie.)

47. On donne deux droites RR' et SS' non situées dans un même plan et on mène le plan P parallèle à ces deux droites et équidistant de l'une et de l'autre; trouver le lieu géométrique des centres de toutes les sphères tangentes à la fois aux deux droites données et ayant leur centre dans le plan P. (Concours général, 1889.)

48. Sur les côtés AB, AC d'un triangle ABC rectangle en A et en dehors du triangle, on construit deux triangles rectangles isocèles DAB, EAC, ayant respectivement pour hypoténuses les côtés AB, AC :

1° démontrer que les trois points D, A, E sont en ligne droite ; 2° trouver les expressions de la surface latérale S et du volume V du tronc de cône qu'engendre l'hypoténuse BC du triangle ABC en tournant autour de la droite DAE ; trouver le volume V′ engendré par le triangle ABC en tournant autour de la même droite DAE ; 5° exprimer la surface S et les volumes V et V′ en fonction de l'hypoténuse $BC = a$ et de la hauteur correspondante $AH = h$ du triangle ABC, et indiquer comment varient la surface S, le volume V et le rapport $\dfrac{V}{V'}$ quand, l'hypoténuse restant fixe, le sommet A du triangle ABC se déplace sur la demi-circonférence décrite sur AC comme diamètre. (Concours général, 1891, Rhétorique.)

49. Trouver le lieu géométrique des points dont la somme des carrés des distances aux sommets d'un tétraèdre régulier d'arête a est constante et égale à k^2 ; déduire du résultat obtenu la longueur de l'arête du tétraèdre régulier inscrit dans une sphère de rayon R. (Concours général, 1896, Rhétorique.)

50. Calculer l'angle que font les méridiens de deux villes, sachant que la surface de la terre, supposée sphérique, comprise entre ces deux méridiens, est égale à 34391 myriamètres carrés. (Concours général, 1896, Rhétorique.)

51. Étant donnés dans l'espace trois points fixes A, B, C, on considère un quatrième point variable S ; soit MNPQ le parallélogramme qui a pour sommets les milieux des côtés du quadrilatère gauche SABC ; on demande le lieu géométrique du point S dans chacun des cas suivants : 1° Les diagonales du parallélogramme MNPQ restent dans un rapport donné ; 2° L'aire de ce parallélogramme reste constante ; 3° Ce parallélogramme reste semblable à un parallélogramme donné.

52. On donne un carré ABCD, dont le côté est égal à $2a$, et on considère un point M situé dans le plan de ce carré :
1° Calculer la somme S des volumes engendrés par les triangles MAB, MBC, MCD, MDA tournant respectivement, le premier autour de AB, le second autour de BC, le troisième autour de CD, le quatrième autour de DA ;
2° Démontrer que la somme S ne dépend que des quantités a et d, en désignant par d la distance du point M au centre du carré, et trouver le lieu géométrique du point M, lorsque ce point se déplace de manière que la somme S reste équivalente au volume d'un cône de hauteur a et de rayon donné r ;
3° Déterminer sur le lieu précédent les positions de M pour les-

quelles le rapport des volumes engendrés par le triangle MAB, tournant successivement autour de MA et de MB, est égal à un nombre donné m; discuter en supposant $r^2 = 12a^2$. (Concours général, Rhétorique, 1897.)

53. On donne dans un plan un triangle ABC et deux droites AP, BQ perpendiculaires au côté AB. Par un point quelconque O de AB on mène la parallèle à AC qui coupe AP en α, et la parallèle à BC qui coupe BQ en β, puis on achève le parallélogramme $O\alpha O'\beta$ et on trace la diagonale $\alpha\beta$:

1° On suppose que le point O se déplace sur AB et on demande de démontrer que la droite $\alpha\beta$ passe par un point fixe et que le point O' se meut sur une droite fixe;

2° On particularise la figure précédente en faisant l'angle $\widehat{ABC} = \widehat{BAC} = 45°$; on pose $AB = a$, $OA = x$, $OB = y$; en outre, on désigne par r le rayon du cercle inscrit au triangle $O\alpha\beta$ et par r' le rayon de celui des cercles exinscrits à ce triangle qui est situé dans l'angle $\alpha O\beta$; exprimer la somme $r + r'$ et le produit rr' en fonction des quantités a, x, y. Calculer r et r' quand on donne le volume engendré par le triangle $O\alpha\beta$ tournant autour de AB; on supposera que ce volume est équivalent au double du volume d'un cône qui aurait pour hauteur a et pour rayon de base une longueur donnée l. (Concours général, Rhétorique, 1899.)

54. Soit (*fig.* 399) un triangle AOB rectangle en B dont les côtés OA, OB ont pour valeurs $OA = a$, $OB = b$. On prolonge indéfiniment OB suivant BX et OX' et on mène au point A la perpendiculaire YAY' au côté OA; puis on porte sur XOX' à partir du point O deux segments de même sens OM, ON; on construit le symétrique P de N par rapport à YAY' et on trace la droite MP. On suppose que les points M et N se déplacent sur XOX' de manière que les segments OM et ON restent de même sens et satisfassent à la relation

$$OM \times ON = \overline{OA}^2.$$

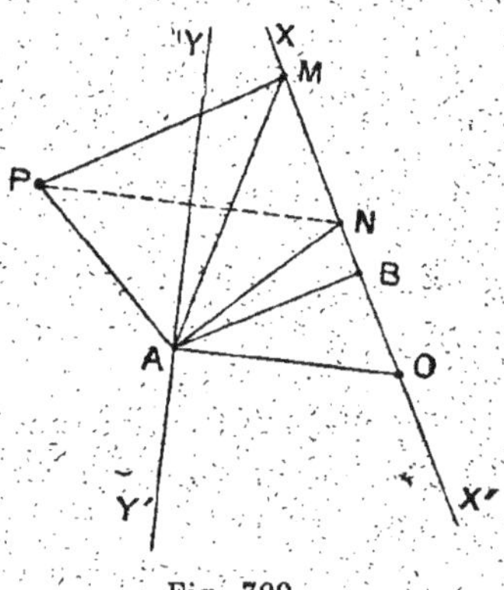

Fig. 399.

1° Démontrer que les triangles OAM et OAN sont semblables;

2° Démontrer que les bissectrices de l'angle MAN et de l'angle supplémentaire adjacent sont des droites fixes;

3° Démontrer que l'angle PAM est égal à l'angle AOM et que les triangles PAM et AOM sont semblables; déduire de là que la droite PM reste tangente à un cercle fixe ayant le point A pour centre;

4° A chaque point M on peut faire correspondre un point M′ tel que les droites MP et M′P′ soient parallèles; dans ce cas, si on désigne par x et x' les valeurs algébriques des segments OM, OM′, le sens positif étant le sens du segment OB, établir la relation

$$x\,x' - b(x + x') + a^2 = 0;$$

démontrer en outre que tous les segments tels que MM′ sont vus sous un angle droit de deux points fixes du plan AOB et de tous les points d'une circonférence fixe de l'espace. (Concours général, Rhétorique, 1900.)

NOTE SUR LE LIVRE V[*]

§ I. Détermination d'un plan. — § II. Droites parallèles; droite et plan parallèles. — § III. Plans parallèles. — § IV. Droite et plan perpendiculaires. — § V et suivants, comme les § VI et suivants du texte.

§ I. — DÉTERMINATION D'UN PLAN.

Comme dans le texte n°s 305-309.

§ II. — DROITES PARALLÈLES; DROITE ET PLAN PARALLÈLES.

491. Définitions. On appelle *droites parallèles* deux droites qui, *situées dans un même plan*, ne se rencontrent pas, à quelque distance qu'on les prolonge.

Pour démontrer, dans l'espace, que deux droites sont parallèles, il ne suffit pas, comme en géométrie plane, de prouver qu'elles n'ont pas de point commun, il faut encore prouver qu'elles sont dans un même plan.

On dit qu'une *droite est parallèle à un plan* lorsqu'elle ne rencontre pas le plan à quelque distance que l'on prolonge la droite et le plan. On dit aussi que le *plan est parallèle à la droite*.

Il n'est pas évident, *a priori*, qu'il existe une droite parallèle à un plan; le théorème n° 493 montre qu'une droite peut être parallèle à un plan.

---

[*] On trouvera ici l'étude du 5ᵉ livre présentée sous une forme différente de celle du texte, qui simplifie certaines théories et qui a l'avantage de faire ressortir la condition nécessaire et suffisante pour qu'une droite soit perpendiculaire à un plan.

Théorème.

492. *Par un point de l'espace, on peut mener une parallèle à une droite donnée, et on n'en peut mener qu'une.*

Soit une droite AB et le point C (*fig.* 400). Dans le plan P déterminé par la droite AB et le point C, on peut mener une parallèle CD à AB.

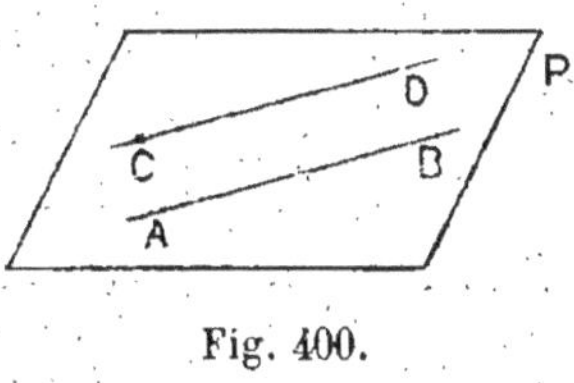

Fig. 400.

On ne peut en mener d'autre; car toute parallèle à AB menée par le point C détermine avec la droite AB un plan; ce plan, contenant AB et le point C, coïncide avec le plan P; or, dans ce plan, d'après le postulatum d'Euclide (79), on ne peut mener qu'une seule parallèle à AB.

Théorème.

493. *Toute droite, non située dans un plan, et parallèle à une droite située dans ce plan, est parallèle au plan.*

Soit AB une droite, non située dans un plan P, et parallèle à une droite CD de ce plan (*fig.* 401).

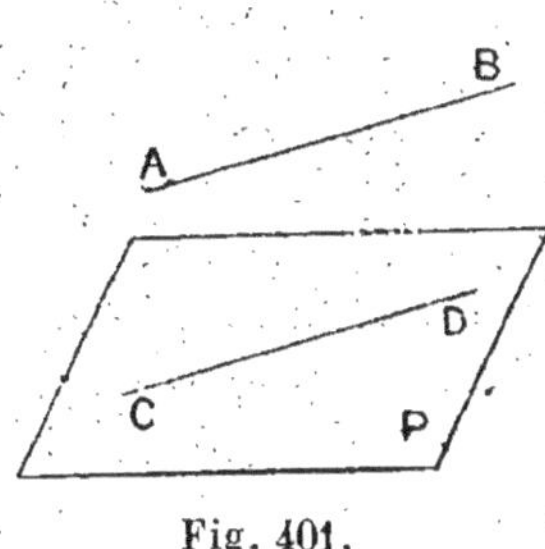

Fig. 401.

Les deux droites parallèles AB et CD déterminent un plan qui coupe le plan P suivant la droite CD; tout point commun à la droite AB et au plan P ne pourrait appartenir qu'à cette intersection CD; or AB et CD sont parallèles : donc AB et le plan P n'ont aucun point commun. La droite AB est donc parallèle au plan P.

Il résulte de là que par un point donné hors d'un plan on peut mener une infinité de droites parallèles à ce plan; il suffit de mener par ce point des parallèles aux différentes droites contenues dans ce plan.

Il résulte encore qu'une droite et un plan peuvent avoir trois positions respectives et trois seulement :

1° La droite est *parallèle* au plan.

2° La droite a un *seul* point dans le plan ; elle le *coupe*.

3° La droite est située *tout entière* dans le plan.

Théorème.

494. *Une droite* AB *étant parallèle à un plan* P, *si un plan mené par* AB *coupe le plan* P *suivant une droite* CD, *la droite* CD *est parallèle à* AB.

En effet (*fig.* 402), la droite AB, parallèle au plan P, ne rencontre pas la droite CD qui est située tout entière dans le plan P ; d'ailleurs les droites AB et CD sont dans un même plan ; donc elles sont parallèles.

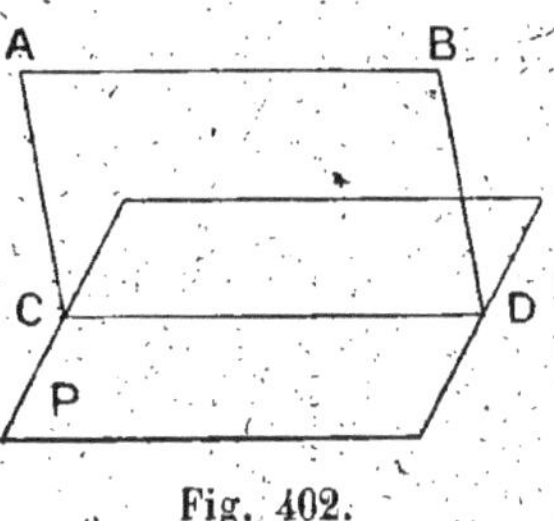

Fig. 402.

495. Corollaire. *Les portions de droites parallèles* AC, BD, *comprises entre un plan* P *et une droite* AB *parallèle à ce plan, sont égales.*

En effet, les deux droites parallèles AC, BD (*fig.* 403), déterminent un plan ; ce plan contient la droite AB, et il coupe le plan P suivant une droite CD parallèle à AB ; la figure ACDB est un parallélogramme, et AC=BD.

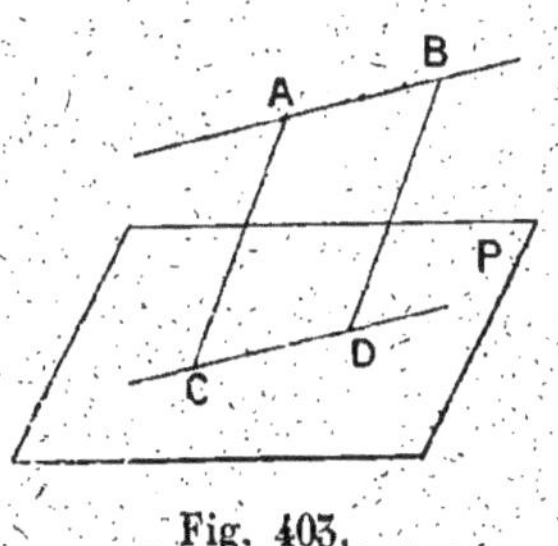

Fig. 403.

Théorème.

496. *Une droite* AB *étant parallèle à un plan* P, *si par un point* C *du plan* P *on mène une droite* CD *parallèle à* AB, *la droite* CD *est située tout entière dans le plan* P.

En effet, si par la droite AB et le point C on fait passer un plan (*fig.* 404), ce plan coupe le plan P suivant une droite passant par C et parallèle à AB, c'est-à-dire suivant CD, puisque par le point C on ne peut mener qu'une parallèle à AB (492). Donc la droite CD est dans le plan P.

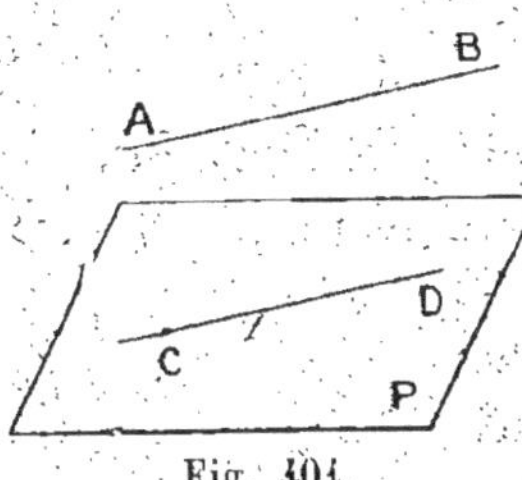

Fig. 404.

Il résulte du théorème précédent qu'on obtient *toutes* les droites parallèles à un plan en menant toutes les droites parallèles aux droites du plan.

497. Corollaire I. *Si deux plans distincts P et Q, parallèles à une même droite AB, ont un point commun, leur intersection est parallèle à cette droite.*

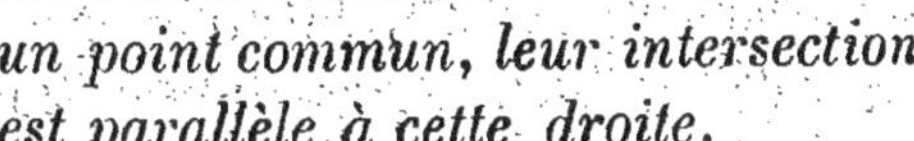

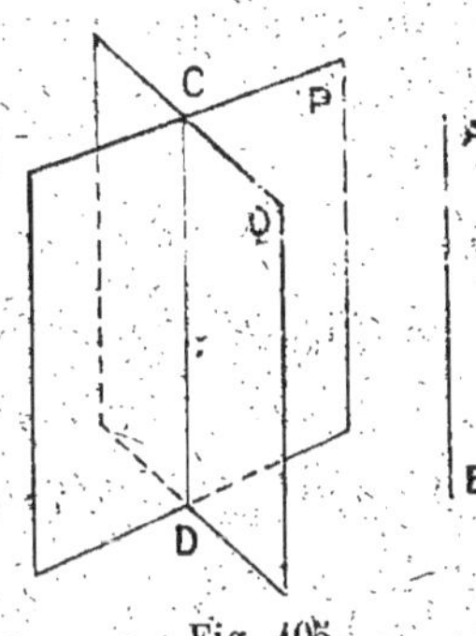

Fig. 405.

En effet, si, par un point C commun aux deux plans (*fig.* 405), on mène la parallèle à la droite AB, cette parallèle CD est située tout entière dans le plan P, tout entière dans le plan Q; elle coïncide donc avec l'intersection de ces deux plans; donc l'intersection des deux plans est parallèle à AB.

498. Corollaire II. *Si deux droites AB et CD sont parallèles, tout plan P qui coupe l'une AB, c'est-à-dire qui n'a avec elle qu'un point commun A, coupe l'autre.*

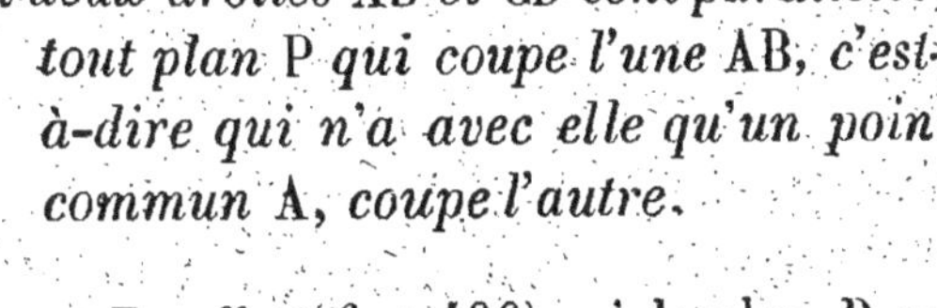

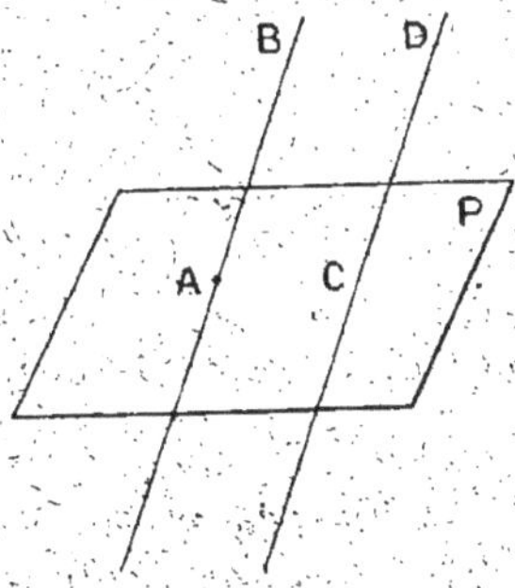

Fig. 406.

En effet (*fig.* 406), si le plan P ne coupait pas la droite CD, cette droite CD serait parallèle au plan P, ou serait située dans ce plan; or cela est impossible; car la parallèle à CD menée par A serait située tout entière dans le plan P (496), ce qui est contraire à l'hypothèse.

499. Corollaire III. *Deux droites parallèles à une troisième sont parallèles entre elles.*

Soient AB et CD deux droites parallèles à la droite EF (*fig.* 407). Je dis d'abord que ces deux droites sont dans un même plan. En effet, le plan déterminé par AB et un point C de CD est parallèle à EF, donc il contient la parallèle à EF, menée par C, c'est-à-dire CD ; donc AB et CD sont dans un même plan.

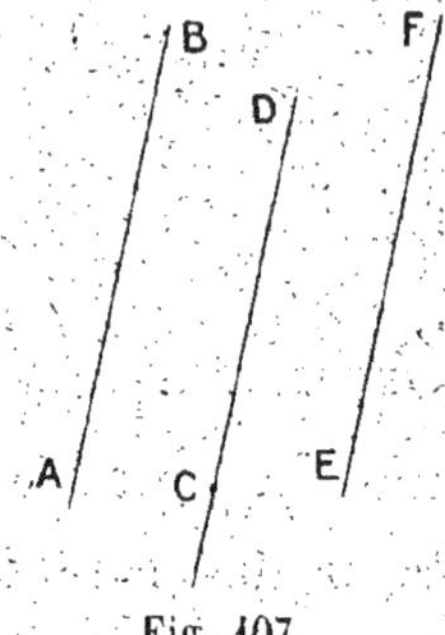

Fig. 407.

Les deux droites AB et CD, situées dans un même plan, sont d'ailleurs parallèles ; en effet, si elles se rencontraient, on pourrait par leur point de concours mener deux parallèles à [EF, ce qui est impossible (492).

Théorème.

500. *Par un point donné O on peut toujours mener un plan parallèle à deux droites données AB et CD, et l'on n'en peut mener qu'un si les droites données ne sont pas parallèles.*

En effet, si par le point O on mène les droites A'B' et C'D' respectivement parallèles aux droites données AB et CD (*fig.* 408), ces deux droites A'B' et C'D' sont en général distinctes ; le plan de ces deux droites A'B' et C'D' contient le point O et il est parallèle aux deux droites données. D'ailleurs, tout plan passant par O et parallèle aux droites AB et CD doit contenir (496) les droites A'B' et C'D' ; donc le plan de ces deux droites répond, et répond seul, aux conditions demandées.

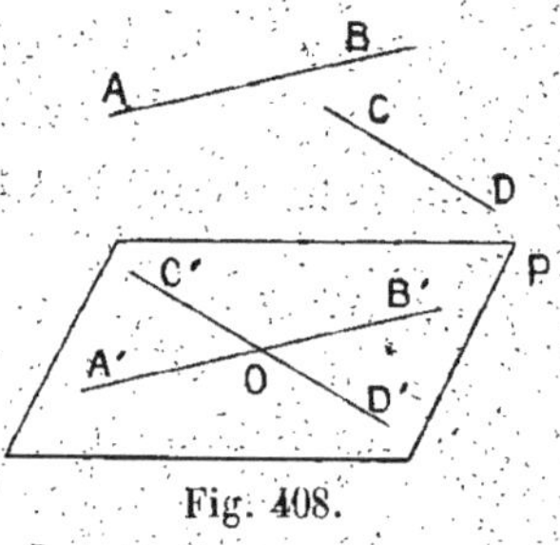

Fig. 408.

Toutefois, si les deux droites AB et CD étaient parallèles, et seulement dans ce cas, les droites A'B' et C'D' seraient confondues en une seule (499), et *tout* plan passant par cette droite serait parallèle aux deux droites données.

Théorème.

501. *Par une droite donnée CD on peut toujours mener un plan parallèle à une autre droite donnée AB, et l'on n'en peut mener qu'un si les droites données ne sont pas parallèles.*

En effet, si par un point quelconque E de la droite CD on mène une parallèle A′B′ à AB (*fig.* 409), le plan des deux droites A′B′ et CD est parallèle à AB. D'ailleurs tout plan qui passe par CD et qui est parallèle à AB doit contenir la parallèle A′B′ à AB menée par E; donc le plan des deux droites A′B′ et CD répond, et répond seul, aux conditions demandées.

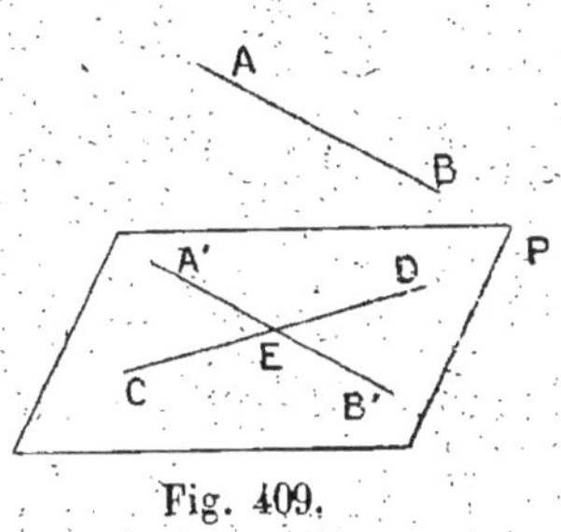

Fig. 409.

Toutefois, si les deux droites données AB et CD sont parallèles, et seulement dans ce cas, A′B′ se confond avec CD, et *tout* plan passant par CD est parallèle à AB.

§ III. — PLANS PARALLÈLES.

502. Définition. On dit que deux plans sont *parallèles* quand ils ne se rencontrent pas, à quelque distance qu'on les prolonge.

Le théorème suivant montre que deux plans peuvent être parallèles.

Théorème.

503. *Si, par un point O extérieur à un plan P, on mène des parallèles OA′, OC′ à deux droites non parallèles AB, CD du plan P, le plan Q des deux droites OA′, OC′ est parallèle au plan P.*

En effet (*fig.* 410), si le plan Q coupait le plan P, il le couperait suivant une droite ; cette droite serait parallèle à OA′ puisque le plan Q contient la droite OA′ parallèle au plan P (494) ; pour le même motif, cette intersection serait parallèle à OC′ ; elle serait donc parallèle à la fois à deux droites non parallèles OA′ et OC′, ce qui est impossible. Donc les plans P et Q n'ont aucun point commun et sont parallèles.

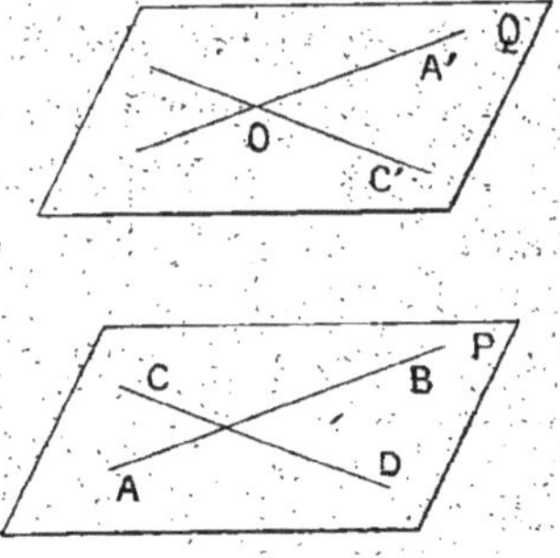
Fig. 410.

De la démonstration il résulte que toute parallèle menée par le point O au plan P est située dans un plan parallèle au plan P

Théorème.

504. *Les intersections de deux plans parallèles par un troisième sont parallèles.*

Soient P et Q deux plans parallèles, AB et CD leurs intersections par un plan quelconque R (*fig. 411*) ; ces deux droites sont dans un même plan, le plan R ; d'ailleurs dans ce plan elles n'ont aucun point commun, sans quoi les plans P et Q se rencontreraient, ce qui est impossible ; donc ces droites sont parallèles.

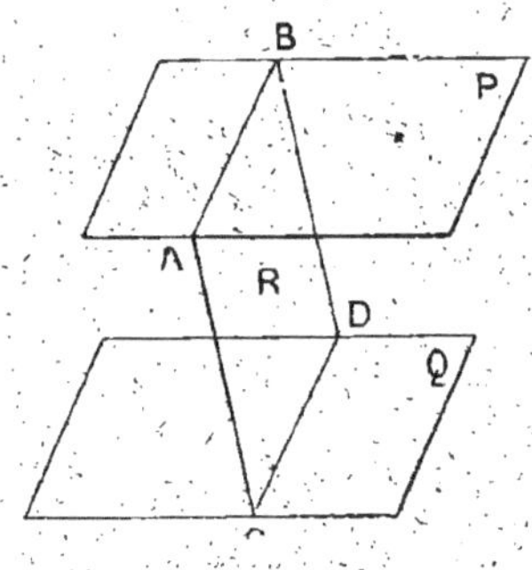
Fig. 411.

Théorème.

505. *Par un point O, extérieur à un plan P, on peut toujours mener un plan parallèle au plan P, et on n'en peut mener qu'un.*

On sait déjà (503) qu'on en peut mener un, il suffit pour cela de mener par O les parallèles OA′, OC′ à deux droites non parallèles du plan P et de considérer le plan Q de ces deux droites (*fig. 410*).

Il reste à faire voir qu'on n'en peut faire passer qu'un Soit Q′ un second plan parallèle au plan P et passant par O; par le point O menons un plan quelconque R qui coupe le plan P, soit EF cette intersection; ce plan R coupe le plan Q et le plan Q′ suivant des droites passant par O et toutes deux parallèles à la droite EF (504) : or, par un point, on ne peut mener qu'une parallèle à une droite donnée EF, donc ces deux parallèles coïncident. Ainsi un plan quelconque mené par O coupe les deux plans Q et Q′ suivant la même droite; donc les plans Q et Q′ coïncident.

506. Corollaire. *Deux plans distincts P et Q, parallèles à un troisième R, sont parallèles entre eux.*

En effet, si les plans P et Q n'étaient pas parallèles, ils auraient des points communs, et par un de ces points on pourrait mener deux plans P et Q parallèles à un même plan R, ce qui est impossible.

Théorème.

507. *Le lieu géométrique des droites parallèles à un plan P, menées par un point O extérieur à ce plan, est le plan Q parallèle au plan P passant par O.*

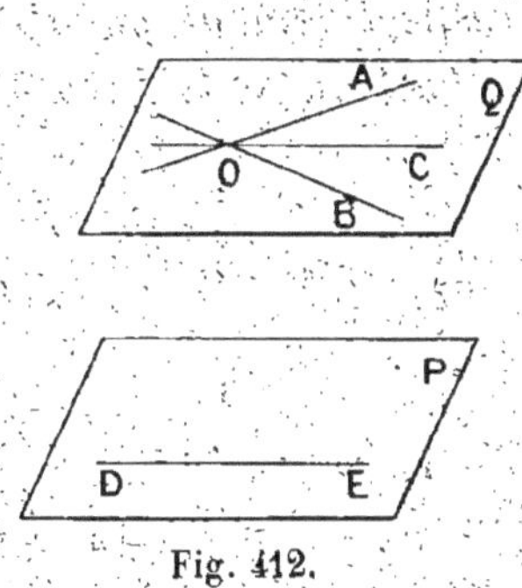

Fig. 412.

Si, par le point O (*fig.* 412), nous menons deux droites OA, OB parallèles au plan P, le plan Q de ces deux droites est, comme nous le savons (505), le plan, mené par O, parallèle au plan P. Ceci posé, toute droite du plan Q menée par O est parallèle au plan P; car, si elle ne lui était pas parallèle, elle le rencontrerait en un point, et ce point serait commun aux plans P et Q, ce qui est impossible. D'autre part, toute parallèle OC au plan P, menée par le point O, est située dans le plan Q; car si l'on mène par OC un plan qui coupe le plan P, ce plan coupe le plan P suivant une droite DE parallèle à OC (494); il coupe le plan Q suivant une droite menée par

O et parallèle à DE (504), c'est-à-dire suivant OC, puisque par un point O on ne peut mener qu'une parallèle à la droite DE (492); par suite OC est dans le plan Q. Le plan Q est donc le lieu géométrique cherché.

508. Corollaire. *Si deux plans sont parallèles :* 1° *Toute droite qui coupe l'un, coupe l'autre;* 2° *Tout plan qui coupe l'un, coupe l'autre.*

1° Soient P et Q les deux plans parallèles, et soit AB une droite qui coupe le plan P au point A, c'est-à-dire qui a le point A, et le *seul* point A, commun avec le plan P. Si AB ne coupait pas le plan Q, elle lui serait parallèle, et par suite appartiendrait au plan mené par A parallèlement au plan Q, c'est-à-dire au plan P, ce qui n'est pas.

2° Soit R un plan qui coupe le plan P; je dis qu'il coupe le plan Q. En effet, s'il ne le coupait pas, il serait parallèle à ce plan Q, et par suite au plan P, et comme il a des points communs avec le plan P, il coïnciderait avec lui, ce qui est contre l'hypothèse.

Théorème.

509. *Si deux angles ont leurs côtés respectivement parallèles :* 1° *Les plans de ces angles coïncident ou sont parallèles;* 2° *Ces angles sont égaux ou supplémentaires.*

1° Les plans de ces angles AOB, A'O'B sont parallèles si le point O' est extérieur au plan AOB (503), ils sont confondus si le point O' est dans le plan AOB.

2° Soient AOB, A'O'B' les deux angles, et supposons que leurs côtés soient respectivement parallèles et de même sens (*fig.* 413). Prenons OA = O'A', OB = O'B', et menons les droites OO', AA', BB', AB

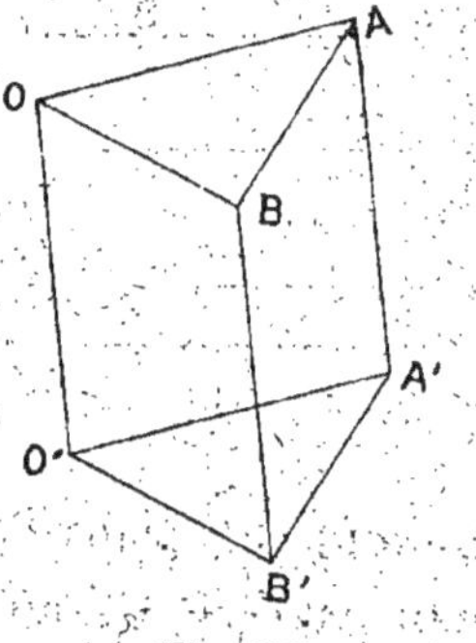

Fig. 413.

t A'B' Le quadrilatère OAA'O' dans lequel deux côtés opposés OA et O'A' sont égaux, parallèles et de même sens, est un parallélogramme, et les côtés opposés OO′ et AA′ sont égaux et parallèles. De même, le quadrilatère OBB′O′ est un parallélogramme, et les côtés opposés OO′ et BB′ sont égaux et parallèles. Par conséquent, le quadrilatère ABB′A′ est un parallélogramme, et les côtés opposés AB et A′B′ sont égaux. Donc, les triangles OAB, O′A′B′, qui ont les trois côtés égaux chacun à chacun, sont égaux, et l'angle AOB est égal à l'angle A′O′B′.

Si nous considérons les prolongements des deux demi-droites OA et OB au delà du point O (*fig.* 414),

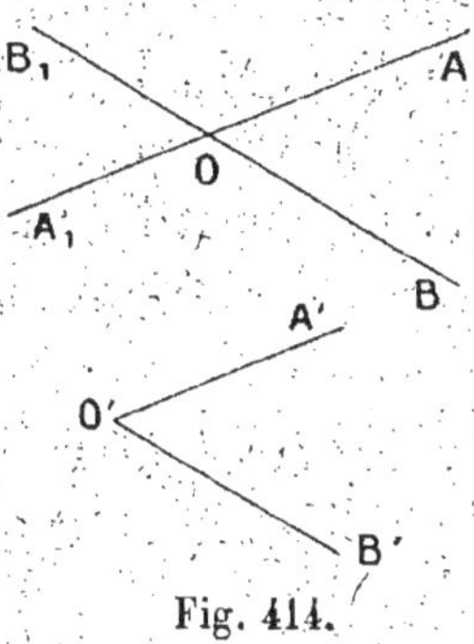

Fig. 414.

ces prolongements font entre eux et avec les demi-droites OA et OB des angles qui sont deux à deux égaux ou supplémentaires ; l'un des quatre angles étant égal à l'angle A′O′B′, l'un quelconque des angles formés par les deux droites indéfinies AOA_1, BOB_1, est égal à l'angle A′O′B′ ou est son supplément. Le théorème est donc démontré.

510. ANGLE DE DEUX DROITES ; DÉFINITIONS. On appelle *angle de deux droites quelconques* de l'espace l'un quelconque des angles formés par les parallèles à ces deux droites menées par un point O quelconque de l'espace

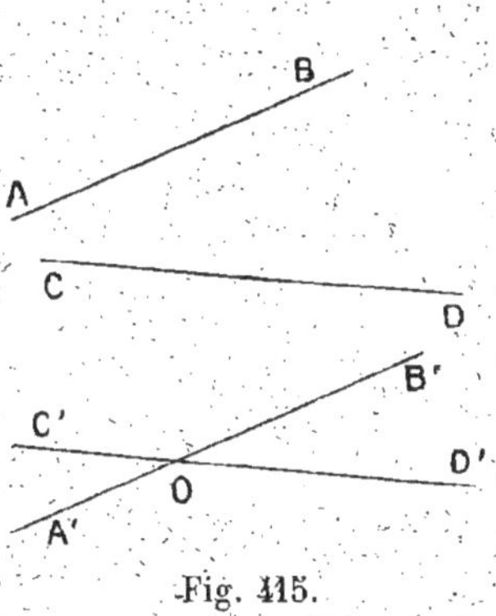

Fig. 415.

(*fig.* 415). Le théorème précédent fait voir que, quel que soit le point O choisi dans l'espace, les angles obtenus sont respectivement égaux.

On voit, en particulier, que, si l'un des quatre angles est droit, les quatre angles sont droits ; les droites de l'espace sont dites *perpendiculaires*. On dit donc que deux droites de l'espace sont perpendiculaires lorsque les parallèles à ces droites menées par un point quelconque de l'espace sont perpendiculaires entre elles.

Il résulte de ces définitions que, si l'on remplace deux droites de l'espace par deux autres respectivement parallèles, ces deux-ci forment les mêmes angles; la propriété s'applique, en particulier, si les droites considérées sont perpendiculaires.

511. Corollaire. *Une droite de l'espace peut être perpendiculaire à deux ou à plusieurs droites de l'espace non parallèles entre elles.*

Soit en effet AB une droite (*fig.* 416); menons par AB un plan quelconque, et dans ce plan menons par un point A quelconque de la droite la perpendiculaire AC sur AB; par AB faisons passer un autre plan, et dans ce plan menons une droite BD perpendiculaire à AB. La droite AB est perpendiculaire à la fois à AC, à BD, droites non parallèles entre elles, et de même à d'autres droites de l'espace.

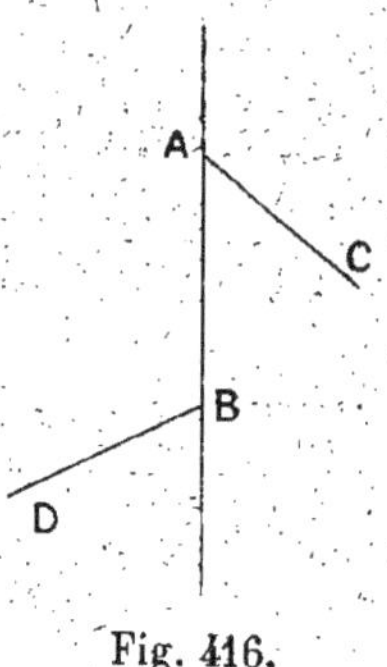

Fig. 416.

On voit en particulier qu'une droite AB peut être perpendiculaire à autant de droites qu'on voudra, passant toutes par un même point de cette droite.

Théorème.

512. *Deux plans parallèles interceptent, sur deux droites parallèles qui les rencontrent, des segments égaux.*

Soient AB et CD les segments interceptés par deux plans parallèles P et Q sur deux droites parallèles AB et CD (*fig.* 417); ces segments sont égaux; car les droites AC, BD, intersections des deux plans parallèles P et Q avec le plan des deux droites parallèles AB et CD, sont parallèles, et la figure ABDC est un parallélogramme.

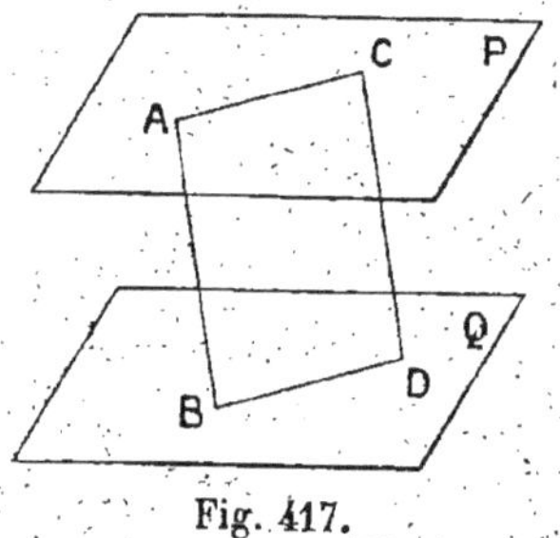

Fig. 417.

Théorème.

513. *Trois plans parallèles interceptent sur deux droites qui les rencontrent des segments proportionnels.*

Soient AB et BC, DE et EF, les segments interceptés sur les deux droites AC, DF par trois plans parallèles P, Q, R (*fig.* 418); je dis que l'on a

$$\frac{AB}{BC} = \frac{DE}{EF}.$$

En effet, menons la droite AF, et soit G le point où elle rencontre le plan Q; menons les droites BG et CF, AD et GE. Les droites BG et CF, intersections de deux plans parallèles par un troisième, étant parallèles, on a

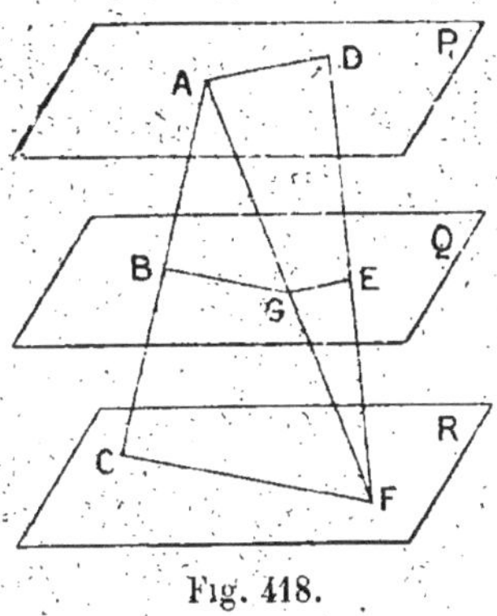

Fig. 418.

$$\frac{AB}{BC} = \frac{AG}{GF}.$$

D'autre part, les droites GE et AD étant aussi parallèles, on a

$$\frac{AG}{GF} = \frac{DE}{EF};$$

on a donc, ce qu'il fallait établir,

$$\frac{AB}{BC} = \frac{DE}{EF}.$$

§ IV. — DROITE ET PLAN PERPENDICULAIRES.

514. Définition. On dit qu'une droite est *perpendiculaire à un plan* quand elle est perpendiculaire à toutes les droites situées dans ce plan; on dit aussi, dans ce cas, que le plan est *perpendiculaire à la droite*.

Une droite, qui coupe un plan, et qui est telle qu'elle soit oblique à une droite du plan, est dite *oblique au plan*.

Il n'est pas évident, *a priori*, qu'on puisse mener une droite qui soit perpendiculaire à toutes les droites d'un plan; la possibilité de ce fait résulte des théorèmes suivants. Mais nous ferons remarquer tout de suite que, si une pareille droite existe, elle est aussi perpendiculaire (510) à toutes les droites parallèles au plan.

Théorème.

515. Lorsqu'une droite est perpendiculaire à deux droites distinctes passant par son pied dans un plan, elle est perpendiculaire à toute autre droite passant par son pied dans le plan.

Soit AB une droite perpendiculaire à deux droites BC, BD, qui passent par son pied dans un plan P, c'est-à-dire par le point B où la droite AB perce ce plan (*fig.* 419) ; je dis que la droite AB est perpendiculaire à toute autre droite, BE par exemple, menée par B dans le plan P. Pour le démontrer, je mène dans le plan P une droite quelconque qui rencontre les trois droites concourantes BC, BD, BE, aux points C, D, E ; je prolonge la droite AB au delà du plan P, et je prends, de part et d'autre du point B, des longueurs égales BA et BA' ; enfin, je mène les droites AC, AD, AE, et A'C, A'D, A'E. Les droites

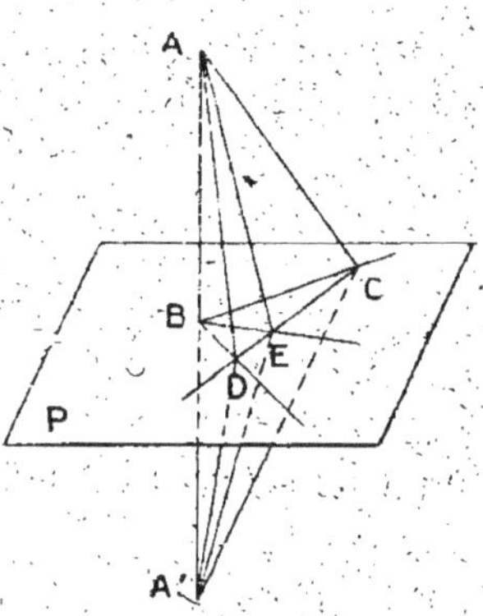

Fig. 419.

CA, CA' sont égales comme obliques s'écartant également du pied B de la perpendiculaire menée par C à la droite AB ; les droites DA, DA' sont égales pour la même raison. Il en résulte que les deux triangles ACD, A'CD sont égaux, comme ayant les trois côtés égaux chacun à chacun ; les angles ACE, A'CE sont par suite égaux, et les deux triangles ACE, A'CE sont égaux comme ayant un angle égal, ACE = A'CE, compris entre deux côtés égaux chacun à chacun, AC = A'C et CE commun. On en conclut que AE = A'E. Le triangle AEA' est donc isocèle, et la droite BE, qui joint le sommet E au milieu B de la base, est perpendiculaire sur cette base. Donc la droite AB est perpendiculaire sur BE.

516. Corollaire I. *Si une droite* AB *est perpendiculaire à deux droites* D *et* D' *non parallèles d'un plan* P*, elle est per-*

pendiculaire à toutes les droites du plan, et par suite elle est perpendiculaire au plan.

D'abord la droite AB, perpendiculaire aux deux droites D et D' du plan P, ne peut être parallèle à ce plan, sans quoi on pourrait mener dans le plan P une parallèle à AB qui serait perpendiculaire à la fois à deux droites D et D' non parallèles de ce plan, ce qui est impossible.

Ceci posé, soit A le point où AB perce le plan P (*fig.* 420);

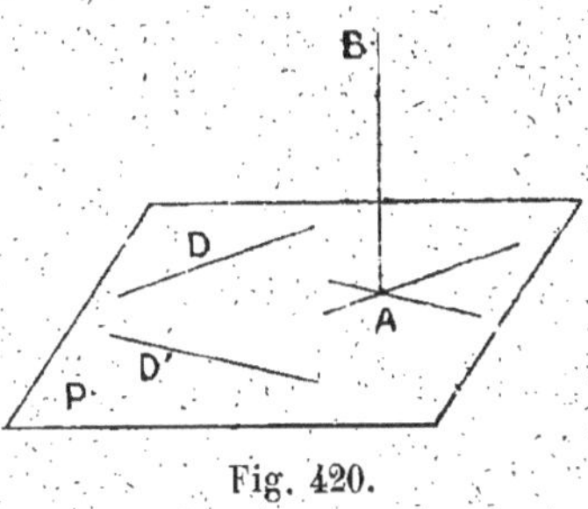

Fig. 420.

par ce point, menons des parallèles aux droites D et D'; ces parallèles sont dans le plan P, et elles sont perpendiculaires à AB (510); AB est donc perpendiculaire à toutes les droites passant par son pied dans le plan P (515), donc aussi (510) à toutes les droites du plan P.

Il est bon de remarquer que la même démonstration s'applique si D et D' sont hors du plan P, mais parallèles à ce plan.

517. Corollaire II. *Lorsqu'une droite est perpendiculaire à un plan, toute parallèle à cette droite est aussi perpendiculaire à ce plan.*

En effet, si une droite AB est perpendiculaire au plan P, c'est-à-dire à toutes les droites de ce plan, sa parallèle CD est aussi (510) perpendiculaire à toutes les droites du plan.

Théorème.

518. *Par un point O donné dans l'espace, on peut toujours mener un plan perpendiculaire à une droite donnée AB, et on n'en peut mener qu'un.*

1° Supposons d'abord le point O donné sur la droite AB (*fig.* 421). Menons par la droite AB deux plans quelconques P et P', et, dans chacun de ces plans, menons au point O les perpendiculaires OC, OC' à la droite AB; les deux droites OC, OC' déterminent un plan; ce plan est perpendiculaire à AB, puisque AB est perpendiculaire à deux droites de ce plan. Il existe donc un plan, mené par O, et perpendiculaire à AB.

Il n'en existe pas d'autre; concevons en effet un plan Q mené par O et perpendiculaire à AB; ce plan est coupé par le plan P suivant une droite menée par O et perpendiculaire à AB dans ce plan P, c'est-à-dire suivant OC, puisque dans un plan on ne peut mener par un point de ce plan qu'une perpendiculaire à une droite de ce plan; de même

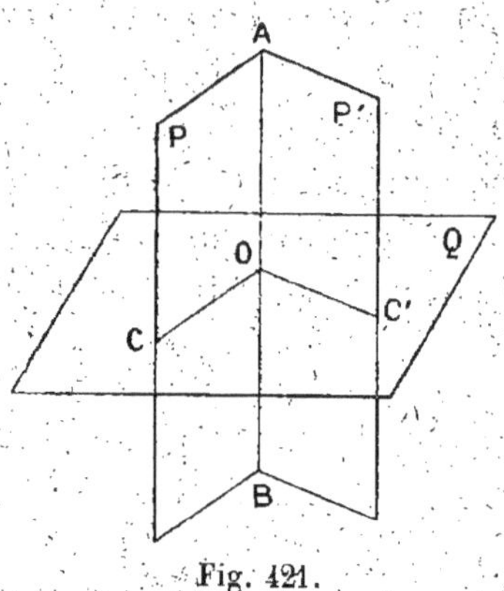

Fig. 421.

le plan Q est coupé par le plan P′ suivant OC′; donc ce plan Q coïncide avec le plan des deux droites OC, OC′.

2° Supposons le point O hors de la droite AB (*fig.* 422). Par le point O, menons la parallèle OH à AB; tout plan perpendiculaire à OH est perpendiculaire à AB, et réciproquement (517); nous sommes donc ramenés à faire passer par le point O un plan perpendiculaire à OH; on vient de démontrer qu'on peut en faire passer un, et un seul.

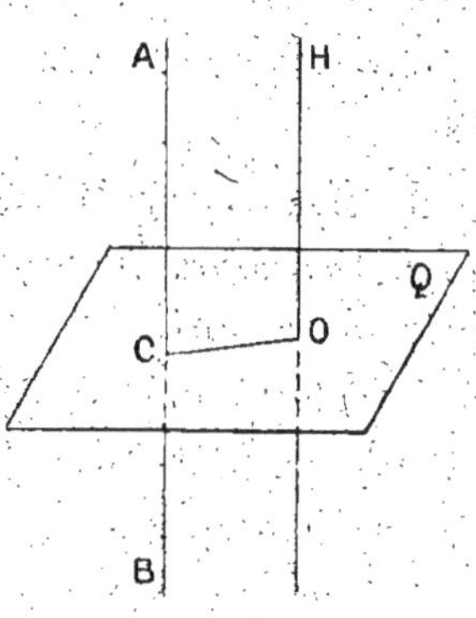

Fig. 422.

Il est bon de remarquer que ce plan contient la perpendiculaire OC abaissée du point O sur la droite AB et rencontrant AB.

519. CorollAire. *Le lieu géométrique des perpendiculaires à une droite AB menées par un point O est le plan mené par ce point perpendiculairement à la droite.*

La démonstration est la même, que le point O soit sur la droite AB, ou hors de cette droite (*fig.* 423 et 424).

Soit Q le plan mené par le point O perpendiculaire à AB : 1° Toute droite de ce plan est perpendiculaire à AB, en particulier toute droite menée par O dans ce plan; 2° Toute perpendiculaire OC à AB menée par O est située dans ce plan ; car la perpendiculaire OC à AB détermine avec une droite OD du plan Q

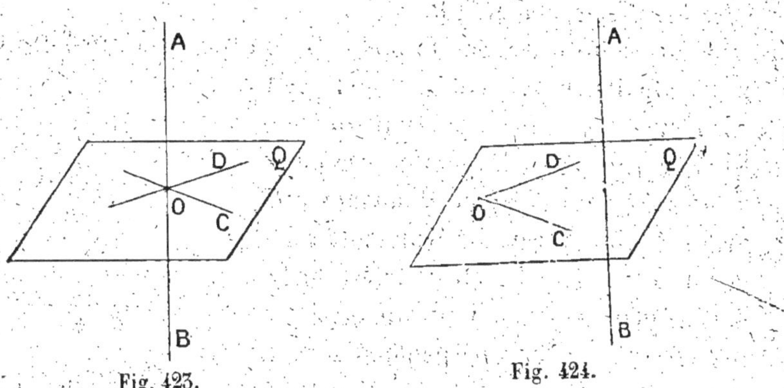

Fig. 423.   Fig. 424.

menée par O un plan perpendiculaire à AB ; ce plan est donc le plan Q ; ce plan Q contient donc la droite OC, et est le lieu géométrique considéré.

Théorème.

520.   *Par un point O donné dans l'espace, on peut toujours mener une droite perpendiculaire à un plan donné* P, *et on n'en peut mener qu'une.*

Soit A un point quelconque du plan P (*fig.* 425), et soit AB une droite du plan P passant par A ; menons par le point A le plan Q perpendiculaire à AB au point A et soit AC son intersection avec le plan P ; enfin, dans le plan Q menons AH perpendiculaire sur AC. Je dis que AH est perpendiculaire sur le plan P. En effet, la droite AH est perpendiculaire, sur AC par construction, sur AB parce qu'elle est dans le plan perpendiculaire à AB au point A ; donc AH, perpendicu-

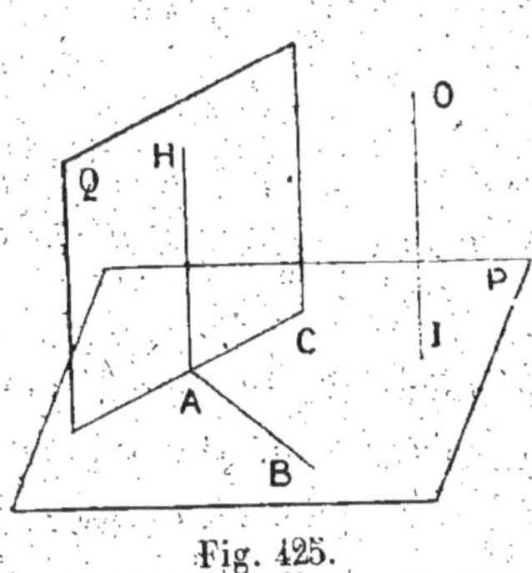

Fig. 425.

laire à deux droites du plan P, est perpendiculaire à ce plan.
Si par le point O, qu'il soit dans le plan ou hors du plan,

nous menons OI parallèle à AH, la droite OI est perpendiculaire au plan P, puisqu'elle est perpendiculaire à deux droites AB, AC, non parallèles, du plan P.

Je dis enfin que, par le point O, on ne peut mener qu'une perpendiculaire au plan P. Si en effet on pouvait en mener deux distinctes, OI, OI' (*fig.* 426), le plan de ces deux droites couperait le plan P suivant une droite II' qui serait perpendiculaire, à la fois à OI et à OI'; on pourrait donc, dans le plan de ces deux droites, mener par le point O deux perpendiculaires à une droite II' de ce plan, ce qui est impossible.

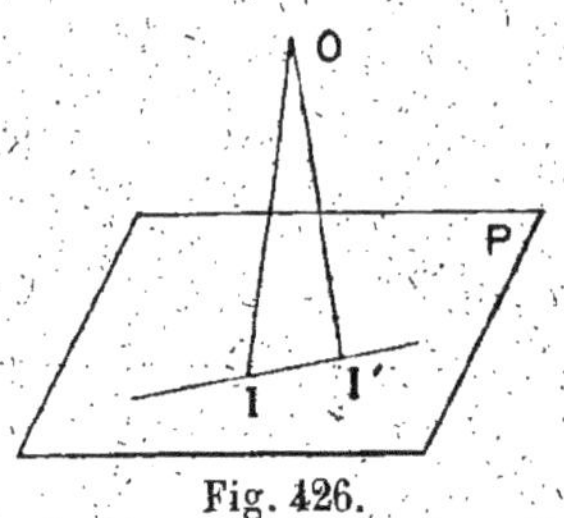

Fig. 426.

521. Corollaire I. *Deux droites* AB, CD, *perpendiculaires à un même plan* P, *sont parallèles.*

Menons en effet par un point C quelconque de CD (*fig.* 427) la parallèle CD' à AB; AB étant perpendiculaire au plan P, sa parallèle CD' est aussi perpendiculaire au plan P (517); mais par un point C on ne peut mener qu'une perpendiculaire au plan P; donc CD' se confond avec CD qui, par hypothèse, est perpendiculaire au plan P. Donc enfin CD est parallèle à AB.

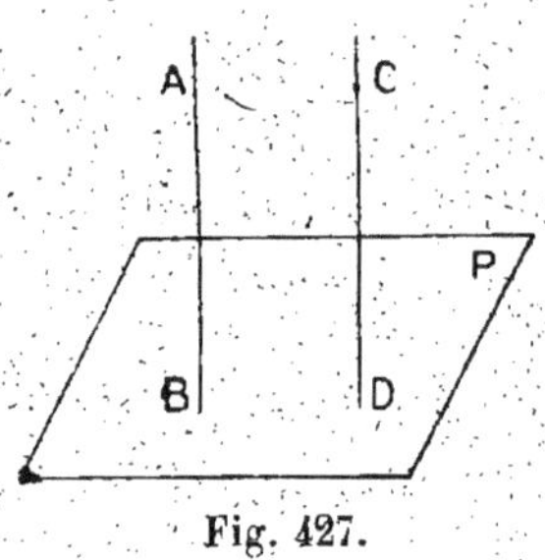

Fig. 427.

522. Corollaire II. *Si deux plans* P *et* Q *sont parallèles, toute droite* AB, *perpendiculaire à l'un* P, *est perpendiculaire à l'autre* Q.

En effet (*fig.* 428), si par AB on mène un plan quelconque R, ses intersections AC et BD avec les plans P et Q sont parallèles; AB, perpendiculaire au plan P, est perpendiculaire sur AC; AB est donc perpendiculaire sur sa parallèle BD, c'est-à-dire sur une droite *quelconque* du plan Q; donc AB est perpendiculaire sur le plan Q.

523. Corollaire III. *Deux plans distincts, perpendiculaires à une même droite, sont parallèles (fig. 429).*

En effet, si ces deux plans avaient un point commun, on

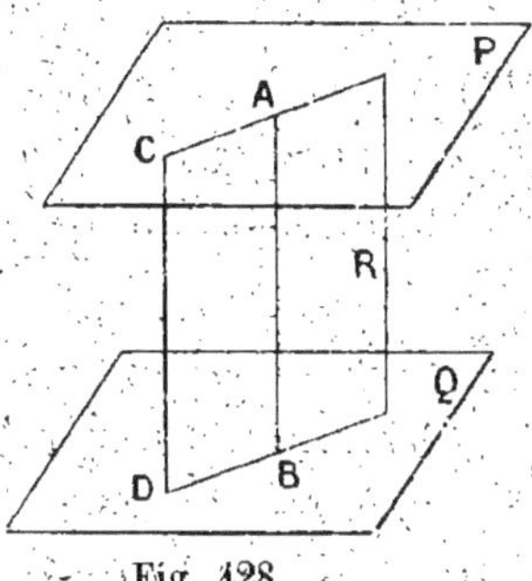

Fig. 428.

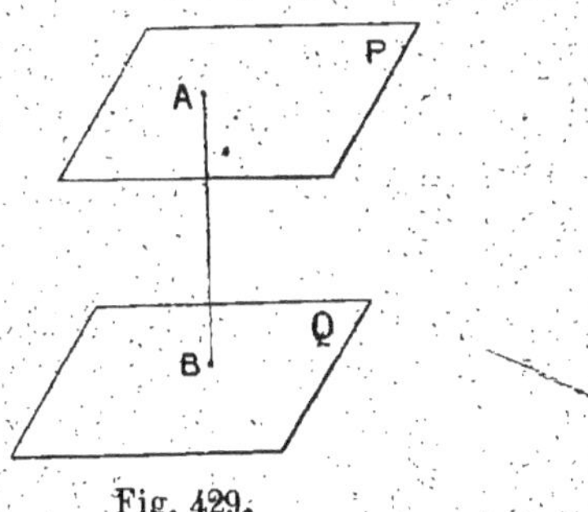

Fig. 429.

pourrait par ce point mener deux plans perpendiculaires à une même droite, ce qui est impossible.

Théorème.

524. *Si d'un point A, pris hors d'un plan P, on mène à ce plan P une perpendiculaire AB et diverses obliques AC, AD, etc. :*

1° La perpendiculaire est plus courte que toute oblique;

2° Deux obliques dont les pieds sont également éloignés du pied de la perpendiculaire sont égales;

3° De deux obliques, celle dont le pied est le plus éloigné du pied de la perpendiculaire est la plus grande.

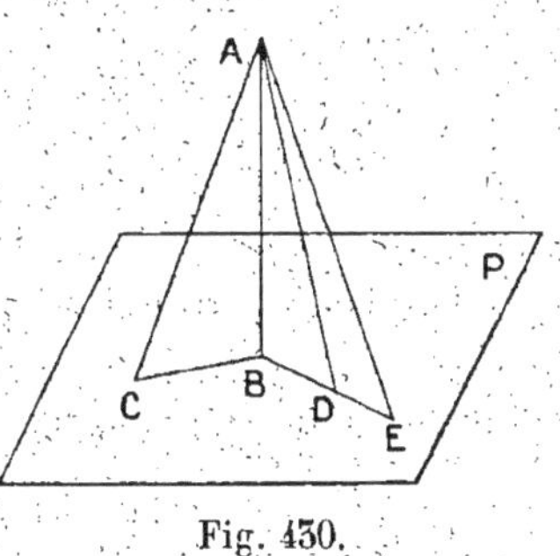

Fig. 430.

1° La perpendiculaire AB (*fig.* 430) est plus petite que l'oblique AC; car, dans le plan ABC, la droite AB est perpendiculaire à BC, et la droite AC est oblique à la même droite.

2° Deux obliques AC, AD, dont les pieds C et D sont à égale distance du pied de la perpendiculaire, sont égales; car les triangles ABC, ABD, rectangles en B.

ont un angle égal compris entre deux côtés égaux chacun à chacun, et sont égaux; donc AC=AD.

3° Des deux obliques AC et AE, l'oblique AE, dont le pied est plus éloigné du point B, est la plus grande. Prenons en effet sur BE la longueur BD égale à BC; les obliques AC et AD sont égales. Or, dans le plan ABE, les droites AD et AE sont des obliques à la droite BE, et comme BE est plus grand que BD, l'oblique AE est plus grande que l'oblique AD, ou que son égale AC.

Les réciproques des trois parties du théorème sont vraies.

On appelle *distance d'un point à un plan* la distance du point au point du plan qui en est le plus rapproché. — *La distance d'un point à un plan est donc la distance du point au pied de la perpendiculaire abaissée du point sur le plan.*

525. COROLLAIRE I. *Le lieu géométrique des points d'un plan équidistants d'un point donné* A *de l'espace est une circonférence ayant pour centre le pied de la perpendiculaire* AB *abaissée du point sur le plan.*

En effet, si nous supposons la distance donnée supérieure à la distance AB du point A au plan (*fig.* 431), nous pouvons trouver une oblique AC égale à la distance donnée; toutes les obliques égales à AC ont leurs pieds C′, C″,..., équidistants du pied B de la perpendiculaire au plan, et par suite les pieds appartiennent à une circonférence de centre B et de rayon BC. Réciproquement d'ailleurs, tout point de cette circonférence est le pied d'une oblique issue de A et égale à la longueur donnée.

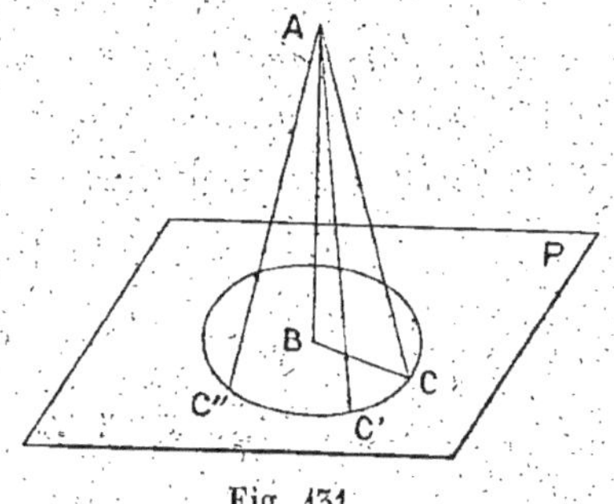

Fig. 431.

Si la longueur donnée était moindre que la distance du point A au plan, il n'y aurait plus de lieu.

526. Corollaire II. 1° *Un plan et une droite parallèle au plan sont partout également distants ; 2° Deux plans parallèles sont partout également distants.*

1° Si de deux points de la droite on abaisse des perpendiculaires sur le plan, ces deux droites sont parallèles (521), et les portions de ces parallèles comprises entre le plan et la droite sont égales (495).

2° Même démonstration.

Théorème des trois perpendiculaires.

527. Si, *par le pied B d'une droite AB perpendiculaire à un plan P, on mène une perpendiculaire BC à une droite CD*

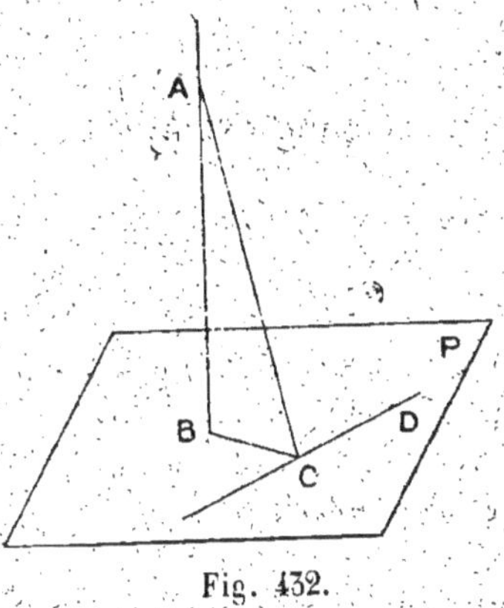

tracée dans ce plan, et si l'on joint par une droite le pied C de cette perpendiculaire à un point quelconque A de la perpendiculaire au plan, la droite AC ainsi menée est perpendiculaire à la droite CD.

En effet, la droite AB, perpendiculaire au plan P (*fig. 432*), est perpendiculaire sur la droite CD de ce plan, et réciproquement CD est perpendiculaire sur AB ; de plus CD est perpendiculaire par construction à BC ; CD est donc perpendiculaire au plan CAB et par suite à la droite AC de ce plan.

Fig. 432.

TABLE DES MATIÈRES

CONTENUES DANS LA DEUXIÈME PARTIE

SECOND CYCLE

GÉOMÉTRIE PLANE

LIVRE IV.

LONGUEUR D'UNE CIRCONFÉRENCE. — MESURE DES AIRES.

GÉOMÉTRIE DANS L'ESPACE

LIVRE V

DROITES ET PLANS

LIVRE VI

POLYÈDRES

LIVRE VII

LES TROIS CORPS RONDS

NOTE SUR LE LIVRE V

48688. — Imprimerie LAHURE, 9, rue de Fleurus, à Paris.

MASSON & Cie, Éditeurs
120, boulevard Saint-Germain, Paris (6e)

P. n° 299 (Août 1902.)

EXTRAIT DU CATALOGUE CLASSIQUE[1]

(Année Scolaire 1902-1903)

Cours de Grammaire
À l'usage de l'Enseignement secondaire

Par H. BRELET
Ancien élève de l'École normale supérieure, Agrégé de Grammaire,
Professeur de Quatrième au lycée Janson-de-Sailly.

Par la publication de la *Grammaire française à l'usage de la classe de Quatrième* et des *classes supérieures* de l'enseignement secondaire, se trouve achevé le *Nouveau Cours de Grammaire française* de M. H. BRELET, dont les premiers volumes ont trouvé un accueil si favorable auprès des maîtres et des élèves. Ainsi se trouve rempli le programme de M. Brelet : il a publié également des cours parallèles de Grammaire latine et de Grammaire grecque. Est-il nécessaire de faire ressortir l'avantage de ces trois cours formant un tout dont les différentes parties ont entre elles des liens de parenté grâce auxquels les débutants dans l'étude d'une nouvelle langue, loin de se trouver dépaysés, retrouvent la méthode avec laquelle ils sont déjà familiarisés ?

Voir au verso le détail des Cours de Grammaire française, de Grammaire latine et de Grammaire grecque, ainsi que les modifications apportées à ces deux derniers cours pour les mettre en conformité avec les nouveaux programmes de 1902.

---

(1) En raison des remaniements considérables que viennent de subir les programmes de l'Enseignement secondaire, nous avons déjà apporté d'importantes modifications à beaucoup de nos ouvrages classiques. Bien que nous donnions ici l'indication de ces changements, nous tenons à attirer l'attention du public sur le caractère provisoire du présent catalogue en même temps que sur l'importance des réformes déjà faites pour répondre aux nécessités des nouveaux programmes.

Tous nos ouvrages classiques seront en tout cas transformés conformément à ces programmes au fur et à mesure que l'application en sera faite à chaque classe.

Nouveau Cours
de
Grammaire Française

A l'usage de l'Enseignement secondaire
Par H. BRELET

I
CLASSES PRÉPARATOIRES

Premières leçons de Grammaire française, à l'usage des Classes Préparatoires, par H. Brelet et Mathey, professeur de Huitième au lycée Janson-de-Sailly. *Nouvelle édition*, corrigée. 1 vol. in-16 cartonné toile souple. . . . . 2 fr.

Ce volume comprend à la fois les leçons et les exercices qui y correspondent.

II
CLASSES ÉLÉMENTAIRES

Éléments de Grammaire française, à l'usage des classes de Huitième et de Septième, par H. Brelet. 3ᵉ *édition*, revue et corrigée. 1 vol. in-16 cartonné toile souple. . . . . 2 fr.

Exercices sur les Éléments de Grammaire française, à l'usage des classes de Huitième et de Septième, par V. Charpy, agrégé de Grammaire, professeur de Quatrième au lycée Janson-de-Sailly. 3ᵉ *édition*. 1 vol. in-16 cartonné toile souple. . . . . 2 fr.

III
PREMIER CYCLE
Divisions **A** *et* **B**.

Abrégé de Grammaire française, à l'usage des classes de Sixième et de Cinquième, par H. Brelet. 2ᵉ *édition*, revue et corrigée. 1 vol. in-16, cartonné toile souple. . . . . 2 fr. 50

Exercices sur l'Abrégé de Grammaire française, à l'usage des classes de Sixième et de Cinquième, par H. Brelet et V. Charpy. 1 vol. in-16, cartonné toile souple . . . . 2 fr. 50

IV

Grammaire française, à l'usage de la classe de Quatrième et des Classes supérieures, par H. Brelet. 1 vol. in-16 cartonné toile. 3 fr.

Exercices sur la Grammaire française, à l'usage de la classe de Quatrième et des Classes supérieures, par H. Brelet et V. Charpy. 1 vol. in-16 *(sous presse)*.

NOUVEAU COURS
DE
Grammaire Latine
et de
Grammaire Grecque
Par H. BRELET
Volumes in-16, cartonnés toile anglaise.

Abrégé de Grammaire latine. (*Premier cycle* : Sixième, Cinquième, Quatrième et Troisième *A*. — *Deuxième cycle* : Secondes-Premières *A, B, C*) . . . . 2 fr.

Abrégé de Grammaire grecque. (*Premier cycle* : Quatrième et Troisième *A*. — *Deuxième cycle* : Deuxième et Première *A*) . . 2 fr.

Nous publions ces deux Abrégés pour répondre au mouvement d'opinion qui s'est prononcé contre certaines tendances des grammairiens modernes à donner à leurs livres un caractère trop savant. M. Brelet a donc condensé dans ces deux volumes tout ce qu'une longue pratique lui a montré nécessaire, mais suffisant, pour donner à de jeunes esprits une connaissance exacte du latin et du grec. Pour ceux qui voudraient pousser plus loin ces études, nous continuons d'ailleurs à mettre en vente nos Cours supérieurs de Grammaire latine et de Grammaire grecque.

EXERCICES CORRESPONDANTS

Exercices latins (*Versions et thèmes*), à l'usage de la classe de Sixième, par M. V. Charpy, agrégé de grammaire, professeur de Quatrième au lycée Janson-de-Sailly. 3ᵉ édition, revue et augmentée. . . . . 2 fr.

Exercices latins (*Versions et thèmes*), à l'usage de la classe de Cinquième, par MM. Brelet et V. Charpy. 2ᵉ édition, revue. . . . . . . 2 fr. 50

Exercices latins (*Versions et thèmes*), à l'usage de la classe de Quatrième, par MM. H. Brelet et P. Faure, professeur de Rhétorique au lycée Janson-de-Sailly. 2ᵉ édition, revue et corrigée. . . . . 2 fr. 50

Exercices latins (*Versions et thèmes*), à l'usage des classes supérieures, par MM. H. Brelet et P. Faure. . . . . 3 fr.

Exercices grecs (*Versions et thèmes*), à l'usage de la classe de Cinquième (*ancien programme*), par MM. H. Brelet et V. Charpy, 2ᵉ édition. . . 1 fr. 50

Exercices grecs (*Versions et thèmes*), à l'usage de la classe de Quatrième (*nouveau programme*), par MM. H. Brelet et V. Charpy. . . . . . . 2 fr. 50

Exercices grecs (*Versions et thèmes*), à l'usage des classes supérieures, par MM. H. Brelet et P. Faure. . . . . 3 fr.

COURS SUPÉRIEUR

Grammaire latine (Classes supérieures). 4ᵉ édition . . . . . 2 fr. 50

Grammaire grecque (Classes supérieures). 2ᵉ édition. . . 3 fr. »

Tableau des exemples des grammaires grecque et latine, à l'usage de la classe de Quatrième et des classes supérieures. 1 vol. petit in-8, cartonné. . . . . 80 c.

Chrestomathie grecque, ou Recueil de textes gradués, à l'usage des classes de Quatrième et de Troisième . . . . 2 fr. 50

Epitome historiæ græcæ, à l'usage de la classe de Quatrième, avec deux cartes en couleurs et figures dans le texte. . . . . 2 fr.

BRUNOT, maître de conférences à la Faculté des lettres de Paris.

Précis de Grammaire historique de la langue française, avec une introduction sur les origines et le développement de cette langue. *Ouvrage couronné par l'Académie française*, 4ᵉ édition augmentée d'indications bibliographiques et d'un index. 1 vol. in-18, cart. toile verte . . . . 6 fr.

CAUSSADE (De), Conservateur à la Bibliothèque Mazarine, membre des commissions d'examens de l'Hôtel de Ville.

Notions de Rhétorique et étude des genres littéraires. 9ᵉ édit. 1 vol. in-18, toile anglaise. . . . . . 2 fr. 50

Littérature grecque. 6ᵉ édit. 1 vol. in-18, toile anglaise. 3 fr.

Littérature latine. 4ᵉ édit. 1 vol. in-18, toile anglaise. 6 fr.

GRÉARD, de l'Institut, vice-recteur de l'Académie de Paris.

Précis de littérature. *Analyses des auteurs du baccalauréat.* 5ᵉ édit. 1 vol. in-18, cartonné . . . . 1 fr. 60

LE GOFFIC (Charles) et **THIEULIN** (Édouard), professeurs agrégés de l'Université.

Nouveau traité de versification française, à l'usage des lycées et des collèges, des écoles normales, du brevet supérieur et des classes de l'enseignement secondaire des jeunes filles. 3ᵉ édition revue et augmentée. 1 vol. in-16, cart. toile. 1 fr. 50

LIARD, directeur de l'enseignement supérieur au ministère de l'Instruction publique.

Logique (cours de Philosophie), 4ᵉ édition. 1 volume in-18, cartonné toile . . . . 2 fr.

MORILLOT (Paul), professeur à la Faculté de Grenoble.

Le Roman en France depuis 1610 jusqu'à nos jours. *Lectures et Esquisses.* 1 vol. in-16 . . . . 5 fr.

CLÉDAT, professeur à la Faculté des lettres de Lyon, lauréat de l'Académie française.

Précis d'orthographe et de grammaire phonétiques pour l'enseignement du français à l'étranger. 1 vol. in-18. 1 fr.

HANNEQUIN, chargé d'un cours complémentaire de Philosophie à la Faculté des lettres de Lyon.

Introduction à l'étude de la psychologie. 1 volume in-18. . . . . 1 fr. 50

COLLECTION LANTOINE
Livres de Lectures et d'Analyses

Classiques
Grecs et Latins

CHOIX ET EXTRAITS

Traduits et publiés par une réunion de professeurs, sous la direction de M. **H. LANTOINE**, secrétaire de la Faculté des lettres de Paris.

Cette collection a été créée en vue des élèves qui, sans étudier les langues mortes, doivent être cependant à même de lire et d'analyser les chefs-d'œuvre de l'antiquité.

Confiées à des professeurs distingués, qui ont apporté au choix de ces extraits le soin le plus minutieux, qui ont soigneusement revu, quand ils ne les ont pas faites eux-mêmes, les traductions des auteurs publiés, ces éditions sont en outre accompagnées de notices historiques et littéraires qui en rendent la lecture facile et fructueuse.

Chaque volume est précédé d'une *Notice biographique et bibliographique*, de *commentaires*, et suivi d'un *Index* quand il a paru nécessaire à la lecture du texte.

Voici le détail des **Auteurs** publiés, avec le nom des collaborateurs qui ont bien voulu nous prêter leur concours :

Homère. *Odyssée* (Analyse et Extraits), par M. ALLÈGRE, professeur à la Faculté des lettres de Lyon.

Plutarque. *Vies des Grecs illustres* (Choix), par M. LEMERCIER, maître de conférences à la Faculté des Lettres de Caen.

Hérodote (Extraits), par M. CORRÉARD, professeur au lycée Charlemagne.

Homère. *Iliade* (Analyse et Extraits), par M. ALLÈGRE.

Plutarque. *Vies des Romains illustres* (Choix), par M. LEMERCIER.

Virgile (Analyse et Extraits), par M. H. LANTOINE.

Xénophon (Analyse et Extraits), par M. VICTOR GLACHANT, professeur au lycée Buffon.

Eschyle, Sophocle, Euripide (Extraits), par M. PUECH, maître de conférences à la Faculté des lettres de Paris.

Plaute, Térence (Extraits choisis), par M. AUDOLLENT, maître de conférences à la Faculté des lettres de Clermont.

Eschyle, Sophocle, Euripide (Pièces choisies), par M. PUECH, maître de conférences à la Faculté des lettres de Paris.

Aristophane. Pièces choisies par M. FERTÉ, professeur au lycée Charlemagne.

Sénèque. Extraits par M. LEGRAND, professeur au lycée Buffon.

Cicéron. Traités. Discours. Lettres par M. H. LANTOINE.

César, Salluste, Tite-Live, Tacite (Extraits) par M. H. LANTOINE, secrétaire de la Faculté des lettres de Paris.

Chaque volume est vendu cartonné toile anglaise. 2 fr.

Librairie MASSON et Cⁱᵉ, 120, boulevard Saint-Germain, Paris

COURS COMPLET
DE GÉOGRAPHIE

PUBLIÉ SOUS LA DIRECTION DE

M. MARCEL DUBOIS

Professeur de Géographie coloniale à la Faculté des lettres de Paris
Maître de conférences à l'École normale de jeunes filles de Sèvres

Avis important

Prévenus depuis longtemps des modifications profondes qui devaient être introduites dans l'enseignement, nous nous sommes préoccupés dès la première heure, de mettre ce cours en harmonie avec les nouveaux programmes.

La tâche était relativement facile. Sauf pour une classe (classe de Seconde, second cycle), les programmes de 1902 n'apportent pour ainsi dire aucune innovation. Les changements consistent surtout en une nouvelle distribution des matières de l'ancien programme. Le rôle des auteurs consistait donc surtout à adapter le texte des volumes à l'âge des élèves, en tenant compte du temps qui doit être consacré, dans chaque classe, à l'enseignement de la Géographie. Pour la classe de Sixième, cet enseignement est, dans ses grandes lignes (avec l'adjonction de l'Australie), ce qu'il était jusqu'ici dans la classe de Quatrième. Le volume du Cours de Géographie de M. Marcel Dubois correspondant à cette classe a donc été complètement refait et considérablement simplifié pour être à la portée des élèves de Sixième. Strictement conforme aux nouveaux programmes, ce manuel sera prêt pour la rentrée des classes de 1902.

Le programme de la classe de Seconde (second cycle) constitue une innovation dans l'enseignement de la Géographie. Il nous eût été possible, à la rigueur, de faire paraître ce volume pour la rentrée prochaine. Mais c'eût été là un travail forcément hâtif et certainement inégal. Nous avons préféré laisser aux auteurs un laps de temps plus considérable pour leur permettre de nous donner un livre d'un caractère vraiment scientifique. Nous ne publierons donc ce volume que vers le mois de janvier 1903.

Les autres volumes du Cours de Géographie de M. Marcel Dubois seront transformés progressivement au fur et à mesure de la mise en pratique des nouveaux programmes. Tel qu'il se trouve constitué, ce cours correspond actuellement aux besoins de l'enseignement géographique, au développement duquel il a contribué pour sa large part.

Voir ci-contre la division du Cours

CLASSES ÉLÉMENTAIRES

Géographie élémentaire des cinq parties du monde, avec cartes et croquis, avec la collaboration de M. Thalamas, professeur au lycée d'Amiens (*Huitième*) . . . . 2 fr.

Géographie élémentaire de la France et de ses colonies. — *Cours élémentaire*, avec cartes et croquis, avec la collaboration de M. Thalamas, professeur au lycée d'Amiens (*Septième*) . . 2 fr.

PREMIER CYCLE

Divisions A et B.

Géographie générale. — **Amérique, Australie**, avec cartes et croquis, avec la collaboration de M. Aug. Bernard, professeur agrégé d'histoire et de géographie. (*Nouveau Programme, classe de Sixième*). (*Sous presse*) . . . . » »

Géographie de la France et de ses Colonies. — *Cours moyen*, avec cartes et croquis (*Ancien programme, classe de Cinquième*). 2ᵉ édition, revue et corrigée, avec la collaboration de F. Benoit, chargé de cours à l'Université de Lille. . . . . 3 fr.

Classe de Quatrième (*Ancien programme*). Les élèves de cette classe pourront, pendant la période transitoire, faire usage du volume de la classe de Sixième dont le nouveau programme correspond à leurs études.

Afrique — Asie — Océanie, avec cartes et croquis, avec la collaboration de C. Martin, professeur agrégé, et H. Schirmer, maître de conférences à l'Université de Paris (*Ancien programme, classe de Troisième*). 3ᵉ édition refondue avec le concours de M. Camille Guy, chef du service géographique au Ministère des Colonies . . 3 fr.

DEUXIÈME CYCLE

Divisions A. B. C. D.

Géographie générale. (*Nouveau programme, classe de Seconde.*) (*En préparation.*)

Géographie de la France et de ses Colonies. — *Cours supérieur*, avec la collaboration de M. F. Benoit, agrégé, chargé des cours à l'Université de Lille, avec figures et cartes, 4ᵉ édition entièrement refondue. (*Ancien et nouveau programme, classe de Première*). . . . . 4 fr. 50

DISPOSITIONS TRANSITOIRES

Bien que les nouveaux programmes doivent être adoptés dès la rentrée de 1902 dans les classes de Sixième et de Seconde (premières années des 1ᵉʳ et 2ᵉ cycles) nous continuons à mettre en vente à titre transitoire les volumes correspondant aux anciens programmes de ces classes.

Géographie générale du monde. — **Géographie du bassin de la Méditerranée**, avec cartes et croquis, avec la collaboration de M. A. Parmentier, professeur au collège Chaptal. (*Ancien Programme, classe de Sixième*). . . . . 2 fr.

Europe, avec la collaboration de MM. Durandin et Malet, professeurs agrégés d'histoire et de géographie. (*Ancien Programme, classe de Seconde*). 3ᵉ édition entièrement refondue. . . . . . . 3 fr. 50

ENSEIGNEMENT SECONDAIRE

Cours d'Histoire

PAR F. CORRÉARD
Professeur d'Histoire au lycée Charlemagne.

4 VOLUMES IN-16, CARTONNÉS TOILE

Histoire de l'Europe et de la France depuis 395 jusqu'en 1270. 4e édition . . . . 2 fr. 50

Histoire de l'Europe et de la France depuis 1270 jusqu'en 1610. 4e édition . . . . 3 fr. 50

Histoire de l'Europe et de la France depuis 1610 jusqu'en 1789. 3e édition . . . . 3 fr. 50

Histoire de l'Europe et de la France depuis 1789 jusqu'en 1889. 4e édition . . . . 6 fr.

L'auteur s'est conformé dans ce volume à la circulaire ministérielle et n'a pas traité la politique intérieure après 1875.

CARTES D'ÉTUDE
pour servir à l'Enseignement de l'Histoire
PAR

F. Corréard
Professeur au lycée Charlemagne.

E. Sieurin
Professeur au collège de Melun.

Fin du Moyen Age
Temps modernes et contemporains (1270-1901)

Deuxième édition, revue et augmentée de 9 cartes.

Un atlas in-4e comprenant 110 cartes et cartons, relié. 2 fr. 50

Ces cartes d'Étude pour l'enseignement de l'Histoire ont le même but que les cartes d'Étude pour l'enseignement de la Géographie. On s'est attaché à les simplifier autant que possible en n'inscrivant que les indications correspondantes à un cours normal d'histoire.

Histoire de la Civilisation

PAR CH. SEIGNOBOS

Docteur ès lettres, Maître de conférences à la Faculté des lettres de Paris.

PREMIER COURS

3 VOLUMES IN-16, CARTONNÉS TOILE MARRON, AVEC FIGURES

Histoire de la civilisation ancienne (Orient, Grèce, Rome). 3ᵉ édition . . . . **3 fr.** »

Ce volume correspond dans ses grandes lignes au programme des classes de Seconde et de Première (second cycle de l'enseignement secondaire).

Histoire de la civilisation au moyen âge et dans les temps modernes. 2ᵉ édition. . . . . **3 fr.** »

Histoire de la civilisation contemporaine. 2ᵉ édition. **3 fr.** »

DEUXIÈME COURS

2 VOLUMES IN-16, CARTONNÉS TOILE VERTE, AVEC FIGURES

Histoire de la civilisation. — *Histoire ancienne de l'Orient.* — *Histoire des Grecs.* — *Histoire des Romains.* — *Le Moyen âge jusqu'à Charlemagne.* 6ᵉ édition avec 105 figures. . . . . . . **3 fr. 50**

Histoire de la civilisation. — *Moyen âge depuis Charlemagne.* — *Renaissance et temps modernes.* — *Période contemporaine.* 4ᵉ édition avec 72 figures . . . . **5 fr.** »

PRÉPARATION A L'ÉCOLE SPÉCIALE MILITAIRE DE SAINT-CYR

Précis de Géographie

PAR MM.

Marcel DUBOIS	Camille GUY
Professeur de Géographie coloniale à la Faculté des lettres de Paris.	Ancien élève de la Sorbonne, Professeur agrégé de Géographie et d'Histoire.

Un très fort volume in-8. Avec nombreuses cartes, croquis et figures dans le texte. . . . . Broché. **12 fr. 50**. Relié. **14 fr.**

Précis d'Histoire

MODERNE ET CONTEMPORAINE

Par F. CORRÉARD

Professeur au lycée Charlemagne

Un volume in-8 de 800 pages. . . . Broché, **10 fr. 50**. Relié, **12 fr.**

ENSEIGNEMENT COMMERCIAL

Précis de
Géographie Économique

PAR MM.

MARCEL DUBOIS | **J.-G. KERGOMARD**
Professeur de Géographie coloniale | Professeur agrégé d'Histoire
à la Faculté des lettres de Paris. | et Géographie au lycée de Nantes

Deuxième édition entièrement refondue et mise au courant
des dernières statistiques.

Avec la collaboration de

M. Louis LAFFITTE

Professeur à l'École de Commerce de Nantes

1 volume in-8 . . . . **8** fr.

On vend séparément :

La France, l'Europe. 1 volume . . . . **6** fr.
L'Asie, l'Océanie, l'Afrique et les Amériques, 1 volume . **4** fr.

Cette œuvre fera époque dans l'enseignement de la géographie. Elle est la seule, à notre
connaissance, en dehors des travaux suscités par la Société de géographie commerciale,
qui traite d'une façon principale cette branche de la géographie.
(*Bulletin de la Chambre de Commerce de Paris.*)

Éléments de Commerce
et de Comptabilité

Par Gabriel FAURE

Professeur à l'École des Hautes Études commerciales et à l'École commerciale,
Expert-comptable au Tribunal civil de la Seine.

QUATRIÈME ÉDITION, entièrement refondue

1 volume petit in-8, cartonné toile anglaise. . . . **4** fr.

La première partie de cet ouvrage est consacrée à tout ce qui se
rapporte théoriquement et pratiquement au commerce et aux commer-
çants, aux effets, à la monnaie, aux transports, douanes, octrois, maga-
sins généraux, etc. La deuxième partie renferme les applications de
l'arithmétique et de l'algèbre aux calculs d'intérêt, d'escompte, de prix
de revient, aux monnaies, poids et mesures. Enfin, dans la troisième et dernière partie (Comptabilité), l'auteur expose le fonctionne-
ment des comptes et des différents livres, ainsi que la formation de l'in-
ventaire et du bilan.

ENSEIGNEMENT PRIMAIRE SUPÉRIEUR

COURS D'HISTOIRE

PAR

A. SIEURIN et C. CHABERT

Professeurs à l'École primaire supérieure de Melun.

3 VOLUMES IN-16, CARTONNÉS TOILE

1re année. — Histoire de France de 1453 à 1789, 1 vol.   1 fr. 75

2e année. — Histoire de France de 1789 à nos jours, 1 vol. . . . .   1 fr. 75

3e année. — Le Monde contemporain, 1 vol. . . . . . .   1 fr. 75

Ce cours est entièrement conforme aux programmes du 18 août 1893. Intéressants à lire, faciles à comprendre, ils ont été spécialement rédigés pour l'enseignement primaire supérieur. Les auteurs n'ont pas voulu encombrer la mémoire des élèves des détails inutiles, mais quand cela leur a paru nécessaire ils ont donné quelques lectures et quelques documents originaux. Chaque leçon est précédée d'un plan assez détaillé qui permet à l'élève de voir d'un seul coup d'œil ce qu'il a à apprendre. Elle est toujours terminée par une conclusion qui résume les traits caractéristiques du chapitre. Elle est suivie de quelques sujets de devoir et de composition.

COURS
de PHYSIQUE et de CHIMIE

À L'USAGE DES

Écoles primaires supérieures

PAR

M. MÉTRAL

Agrégé de l'Université, professeur à l'École primaire supérieure Colbert, Paris.

1re année. — Physique et Chimie, 1 vol. . . . . .   2 fr. 50

2e année. — Physique et Chimie, 1 vol. (*en préparation*).

3e année. — Physique et Chimie, 1 vol. (*en préparation*).

Le volume de 1re année sera prêt pour la rentrée prochaine. Lorsque l'impression du cours complet sera terminée, il sera vendu, soit sous la forme énoncée plus haut, soit en deux volumes seulement, l'un pour la physique, l'autre pour la chimie

ENSEIGNEMENT PRIMAIRE SUPÉRIEUR

Cours normal
de Géographie

PAR

MARCEL DUBOIS

Professeur de Géographie coloniale à la Faculté des lettres de Paris,
Maître de Conférences à l'École normale supérieure de jeunes filles de Sèvres.

1re année. — NOTIONS GÉNÉRALES DE GÉOGRAPHIE PHYSIQUE. — L'OCÉANIE, L'AFRIQUE, L'AMÉRIQUE, avec la collaboration de Augustin Bernard et André Parmentier. 3e édition. — 1 volume in-16, avec cartes et croquis, cartonné percaline. . . . . **2 fr.**

2e année. — EUROPE, ASIE, avec la collaboration pour l'Europe de Paul Durandin, et pour l'Asie de A. Parmentier. 3e édition. — 1 volume in-16, avec cartes et croquis, cartonné percaline. . . . . **2 fr.**

3e année. — FRANCE ET COLONIES, avec la collaboration de F. Benoît. 2e édition. — 1 volume in-16, avec cartes et croquis, cartonné percaline. . . . . **2 fr.**

Cartes d'Étude

pour servir

à l'Enseignement de la Géographie

Par MM.

MARCEL DUBOIS & E. SIEURIN

Professeur au collège de Melun.

I. Géographie générale. Océanie, Afrique, Amérique, *cinquième édition*. 1 vol. in-4°, contenant 40 cartes et 200 cartons, cartonné . . . . 2 fr. 25

II. Europe, Asie, *cinquième édition, revue et corrigée*. 1 vol. in-4° contenant 46 cartes et 180 cartons, cartonné. . . . . . . 2 fr. 25

III. La France et ses colonies, *septième édition*, avec huit cartes refaites. 1 vol. in-4°, contenant 40 cartes et 200 cartons, cartonné. . . . . 4 fr. 80

PHYSIQUE

Traité de Physique élémentaire, de Ch. Drion et E. Fernet. *Treizième édition, entièrement refondue*, par E. FERNET, inspecteur général de l'Instruction publique, ancien professeur de Physique au lycée Saint-Louis, avec la collaboration de J. FAIVRE-DUPAIGRE, professeur au lycée Saint-Louis. 1 volume in-8 avec 665 figures dans le texte. . . . . 8 fr.

Précis de Physique, par E. FERNET. 28e édition, en collaboration avec J. FAIVRE-DUPAIGRE, professeur au lycée Saint-Louis. 1 volume in-18, avec 522 figures, cartonné. . . . . . . 3 fr.

Cours élémentaire de Physique, par E. FERNET. 4e édition. 1 vol. in-16, avec 472 figures, cartonné toile anglaise. . 5 fr.

Cours de Physique pour la classe de Mathématiques spéciales. *Quatrième édition* (rédaction entièrement nouvelle), par E. FERNET et J. FAIVRE-DUPAIGRE, professeur de physique au lycée Saint-Louis. 1 volume grand in-8, avec nombreuses figures dans le texte, publié en deux fascicules. . . . 15 fr.

ÉLECTRICITÉ

Traité élémentaire d'Électricité,

par M. JOUBERT, inspecteur général de l'Instruction publique. 4e édition revue et augmentée. 1 vol. petit in-8, avec 582 figures. Prix. . . . . 8 fr.

Cette quatrième édition a subi des remaniements assez nombreux. Les chapitres relatifs aux *Diélectriques*, à l'*Electrolyse*, aux *Courants alternatifs simples ou polyphasés*, sont ceux qui ont reçu les modifications les plus importantes. Deux chapitres nouveaux ont été ajoutés, l'un sur la *théorie des ions*, l'autre sur les *rayons cathodiques*.

Cours élémentaire d'Électricité,

par M. JOUBERT, à l'usage des classes de l'Enseignement secondaire. 4e édit. 1 vol. in-16, avec 144 figures. . . . . 2 fr.

GÉOMÉTRIE

Ouvrages de MM.

Ch. VACQUANT	**A. MACÉ DE LÉPINAY**
Ancien Inspecteur général de l'Instruction publique.	Professeur de mathématiques spéciales au lycée Henri IV.

Avis important

Les nouveaux programmes ont apporté à l'enseignement de la Géométrie un certain nombre de modifications qui nécessitent un remaniement des livres jusqu'ici en usage. Nous avons donc décidé de publier le Cours de Géométrie de MM. A. Vacquant et Macé de Lépinay sous une forme nouvelle, entièrement conforme aux programmes de 1902.

Nous aurons, comme par le passé, deux cours de Géométrie tout à fait distincts, l'un plus élémentaire, plus spécialement destiné aux élèves faisant des études littéraires, l'autre plus développé, pour les élèves dont les études ont un caractère scientifique prédominant. Le premier de ces cours sera réservé aux élèves de la division A du premier cycle et A et B du deuxième cycle; le second sera destiné aux élèves de la division B du premier cycle et des sections C et D du deuxième cycle. Chacun de ces deux cours se vendra soit en un seul volume pour l'ensemble des deux cycles, soit en deux volumes contenant les matières enseignées dans les différentes classes d'un seul cycle.

Rédigés conformément aux nouveaux programmes, ces ouvrages seront prêts pour la rentrée de 1902. Ils continueront à obtenir, nous n'en doutons pas, le même succès que les livres des mêmes auteurs jusqu'ici en usage.

ANCIEN PROGRAMME

Cours de Géométrie élémentaire, à l'usage des élèves de mathématiques élémentaires, avec des compléments destinés aux élèves de mathématiques spéciales. 6e édition revue et corrigée. 1 vol. in-8° avec 906 figures . . . . 8 fr.

Eléments de Géométrie, à l'usage des élèves de l'enseignement secondaire moderne: Nouvelle édition, revue et corrigée. 1 vol. in-16 cartonné toile bleue . . . . . 4 fr. 50

On vend séparément :

PREMIÈRE PARTIE (*Quatrième et Troisième*). 1 vol. in-16 cartonné toile bleue. 10e édition . . . . 2 fr. 50

DEUXIÈME PARTIE (*Seconde et Première*) 1 vol. in-16, cartonné toile bleue. 8e édition . . . . 2 fr. 50

Géométrie élémentaire, à l'usage des classes de lettres. Nouvelle édition, revue et corrigée. 1 vol. in-16 avec 391 figures, cartonné toile grise . . . . 3 fr.

PREMIÈRE PARTIE (*Quatrième et Troisième*). 11e édition, revue et corrigée. Géométrie plane . . 1 fr. 75

DEUXIÈME PARTIE (*Seconde et Rhétorique*). 11e édition, revue et corrigée. Géométrie dans l'espace . 1 fr. 50

NOUVEAU PROGRAMME

Eléments de Géométrie, à l'usage des élèves de la division B du premier cycle, des sections C et D du second cycle. 1 vol. in-16 cartonné toile . . . . 5 fr.

On vend séparément :

PREMIÈRE PARTIE (*Cinquième, Quatrième et Troisième B*). 1 vol. in-16 cartonné toile . . . . . 2 fr. 75
Ce volume contient la Géométrie plane suivie d'un aperçu de la Géométrie dans l'espace.

DEUXIÈME PARTIE (*Seconde et Première C et D*). 1 vol. in-16 cart. toile 2 fr. 75

— Géométrie dans l'espace, courbes usuelles, compléments relatifs à l'homographie.

Géométrie élémentaire, à l'usage des élèves de la division A du premier cycle, des sections A et B du second cycle. 1 vol. in-16 cart. 3 fr.

On vend séparément :

PREMIÈRE PARTIE (*Quatrième et Troisième A*). 1 vol. in-16 cart. 1 fr. 50

DEUXIÈME PARTIE (*Seconde et Première A et B*). 1 vol. in-16 cart. 1 fr. 75

TRIGONOMÉTRIE

Ouvrages de MM.

Ch. VACQUANT
Ancien inspecteur général
de l'Instruction publique.

A. MACÉ DE LÉPINAY
Professeur de mathématiques spéciales
au lycée Henri IV.

Cours de Trigonométrie à l'usage des élèves de Mathématiques et des candidats aux écoles du gouvernement. Nouvelle édition. 1 volume in-8, broché. . . . . 5 fr.

Se vend séparément :

1re partie, à l'usage des élèves de Mathématiques et des candidats aux écoles du gouvernement . . . . 3 fr.

2e partie, à l'usage des élèves de Mathématiques spéciales. 2 fr. 50

Éléments de Trigonométrie à l'usage des élèves de l'Enseignement secondaire. 2e édition. 1 volume in-16, cartonné toile anglaise . . . . 2 fr. 80

Précis de Trigonométrie par M. Ch. Vacquant. 8e édition. 1 volume in-16, cartonné toile anglaise. . . . . 1 fr. 80

CHIMIE

Précis de Chimie, par **M. TROOST**, membre de l'Institut, professeur honoraire à la Faculté des sciences de Paris. *9e édition avec un appendice d'Analyse volumétrique.* 1 vol. in-18, avec 291 figures, cartonné . . . . 3 fr.

Traité élémentaire de Chimie, par **M. TROOST** *treizième édition* entièrement refondue et corrigée. 1 vol. in-8, avec 551 figures . . . . 8 fr.

Ce qui caractérise cette nouvelle édition, outre la netteté et la précision bien connues de l'illustre professeur, c'est la préoccupation constante qu'il a eue d'être complet et exact sur tous les points. Beaucoup d'expériences récentes ont été décrites à cet effet ; toutes les nouvelles découvertes, grandes et petites, ont été mentionnées ; en somme cet ouvrage reste toujours l'ouvrage de chimie le meilleur pour la préparation aux baccalauréats et à tous les examens où la chimie tient une place honorable.

BERT (Paul), membre de l'Institut, et **BLANCHARD** (Raphaël), professeur à la Faculté de médecine de Paris, membre de l'Académie de médecine.

Éléments de Zoologie. 1 volume petit in-8, avec 613 figures. . . . . 7 fr.

BURAT, professeur au lycée Louis-le-Grand.

Précis de Mécanique. 8ᵉ édition. 1 volume in-18, avec 259 figures, cartonné toile . . . . 3 fr.

DUCATEL, professeur agrégé de Mathématiques au lycée Condorcet.

Leçons d'Arithmétique à l'usage des classes élémentaires des lycées et collèges de garçons et de jeunes filles et de l'Enseignement primaire. 3ᵉ édition, revue et corrigée. 1 volume in-18, avec des questionnaires, de nombreux exercices et les réponses aux exercices, cartonné toile. 2 fr. 50

LAPPARENT (A. de), membre de l'Institut, professeur à l'Institut catholique.

Abrégé de Géologie. 4ᵉ édition, entièrement refondue. 1 volume in-18, avec 134 gravures et 1 carte géologique de la France chromolithographiée, cartonné toile. 3 fr.

Précis de Minéralogie. 3ᵉ édition, revue et augmentée. 1 vol. in-18, avec 335 figures dans le texte et 1 planche chromolithographiée, cartonné toile. . . . . 5 fr.

Leçons de Géographie physique. 2ᵉ édition, entièrement refondue. 1 vol. grand in-8, avec 163 figures dans le texte et 1 planche en couleurs. . . . . 12 fr.

Notions générales sur l'écorce terrestre. 1 volume petit in-8 avec 33 figures dans le texte. . . . . . 1 fr. 20

Traité de géologie. 4ᵉ édition entièrement refondue et considérablement augmentée. 3 vol. gr. in-8° avec nombreuses figures, cartes et croquis dans le texte. 35 fr.
(Ouvrage couronné par l'Institut de France.)

MAUDUIT, ancien professeur au lycée Saint-Louis.

Précis d'Algèbre. 10ᵉ édition. 1 vol. in-18, cart. 1 fr. 60

Précis d'Arithmétique. 8ᵉ édition. 1 volume in-18, cartonné toile. . . . . 1 fr. 40

MILNE-EDWARDS (Alph.), membre de l'Institut.

Histoire naturelle des animaux :

ZOOLOGIE MÉTHODIQUE ET DESCRIPTIVE. 3e édition. 1 vol. in-18,
avec 487 figures dans le texte, cartonné toile. . . **3 fr.**

ANATOMIE ET PHYSIOLOGIE ANIMALES. 3e édition. 1 volume in-18,
avec 241 figures dans le texte, cartonné toile. . . . **3 fr.**

MULLER (J.-A.), docteur ès sciences, professeur à l'Ecole supérieure des sciences d'Alger.

Précis de Chimie analytique.

Analyse qualitative,
analyse quantitative par liqueurs titrées, analyse des gaz,
analyse organique élémentaire, analyse et dosages relatifs
à la chimie agricole, analyse des vins, essais des principaux minerais. 1 vol. in-12, broché. . . . . **3 fr.**

PROUST, professeur à la Faculté de médecine de Paris.

Douze conférences d'Hygiène,

rédigées conformément au plan d'études du 12 août 1890. Nouvelle édition.
1 volume in-18, cartonné toile. **2 fr.50**

ROUBAUDI, professeur de mathématiques au lycée Buffon et de géométrie descriptive au lycée Carnot.

Cours de Géométrie descriptive.

1 vol. in-8, avec
215 figures et une épure hors texte. . . . . **4 fr.**

VÉLAIN (Ch.), chargé de cours à la Faculté des sciences de Paris.

Cours élémentaire de Géologie stratigraphique.

5e édition, revue et corrigée. 1 volume in-16, avec 435 gravures dans le texte et une étude détaillée de la France,
accompagnée d'une carte géologique, imprimée en couleurs, cartonné toile. . . . . **5 fr.**

WURTZ, membre de l'Institut, professeur à la Faculté des sciences de Paris.

Leçons élémentaires de Chimie moderne.

6e édit.
(Notation atomique). 1 volume in-18, avec 133 fig. **9 fr.**